U0275501

几 何 原 本

上 册

〔古希腊〕欧几里得 著

张卜天 译

商务印书馆
The Commercial Press
创于1897

Euclid: The Thirteen Books of the Elements

Translated by Sir Thomas L. Heath

根据剑桥大学出版社 1926 年第二版三卷本译出，

并参考了绿狮出版社 2002 年编订的托马斯·希思英译本

Euclid's Elements:

All Thirteen Books Complete in One Volume

See the Bold-Shaddow of Vrania's Glory,
Immortall in His Race, no lesse in Story:
An Artist without Error, from whose Lyne,
Both Earth and Heav'ns, in sweet Proportions twine:
Behold Great EUCLID. But, behold Him well!
For 'tis in Him Divinity doth dwell.

G. Wharton.

《几何原本》英文全译本第三版上所绘欧几里得像，1661 年。

现存最古老的《几何原本》残卷之一，发现于俄克喜林库斯
（Oxyrhynchus），约公元 100 年，所绘为第二卷命题 5 的附图。

《几何原本》首个拉丁文印刷本，1482 年。

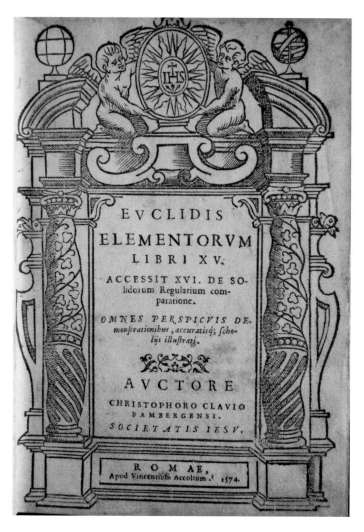

EVCLIDIS

ELEMENTORVM

LIBRI XV.

ACCESSIT XVI. DE SO-
lidorum Regularium com-
paratione.

OMNES PERSPICVIS DE-
monstrationibus, accuratisq; scho-
lijs illustrati.

AVCTORE

CHRISTOPHORO CLAVIO
BAMBERGENSI.
SOCIETATIS IESV.

ROMAE,
Apud Vincentium Accoltum. 1574.

克里斯托弗·克拉维乌斯（Christopher Clavius）的拉丁文评注本《几何原本十五卷》（*Elementorum Libri XV*，1574 年），利玛窦（M. Ricci）和徐光启正是参照这个底本翻译了《几何原本》前六卷。

《几何原本》首个英译本，亨利·比林斯利（Henry Billingsley）译，约翰·迪伊（John Dee）作序，1570 年。

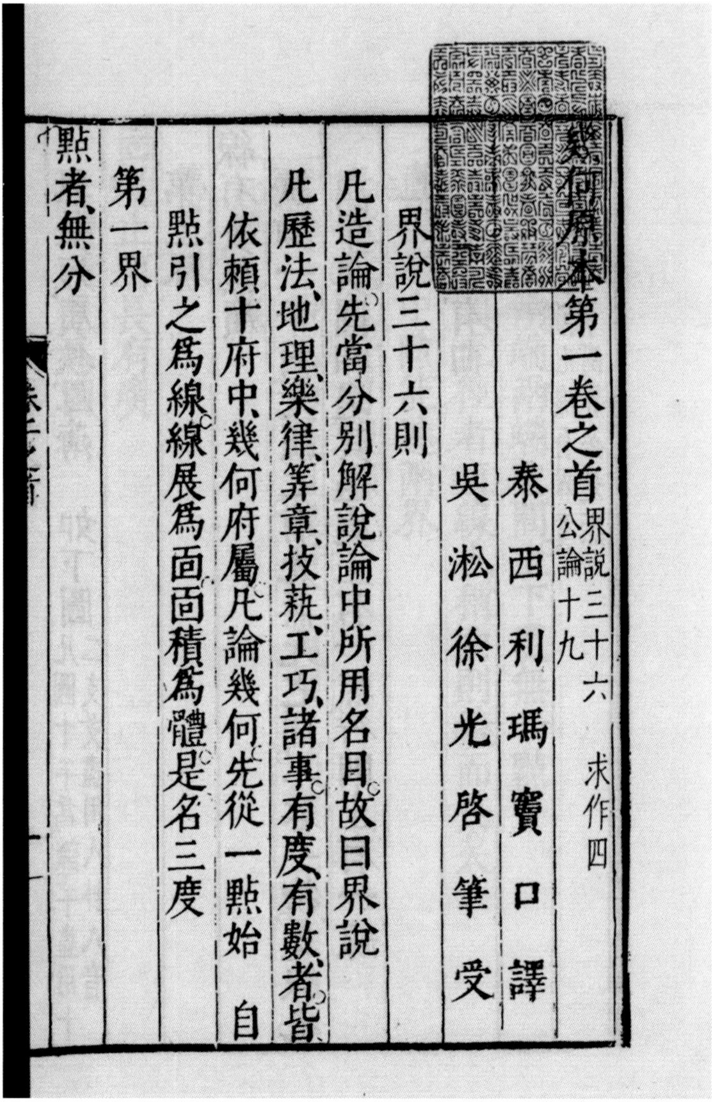

幾何原本第一卷之首 界說三十六 求作四

泰西利瑪竇 口譯
吳淞徐光啓 筆受

公界論十九

界說三十六則

凡造論先當分別解說論中所用名目故曰界說

凡歷法地理樂律筭章技蓺工巧諸事有度有數者皆

依賴十府中幾何府屬凡論幾何先從一點始自

點引之爲線線展爲面面積爲體是名三度

第一界

點者無分

點引之爲線線展爲面面積爲體是名三度

《几何原本》首个中译本（前六卷），利玛窦、徐光启译，1607 年。

《几何原本》首个中译本上所绘利玛窦（左）和徐光启（右）像，1607年。

汉译世界学术名著丛书
出 版 说 明

我馆历来重视移译世界各国学术名著。从 20 世纪 50 年代起，更致力于翻译出版马克思主义诞生以前的古典学术著作，同时适当介绍当代具有定评的各派代表作品。幸赖著译界鼎力襄助，三十年来印行不下三百余种。我们确信只有用人类创造的全部知识财富来丰富自己的头脑，才能够建成现代化的社会主义社会。这些书籍所蕴藏的思想财富和学术价值，为学人所熟知，毋需赘述。这些译本过去以单行本印行，难见系统，汇编为丛书，才能相得益彰，蔚为大观，既便于研读查考，又利于文化积累。为此，我们从 1981 年着手分辑刊行，至 2021 年已先后分十九辑印行名著 850 种。现继续编印第二十辑，到 2022 年出版至 900 种。今后在积累单本著作的基础上仍将陆续以名著版印行。希望海内外读书界、著译界给我们批评、建议，帮助我们把这套丛书出得更好。

商务印书馆编辑部

2021 年 9 月

让几何学精神在中国大地生根
（代译序）

　　柏拉图在《理想国》中借苏格拉底之口提到，几何学是能把人的灵魂引向真理从而认识永恒事物的学问。从古希腊到罗马以迄文艺复兴，几何学在西方以"七艺"为目标的人文教育中始终占据着核心位置。直到18世纪，欧洲人还把天文学、力学和一般物理科学的探索者称为"几何学家"，因为这些人都遵奉同一范式，以欧几里得编纂的《几何原本》为学问之宗。此书被称为科学的《圣经》，它也的确是印刷术在西方出现以来发行版本与印数仅次于《圣经》的一本书，且不说15世纪之前众多的希腊文、拉丁文、阿拉伯文和波斯文抄本了。

　　欧几里得的生平事迹已不可详考。按照后世希腊与罗马作家的说法，他在《几何原本》中汇集了许多前代数学家的工作，包括毕达哥拉斯、欧多克索斯、泰阿泰德、希俄斯岛的希波克拉底（Hippocrates of Chios）等。但早期的抄本都没有完整地保存下来，直到19世纪初，西方和伊斯兰世界各种文字的《几何原本》几乎都可以追溯到同一个源头，即公元4世纪亚历山大城的西翁（Theon of Alexandria）整理的希腊文修订本。1808年，有人在梵蒂冈图书馆发现了一个 10 世纪的希腊文抄本，经研究发现其母本要早于西翁。丹麦著名古希腊文献学家海贝格（J. L. Heiberg）从 1883 年开始，历经 30 余年完成《欧几里得全集》希腊文-拉丁文对照本，其中《几何原本》就以梵蒂冈本和西翁本为基础，这也成为各种现代版本的重要依据。1908 年，英国数学史家希思（T. L. Heath）以海贝格希拉双语对照本为基础，并参考多种重要的西方文本，出版了权威的英文注释本。希思的书曾多次修订重版，是当代《几何原本》研究公认的善本。

明末来华的耶稣会士借助科学知识和与当地知识分子融通这两大策略传播天主教。1607 年，利玛窦（M. Ricci）与徐光启合作出版了六卷本的《几何原本》，其底本是利玛窦在罗马的老师、耶稣会数学家克拉维乌斯（C. Clavius）的拉丁文评注本，此时距离世界上第一个印刷本在威尼斯问世已有 125 年，但与其他一些欧洲文字的初版相比还不算太迟。徐光启总结的"四不必""四不可得""三至""三能"①体现了他对公理化方法的初步认识与对演绎推理的尊崇，可惜明清两代达到这种认识高度的人风毛麟角。在相当长一段时间里，中国学人对前六卷以外的内容毫不知晓，顶多有人根据其他文献披露的零散信息做过一点猜测。1857 年，英国传教士伟烈亚力（A. Wylie）与李善兰合作，翻译出版了《几何原本》后九卷（其中卷 14、卷 15 不是欧几里得原作），所用底本

---

① 徐光启《几何原本杂议》称："此书有四不必：不必疑，不必揣，不必试，不必改。有四不可得：欲脱之不可得，欲驳之不可得，欲减之不可得，欲前后更置之不可得。有三至三能：似至晦，实至明，故能以其明明他物之至晦；似至繁，实至简，故能以其简简他物之至繁；似至难，实至易，故能以其易易他物之至难。"

是英国人比林斯利（H. Billingsley）1570 年的英文本，这也是世界上最早的完整英文译本。从 1607 年到 1857 年，经过整整 250 年，《几何原本》在中国始成完璧。

这中间还出现了一个不容忽视的插曲：1690 年在清宫服务的法国传教士，出于迎合中国皇帝口味和扩大法国影响的双重目的，在康熙的许可下改用法国耶稣会士数学家巴蒂（I. G. Pardies）编写的教本进讲。这一整理后的讲稿实为巴蒂氏几何学的摘译本，后来被收入标榜"康熙御制"的《数理精蕴》，与"河图""洛书""周髀经解"等一道并为数学之"立纲明体"。由于康熙帝的介入，明末传入中国的欧几里得《几何原本》逐渐为巴蒂系统的《几何原本》所取代，后者与欧几里得《几何原本》的最大区别，就是忽略或极大简化了公理体系的作用，而增加了立体求积、绘图、测量等实用内容。

欧几里得《几何原本》的内容并不限于今日意义的"几何学"，它也包含了古希腊的算术、数论等。全书是一个由定义、假设、命题和推论组成的严格的、演绎化的数学证明集合。现代通行的版本结构大致相同，以希思本为例，共有 13 卷，包含 5 条公设、5 条公理、131 个定义、465 个命题（定理）以及若干推论。欧几里得几何学系统涵盖的命题当然远不止此，以曾在中国流行一时的长泽龟之助《几何学词典》为例，全书就包括 2428 个命题，他的《续几何学词典》则有 1638 个命题。以今日观点来看，欧几里得的伟大并不在于系统整理并严格证明了数百个几何学命题，而是为推演自己的几何学体系制定的公理化基石。

一个成功的公理系统应当满足三个基本条件：一是独立性（不

能多），二是完备性（不能少），三是自洽性（同一系统不能存在互相矛盾的命题）。以这三个条件来看欧几里得的公设和公理，今人不得不佩服他的深思熟虑和超凡见地。也正是对欧几里得公设的严格审查，导致非欧几何、数学基础以及现代公理化运动的诞生。关于公理化方法的意义，诚如希尔伯特所言："（通过公理化）我们能够获得科学思维更深入的洞察力，并且弄清楚我们知识的统一性。特别是，得益于公理化方法，数学似乎被请来在一切学问中起主导作用。"

"几何学精神"（法文 Esprit géométrique）的实质就是公理化方法，最早提到这个词的大概是法国数学家帕斯卡。后来担任巴黎科学院常任秘书的丰特奈尔（B. B. Fontenelle）不遗余力地加以鼓吹，他在 1699 年写道："几何学精神并不是和几何学紧紧捆在一起的，它也可以脱离几何学而转移到别的知识方面去。一部道德的、或者政治的、或者批评的著作，别的条件全都一样，如果能按照几何学者的风格来写，就会写得好些。"牛顿的《自然哲学的数学原理》、斯宾诺莎的《伦理学》都是按照几何学风格写成的书。据说年轻时的林肯经常揣着一本《几何原本》，他曾宣称："如果不懂得什么是证明，就绝不可能成为一名好律师。"

明末六卷译本和清末后九卷译本，以及据此集成的十五卷中文译本，在明末和整个清代都有多种不同的刊本，详情不赘。1990 年，陕西科学技术出版社出版了《几何原本》的当代汉语译本，译者是兰纪正和朱恩宽；此书又于 2003 年再版，1992 年还由台湾九章出版社发行了繁体字本。1987 年，内蒙古人民出版社出版了莫德的五卷蒙古文译本。2005 年，人民日报出版社编译出版了一个"视图全本"，书中插入的大量图像与文本没有什么关系，以通俗读物的形式来包装最重要的古代数学经典，这一做法似乎不太成功。

本书译者张卜天学养深厚、著译等身。他翻译的书多可归入科学与西方现代性的起源这一范畴，这一次他的致力算是最接近西方科学的源头了。他采用的底本是希思的英文评注本，但是略去了希思所写的长篇导言与注释，这样就为中文读者提供了一个尽量接近原典的朴实可靠的读本。蜚声学界的商务印书馆拟将此书列入"汉译名著"系列，以助几何学精神在中国大地生根。是为序，是为庆。

刘钝

2019 年 6 月于中关村梦隐书房

目　　录

上册

下册

第一卷

定义（Definitions）^①

1. **点**是没有部分的东西。

   A *point* is that which has no part.^②

2. **线**是没有宽的长。

   A *line* is breadthless length.

3. **线**之端是点。

   The extremities of a line are points.

4. **直线**是其上均匀放置着点的线。

   A *straight line* is a line which lies evenly with the points on itself.

---

① 欧几里得的希腊文本（第一个印刷版于 1533 年问世）中的定义、公设和公理本来是没有编号的。其定义是连续地叙述出来的，它更像是一篇讨论术语如何使用的序言，而不是充当后续命题的公理基础。这里我们遵循英译者托马斯·希思（Thomas L. Heath）所使用的格式。——译者

② 为读者更好地理解，附上了希思英译本中定义、公设、公理和命题部分的英文。——译者

5. 面是只有长和宽的东西。

A *surface* is that which has length and breadth only.

6. 面之端是线。

The extremities of a surface are lines.

7. 平面是其上均匀放置着直线的面。

A *plane surface* is a surface which lies evenly with the straight lines on itself.

8. 平面角是一个平面上两条线之间的倾斜，它们相交且不在一条直线上。

A *plane angle* is the inclination to one another of two lines in a plane which meet one another and do not lie in a straight line.

9. 且当夹这个角的线是直线时，这个角叫做直线角。

And when the lines containing the angle are straight, the angle is called *rectilineal*.

10. 当一条直线与另一条直线交成的邻角彼此相等时，这些等角中的每一个都是直角，且称这条直线垂直于另一条直线。

When a straight line set up on a straight line makes the adjacent angles equal to one another, each of the equal angles is *right*, and the straight line standing on the other is called a *perpendicular* to that on which it stands.

11. **钝角**是大于直角的角。

An *obtuse angle* is an angle greater than a right angle.

12. **锐角**是小于直角的角。

An *acute angle* is an angle less than a right angle.

13. **边界**是某个东西的端。

A *boundary* is that which is an extremity of anything.

14. **形**是由某一边界或若干边界所围成的东西。

A *figure* is that which is contained by any boundary or boundaries.

15. **圆**是由一条线所围成的平面形，其内有一点与这条线上的点连成的所有直线都相等；

A *circle* is a plane figure contained by one line such that all the straight lines falling upon it from one point among those lying within the figure are equal to one another;

16. 且这个点叫做**圆心**。

And the point is called the *centre* of the circle.

17. 圆的**直径**是任意一条过圆心作出且沿两个方向被圆周截得的直线，且该直线把圆二等分。

A *diameter* of the circle is any straight line drawn through the centre and terminated in both directions by the circumference of the circle, and such a straight line also bisects the circle.

18. **半圆**是由直径和它截得的圆周所围成的图形。且半圆的心和圆心相同。

A *semicircle* is the figure contained by the diameter and the circumference cut off by it. And the centre of the semicircle is the same as that of the circle.

19. **直线形**是由直线围成的形，**三边形**是由三条直线围成的形，**四边形**是由四条直线围成的形，**多边形**是由四条以上直线围成的形。

Rectilineal figures are those which are contained by straight lines, *trilateral* figures being those contained by three, *quadrilateral* those contained by four, and *multilateral* those contained by more than four straight lines.

20. 在三边形中，三边均相等的叫做**等边三角形**，只有两边相等的叫做**等腰三角形**，三边各不相等的叫做**不等边三角形**。

Of trilateral figures, an *equilateral triangle* is that which has its three sides equal, an *isosceles triangle* that which has two of its sides alone equal, and a *scalene triangle* that which has its three sides unequal.

21. 此外，在三边形中，有一个直角的叫做**直角三角形**，有一个钝角的叫做**钝角三角形**，三个角均为锐角的叫做**锐角三角形**。

Further, of trilateral figures, a *right-angled triangle* is that which has a right angle, an *obtuse-angled triangle* that which has an obtuse angle, and an *acute-angled triangle* that which has its three angles acute.

22. 在四边形中, 等边且均为直角的叫做**正方形**, 均为直角但不等边的叫做**长方形**, 等边但非直角的叫做**菱形**, 对角对边相等、但不等边且非直角的叫做**长菱形**, 其它四边形叫做**不规则四边形**。

Of quadrilateral figures, a *square* is that which is both equilateral and right-angled; an *oblong* that which is right-angled but not equilateral; a *rhombus* that which is equilateral but not right-angled; and a rhomboid that which has its opposite sides and angles equal to one another but is neither equilateral nor right-angled. And let quadrilaterals other than these be called *trapezia*.

23. **平行直线**是同一平面上沿两个方向无定限延长、不论沿哪个方向都不相交的直线。

Parallel straight lines are straight lines which, being in the same plane and being produced indefinitely in both directions, do not meet one another in either direction.

公设（Postulates）

让我们假定：

1. 从任一点到任一点可作一条直线。

   To draw a straight line from any point to any point.

2. 一条有限直线可沿直线继续延长。

   To produce a finite straight line continuously in a straight line.

3. 以任一点为心和任意距离可以作圆。

   To describe a circle with any centre and distance.

4. 所有直角都彼此相等。

   That all right angles are equal to one another.

5. 一条直线与两条直线相交，若在同侧的两内角之和小于两直角，则这两条直线无定限延长后在该侧相交。

   That, if a straight line falling on two straight lines make the interior angles on the same side less than two right angles, the two straight lines, if produced indefinitely, meet on that side on which are the angles less than the two right angles.

公理（Common Notions）

1. 等于同量的量也彼此相等。

Things which are equal to the same thing are also equal to one another.

2. 等量加等量，其和相等。

If equals be added to equals, the wholes are equal.

3. 等量减等量，其差相等。

If equals be subtracted from equals, the remainders are equal.

4. 彼此重合的东西彼此相等。

Things which coincide with one another are equal to one another.

5. 整体大于部分。

The whole is greater than the part.

命题 1

在一给定的有限直线上作一个等边三角形。

On a given finite straight line to construct an equilateral triangle.

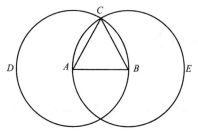

设 AB 是给定的有限直线。

于是，要求在直线 AB 上作一个等边三角形。

以 A 为圆心、AB 为距离作圆 BCD；　　　　　　　〔公设 3〕

再以 B 为圆心、BA 为距离作圆 ACE；　　　　　　　〔公设 3〕

从两圆的交点 C 到点 A、点 B 连直线 CA、CB。　〔公设 1〕

现在，由于点 A 是圆 CDB 的圆心，所以

AC 等于 AB。　　　　　　　　　　〔定义 15〕

又，由于点 B 是圆 CAE 的圆心，所以

BC 等于 BA。　　　　　　　　　　〔定义 15〕

但已证明，CA 也等于 AB；

因此，直线 CA、CB 中的每一条都等于 AB。

而等于同量的量也彼此相等；　　　　　　　　〔公理 1〕

因此，CA 也等于 CB。

因此，三条直线 CA、AB、BC 彼此相等。

因此，三角形 ABC 是等边的；且它是在给定的有限直线 AB 上作的。

这就是所要作的。(Q.E.F.)[1]

---

① Q.E.F. 是拉丁文 "quod erat faciendum" 的缩写，即 "这就是所要作的"。——译者

命题 2

从给定一点［作为端点］^① 作一直线等于给定的直线。

To place at a given point［as an extremity］a straight line equal to a given straight line.

设 A 为给定的点，BC 是给定的直线。

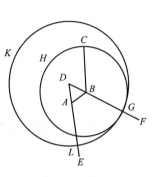

于是，要求从点 A（作为一个端点）作一直线等于给定的直线 BC。

从点 A 到点 B 连直线 AB；

　　　　　　　　　　　　　　　　［公设 1］

在 AB 上作等边三角形 DAB。　　　　　　　　　［I.1］^②

延长 DA、DB 成直线 AE、BF；　　　　　　　　［公设 2］

以 B 为圆心、BC 为距离作圆 CGH；　　　　　　［公设 3］

再以 D 为圆心、DG 为距离作圆 GKL。　　　　　［公设 3］

于是，由于点 B 是圆 CGH 的圆心，所以

　　　　　　　　BC 等于 BG。

---

① 本书中的方括号"［　］"表示其中所括文字乃是希思提供的内容，它们可以帮助澄清，但并不见诸希腊文本。——译者

② I.1 指第一卷命题 1，下同。——译者

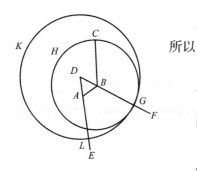

又，由于点 D 是圆 GKL 的圆心，所以

$$DL \text{ 等于 } DG\text{。}$$

而 DA 等于 DB；

因此，余量 AL 等于余量 BG。

[公理 3]

但已证明，BC 等于 BG；

因此，直线 AL、BC 都等于 BG。

而等于同量的量也彼此相等。

[公理 1]

因此，AL 也等于 BC。

这样便从给定的点 A 作出了直线 AL 等于给定的直线 BC。

这就是所要作的。

命题 3

给定两条不等的直线，从较大的直线上截取一条直线等于较小的。

Given two unequal straight lines, to cut off from the greater a straight line equal to the less.

设 AB、C 是给定的两条不等的直线，且 AB 是其中较大的。

于是，要求从较大的 AB 上截取一条直线等于较小的 C。

从点 A 作 AD 等于直线 C ；［I.2］

以 A 为圆心、AD 为距离作圆 DEF 。　　　　　　　［公设 3］

现在，由于点 A 是圆 DEF 的圆心，所以

　　AE 等于 AD 。　　　　［定义 15］

但 C 也等于 AD 。

因此，直线 AE、C 中的每一条都等于 AD ；

　　　　　　　　于是，AE 也等于 C 。

　　　　　　　　　　　　　　　　　［公理 1］

这样便从给定的两条直线 AB、C 中较大的 AB 上截取了 AE 等于较小的 C 。

　　　　　　　　　　　　　　　这就是所要作的。

命题 4

若一个三角形的两边分别等于另一个三角形的两边，且相等直线所夹的角相等，则这两个三角形的底等于底，三角形等于三角形，其余的角也分别等于其余的角，即等边所对的角。

If two triangles have the two sides equal to two sides respectively, and have the angles contained by the equal straight lines equal, they will also have the base equal to the base, the triangle will be equal to the triangle, and the remaining angles will be equal to the remaining angles respectively, namely those which the equal sides subtend.

设 *ABC*、*DEF* 是两个三角形，两边 *AB*、*AC* 分别等于两边 *DE*、*DF*，即 *AB* 等于 *DE*，*AC* 等于 *DF*，且角 *BAC* 等于角 *EDF*。

 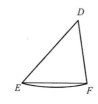

我说，底 *BC* 也等于底 *EF*，三角形 *ABC* 等于三角形 *DEF*，其余的角分别等于其余的角，即等边所对的角，也就是角 *ABC* 等于角 *DEF*，角 *ACB* 等于角 *DFE*。

这是因为，如果把三角形 *ABC* 叠合到三角形 *DEF* 上，若点 *A* 被置于点 *D* 上，直线 *AB* 被置于 *DE* 上，于是因为 *AB* 等于 *DE*，所以点 *B* 也与点 *E* 重合。

又，由于 *AB* 与 *DE* 重合，因为角 *BAC* 等于角 *EDF*，所以直线 *AC* 也与 *DF* 重合；

于是，因为 *AC* 等于 *DF*，所以点 *C* 也与点 *F* 重合。

但 *B* 也与 *E* 重合；

因此，底 *BC* 与底 *EF* 重合，

并将等于它。　　　　　　　　　　［公理 4］

于是，整个三角形 *ABC* 与整个三角形 *DEF* 重合，

并且等于它。　　　　　　　　　　［公理 4］

其余的角也与其余的角重合，并且等于它们，

角 *ABC* 等于角 *DEF*，

角 *ACB* 等于角 *DFE*。　　　　　　［公理 4］

这就是所要证明的。（Q.E.D.）[①]

命题 5

在等腰三角形中，两底角彼此相等；又，若继续延长两腰，则底以下的两角也彼此相等。

In isosceles triangles the angles at the base are equal to one another; and, if the equal straight lines be produced further, the angles under the base will be equal to one another.

设 *ABC* 是一个等腰三角形，边 *AB* 等于边 *AC*；

延长 *AB*、*AC* 成直线 *BD*、*CE*。　　［公设 2］

我说，角 *ABC* 等于角 *ACB*，角 *CBD* 等于角 *BCE*。

在 *BD* 上任取一点 *F*；

在较大的 *AE* 上截取 *AG* 等于较小的 *AF*；　　　　　　　　　　　　　　［I. 3］

连接直线 *FC*、*GB*。　　　　　　　［公设 1］

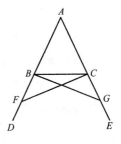

---

① Q.E.D. 是拉丁文 "quod erat demonstrandum" 的缩写，即 "这就是所要证明的"。
——译者

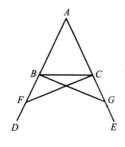

于是，由于 *AF* 等于 *AG*，*AB* 等于 *AC*，所以

两边 *FA*、*AC* 分别等于两边 *GA*、*AB*；

且它们夹着公共角 *FAG*。

因此，底 *FC* 等于底 *GB*，

且三角形 *AFC* 等于三角形 *AGB*，

其余的角分别等于其余的角，即相等的边所对的角，

也就是说，角 *ACF* 等于角 *ABG*，

角 *AFC* 等于角 *AGB*。　　　　[Ⅰ.4]

又，由于整个 *AF* 等于整个 *AG*，且它们中 *AB* 等于 *AC*，所以

余量 *BF* 等于余量 *CG*。

但已证明，*FC* 等于 *GB*；

因此，两边 *BF*、*FC* 分别等于两边 *CG*、*GB*；

且角 *BFC* 等于角 *CGB*，

而底 *BC* 公用；

因此，三角形 *BFC* 也等于三角形 *CGB*，其余的角也分别等于其余的角，即等边所对的角；

因此，角 *FBC* 等于角 *GCB*，

角 *BCF* 等于角 *CBG*。

因此，由于已经证明整个角 *ABG* 等于角 *ACF*，其中角 *CBG* 等于角 *BCF*，所以

其余的角 *ABC* 等于其余的角 *ACB*；

它们都在三角形 *ABC* 的底以上。

但这也就证明了角 *FBC* 等于角 *GCB*；

它们都在底以下。

这就是所要证明的。

命题 6

若一个三角形中两角彼此相等,则等角所对的边也彼此相等。

If in a triangle two angles be equal to one another, the sides which subtend the equal angles will also be equal to one another.

设三角形 *ABC* 中, 角 *ABC* 等于角 *ACB* ;

我说, 边 *AB* 也等于边 *AC*。

这是因为, 若 *AB* 不等于 *AC*, 则其中有一个较大。

设 *AB* 较大;

从较大的 *AB* 上截取 *DB* 等于较小的 *AC* ;

连接 *DC*。

于是, 由于 *DB* 等于 *AC*,

且 *BC* 公用,

两边 *DB*、*BC* 分别等于两边 *AC*、*CB* ;

且角 *DBC* 等于角 *ACB* ;

因此, 底 *DC* 等于底 *AB*,

且三角形 *DBC* 等于三角形 *ACB*, 即较小的等于较大的: 这是荒谬的。

因此, AB 并非不等于 AC;

因此, AB 等于 AC。

这就是所要证明的。

命题 7

在一直线上[从它的两个端点]作两条直线相交于一点, 则不可能在该直线同侧[从它的两个端点]作另外两条直线相交于另一点, 使得所作的两条直线分别等于前面两条直线, 即分别等于与之有相同端点的直线。

Given two straight lines constructed on a straight line (from its extremities) and meeting in a point, there cannot be constructed on the same straight line (from its extremities), and on the same side of it, two other straight lines meeting in another point and equal to the former two respectively, namely each to that which has the same extremity with it.

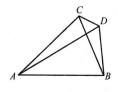

这是因为, 如果可能, 在直线 AB 上作两条直线 AC、CB, 它们交于点 C,

在 AB 同侧作另外两条直线 AD、DB 相交于另一点 D, 且这两条直线分别等于前面两条直线, 即与之有相同端点的直线,

于是, CA 等于与之有相同端点 A 的 DA,

且 *CB* 等于与之有相同端点 *B* 的 *DB*；

连接 *CD*。

于是，由于 *AC* 等于 *AD*，所以

　　　　角 *ACD* 也等于角 *ADC*；　　　　　　　[I. 5]

　　　　因此，角 *ADC* 大于角 *DCB*，

　　　　因此，角 *CDB* 比角 *DCB* 更大。

又，由于 *CB* 等于 *DB*，所以

　　　　角 *CDB* 也等于角 *DCB*。

但已证明，角 *CDB* 比角 *DCB* 更大：

这是不可能的。

　　　　　　　　　　　　　　这就是所要证明的。

命题 8

若一个三角形的两边分别等于另一个三角形的两边，前者的底等于后者的底，则相等直线所夹的角也相等。

If two triangles have the two sides equal to two sides respectively, and have also the base equal to the base, they will also have the angles equal which are contained by the equal straight lines.

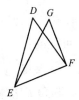

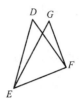

设 *ABC*、*DEF* 是两个三角形，两边 *AB*、*AC* 分别等于两边 *DE*、*DF*，即 *AB* 等于 *DE*，*AC* 等于 *DF*；又设它们的底 *BC* 等于底 *EF*。

我说，角 *BAC* 也等于角 *EDF*。

这是因为，如果把三角形 *ABC* 叠合到三角形 *DEF* 上，且点 *B* 被置于点 *E* 上，直线 *BC* 被置于 *EF* 上，于是因为 *BC* 等于 *EF*，点 *C* 也与 *F* 重合。

于是，由于 *BC* 与 *EF* 重合，所以

BA、*AC* 也与 *ED*、*DF* 重合；

这是因为，如果底 *BC* 与底 *EF* 重合，而边 *BA*、*AC* 不与 *ED*、*DF* 重合，而是落在它们旁边，比如 *EG*、*GF*，

那么，在一条直线上［从它的两个端点］作两条直线相交于一点，则能够在该直线同侧［从它的两个端点］作另外两条直线相交于另一点，使得所作的两直线分别等于前面两直线，即分别等于与之有相同端点的直线。

但它们是无法这样作出来的。　　　　　　　　　　　　　［I. 7］

因此，如果把底 *BC* 叠合到底 *EF* 上，而边 *BA*、*AC* 与 *ED*、*DF* 不重合：这是不可能的；

因此，它们重合，

于是，角 *BAC* 也与角 *EDF* 重合，

并且等于它。

这就是所要证明的。

命题 9

将一个给定的直线角二等分。

To bisect a given rectilineal angle.

设角 *BAC* 是给定的直线角，
于是，要求将这个角二等分。
在 *AB* 上任取一点 *D*；
在 *AC* 上截取 *AE* 等于 *AD*；　　　　[Ⅰ.3]
连接 *DE*,
在 *DE* 上作等边三角形 *DEF*；
连接 *AF*。

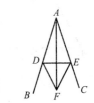

我说，角 *BAC* 被直线 *AF* 二等分。
这是因为，*AD* 等于 *AE*,
AF 公用，所以
　　　　两边 *DA*、*AF* 分别等于两边 *EA*、*AF*。
而底 *DF* 等于底 *EF*；
　　　　　　因此，角 *DAF* 等于角 *EAF*。　　　[Ⅰ.8]
因此，给定的直线角 *BAC* 已被直线 *AF* 二等分。

这就是所要作的。

命题 10

将一条给定的有限直线二等分。

To bisect a given finite straight line.

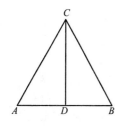

设 *AB* 为给定的有限直线。

于是, 要求将有限直线 *AB* 二等分。

在 *AB* 上作等边三角形 *ABC*,　　　　[I.1]

且设角 *ACB* 被直线 *CD* 二等分;　　[I.9]

我说, 直线 *AB* 被二等分于点 *D*。

这是因为, 由于 *AC* 等于 *CB*, 且 *CD* 公用, 所以

两边 *AC*、*CD* 分别等于两边 *BC*、*CD*;

而角 *ACD* 等于角 *BCD*;

因此, 底 *AD* 等于底 *BD*。　　　　[I.4]

因此, 给定的有限直线 *AB* 被二等分于点 *D*。

这就是所要作的。

命题 11

从给定直线上一给定点作一直线与给定直线成直角。

To draw a straight line at right angles to a given straight line from a given point on it.

设 *AB* 是给定的直线，*C* 是其
上的给定点。

于是，要求从点 *C* 作一直线与
直线 *AB* 成直角。

在 *AC* 上任取一点 *D*；

使 *CE* 等于 *CD*；   [I.3]

在 *DE* 上作等边三角形 *FDE*；   [I.1]

连接 *FC*；

我说，直线 *FC* 就是从给定直线 *AB* 上的给定点 *C* 作出的与
直线 *AB* 成直角的直线。

这是因为，由于 *DC* 等于 *CE*，且 *CF* 公用，

两边 *DC*、*CF* 分别等于两边 *EC*、*CF*；

且底 *DF* 等于底 *FE*；

　　　　因此，角 *DCF* 等于角 *ECF*；   [I.8]

且它们是邻角。

但是，当一条直线与另一条直线相交成彼此相等的邻角时，
这些等角中的每一个都是直角；   [定义 10]

　　　　因此，角 *DCF*、*FCE* 中的每一个都是直角。

因此，直线 *CF* 就是从给定直线 *AB* 上的给定点 *C* 作出的与
直线 *AB* 成直角的直线。

　　　　　　　　　　　　　　　　　　　　这就是所要作的。

命题 12

从给定的无限直线外一给定点作该直线的垂线。

To a given infinite straight line, from a given point which is not on it, to draw a perpendicular straight line.

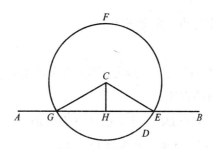

设 *AB* 为给定的无限直线，*C* 是不在其上的给定点；

于是，要求从给定的无限直线 *AB* 外的给定点 *C* 作 *AB* 的垂线。

在直线 *AB* 的另一侧任取一点 *D*，以 *C* 为圆心、*CD* 为距离作圆 *EFG*；　　　　　　　　　　　　　　　　　　［公设 3］

设直线 *EG* 被二等分于 *H*，　　　　　　　　　　　　　［I. 10］

连接直线 *CG*、*CH*、*CE*。　　　　　　　　　　　　　　［公设 1］

我说，*CH* 就是从给定的无限直线 *AB* 外的给定点 *C* 所作的 *AB* 的垂线。

这是因为，由于 *GH* 等于 *HE*，且 *HC* 公用，所以

两边 *GH*、*HC* 分别等于两边 *EH*、*HC*；

且底 *CG* 等于底 *CE*；

因此，角 *CHG* 等于角 *EHC*。　　　　　　　　　　　　　［I. 8］

且它们是邻角。

但是，当一条直线与另一条直线交成的邻角彼此相等时，这些等角中的每一个都是直角，且称这条直线垂直于另一条直线。

[定义 10]

因此，*CH* 就是从给定的无限直线 *AB* 外的给定点 *C* 所作的 *AB* 的垂线。

这就是所要作的。

命题 13

一直线与另一直线交成的角，要么是两直角，要么其和等于两直角。

If a straight line set up on a straight line make angles, it will make either two right angles or angles equal to two right angles.

设任意直线 *AB* 与直线 *CD* 交成角 *CBA*、*ABD*；

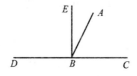

我说，角 *CBA*、*ABD* 要么是两直角，要么其和等于两直角。

现在，若角 *CBA* 等于角 *ABD*，则它们是两直角。 [定义 10]

但若不是，设 *BE* 是从点 *B* 作的与 *CD* 成直角的直线；

[I. 11]

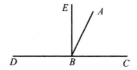

因此，角 *CBE*、*EBD* 是两直角。

于是，由于角 *CBE* 等于两个角 *CBA*、*ABE* 之和，

给它们分别加上角 *EBD*；

因此，角 *CBE*、*EBD* 之和等于三个角 *CBA*、*ABE*、*EBD* 之和。

［公理 2］

又，由于角 *DBA* 等于两个角 *DBE*、*EBA* 之和，

给它们分别加上角 *ABC*；

因此，角 *DBA*、*ABC* 之和等于三个角 *DBE*、*EBA*、*ABC* 之和。

［公理 2］

但已证明，角 *CBE*、*EBD* 之和等于这三个角之和；

而等于同量的量也彼此相等；　　　　　　　　　　　［公理 1］

因此，角 *CBE*、*EBD* 之和也等于角 *DBA*、*ABC* 之和。

但角 *CBE*、*EBD* 之和是两直角；

因此，角 *DBA*、*ABC* 之和也等于两直角。

这就是所要证明的。

命题 14

若过任意直线上一点的两条直线不在该直线的同侧，且与该直线所成邻角之和等于两直角，则这两条直线在同一直线上。

If with any straight line, and at a point on it, two straight lines not lying on the same side make the adjacent angles equal to two right angles, the two straight lines will be in a straight line with one another.

设过任意直线 *AB* 上的点 *B* 有两条不在 *AB* 同侧的直线 *BC*、*BD* 成邻角 *ABC*、*ABD*，其和等于两直角；

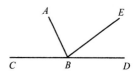

我说，*BD* 与 *CB* 在同一直线上。

这是因为，如果 *BD* 和 *BC* 不在同一直线上，设 *BE* 和 *CB* 在同一直线上。

于是，由于直线 *AB* 与直线 *CBE* 相交，所以

> 角 *ABC*、*ABE* 之和等于两直角。 ［I. 13］

但角 *ABC*、*ABD* 之和也等于两直角；

> 因此，角 *CBA*、*ABE* 之和等于角 *CBA*、*ABD* 之和。

> ［公设 4 和公理 1］

从它们中分别减去角 *CBA*；

> 因此，其余的角 *ABE* 等于其余的角 *ABD*，［公理 3］

小角等于大角：这是不可能的。

因此，*BE* 和 *CB* 不在同一直线上。

类似地，可以证明，除 *BD* 外也没有任何其它直线和 *CB* 在同一直线上。

> 因此，*CB* 和 *BD* 在同一直线上。

> 这就是所要证明的。

命题 15

若两直线相交，则交成彼此相等的对顶角。

If two straight lines cut one another, they make the vertical angles equal to one another.

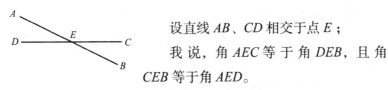

设直线 *AB*、*CD* 相交于点 *E*；

我 说，角 *AEC* 等 于 角 *DEB*，且 角 *CEB* 等于角 *AED*。

这是因为，由于直线 *AE* 与直线 *CD* 相交，交成了角 *CEA*、*AED*，所以

角 *CEA*、*AED* 之和等于两直角。

又，由于直线 *DE* 与直线 *AB* 相交，交成了角 *AED*、*DEB*，所以

角 *AED*、*DEB* 之和等于两直角。　　　　[I. 13]

但已证明，角 *CEA*、*AED* 之和等于两直角；

因此，角 *CEA*、*AED* 之和等于角 *AED*、*DEB* 之和。

[公设 4 和公理 1]

从它们中分别减去角 *AED*；

因此，其余的角 *CEA* 等于其余的角 *BED*。　　[公理 3]

类似地，可以证明，角 *CEB* 也等于角 *DEA*。

这就是所要证明的。

< **推论（Porism）** 由此显然可得，若两条直线相交，则在交点处交成的各角之和等于四直角。>[①]

命题 16

在任意三角形中，若延长一边，则外角大于任一内对角。

In any triangle, if one of the sides be produced, the exterior angle is greater than either of the interior and opposite angles.

设 *ABC* 是一个三角形，延长它的一边 *BC* 到 *D*；

我说，外角 *ACD* 大于内角 *CBA*、*BAC* 中的任何一个。

设 *AC* 被二等分于 *E*，[I.10]

连接 *BE* 并沿直线延长到 *F*；

使 *EF* 等于 *BE*，　　　　　　[I.3]

连接 *FC*，　　　　　　　　　[公设 1]

延长 *AC* 到 *G*。　　　　　　[公设 2]

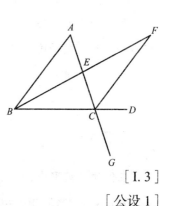

于是，由于 *AE* 等于 *EC*，*BE* 等于 *EF*，所以

两边 *AE*、*EB* 分别等于两边 *CE*、*EF*；

且角 *AEB* 等于角 *FEC*，因为它们是对顶角。　[I.15]

---

① 本书中的尖括号"< >"表示其中所括文字被学者们视为某位早期编者所作的插补，即非欧几里得原作。此条推论在普罗克洛斯（Proclus, 410—485）的时代即已见于抄本。——译者

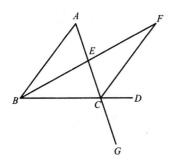

因此，底 *AB* 等于底 *FC*，三角形 *ABE* 等于三角形 *CFE*，

且其余的角分别等于其余的角，即等边所对的角；　　　　　[I.4]

因此，角 *BAE* 等于角 *ECF*。

但角 *ECD* 大于角 *ECF*；

[公理 5]

因此，角 *ACD* 大于角 *BAE*。

类似地也有，若 *BC* 被二等分，则可以证明，角 *BCG*，即角 *ACD* [I.15]，大于角 *ABC*。

这就是所要证明的。

命题 17

在任意三角形中，任意两角之和小于两直角。

In any triangle two angles taken together in any manner are less than two right angles.

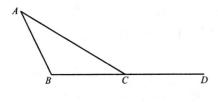

设 *ABC* 是一个三角形；

我说，三角形 *ABC* 的任意两角之和小于两直角。

将 *BC* 延长到 *D*。

[公设 2]

于是，由于角 *ACD* 是三角形 *ABC* 的一个外角，所以它大于
内对角 *ABC*。　　　　　　　　　　　　　　　　　　　[I. 16]

给它们分别加上角 *ACB*；

　　因此，角 *ACD*、*ACB* 之和大于角 *ABC*、*BCA* 之和。

但角 *ACD*、*ACB* 之和等于两直角。　　　　　　　　[I. 13]

　　　　因此，角 *ABC*、*BCA* 之和小于两直角。

类似地，可以证明，角 *BAC*、*ACB* 之和也小于两直角，角
CAB、*ABC* 之和也是如此。

　　　　　　　　　　　　　　　　　这就是所要证明的。

命题 18

在任意三角形中，大边对大角。

In any triangle the greater side subtends the greater angle.

设在三角形 *ABC* 中，边 *AC* 大于 *AB*；

我说，角 *ABC* 也大于角 *BCA*。

这是因为，由于 *AC* 大于 *AB*，
取 *AD* 等于 *AB*[I. 3]，连接 *BD*。

于是，由于角 *ADB* 是三角形
BCD 的一个外角，所以

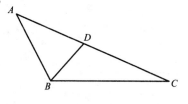

　　它大于内对角 *DCB*。　　　　　　　　　　　　　[I.16]

但角 *ADB* 等于角 *ABD*，由于边 *AB* 等于 *AD*；

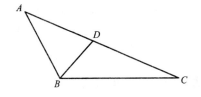

因此, 角 *ABD* 也大于角 *ACB* ;

因此, 角 *ABC* 比角 *ACB* 更大。

这就是所要证明的。

命题 19

在任意三角形中, 大角对大边。

In any triangle the greater angle is subtended by the greater side.

设在三角形 *ABC* 中, 角 *ABC* 大于角 *BCA* ;

我说, 边 *AC* 也大于边 *AB*。

这是因为, 若非如此, 则 *AC* 等于或小于 *AB*。

现在, *AC* 不等于 *AB* ;

因为否则的话, 角 *ABC* 也等于角 *ACB* ;   [I. 5]

但它并不等于;

因此, *AC* 不等于 *AB*。

AC 也不小于 *AB*, 因为否则的话, 角 *ABC* 也小于角 *ACB* ;

[I. 18]

但它并不小于;

因此, *AC* 不小于 *AB*。

已经证明, *AC* 也不等于 *AB*。

因此，*AC* 大于 *AB*。

这就是所要证明的。

命题 20

在任意三角形中，任意两边之和大于其余一边。

In any triangle two sides taken together in any manner are greater than the remaining one.

设 *ABC* 为一个三角形；

我说，在三角形 *ABC* 中，任意两边之和大于其余一边，即

$\quad\quad$ *BA*、*AC* 之和大于 *BC*，

$\quad\quad\quad$ *AB*、*BC* 之和大于 *AC*，

$\quad\quad\quad$ *BC*、*CA* 之和大于 *AB*。

这是因为，延长 *BA* 到点 *D*，使 *DA* 等于 *CA*，连接 *DC*。

于是，由于 *DA* 等于 *AC*，所以

$\quad\quad\quad$ 角 *ADC* 也等于角 *ACD*；$\quad\quad\quad\quad$［I. 5］

$\quad\quad\quad\quad$ 因此，角 *BCD* 大于角 *ADC*。$\quad\quad$［公理 5］

又，由于三角形 *DCB* 的角 *BCD* 大于角 *BDC*，且大角对大边，

$\quad\quad\quad\quad\quad\quad\quad\quad\quad\quad\quad\quad\quad$［I. 19］

$\quad\quad\quad\quad$ 因此，*DB* 大于 *BC*。

但 *DA* 等于 *AC*；

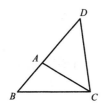

因此，BA、AC 之和大于 BC。

类似地，可以证明，AB、BC 之和也大于 CA，BC、CA 之和也大于 AB。

这就是所要证明的。

命题 21

若从三角形一边的两个端点作两条直线交于三角形内，则这样作出的两条直线之和小于三角形其余两边之和，但夹角更大。

If on one of the sides of a triangle, from its extremities, there be constructed two straight lines meeting within the triangle, the straight lines so constructed will be less than the remaining two sides of the triangle, but will contain a greater angle.

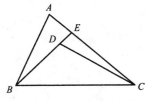

在三角形 ABC 的一边 BC 上，从其端点 B、C 作两条直线 BD、DC 交于三角形 ABC 内；

我说，BD、DC 之和小于三角形其余两边 BA、AC 之和，但所夹的角 BDC 大于角 BAC。

这是因为，延长 BD 到 E。

于是，由于在任意三角形中，两边之和大于第三边，   [I. 20]

因此，在三角形 ABE 中，两边 AB、AE 之和大于 BE。

给它们分别加上 EC；

因此，*BA*、*AC* 之和大于 *BE*、*EC* 之和。

又，由于在三角形 *CED* 中，两边 *CE*、*ED* 之和大于 *CD*，

给它们分别加上 *DB*；

因此，*CE*、*EB* 之和大于 *CD*、*DB* 之和。　　　　[I. 20]

但已证明，*BA*、*AC* 之和大于 *BE*、*EC* 之和；

　　　因此，*BA*、*AC* 之和比 *BD*、*DC* 之和更大。

又，由于在任意三角形中，外角大于内对角，　　　　[I. 16]

因此，在三角形 *CDE* 中，

　　　外角 *BDC* 大于角 *CED*。

此外，同理，在三角形 *ABE* 中也有，

　　　外角 *CEB* 大于角 *BAC*。

但已证明，角 *BDC* 大于角 *CEB*；

　　　因此，角 *BDC* 比角 *BAC* 更大。

　　　　　　　　　　　　　这就是所要证明的。

命题 22

由分别等于三条给定直线的三条直线作一个三角形，则任意
两条直线之和必定大于另一条直线。　　　　　　　　[I. 20]

*Out of three straight lines, which are equal to three given
straight lines, to construct a triangle: thus it is necessary that two
of the straight lines taken together in any manner should be greater
than the remaining one.*　　　　　　　　　　　　[I. 20]

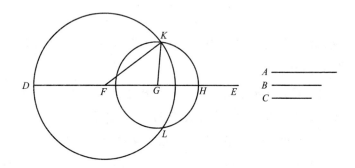

设三条给定直线是 A、B、C，其中任意两条之和大于另一条，即

$$A、B 之和大于 C，$$

$$A、C 之和大于 B，$$

$$B、C 之和大于 A；$$

于是，要求由分别等于 A、B、C 的三条直线作一个三角形。

作一条直线 DE，一端为 D，但沿 E 的方向有无限长，

取 DF 等于 A，FG 等于 B，GH 等于 C。　　　　　[Ⅰ.3]

以 F 为圆心、FD 为距离作圆 DKL；

又，以 G 为圆心、GH 为距离作圆 KLH；

连接 KF、KG；

我说，三角形 KFG 就是由分别等于 A、B、C 的三条直线所作的三角形。

这是因为，由于点 F 是圆 DKL 的圆心，所以

$$FD 等于 FK。$$

但 FD 等于 A；

$$因此，KF 也等于 A。$$

又，由于点 G 是圆 LKH 的圆心，所以

$$GH\ 等于\ GK。$$

但 GH 等于 C；

$$因此，KG\ 也等于\ C。$$

而 FG 也等于 B；因此，三条直线 KF、FG、GK 等于三条直线 A、B、C。

这样便由分别等于三条给定直线 A、B、C 的三条直线 KF、FG、GK 作出了三角形 KFG。

这就是所要作的。

命题 23

在给定的直线上并且在其上一点作一个直线角等于给定的直线角。

On a given straight line and at a point on it to construct a rectilineal angle equal to a given rectilineal angle.

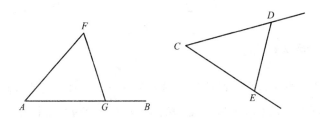

设 AB 是给定的直线，A 为其上一点，角 DCE 为给定的直线角；

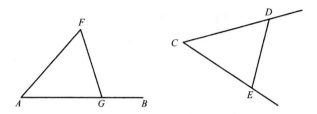

于是，要求在给定的直线 AB 上并且在其上的点 A 作一个直线角等于给定的直线角 DCE。

在直线 CD、CE 上分别任取点 D、E ；

连接 DE，

由分别等于三条直线 CD、DE、CE 的三条直线作三角形 AFG，取 CD 等于 AF，CE 等于 AG，DE 等于 FG。　　　　[I. 22]

于是，由于两边 DC、CE 分别等于两边 FA、AG，且底 DE 等于底 FG，所以

角 DCE 等于角 FAG。　　　　[I. 8]

这样便在给定的直线 AB 上并且在其上的点 A 作出了直线角 FAG 等于给定的直线角 DCE。

这就是所要作的。

命题 24

若一个三角形的两条边分别等于另一个三角形的两条边，但前者的夹角大于后者的夹角，则较大夹角所对的底也较大。

If two triangles have the two sides equal to two sides

respectively, but have the one of the angles contained by the equal straight lines greater than the other, they will also have the base greater than the base.

设 *ABC*、*DEF* 是两个三角形，其中两边 *AB*、*AC* 分别等于两边 *DE*、*DF*，即 *AB* 等于 *DE*，*AC* 等于 *DF*，设 *A* 处的角大于 *D* 处的角；

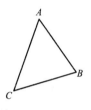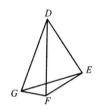

我说，底 *BC* 也大于底 *EF*。

这是因为，由于角 *BAC* 大于角 *EDF*，所以在直线 *DE* 上并且在其上的点 *D* 作角 *EDG* 等于角 *BAC* ；   [I. 23]

取 *DG* 等于两直线 *AC* 或 *DF*，连接 *EG*、*FG*。

于是，由于 *AB* 等于 *DE*，*AC* 等于 *DG*，所以

两边 *BA*、*AC* 分别等于两边 *ED*、*DG* ；

而角 *BAC* 等于角 *EDG* ；

因此，底 *BC* 等于底 *EG*。   [I. 4]

又，由于 *DF* 等于 *DG*，所以

角 *DGF* 也等于角 *DFG*，   [I. 5]

因此，角 *DFG* 大于角 *EGF*。

因此，角 *EFG* 比角 *EGF* 更大。

又，由于 *EFG* 是一个三角形，其中角 *EFG* 大于角 *EGF*，而大角对大边，   [I. 19]

因此，边 *EG* 也大于 *EF*。

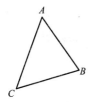

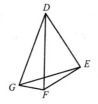

但 *EG* 等于 *BC*。

因此，*BC* 也大于 *EF*。

这就是所要证明的。

命题 25

若一个三角形的两条边分别等于另一个三角形的两条边，但前者的底大于后者的底，则较大的底所对的角也较大。

If two triangles have the two sides equal to two sides respectively, but have the base greater than the base, they will also have the one of the angles contained by the equal straight lines greater than the other.

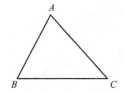

设 *ABC*、*DEF* 是两个三角形，其中两边 *AB*、*AC* 分别等于两边 *DE*、*DF*，即 *AB* 等于 *DE*，*AC* 等于 *DF*；

且设底 *BC* 大于底 *EF*；

我说，角 *BAC* 也大于角 *EDF*。

这是因为，若非如此，则角 *BAC* 要么等于、要么小于角 *EDF*。

现在，角 *BAC* 不等于角 *EDF*；因为否则的话，底 *BC* 也等于底 *EF*，   [I. 4]

但它并不等于；

　　　　因此，角 *BAC* 不等于角 *EDF*。

又，角 *BAC* 也不小于角 *EDF*，

因为否则的话，底 *BC* 也小于底 *EF*，   [I. 24]

但它并不小于；

　　　　因此，角 *BAC* 不小于角 *EDF*。

但已证明，它们不相等；

　　　　因此，角 *BAC* 大于角 *EDF*。

　　　　　　　　　　　　　　　　这就是所要证明的。

命题 26

若一个三角形的两个角分别等于另一个三角形的两个角，且前者的一边等于后者的一边，即这边要么是等角的夹边，要么是一个等角的对边，则它们其余的边也等于其余的边，其余的角也等于其余的角。

If two triangles have the two angles equal to two angles respectively, and one side equal to one side, namely, either the side adjoining the equal angles, or that subtending one of the equal angles, they will also have the remaining sides equal to the remaining sides and the remaining angle to the remaining angle.

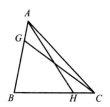 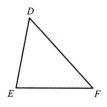

设 *ABC*、*DEF* 是两个三角形，其中两角 *ABC*、*BCA* 分别等于两角 *DEF*、*EFD*，即角 *ABC* 等于角 *DEF*，角 *BCA* 等于角 *EFD*；又设它们还有一边等于一边，先设是等角所夹的边，即 *BC* 等于 *EF*；

我说，它们其余的边也分别等于其余的边，即 *AB* 等于 *DE*，*AC* 等于 *DF*，其余的角也等于其余的角，即角 *BAC* 等于角 *EDF*。

这是因为，如果 *AB* 不等于 *DE*，那么其中一个较大。

设 *AB* 较大，取 *BG* 等于 *DE*；连接 *GC*。

于是，由于 *BG* 等于 *DE*，*BC* 等于 *EF*，所以

两边 *GB*、*BC* 分别等于两边 *DE*、*EF*；

而角 *GBC* 等于角 *DEF*；

因此，底 *GC* 等于底 *DF*，

三角形 *GBC* 等于三角形 *DEF*，

其余的角等于其余的角，即等边所对的角；　　　　[I. 4]

因此，角 *GCB* 等于角 *DFE*。

但根据假设，角 *DFE* 等于角 *BCA*；

因此，角 *BCG* 等于角 *BCA*，

即小的等于大的：这是不可能的。

因此，*AB* 并非不等于 *DE*，

因此等于 *DE*。

但 *BC* 也等于 *EF*；

因此，两边 *AB*、*BC* 分别等于两边 *DE*、*EF*，

而角 *ABC* 等于角 *DEF*；

因此，底 *AC* 等于底 *DF*，

且其余的角 *BAC* 等于其余的角 *EDF*。　　　［I. 4］

又，设等角的对边相等，如 *AB* 等于 *DE*；

我说，其余的边等于其余的边，即 *AC* 等于 *DF*，*BC* 等于 *EF*，以及其余的角 *BAC* 等于其余的角 *EDF*。

这是因为，如果 *BC* 不等于 *EF*，那么其中一个较大。

如果可能，设 *BC* 较大，且设 *BH* 等于 *EF*；连接 *AH*。

于是，由于 *BH* 等于 *EF*，且 *AB* 等于 *DE*，所以

两边 *AB*、*BH* 分别等于两边 *DE*、*EF*，

而它们所夹的角相等；

因此，底 *AH* 等于底 *DF*，

三角形 *ABH* 等于三角形 *DEF*，

其余的角等于其余的角，即等边所对的角；　　　［I. 4］

因此，角 *BHA* 等于角 *EFD*。

但角 *EFD* 等于角 *BCA*；

因此，在三角形 *AHC* 中，外角 *BHA* 等于内对角 *BCA*：这是不可能的。　　　［I. 16］

因此，*BC* 并非不等于 *EF*，

因此等于它。

但 *AB* 也等于 *DE*；

因此，两边 *AB*、*BC* 分别等于两边 *DE*、*EF*，且它们所夹的角相等；

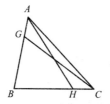 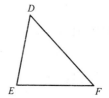

因此，底 *AC* 等于底 *DF*，

三角形 *ABC* 等于三角形 *DEF*，

且其余的角 *BAC* 等于其余的角 *EDF*。   [I.4]

这就是所要证明的。

命题 27

若一直线与两条直线相交所成的错角彼此相等，则这两条直线彼此平行。

If a straight line falling on two straight lines make the alternate angles equal to one another, the straight lines will be parallel to one another.

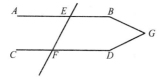

设直线 *EF* 与两条直线 *AB*、*CD* 相交所成的错角 *AEF*、*EFD* 彼此相等；

我说，*AB* 平行于 *CD*。

因为否则的话，延长 *AB*、*CD* 时，它们要么在 *B*、*D* 方向，要么在 *A*、*C* 方向相交。设它们在 *B*、*D* 方向相交于 *G*。

于是，在三角形 *GEF* 中，

外角 *AEF* 等于内对角 *EFG*：

这是不可能的。 ［I. 16］

因此，*AB*、*CD* 延长后不会在 *B*、*D* 方向。

类似地，可以证明，它们也不会在 *A*、*C* 方向相交。

但不在任何一方相交的两条直线是平行的； ［定义 23］

因此，*AB* 平行于 *CD*。

这就是所要证明的。

命题 28

若一直线与两条直线相交所成的同位角相等，或者同旁内角之和等于两直角，则这两条直线彼此平行。

If a straight line falling on two straight lines make the exterior angle equal to the interior and opposite angle on the same side, or the interior angles on the same side equal to two right angles, the straight lines will be parallel to one another.

设直线 *EF* 与两条直线 *AB*、*CD* 相交所成的同位角 *EGB* 与 *GHD* 相等，或者同旁内角即 *BGH*、*GHD* 之和等于两直角；

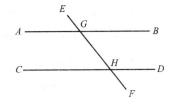

我说，*AB* 平行于 *CD*。

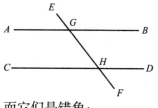

这是因为，由于角 *EGB* 等于角 *GHD*，而角 *EGB* 等于角 *AGH*，

[I. 15]

因此，角 *AGH* 也等于角 *GHD*；

而它们是错角；

因此，*AB* 平行于 *CD*。　　　　[I. 27]

又，由于角 *BGH*、*GHD* 之和等于两直角，而角 *AGH*、*BGH* 之和也等于两直角，[I. 13] 所以

角 *AGH*、*BGH* 之和等于角 *BGH*、*GHD* 之和。

从它们中分别减去角 *BGH*；

因此，其余的角 *AGH* 等于其余的角 *GHD*；而它们是错角；

因此，*AB* 平行于 *CD*。　　　　[I. 27]

这就是所要证明的。

命题 29

一直线与平行直线相交所成的错角相等，同位角相等，且同旁内角之和等于两直角。

A straight line falling on parallel straight lines makes the alternate angles equal to one another, the exterior angle equal to the interior and opposite angle, and the interior angles on the same side equal to two right angles.

设直线 *EF* 与平行直线 *AB*、 *CD* 相交。

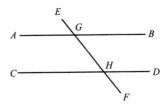

我说，错角 *AGH*、*GHD* 相等， 同位角 *EGB*、*GHD* 相等，且同旁内 角即 *BGH*、*GHD* 之和等于两直角。

这是因为，若角 *AGH* 不等于角 *GHD*，则其中一个较大。

设角 *AGH* 较大。

给它们分别加上角 *BGH*；

因此，角 *AGH*、*BGH* 之和大于角 *BGH*、*GHD* 之和。

但角 *AGH*、*BGH* 之和等于两直角；　　　　　　　　　　［I. 13］

因此，角 *BGH*、*GHD* 之和小于两直角。

但两条直线无定限延长后在两个内角之和小于两直角的一侧相交；　　　　　　　　　　　　　　　　　　　　［公设 5］

因此，*AB*、*CD* 若无定限延长会相交；

但它们并不相交，因为根据假设它们是平行的。

因此，角 *AGH* 并非不等于角 *GHD*，

因此等于它。

又，角 *AGH* 等于角 *EGB*；　　　　　　　　　　　　　　［I. 15］

因此，角 *EGB* 也等于角 *GHD*。　　　　［公理 1］

给它们分别加上角 *BGH*；

因此，角 *EGB*、*BGH* 之和等于角 *BGH*、*GHD* 之和。［公理 2］

但角 *EGB*、*BGH* 之和等于两直角；　　　　　　　　　　［I. 13］

因此，角 *BGH*、*GHD* 之和等于两直角。

这就是所要证明的。

命题 30

平行于同一直线的直线也彼此平行。

Straight lines parallel to the same straight line are also parallel to one another.

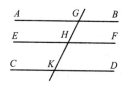

设直线 *AB*、*CD* 中的每一条都平行于 *EF*；

我说，*AB* 也平行于 *CD*。

这是因为，设直线 *GK* 与它们相交。

于是，由于直线 *GK* 与平行直线 *AB*、*EF* 都相交，所以

角 *AGK* 等于角 *GHF*。　　　　　　［I. 29］

又，由于直线 *GK* 与平行直线 *EF*、*CD* 都相交，所以

角 *GHF* 等于角 *GKD*。　　　　　　［I. 29］

但已证明，角 *AGK* 也等于角 *GHF*；

因此，角 *AGK* 也等于角 *GKD*；　　［公理 1］

且它们都是错角。

因此，*AB* 平行于 *CD*。

这就是所要证明的。

命题 31

过给定点作一直线平行于给定直线。

Through a given point to draw a straight line parallel to a given straight line.

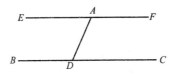

设 A 是给定点，BC 是给定直线；

于是，要求过点 A 作一直线平行于直线 BC。

在 BC 上任意取一点 D，连接 AD；

在直线 DA 上并且在其上的点 A 作角 DAE 等于角 ADC；

[I. 23]

作 EA 的延长线 AF。

于是，由于直线 AD 与两条直线 BC、EF 交成彼此相等的错角 EAD、ADC，

　　　　因此，EAF 平行于 BC。　　　　[I. 27]

过给定点 A，这样便作出了平行于给定直线 BC 的直线 EAF。

这就是所要作的。

命题 32

在任意三角形中，若延长一边，则外角等于两内对角之和，且三角形的三个内角之和等于两直角。

In any triangle, if one of the sides be produced, the exterior angle is equal to the two interior and opposite angles, and the three interior angles of the triangle are equal to two right angles.

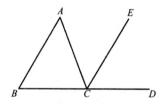

设 *ABC* 是一个三角形，延长它的一边 *BC* 到 *D*；

我说，外角 *ACD* 等于两个内对角 *CAB*、*ABC* 之和，且三角形的三个内角 *ABC*、*BCA*、*CAB* 之和等于两直角。

这是因为，过点 *C* 作 *CE* 平行于直线 *AB*。　　　　　　［I. 31］

于是，由于 *AB* 平行于 *CE*，且 *AC* 与它们相交，所以

　　　错角 *BAC*、*ACE* 彼此相等。　　　　　　　　　［I. 29］

又，由于 *AB* 平行于 *CE*，且直线 *BD* 与它们相交，所以

　　　外角 *ECD* 等于内对角 *ABC*。　　　　　　　　　［I. 29］

但已证明，角 *ACE* 也等于角 *BAC*；

　　因此，整个角 *ACD* 等于两内对角 *BAC*、*ABC* 之和。

给它们分别加上角 *ACB*；

因此，角 *ACD*、*ACB* 之和等于三个角 *ABC*、*BCA*、*CAB* 之和。

但角 *ACD*、*ACB* 之和等于两直角；　　　　　　[I. 13]

因此，角 *ABC*、*BCA*、*CAB* 之和也等于两直角。

这就是所要证明的。

命题 33

[在端点处]沿相同方向[分别]连接相等且平行的直线，连成的直线自身也相等且平行。

The straight lines joining equal and parallel straight lines (at the extremities which are) in the same directions (respectively) are themselves also equal and parallel.

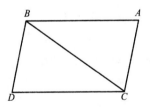

设 *AB*、*CD* 相等且平行，*AC*、*BD* 是[在端点处]沿相同方向[分别]连接它们的直线；

我说，*AC*、*BD* 相等且平行。

连接 *BC*。

于是，由于 *AB* 平行于 *CD*，且 *BC* 与它们相交，所以

错角 *ABC*、*BCD* 彼此相等。　　　　　　[I. 29]

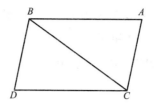

又，由于 *AB* 等于 *CD*，且 *BC* 公用，所以

两边 *AB*、*BC* 分别等于两边 *DC*、*CB*；

而角 *ABC* 等于角 *BCD*；

因此，底 *AC* 等于底 *BD*，

三角形 *ABC* 等于三角形 *DCB*，

其余的角也分别等于其余的角，即这些相等的边所对的角。

[I.4]

因此，角 *ACB* 等于角 *CBD*。

又，由于直线 *BC* 与两直线 *AC*、*BD* 交成的错角彼此相等，所以

AC 平行于 *BD*。　　　　[I.27]

且已证明它们也相等。

这就是所要证明的。

命题 34

在平行四边形面中，对边相等、对角相等且对角线二等分其面。

In parallelogrammic areas the opposite sides and angles are equal to one another, and the diameter bisects the areas.

设 *ACDB* 是一个平行四边形面，
BC 是其对角线；

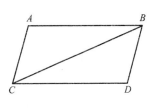

我说，这个平行四边形面 *ACDB*
的对边相等、对角相等且对角线 *BC*
将它二等分。

这是因为，由于 *AB* 平行于 *CD*，且直线 *BC* 与它们相交，所以

　　　错角 *ABC*、*BCD* 彼此相等。　　　　　　［I. 29］

又，由于 *AC* 平行于 *BD*，且 *BC* 与它们相交，所以

　　　错角 *ACB*、*CBD* 彼此相等。　　　　　　［I. 29］

因此，在 *ABC*、*DCB* 这两个三角形中，两个角 *ABC*、*BCA*
分别等于两个角 *DCB*、*CBD*，且一条边等于一条边，即等角所夹
的二者公共的边 *BC*。

因此，它们其余的边也分别等于其余的边，其余的角也等于
其余的角；　　　　　　　　　　　　　　　　　　　　［I. 26］

　　　　　因此，边 *AB* 等于 *CD*，

　　　　　AC 等于 *BD*，

　　　　以及角 *BAC* 等于角 *CDB*。

又，由于角 *ABC* 等于角 *BCD*，
且角 *CBD* 等于角 *ACB*，所以

　　　整个角 *ABD* 等于整个角 *ACD*。　　　　［公理 2］
也已经证明，角 *BAC* 等于角 *CDB*。

因此，在平行四边形面中，对边相等，对角相等。

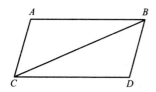

其次我说, 对角线也二等分其面。

这是因为, 由于 AB 等于 CD, 且 BC 公用, 所以

两边 AB、BC 分别等于两边 DC、CB;

而角 ABC 等于角 BCD;

因此, 底 AC 等于底 DB,

且三角形 ABC 等于三角形 DCB。　　　[I. 4]

因此, 对角线 BC 二等分平行四边形 $ACDB$。

这就是所要证明的。

命题 35

同底且在相同的平行线之间的平行四边形彼此相等。

Parallelograms which are on the same base and in the same parallels are equal to one another.

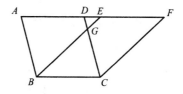

设 $ABCD$、$EBCF$ 是同底 BC 且在相同的平行线 AF、BC 之间的平行四边形。

我说, $ABCD$ 等于平行四边形 $EBCF$。

这是因为, 由于 $ABCD$ 是平行四边形, 所以

$$AD \text{ 等于 } BC。 \qquad [\text{I. 34}]$$

同理，也有

$$EF \text{ 等于 } BC,$$

$$\text{因此，} AD \text{ 也等于 } EF; \qquad [\text{公理 1}]$$

又，DE 公用；

$$\text{因此，整个 } AE \text{ 等于整个 } DF。 \qquad [\text{公理 2}]$$

但 AB 也等于 DC； $\qquad [\text{I. 34}]$

因此，两边 EA、AB 分别等于两边 FD、DC，且角 FDC 等于角 EAB，即同位角相等； $\qquad [\text{I. 29}]$

$$\text{因此，底 } EB \text{ 等于底 } FC,$$

$$\text{三角形 } EAB \text{ 等于三角形 } FDC。 \qquad [\text{I. 4}]$$

从它们中分别减去三角形 DGE；

因此，剩余的不规则四边形 $ABGD$ 等于剩余的不规则四边形 $EGCF$。 $\qquad [\text{公理 3}]$

给它们分别加上三角形 GBC；

因此，整个平行四边形 $ABCD$ 等于整个平行四边形 $EBCF$。

$$[\text{公理 2}]$$

这就是所要证明的。

命题 36

等底且在相同的平行线之间的平行四边形彼此相等。

Parallelograms which are on equal bases and in the same

parallels are equal to one another.

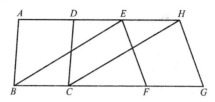

设 *ABCD*、*EFGH* 是等底 *BC*、*FG* 且在相同的平行线 *AH*、*BG* 之间的平行四边形。

我说，平行四边形 *ABCD* 等于 *EFGH*。

这是因为，连接 *BE*，*CH*。

于是，由于 *BC* 等于 *FG*，而 *FG* 等于 *EH*，所以

　　　　　BC 也等于 *EH*。　　　　　　　　［公理 1］

但它们也平行。

连接 *EB*、*HC*；

但［在端点处］沿相同方向［分别］连接相等且平行的直线，连成的直线自身也相等且平行。　　　　　［I. 33］

　　　　因此，*EBCH* 是一个平行四边形。　　　［I. 34］

且它等于 *ABCD*；

因为它们有相同的底 *BC*，且在相同的平行线 *BC*、*AH* 之间。

　　　　　　　　　　　　　　　　　　　　［I. 35］

同理，*EFGH* 也等于同一个 *EBCH*；　　　　［I. 35］

　　　　因此，平行四边形 *ABCD* 也等于 *EFGH*。　［公理 1］

这就是所要证明的。

命题 37

同底且在相同的平行线之间的三角形彼此相等。

Triangles which are on the same base and in the same parallels are equal to one another.

设三角形 *ABC*、*DBC* 同底且在相同的平行线 *AD*、*BC* 之间；

我说，三角形 *ABC* 等于三角形 *DBC*。

沿两个方向延长 *AD* 到 *E*、*F*；

过 *B* 作 *BE* 平行于 *CA*，　　　　　　　　　　　　　　［I. 31］

过 *C* 作 *CF* 平行于 *BD*。　　　　　　　　　　　　　　［I. 31］

于是，图形 *EBCA*、*DBCF* 中的每一个都是平行四边形；

且它们相等，因为它们同底 *BC* 且在平行线 *BC*、*EF* 之间。

　　　　　　　　　　　　　　　　　　　　　　　　　　　［I. 35］

此外，三角形 *ABC* 是平行四边形 *EBCA* 的一半；因为对角线 *AB* 将它二等分。　　　　　　　　　　　　　　　　　　　　［I. 34］

又，三角形 *DBC* 是平行四边形 *DBCF* 的一半；因为对角线 *DC* 将它二等分。　　　　　　　　　　　　　　　　　　　　　［I. 34］

<但等量的一半也彼此相等。>

　　　因此，三角形 *ABC* 等于三角形 *DBC*。

　　　　　　　　　　　　　　　　　　　　　　这就是所要证明的。

命题 38

等底且在相同的平行线之间的三角形彼此相等。

Triangles which are on equal bases and in the same parallels are equal to one another.

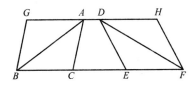

设三角形 *ABC*、*DEF* 等底 *BC*、*EF* 且在相同的平行线 *BF*、*AD* 之间;

我说, 三角形 *ABC* 等于三角形 *DEF*。

这是因为, 沿两个方向延长 *AD* 到 *G*、*H*; 过 *B* 作 *BG* 平行于 *CA*, 　　　　　　　　　　　　　[I. 31]

过 *F* 作 *FH* 平行于 *DE*。

于是, 图形 *GBCA*、*DEFH* 中的每一个都是平行四边形;

且 *GBCA* 等于 *DEFH*;

这是因为, 它们等底 *BC*、*EF* 且在相同的平行线 *BF*、*GH* 之间。　　　　　　　　　　　[I. 36]

此外, 三角形 *ABC* 是平行四边形 *GBCA* 的一半;

　　　因为对角线 *AB* 将它二等分。　[I. 34]

又, 三角形 *FED* 是平行四边形 *DEFH* 的一半;

　　　因为对角线 *DF* 将它二等分。　[I. 34]

<但等量的一半也彼此相等。>

因此，三角形 *ABC* 等于三角形 *DEF*。

这就是所要证明的。

命题 39

同底且在同侧的相等三角形也在相同的平行线之间。

Equal triangles which are on the same base and on the same side are also in the same parallels.

设 *ABC*、*DBC* 是同底 *BC* 且在其同侧的相等三角形。

<我说，它们也在相同的平行线之间。>

又，<因为> 连接 *AD*；

我说，*AD* 平行于 *BC*。

因为否则的话，过点 *A* 作 *AE* 平行于直线 *BC*，   [I. 31]

连接 *EC*。

因此，三角形 *ABC* 等于三角形 *EBC*；

因为它们同底 *BC* 且在相同的平行线之间。   [I. 37]

但 *ABC* 等于 *DBC*；

因此，*DBC* 也等于 *EBC*，   [公理 1]

大的等于小的：这是不可能的。

因此，*AE* 不平行于 *BC*。

类似地，可以证明，除 *AD* 外，其他任何直线都不平行于 *BC*；

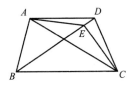

因此，*AD* 平行于 *BC*。

这就是所要证明的。

< **命题 40**[①]

等底且在同侧的相等三角形也在相同的平行线之间。

Equal triangles which are on equal bases and on the same side are also in the same parallels.

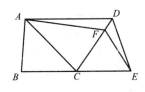

设 *ABC*、*CDE* 是等底 *BC*、*CE* 且在底的同侧的相等三角形。

我说，这两个三角形在相同的平行线之间。

这是因为，连接 *AD*；

我说，*AD* 平行于 *BE*。

因为若非如此，过 *A* 作 *AF* 平行于 *BE*，   [I.31]

连接 *FE*。

因此，三角形 *ABC* 等于三角形 *FCE*；

这是因为，它们等底 *BC*、*CE* 且在相同的平行线 *BE*、*AF* 之间。

            [I.38]

---

① 整个命题 I.40 都用 < > 括起来了，因为根据希思的说法，"海贝格（Heiberg）已经证明，……这个命题"乃是某位编者所作的"插补"（interpolation）。——译者

但三角形 *ABC* 等于三角形 *DCE*；

　　因此，三角形 *DCE* 也等于三角形 *FCE*，　［公理 1］
大的等于小的：这是不可能的。

　　因此，*AF* 不平行于 *BE*。

类似地，可以证明，除 *AD* 外，其他任何直线都不平行于 *BE*。

　　因此，*AD* 平行于 *BE*。

　　　　　　　　　　　　　　　　　这就是所要证明的。>

命题 41

　　若一个平行四边形和一个三角形同底且在相同的平行线之间，则这个平行四边形是这个三角形的二倍。

　　If a parallelogram have the same base with a triangle and be in the same parallels, the parallelogram is double of the triangle.

　　设平行四边形 *ABCD* 和三角形 *EBC*
同底 *BC* 且在相同的平行线 *BC*、*AE* 之间；

　　我说，平行四边形 *ABCD* 是三角形
BEC 的二倍。

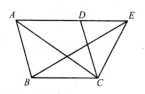

　　这是因为，连接 *AC*。

　　于是，三角形 *ABC* 等于三角形 *EBC*；

　　这是因为，二者同底 *BC* 且在相同的平行线 *BC*、*AE* 之间。

　　　　　　　　　　　　　　　　　　　　　［I. 37］

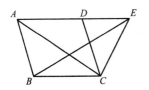

但平行四边形 *ABCD* 是三角形 *ABC* 的二倍；

　　这是因为，对角线 *AC* 将 *ABCD* 二等分。　　　　　　　　　　[I.34]

因此，平行四边形 *ABCD* 也是三角形 *EBC* 的二倍。

　　　　　　　　　　　　这就是所要证明的。

命题 42

以给定的直线角作一个平行四边形等于给定的三角形。

To construct, in a given rectilineal angle, a parallelogram equal to a given triangle.

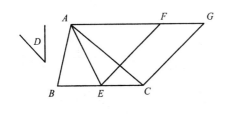

　　设 *ABC* 是给定的三角形，*D* 是给定的直线角；

　　于是，要以直线角 *D* 作一个平行四边形等于三角形 *ABC*。

设 *BC* 被二等分于 *E*，连接 *AE* ；

　　在直线 *EC* 上且在其上的点 *E* 作角 *CEF* 等于角 *D*；[I.23]

过 *A* 作 *AG* 平行于 *EC*，

并且过 *C* 作 *CG* 平行于 *EF*。　　　　　　[I.31]

　　于是，*EFCG* 是平行四边形。

又，由于 *BE* 等于 *EC*，所以

三角形 *ABE* 也等于三角形 *AEC*，

这是因为，它们等底 *BE*、*EC* 且在相同的平行线 *BC*、*AG* 之间；

[I. 38]

因此，三角形 *ABC* 是三角形 *AEC* 的二倍。

但平行四边形 *FECG* 也是三角形 *AEC* 的二倍，因为二者同底且在相同的平行线之间；

因此，平行四边形 *FECG* 等于三角形 *ABC*。

且它的角 *CEF* 等于给定的角 *D*。

这样便作出了平行四边形 *FECG* 等于给定的三角形 *ABC*，且角 *CEF* 等于角 *D*。

这就是所要作的。

命题 43

在任意平行四边形中，跨在对角线两边的平行四边形的补形彼此相等。

In any parallelogram the complements of the parallelograms about the diameter are equal to one another.

设 *ABCD* 是平行四边形，*AC* 是它的对角线；

EH、*FG* 是跨在 *AC* 两边的平

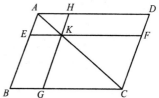

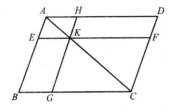

行四边形，*BK*、*KD* 为所谓的补形；

我说，补形 *BK* 等于补形 *KD*。

这是因为，由于 *ABCD* 是平行四边形，且 *AC* 是它的对角线，所以三角形 *ABC* 等于三角形 *ACD*。

[I. 34]

又，由于 *EH* 是平行四边形，且 *AK* 是它的对角线，所以

三角形 *AEK* 等于三角形 *AHK*。

同理，

三角形 *KFC* 也等于三角形 *KGC*。

现在，由于三角形 *AEK* 等于三角形 *AHK*，

且 *KFC* 等于 *KGC*，所以

三角形 *AEK* 与 *KGC* 之和等于三角形 *AHK* 与 *KFC* 之和。

[公理 2]

而整个三角形 *ABC* 也等于整个三角形 *ADC*；

因此，余下的补形 *BK* 等于余下的补形 *KD*。[公理 3]

这就是所要证明的。

命题 44

以给定的直线角，对一给定的直线贴合出一个平行四边形，使它等于给定的三角形。

To a given straight line to apply, in a given rectilineal angle, a parallelogram equal to a given triangle.

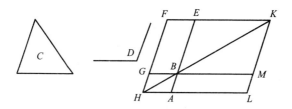

设 *AB* 是给定的直线, *C* 是给定的三角形, *D* 是给定的直线角;

于是, 要求以一个等于角 *D* 的角, 对给定的直线 *AB* 贴合出一个平行四边形, 使它等于给定的三角形 *C*。

以等于角 *D* 的角 *EBG*, 作平行四边形 *BEFG* 等于三角形 *C*;

[I. 42]

使 *BE* 与 *AB* 成一直线;

延长 *FG* 到 *H*,

并且过 *A* 作 *AH* 平行于 *BG* 或 *EF*。   [I. 31]

连接 *HB*。

于是, 由于直线 *HF* 与平行线 *AH*、*EF* 相交; 所以

角 *AHF*、*HFE* 之和等于两直角。   [I. 29]

因此, 角 *BHG*、*GFE* 之和小于两直角;

但两条直线无定限延长后在两个内角之和小于两直角的一侧相交;   [公设 5]

因此, *HB*、*FE* 延长后会相交。

设它们延长后交于 *K*;

过点 *K* 作 *KL* 平行于 *EA* 或 *FH*,   [I. 31]

并把 *HA*、*GB* 延长到点 *L*、*M*。

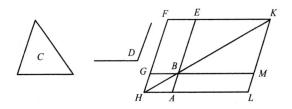

于是，*HLKF* 是平行四边形，

HK 是它的对角线，

AG、*ME* 是平行四边形，

LB、*BF* 是跨在 *HK* 两边的补形；

因此，*LB* 等于 *BF*。 ［I. 43］

但 *BF* 等于三角形 *C*；

因此，*LB* 也等于 *C*。 ［公理 1］

又，由于角 *GBE* 等于角 *ABM*， ［I. 15］

而角 *GBE* 等于角 *D*，所以

角 *ABM* 也等于角 *D*。

这样便以等于角 *D* 的角 *ABM*，对给定的直线 *AB* 贴合出了平行四边形 *LB*，它等于给定的三角形 *C*。

这就是所要作的。

命题 45

以给定的直线角作一个平行四边形，使它等于给定的直线形。

To construct, in a given rectilineal angle, a parallelogram equal to a given rectilineal figure.

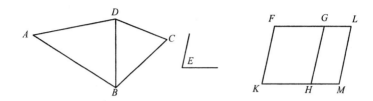

设 *ABCD* 是给定的直线形，*E* 是给定的直线角；

于是，要求以给定的直线角 *E* 作一个平行四边形，使它等于直线形 *ABCD*。

连接 *DB*，以等于角 *E* 的角 *HKF* 作平行四边形 *FH* 等于三角形 *ABD*；　　　　　　　　　　　　　　　　　　　［I. 42］

又对直线 *GH* 贴合出一个平行四边形 *GM* 等于三角形 *DBC*，其中角 *GHM* 等于角 *E*。　　　　　　　　　　　　　　　［I. 44］

于是，由于角 *E* 等于角 *HKF*、*GHM* 中的每一个，所以

角 *HKF* 也等于角 *GHM*。　　　　　　　［公理 1］

给它们分别加上角 *KHG*；

因此，角 *FKH*、*KHG* 之和等于角 *KHG*、*GHM* 之和。

但角 *FKH*、*KHG* 之和等于两直角；　　　［I. 29］

因此，角 *KHG*、*GHM* 之和也等于两直角。

于是，以直线 *GH* 和它上面的点 *H* 所作的不在同侧的两直线 *KH*、*HM* 所成邻角之和等于两直角；

因此，*KH* 和 *HM* 在同一直线上。　　　　［I. 14］

又，由于直线 *HG* 与平行线 *KM*、*FG* 相交，所以

错角 *MHG*、*HGF* 彼此相等。　　　　　　［I. 29］

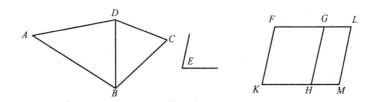

给它们分别加上角 HGL；

因此，角 MHG、HGL 之和等于角 HGF、HGL 之和。 ［公理 2］

但角 MHG、HGL 之和等于两直角；

　　　因此，角 HGF、HGL 之和也等于两直角。　　 ［公理 1］

　　　因此，FG 和 GL 在同一直线上。　　　　　　 ［I. 14］

又，由于 FK 等于且平行于 HG，　　　　　　　　 ［I. 34］

HG 也等于且平行于 ML，所以

　　　KF 也等于且平行于 ML；　　 ［公理 1；I. 30］

　　　连接直线 KM、FL；

　　　因此，KM、FL 相等且平行。　　　　　　 ［I. 33］

　　　因此，KFLM 是平行四边形。

又，由于三角形 ABD 等于平行四边形 FH，三角形 DBC 等于平行四边形 GM，所以整个直线形 ABCD 等于整个平行四边形 KFLM。

这样便以等于给定的直线角 E 的角 FKM 作出了一个平行四边形 KFLM，它等于给定的直线形 ABCD。

　　　　　　　　　　　　　　　　　　 这就是所要作的。

命题 46

在给定的直线上作一个正方形。

On a given straight line to describe a square.

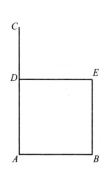

设 *AB* 是给定的直线；

于是，要求在直线 *AB* 上作一个正方形。

从直线 *AB* 上的点 *A* 作直线 *AC* 与 *AB*
成直角；　　　　　　　　　　　　　[I. 11]

取 *AD* 等于 *AB*；

过点 *D* 作 *DE* 平行于 *AB*，

过点 *B* 作 *BE* 平行于 *AD*。　　　　[I. 31]

因此，*ADEB* 是平行四边形；

　　　因此，*AB* 等于 *DE*，*AD* 等于 BE。　[I. 34]

　　　但 *AB* 等于 *AD*；

因此，四条直线 *BA*、*AD*、*DE*、*EB* 彼此相等；

　　　因此，平行四边形 *ADEB* 是等边的。

其次我说，它也是直角的。

这是因为，由于直线 *AD* 与平行线 *AB*、*DE* 相交，所以

　　　角 *BAD*、*ADE* 之和等于两直角。　[I. 29]

但角 *BAD* 是直角；

　　　因此，角 *ADE* 也是直角。

而在平行四边形面中，对边相等、对角相等；　[I. 34]

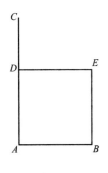

因此，对角 *ABE*、*BED* 中的每一个也是直角。

因此，*ADEB* 是直角的。

而已经证明它也是等边的。

因此，它是在直线 AB 上所作的一个正方形。

这就是所要作的。

命题 47

在直角三角形中，直角所对边上的正方形等于两直角边上的正方形之和。

In right-angled triangles the square on the side subtending the right angle is equal to the squares on the sides containing the right angle.

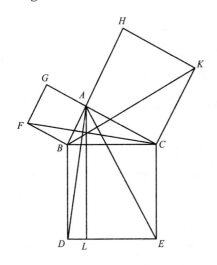

设 *ABC* 是直角三角形，角 *BAC* 是直角。

我说，*BC* 上的正方形等于 *BA*、*AC* 上的正方形之和。

这是因为，在 *BC* 上作正方形 *BDEC*，在 *BA*、*AC* 上作方形 *GB*、*HC*；　　［I. 46］

过 *A* 作 *AL* 平行于 *BD* 或 *CE*，

连接 AD、FC。

于是，由于角 BAC、BAC 中的每一个都是直角，

所以过直线 BA 上点 A 的两条直线 AC、AG 不在直线 BA 的同侧，且和直线 BA 所成邻角之和等于两直角，

因此，CA 和 AG 在同一直线上。 ［I. 14］

同理，BA 和 AH 也在同一直线上。

又，由于角 DBC 等于角 FBA：因为每一个角都是直角；

给它们分别加上角 ABC；

因此，整个角 DBA 等于整个角 FBC。 ［公理 2］

又，由于 DB 等于 BC，FB 等于 BA，所以

两边 AB、BD 分别等于两边 FB、BC；

而角 ABD 等于角 FBC；

因此，底 AD 等于底 FC，

三角形 ABD 等于三角形 FBC。 ［I. 4］

现在，平行四边形 BL 是三角形 ABD 的二倍，因为它们同底 BD 且在相同的平行线 BD、AL 之间。 ［I. 41］

又，正方形 GB 是三角形 FBC 的二倍，因为它们也同底 FB 且在相同的平行线 FB、GC 之间。 ［I. 41］

＜但等量的二倍也彼此相等。＞

因此，平行四边形 BL 也等于正方形 GB。

类似地，若连接 AE、BK，则也可以证明平行四边形 CL 等于正方形；

因此，整个正方形 $BDEC$ 等于两个正方形 GB、HC 之和。

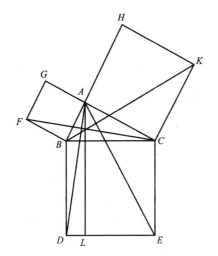

［公理 2］

而正方形 *BDEC* 是在 *BC* 上作出的，正方形 *GB*、*HC* 是在 *BA*、*AC* 上作出的。

因此，边 *BC* 上的正方形等于边 *BA*、*AC* 上的正方形之和。

这就是所要证明的。

命题 48

在一个三角形中，若一边上的正方形等于三角形其余两边上的正方形之和，则其余两边所夹的角为直角。

If in a triangle the square on one of the sides be equal to the squares on the remaining two sides of the triangle, the angle contained by the remaining two sides of the triangle is right.

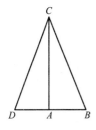

在三角形 *ABC* 中，设边 *BC* 上的正方形等于边 *BA*、*AC* 上的正方形之和；

我说，角 *BAC* 是直角。

这是因为，从点 *A* 作 *AD* 与直线 *AC* 成直角，取 *AD* 等于 *BA*，

连接 DC。

由于 DA 等于 AB，所以

　　　　DA 上的正方形也等于 AB 上的正方形。

给它们分别加上 AC 上的正方形；

因此，DA、AC 上的正方形之和等于 BA、AC 上的正方形之和。

但 DC 上的正方形等于 DA、AC 上的正方形之和，因为角

DAC 是直角；　　　　　　　　　　　　　　　　　　［I.47］

而 BC 上的正方形等于 BA、AC 上的正方形之和，因为这是

假设；

　　　　　因此，DC 上的正方形等于 BC 上的正方形，

　　　　　　　因此，边 DC 也等于边 BC。

又，由于 DA 等于 AB，AC 公用，所以

　　　　　两边 DA、AC 等于两边 BA、AC；

而底 DC 等于底 BC；

　　　　　　因此，角 DAC 等于角 BAC。　　　　　［I.8］

但角 DAC 是直角；

　　　　　　因此，角 BAC 也是直角。

　　　　　　　　　　　　　　　　这就是所要证明的。

第二卷

定义

1. 任一矩形由夹直角的两直线所围成。

   Any rectangular parallelogram is said to be *contained* by the two straight lines containing the right angle.

2. 在任一平行四边形面中，跨在其对角线两边的平行四边形和两个补形一起叫做**拐尺形**。[①]

   And in any parallelogrammic area let anyone whatever of the parallelograms about its diameter with the two complements be called a *gnomon*.

---

① 拐尺形即下图中用虚线表示的部分。——译者

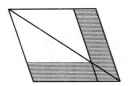

命题 1

若有两条直线，其中一条被截成任意多段，则这两条直线所围成的矩形等于未截直线与每一线段所围成的矩形之和。

If there be two straight lines, and one of them be cut into any number of segments whatever, the rectangle contained by the two straight lines is equal to the rectangles contained by the uncut straight line and each of the segments.

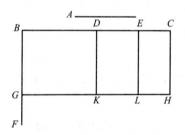

设 A、BC 是两条直线，且 BC 被任截于点 D、E；

我说，A、BC 所围成的矩形等于由 A、BD，A、DE 以及 A、EC 分别围成的矩形之和。

这是因为，从 B 作 BF 与 BC 成直角；   [I.11]

取 BG 等于 A，   [I.3]

过 G 作 GH 平行于 BC，   [I.31]

且过 D、E、C 作 DK、EL、CH 平行于 BG。

于是，BH 等于 BK、DL、EH 之和。

现在，BH 是矩形 A、BC，因为它由 GB 和 BC 所围成，且 BG 等于 A；

BK 是矩形 A、BD，因为它由 GB、BD 所围成，且 BG 等于 A；

又，DL 是矩形 A、DE，因为 DK 即 BG[I.34]等于 A。

类似地也有，*EH* 是矩形 *A*、*EC*。

因此，矩形 *A*、*BC* 等于矩形 *A*、*BD* 与矩形 *A*、*DE* 以及矩形 *A*、*EC* 之和。

这就是所要证明的。

命题 2

若任截一直线，则整条直线与截成的两线段分别围成的矩形之和等于在整条直线上所作的正方形。

If a straight line be cut at random, the rectangle contained by the whole and both of the segments is equal to the square on the whole.

设直线 *AB* 被任截于点 *C*；

我说，*AB*、*BC* 所围成的矩形与 *BA*、*AC* 所围成的矩形之和等于 *AB* 上的正方形。

这是因为，设在 *AB* 上所作的正方形为 *ADEB*，　　　　　　　　　　　　　　　　　　[I. 46]

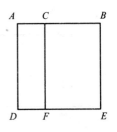

过点 *C* 作 *CF* 平行于 *AD* 或 *BE*。　　　　　　　　　　　　　　[I. 31]

于是，*AE* 等于 *AF*、*CE* 之和。

现在，*AE* 是 *AB* 上的正方形；

AF 是 *BA*、*AC* 所围成的矩形，因为它由 *DA*、*AC* 所围成，而 *AD* 等于 *AB*。

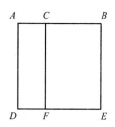

又，*CE* 是 *AB*、*BC* 所围成的矩形，因为 *BE* 等于 *AB*。

因此，矩形 *BA*、*AC* 与矩形 *AB*、*BC* 之和等于 *AB* 上的正方形。

这就是所要证明的。

命题 3

若任截一直线，则整条直线与截成的两线段之一所围成的矩形等于两线段所围成的矩形与前面提到的线段上的正方形之和。

If a straight line be cut at random, the rectangle contained by the whole and one of the segments is equal to the rectangle contained by the segments and the square on the aforesaid segment.

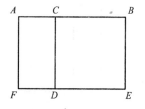

设直线 *AB* 被任截于点 *C*；

我说，*AB*、*BC* 所围成的矩形等于 *AC*、*CB* 所围成的矩形与 *BC* 上的正方形之和。

这是因为，在 *CB* 上作正方形 *CDEB*；　　　[I. 46]

延长 *ED* 到 *F*，过 *A* 作 *AF* 平行于 *CD* 或 *BE*。　　　[I. 31]

于是，*AE* 等于 *AD*、*CE* 之和。

现在，*AE* 是 *AB*、*BC* 所围成的矩形，这是因为它由 *AB*、*BE* 所围成，而 *BE* 等于 *BC*；

AD 是矩形 *AC*、*CB*, 这是因为 *DC* 等于 *CB*;

而 *DB* 是 *CB* 上的正方形。

因此, *AB*、*BC* 所围成的矩形等于 *AC*、*CB* 所围成的矩形与 *BC* 上的正方形之和。

这就是所要证明的。

命题 4

若任截一直线, 则整条直线上的正方形等于各线段上的正方形与两线段所围成矩形的二倍之和。

If a straight line be cut at random, the square on the whole is equal to the squares on the segments and twice the rectangle contained by the segments.

设直线 *AB* 被任截于点 *C*;

我说, *AB* 上的正方形等于 *AC*、*CB* 上的正方形与 *AC*、*CB* 所围成矩形的二倍之和。

这是因为, 在 *AB* 上作正方形 *ADEB*,

[I. 46]

连接 *BD*;

过 *C* 作 *CF* 平行于 *AD* 或 *EB*,

过 *G* 作 *HK* 平行于 *AB* 或 *DE*。

[I. 31]

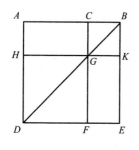

于是，由于 *CF* 平行于 *AD*，且 *BD* 与它们相交，所以

同位角 *CGB* 等于 *ADB*。　　　［I. 29］

但角 *ADB* 等于角 *ABD*，这是因为 *BA* 也等于 *AD*；　　　　　　　　　　［I. 5］

因此，角 *CGB* 也等于角 *GBC*。

因此，边 *BC* 也等于边 *CG*。　　　［I. 6］

但 *CB* 等于 *GK*，且 *CG* 等于 *KB*；　　　［I. 34］

因此，*GK* 也等于 *KB*；

因此，*CGKB* 是等边的。

其次我说，它也是直角的。

这是因为，由于 *CG* 平行于 *BK*，所以

角 *KBC*、*GCB* 之和等于二直角。　　　［I. 29］

但角 *KBC* 是直角；

因此，角 *BCG* 也是直角，

因此，对角 *CGK*、*GKB* 也是直角。　　　［I. 34］

因此，*CGKB* 是直角的；

而已经证明，它也是等边的；

因此，它是一个正方形；

而且是在 *CB* 上作的。

同理，

HF 也是正方形；

它是在 *HG* 上作的，也就是在 *AC* 上作的。　　　［I. 34］

因此，正方形 *HF*、*KC* 是在 *AC*、*CB* 上作的正方形。

现在，由于 *AG* 等于 *GE*，

且 *AG* 是矩形 *AC*、*CB*，这是因为 *GC* 等于 *CB*，

因此，*GE* 也等于矩形 *AC*、*CB*。

因此，*AG*、*GE* 之和等于矩形 *AC*、*CB* 的二倍。

但正方形 *HF*、*CK* 之和也是 *AC*、*CB* 上的正方形之和；

因此，四个面 *HF*、*CK*、*AG*、*GE* 之和等于 *AC*、*CB* 上的正方形与 *AC*、*CB* 所围成矩形的二倍之和。

但 *HF*、*CK*、*AG*、*GE* 之和是整个 *ADEB*，

即 *AB* 上的正方形。

因此，*AB* 上的正方形等于 *AC*、*CB* 上的正方形与 *AC*、*CB* 所围成矩形的二倍之和。

这就是所要证明的。

命题 5

若一直线既被截成相等的线段又被截成不相等的线段，则不相等线段所围成的矩形与两截点之间直线上的正方形之和等于一半直线上的正方形。

If a straight line be cut into equal and unequal segments, the rectangle contained by the unequal segments of the whole together with the square on the straight line between the points of section is equal to the square on the half.

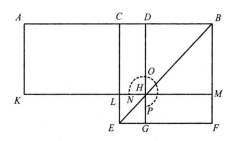

设直线 AB 在点 C 被截成相等的线段，在点 D 被截成不相等的线段。

我说，AD、DB 所围成的矩形与 CD 上的正方形之和等于 CB 上的正方形。

这是因为，在 CB 上作正方形 $CEFB$，   [I. 46]

连接 BE；

过 D 作 DG 平行于 CE 或 BF，

再过 H 作 KM 平行于 AB 或 EF，

又过 A 作 AK 平行于 CL 或 BM。   [I. 31]

于是，由于补形 CH 等于补形 HF，   [I. 43]

给它们分别加上 DM；

        因此，整个 CM 等于整个 DF。

但 CM 等于 AL，

这是因为 AC 也等于 CB；   [I. 36]

        因此，AL 也等于 DF。

给它们分别加上 CH；

        因此，整个 AH 等于拐尺形 NOP。

但 AH 是矩形 AD、DB，这是因为 DH 等于 DB，

因此，拐尺形 *NOP* 也等于矩形 *AD*、*DB*。

给它们分别加上 *LG*，后者等于 *CD* 上的正方形；

因此，拐尺形 *NOP* 与 *LG* 之和等于 *AD*、*DB* 所围成的矩形与 *CD* 上的正方形之和。

但拐尺形 *NOP* 与 *LG* 之和是 *CB* 上所作的整个正方形 *CEFB*；

因此，*AD*、*DB* 所围成的矩形与 *CD* 上的正方形之和等于 *CB* 上的正方形。

这就是所要证明的。

命题 6

若将一条直线二等分且沿同一直线给它加一条直线，则整条直线与加上的直线所围成的矩形以及原直线一半上的正方形之和等于原直线一半与加上的直线合成的直线上的正方形。

If a straight line be bisected and a straight line be added to it in a straight line, the rectangle contained by the whole with the added straight line and the added straight line together with the square on the half is equal to the square on the straight line made up of the half and the added straight line.

设直线 *AB* 被二等分于点 *C*，

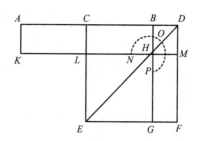

且沿同一直线给它加上直线 BD；

我说，AD、DB 所围成的矩形与 CB 上的正方形之和等于 CD 上的正方形。

这是因为，在 CD 上作正方形 CEFD，　　　　　　　　[I. 46]

连接 DE；

过点 B 作 BG 平行于 EC 或 DF，

过点 H 作 KM 平行于 AB 或 EF，

再过点 A 作 AK 平行于 CL 或 DM。　　　　　　　　[I. 31]

于是，由于 AC 等于 CB，所以

　　　　AL 也等于 CH。　　　　　　　　　　　[I. 36]

但 CH 等于 HF。　　　　　　　　　　　　　　　　[I. 43]

　　　　　　因此，AL 也等于 HF。

给它们分别加上 CM；

　　　　　　因此，整个 AM 等于拐尺形 NOP。

但 AM 是 AD、DB 所围成的矩形，这是因为 DM 等于 DB；

　　　　　　因此，拐尺形 NOP 也等于矩形 AD、DB。

给它们分别加上 LG，后者等于 BC 上的正方形；

因此，AD、DB 所围成的矩形与 CB 上的正方形之和等于拐

尺形 *NOP* 与 *LG* 之和。

但拐尺形 *NOP* 与 *LG* 之和是在 *CD* 上作的整个正方形 *CEFD*；

因此，*AD*、*DB* 所围成的矩形与 *CB* 上的正方形之和等于 *CD* 上的正方形。

　　　　　　　　　　　　　　　　这就是所要证明的。

命题 7

若任截一直线，则整条直线上的正方形与所截线段之一上的正方形之和等于整条直线与该线段所围成矩形的二倍与另一线段上的正方形之和。

If a straight line be cut at random, the square on the whole and that on one of the segments both together are equal to twice the rectangle contained by the whole and the said segment and the square on the remaining segment.

设直线 *AB* 被任截于点 *C*；

我说，*AB*、*BC* 上的正方形之和等于 *AB*、*BC* 所围成矩形的二倍与 *CA* 上的正方形之和。

这是因为，在 *AB* 上作正方形 *ADEB*，

　　　　　　　　[I. 46]

并把图作出。

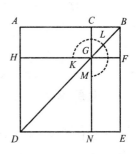

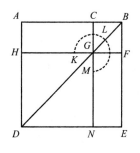

于是，由于 *AG* 等于 *GE*，　　[I. 43]

给它们分别加上 *CF*；

因此，整个 *AF* 等于整个 *CE*。

因此，*AF*、*CE* 之和是 *AF* 的二倍。

但 *AF*、*CE* 之和是拐尺形 *M* 与正方形 *CF* 之和；

因此，拐尺形 *KLM* 与正方形 *CF* 之和是 *AF* 的二倍。

但矩形 *AB*、*BC* 的二倍也是 *AF* 的二倍；

这是因为 *BF* 等于 *BC*；

因此，拐尺形 *KLM* 与正方形 *CF* 之和等于矩形 *AB*、*BC* 的二倍。

给它们分别加上 *DG*，后者是 *AC* 上的正方形；

因此，拐尺形 *KLM* 与正方形 *BG*、*GD* 之和等于 *AB*、*BC* 所围成矩形的二倍与 *AC* 上的正方形之和。

但拐尺形 *KLM* 与正方形 *BG*、*GD* 之和是整个 *ADEB* 与 *CF* 之和，它们是在 *AB*、*BC* 上作出的正方形；

因此，*AB*、*BC* 上的正方形之和等于 *AB*、*BC* 所围成矩形的二倍与 *AC* 上的正方形之和。

这就是所要证明的。

命题 8

若任截一直线，则整条直线与所截线段之一所围成矩形的四倍与另一线段上的正方形之和等于整条直线与前一线段合成的直线上的正方形。

If a straight line be cut at random, four times the rectangle contained by the whole and one of the segments together with the square on the remaining segment is equal to the square described on the whole and the aforesaid segment as on one straight line.

设直线 *AB* 被任截于点 *C*；

我说，*AB*、*BC* 所围成矩形的四倍与 *AC* 上的正方形之和等于 *AB* 与 *BC* 合成直线上的正方形。

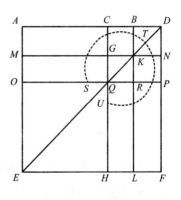

这是因为，延长直线 *AB* 成 [直线] *BD*，使 *BD* 等于 *CB*；

在 *AD* 上作正方形 *AEFD*，且作两个这样的图。

于是，由于 *CB* 等于 *BD*，而 *CB* 等于 *GK*，且 *BD* 等于 *KN*，

因此，*GK* 也等于 *KN*。

同理，

QR 也等于 *RP*。

又，由于 *BC* 等于 *BD*，*GK* 等于 *KN*，

因此，*CK* 等于 *KD*，*GR* 等于 *RN*。   [I. 36]

但 *CK* 等于 *RN*，因为它们是平行四边形 *CP* 的补形；   [I. 43]

因此，*KD* 也等于 *GR*；

因此，四个面 *DK*、*CK*、*GR*、*RN* 彼此相等。

因此，这四个之和是 *CK* 的四倍。

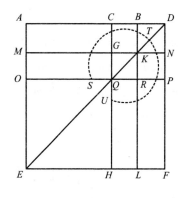

又，由于 CB 等于 BD，

而 BD 等于 BK，即 CG，

且 CB 等于 GK，即 GQ，

因此，CG 也等于 GQ。

又，由于 CG 等于 GQ，且 QR 等于 RP，

因此，AG 等于 MQ，且 QL 等于 RF。   [I. 36]

但 MQ 等于 QL，这是因为它们是平行四边形 ML 的补形；

[I. 43]

因此，AG 也等于 RF；

因此，四个面 AG、MQ、QL、RF 彼此相等。

因此，这四个之和是 AG 的四倍。

但已证明，四个面 CK、KD、GR、RN 之和是 CK 的四倍；

因此，构成拐尺形 STU 的八个面是 AK 的四倍。

现在，由于 AK 是矩形 AB、BD，这是因为 BK 等于 BD，

因此，矩形 AB、BD 的四倍是 AK 的四倍。

但已证明，拐尺形 STU 是 AK 的四倍；

因此，矩形 AB、BD 的四倍等于拐尺形 STU。

给它们分别加上 OH，后者等于 AC 上的正方形；

因此，矩形 AB、BD 的四倍与 AC 上的正方形之和等于拐尺形 STU 与 OH 之和。

但拐尺形 STU 与 OH 之和等于在 AD 上作的整个正方形 AEFD；

因此,矩形 AB、BD 与 AC 上的正方形之和等于 AD 上的正方形。

但 BD 等于 BC；

因此, 矩形 AB、BC 的四倍与 AC 上的正方形之和等于 AD 上的正方形, 即等于 AB 与 BC 合成直线上的正方形。

这就是所要证明的。

命题 9

若一直线既被截成相等的线段又被截成不相等的线段, 则在不相等线段上的正方形之和等于原直线一半上的正方形与两截点之间直线上的正方形之和的二倍。

If a straight line be cut into equal and unequal segments, the squares on the unequal segments of the whole are double of the square on the half and of the square on the straight line between the points of section.

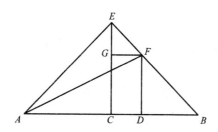

设直线 AB 在点 C 被截成相等的线段, 在点 D 被截成不相等的线段；

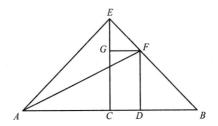

我说，*AD*、*DB* 上的正方形之和等于 *AC*、*CD* 上的正方形之和的二倍。

这是因为，从 *C* 作 *CE* 与 *AB* 成直角，并使它等于 *AC* 或 *CB*；

连接 *EA*、*EB*，

过 *D* 作 *DF* 平行于 *EC*，

过 *F* 作 *FG* 平行于 *AB*，

连接 *AF*。

于是，由于 *AC* 等于 *CE*，所以

角 *EAC* 也等于角 *AEC*。

又，由于 *C* 处的角是直角，所以

其余的角 *EAC*、*AEC* 之和等于一直角。　　　　　[I. 32]

而它们又相等；

因此，角 *CEA*、*CAE* 各是半个直角。

同理，

角 *CEB*、*EBC* 也各是半个直角；

因此，整个角 *AEB* 是直角。

又，由于角 *GEF* 是半个直角，角 *EGF* 是直角，这是因为它等于同位角 *ECB*，　　　　　　　　　　　　　　　[I. 29]

所以，其余的角 *EFG* 是半个直角；　　　　　　[I. 32]

因此，角 GEF 等于角 EFG，

因此，边 EG 等于边 GF。   [I. 6]

又，由于 B 处的角是半个直角，

角 FDB 是直角，这是因为它等于同位角 ECB，[I. 29]所以

其余的角 BFD 是半个直角；   [I. 32]

因此，B 处的角等于角 DFB，

因此，边 FD 等于边 DB。   [I. 6]

现在，由于 AC 等于 CE，所以

AC 上的正方形也等于 CE 上的正方形；

因此，AC、CE 上的正方形之和是 AC 上的正方形的二倍。

但 EA 上的正方形等于 AC、CE 上的正方形之和，这是因为

角 ACE 是直角；   [I. 47]

因此，EA 上的正方形是 AC 上的正方形的二倍。

又，由于 EG 等于 GF，所以

EG 上的正方形也等于 GF 上的正方形；

因此，EG、GF 上的正方形之和是 GF 上的正方形的二倍。

但 EF 上的正方形等于 EG、GF 上的正方形之和；

因此，EF 上的正方形是 GF 上的正方形的二倍。

但 GF 等于 CD；   [I. 34]

因此，EF 上的正方形是 CD 上的正方形的二倍。

但 EA 上的正方形也是 AC 上的正方形的二倍；

因此，AE、EF 上的正方形之和是 AC、CD 上的正方形之和的二倍。

而 AF 上的正方形等于 AE、EF 上的正方形之和，这是因为

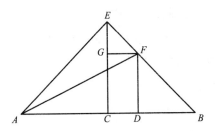

角 *AEF* 是直角；　　　　　　　　　　　　　　　　　[I. 47]

　　因此，*AF* 上的正方形是 *AC*、*CD* 上的正方形之和的二倍。

　　但 *AD*、*DF* 上的正方形之和等于 *AF* 上的正方形，这是因为 *D* 处的角是直角；　　　　　　　　　　　　　　　　　[I. 47]

　　因此，*AD*、*DF* 上的正方形之和是 *AC*、*CD* 上的正方形之和的二倍。

　　又，*DF* 等于 *DB*；

　　因此，*AD*、*DB* 上的正方形之和是 *AC*、*CD* 上的正方形之和的二倍。

　　　　　　　　　　　　　　　　　　　　　　　　　这就是所要证明的。

命题 10

　　若将一直线二等分，且在同一直线上给它添加一条直线，则合成直线上的正方形与添加直线上的正方形之和等于原直线一半上的正方形与一半直线和添加直线所合成直线上的正方形之和的二倍。

　　If a straight line be bisected, and a straight line be added to it in a straight line, the square on the whole with the added straight line and the square on the added straight line both together are double of the square on the half and of the square described on the straight line made up of the half and the added straight line as on one straight line.

设直线 *AB* 被二等分于 *C*，并且在同一直线上给它添加直线 *BD*；

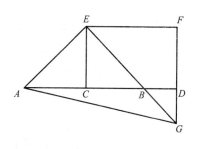

我说，*AD*、*DB* 上 的 正方形之和等于 *AC*、*CD* 上的正方形之和的二倍。

这是因为，从点 *C* 作 *CE* 与 *AB* 成直角，   ［I.11］

并使它等于 *AC* 或 *CB*；   ［I.3］

连接 *EA*、*EB*；

过 *E* 作 *EF* 平行于 *AD*，

过 *D* 作 *FD* 平行于 *EC*。   ［I.31］

于是，由于直线 *EF* 与平行线 *EC*、*FD* 都相交，所以

    角 *CEF*、*EFD* 之和等于二直角；   ［I.29］

    因此，角 *FEB*、*EFD* 之和小于二直角。

但两条直线无定限延长后在两个内角之和小于两直角的一侧相交；   ［I.公设 5］

    因此，沿 *B*、*D* 方向延长的 *EB*、*FD* 会相交。

设它们交于 *G*，

连接 *AG*。

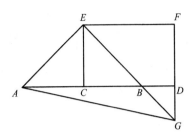

于是，由于 AC 等于 CE，所以

角 EAC 也等于角 AEC；　　　　　　　[I. 5]

而 C 处的角是直角；

因此，角 EAC、AEC 中的每一个都是半个直角。[I. 32]

同理，

角 CEB、EBC 中的每一个都是半个直角；

因此，角 AEB 是直角。

又，由于角 EBC 是半个直角，所以

角 DBG 也是半个直角。

但角 BDG 也是直角，

这是因为它等于角 DCE，它们是错角；　　　[I. 29]

因此，其余的角 DGB 是半个直角；　　　[I. 32]

因此，角 DGB 等于角 DBG，

因此，边 BD 也等于边 GD。　　　　　[I. 6]

又，由于角 EGF 是半个直角，

且 F 处的角是直角，这是因为它等于 C 处的对角，[I. 34]所以

其余的角 FEG 是半个直角；　　　　[I. 32]

因此，角 EGF 等于角 FEG，

因此，边 GF 也等于边 EF。　　　　　[I. 6]

现在，由于 EC 上的正方形等于 CA 上的正方形，所以

EC、CA 上的正方形之和是 CA 上的正方形的二倍。

但 EA 上的正方形等于 EC、CA 上的正方形之和；   [I.47]

因此，EA 上的正方形是 AC 上的正方形的二倍。[公理1]

又，由于 FG 等于 EF，所以

FG 上的正方形也等于 FE 上的正方形；

因此，GF、FE 上的正方形之和是 EF 上的正方形的二倍。

但 EG 上的正方形等于 GF、FE 上的正方形之和，   [I.47]

因此，EG 上的正方形是 EF 上的正方形的二倍。

而 EF 等于 CD ；   [I.34]

因此，EG 上的正方形是 CD 上的正方形的二倍。

但已证明，EA 上的正方形是 AC 上的正方形的二倍；

因此，AE、EG 上的正方形之和是 AC、CD 上的正方形之和的二倍。

而 AG 上的正方形等于 AE、EG 上的正方形之和；   [I.47]

因此，AG 上的正方形是 AC、CD 上的正方形之和的二倍。

但 AD、DG 上的正方形之和等于 AG 上的正方形；   [I.47]

因此，AD、DG 上的正方形之和是 AC、CD 上的正方形之和的二倍。

而 DG 等于 DB ；

因此，AD、DB 上的正方形之和是 AC、CD 上的正方形之和的二倍。

这就是所要证明的。

命题 11

截一条给定的直线，使整条直线与截取的线段之一所围成的矩形等于其余线段上的正方形。

To cut a given straight line so that the rectangle contained by the whole and one of the segments is equal to the square on the remaining segment.

设 *AB* 是给定的直线；

于是，要求截 *AB*，使它与截取的线段之一所围成的矩形等于其余线段上的正方形。

在 *AB* 上作正方形 *ABDC*。   [I. 46]

设 *AC* 被二等分于点 *E*，连接 *BE*；

延长 *CA* 到 *F*，取 *EF* 等于 *BE*；

设 *FH* 是在 *AF* 上作的正方形，延长 *GH* 到 *K*。

我说，*H* 就是 *AB* 上所要求作的截点，它使 *AB*、*BH* 所围成的矩形等于 *AH* 上的正方形。

这是因为，由于直线 *AC* 被二等分于点 *E*，且给它加上 *FA*，所以

CF、*FA* 所围成的矩形与 *AE* 上的正方形之和等于 *EF* 上的正方形。   [II. 6]

但 *EF* 等于 *EB*；

因此，矩形 *CF*、*FA* 与 *AE* 上的正方形之和等于 *EB* 上的正方形。

但 *BA*、*AE* 上的正方形之和等于 *EB* 上的正方形，因为 *A* 处

的角是直角；   [I.47]

因此，矩形 *CF*、*FA* 与 *AE* 上的正方形之和等于 *BA*、*AE* 上

的正方形之和。

从它们中各减去 *AE* 上的正方形；

因此，余下的矩形 *CF*、*FA* 等于 *AB* 上的正方形。

现在，矩形 *CF*、*FA* 之和是 *FK*，这是因为 *AF* 等于 *FG*；

而 *AB* 上的正方形是 *AD*；

因此，*FK* 等于 *AD*。

从它们中各减去 *AK*；

因此，余下的 *FH* 等于 *HD*。

又，*HD* 是矩形 *AB*、*BH*，这是因为 *AB* 等于 *BD*；

而 *FH* 是 *AH* 上的正方形；

因此，*AB*、*BH* 所围成的矩形等于 *HA* 上的正方形。

于是，*H* 就是给定的直线 *AB* 上的截点，使 *AB*、*BH* 所围成

的矩形等于 *HA* 上的正方形。

这就是所要作的。

命题 12

在钝角三角形中，钝角所对边上的正方形比夹钝角的两边上

的正方形之和大一个矩形的二倍，该矩形为一个锐角向对边的延

长线作垂线，垂足所在的钝角边与垂足到钝角顶点之间的直线所

围成的矩形。

In obtuse-angled triangles the square on the side subtending the obtuse angle is greater than the squares on the sides containing the obtuse angle by twice the rectangle contained by one of the sides about the obtuse angle, namely that on which the perpendicular falls, and the straight line cut off outside by the perpendicular towards the obtuse angle.

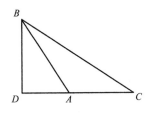

设 *ABC* 是钝角三角形，角 *BAC* 为钝角，从点 *B* 作 *BD* 垂直于 *CA* 的延长线；

我说，*BC* 上的正方形比 *BA*、*AC* 上的正方形之和大 *CA*、*AD* 所围成矩形的二倍。

这是因为，由于直线 *CD* 被任意截于点 *A*，所以 *DC* 上的正方形等于 *CA*、*AD* 上的正方形加上 *CA*、*AD* 所围成矩形的二倍。

[II. 4]

给它们分别加上 *DB* 上的正方形；

因此，*CD*、*DB* 上的正方形之和等于 *CA*、*AD*、*DB* 上的正方形之和加上矩形 *CA*、*AD* 的二倍。

但 *CB* 上的正方形等于 *CD*、*DB* 上的正方形之和，这是因为 *D* 处的角是直角；

[I. 47]

且 *AB* 上的正方形等于 *AD*、*DB* 上的正方形之和；

[I. 47]

因此，*CB* 上的正方形等于 *CA*、*AB* 上的正方形之和加上 *CA*、*AD* 所围成矩形的二倍；

因此，*CB* 上的正方形比 *CA*、*AB* 上的正方形之和大 *CA*、*AD* 所围成矩形的二倍。

这就是所要证明的。

命题 13

在锐角三角形中，锐角对边上的正方形比夹锐角两边上的正方形之和小一个矩形的二倍，该矩形为另一锐角向对边作垂线，垂足所在的锐角边与垂足到原锐角顶点之间的直线所围成的矩形。

In acute-angled triangles the square on the side subtending the acute angle is less than the squares on the sides containing the acute angle by twice the rectangle contained by one of the sides about the acute angle, namely that on which the perpendicular falls, and the straight line cut off within by the perpendicular towards the acute angle.

设 *ABC* 是一个锐角三角形，*B* 处的角为锐角，从点 *A* 作 *AD* 垂直于 *BC*；

我说，*AC* 上的正方形比 *CB*、*BA* 上的正方形之和小 *CB*、*BD* 所围成矩形的二倍。

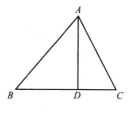

这是因为，由于直线 *CB* 被任截于点 *D*，所以 *CB*、*BD* 上的正方形之和等于 *CB*、*BD* 所围成矩形的二倍与 *DC* 上的正方形

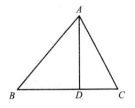

之和。　　　　　　　　　　　　　　　[II. 7]

给它们分别加上 *DA* 上的正方形；

因此，*CB*、*BD*、*DA* 上的正方形之和等于 *CB*、*BD* 所围成矩形的二倍加上 *AD*、*DC* 上的正方形之和。

但 *AB* 上的正方形等于 *BD*、*DA* 上的正方形之和，这是因为 *D* 处的角是直角；　　　　　　　　　　[I. 47]

而 AC 上的正方形等于 *AD*、*DC* 上的正方形之和；

因此，*CB*、*BA* 上的正方形之和等于 *AC* 上的正方形加上矩形 *CB*、*BD* 的二倍。

于是，*AC* 上的正方形比 *CB*、*BA* 上的正方形之和小 *CB*、*BD* 所围成矩形的二倍。

这就是所要证明的。

命题 **14**

作一个正方形等于给定的直线形。

To construct a square equal to a given rectilineal figure.

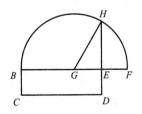

设 A 是给定的直线形；

于是，要求作一个正方形等于直线形 A。

作矩形 BD 等于直线形 A。   [I. 45]

于是，如果 BE 等于 ED，则作图完毕；因为已经作了正方形 BD 等于直线形 A。

但如果不是这样，则直线 BE、ED 之一较大。

设 BE 较大，延长它到 F；

设 EF 等于 ED，且 BF 被二等分于 G。

以 G 为圆心，GB、GF 中的一个为距离作半圆 BHF；延长 DE 到 H，连接 GH。

于是，由于直线 BF 在 G 被截成了相等的线段，在 E 被截成了不相等的线段，所以

BE、EF 所围成的矩形与 EG 上的正方形之和等于 GF 上的正方形。   [II. 5]

但 GF 等于 GH；

因此，矩形 BE、EF 与 GE 上的正方形之和等于 GH 上的正方形。

但 HE、EG 上的正方形之和等于 GH 上的正方形；   [I. 47]

因此，矩形 BE、EF 与 GE 上的正方形之和等于 HE、EG 上的正方形之和。

从它们中分别减去 GE 上的正方形；

因此，余下的矩形 BE、EF 等于 EH 上的正方形。

但矩形 BE、EF 是 BD，这是因为 EF 等于 ED；

因此，平行四边形 BD 等于 HE 上的正方形。

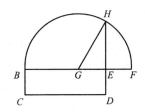

又，BD 等于直线形 A。

因此，直线形 A 也等于可在 EH 上作出的正方形。

这样便在 EH 上作出了等于给定直线形 A 的正方形。

这就是所要作的。

第三卷

定义

1. **等圆**就是直径或半径相等的圆。

   Equal circles are those the diameters of which are equal, or the radii of which are equal.

2. 一条直线与一圆相遇且延长后不与该圆相交，则称该直线**与圆相切**。

   A straight line is said to *touch a circle* which, meeting the circle and being produced, does not cut the circle.

3. 两圆相遇且不相交，则称**两圆相切**。

   Circles are said to *touch one another* which, meeting one another, do not cut one another.

4. 当圆心到圆内直线所作的垂线相等时，则称这些直线**与圆心等距**。

   In a circle straight lines are said to *be equally distant from the centre* when the perpendiculars drawn to them from the centre are equal.

5. 且当垂线较长时，则称这条直线**与圆心有较大的距离**。

And that straight line is said to be *at a greater distance* on which the greater perpendicular falls.

6. **弓形**是由一条直线和一段圆周所围成的图形。

A *segment* of a circle is the figure contained by a straight line and a circumference of a circle.

7. **弓形的角**是由一条直线和一段圆周所夹的角。

An *angle of a segment* is that contained by a straight line and a circumference of a circle.

8. 在弓形的圆周上取一点，连接该点和**弓形的底**的两个端点的两条直线所夹的角叫做**弓形上的角**。

An *angle in a segment* is the angle which, when a point is taken on the circumference of the segment and straight lines are joined from it to the extremities of the straight line which is the *base of the segment*, is contained by the straight lines so joined.

9. 且当夹这个角的直线与一段圆周相截时，称这个角**张在**那段圆周上。

And, when the straight lines containing the angle cut off a circumference, the angle is said to *stand upon* that circumference.

10. 以圆心为顶点作一角，由夹这个角的两条直线与它们所截的圆周所围成的图形叫做**扇形**。

   A *sector of a circle* is the figure which, when an angle is constructed at the centre of the circle, is contained by the straight lines containing the angle and the circumference cut off by them.

11. 含等角或张在其上的角彼此相等的弓形是**相似弓形**。

   Similar segments of circles are those which admit equal angles, or in which the angles are equal to one another.

命题 1

设 *ABC* 是给定的圆。

To find the centre of a given circle.

设 *ABC* 是给定的圆；

　于是，要求找到圆 *ABC* 的圆心。

任意作直线 *AB* 穿过它，设 *AB* 被二等分于点 *D* ；

从 *D* 作 *DC* 与 *AB* 成直角，且 *DC* 过点 *E* ；设 *CE* 被二等分于 *F* ；

我说，*F* 是圆 *ABC* 的圆心。

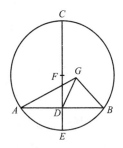

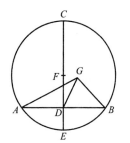

这是因为，假定不是这样，如果可能，设 G 是圆心，

连接 GA、GD、GB。

于是，由于 AD 等于 DB，且 DG 公用，所以

两边 AD、DG 分别等于两边 BD、DG；

而底 GA 等于底 GB，因为它们都是半径；

因此，角 ADG 等于角 GDB。   [I. 8]

但是，当一条直线与另一条直线交成的邻角彼此相等时，这些等角中的每一个都是直角；   [I. 定义 10]

因此，角 GDB 是直角。

但角 FDB 也是直角；

因此，角 FDB 等于角 GDB，

大的等于小的：这是不可能的。

因此，G 不是圆 ABC 的圆心。

类似地，可以证明，除 F 以外，任何其他点也不可能是圆心。

因此，点 F 是圆 ABC 的圆心。

这就是所要作的。

推论 由此显然可得，如果圆内一直线把另一直线截成相等的两部分且交成直角，则这个圆的圆心在该直线上。

命题 2

在一个圆的圆周上任取两点，则连接这两点的直线落在圆内。

If on the circumference of a circle two points be taken at random, the straight line joining the points will fall within the circle.

设 *ABC* 是一个圆，且 *A*、*B* 是在它的圆周上任取的两点；

我说，从 *A* 到 *B* 连成的直线落在圆内。

这是因为，假定它不落在圆内，如果可能，假定它落在圆外，即 *AEB*；

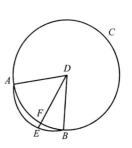

取圆 *ABC* 的圆心 [III.1]，设它是 D；

连接 *DA*、*DB*，作 *DFE*。

于是，由于 *DA* 等于 *DB*，所以

角 *DAE* 也等于角 *DBE*。　　　　[I.5]

又，延长三角形 *DAE* 的一边 *AEB*，所以

角 *DEB* 大于角 *DAE*。　　　　[I.16]

但角 *DAE* 等于角 *DBE*；

因此，角 *DEB* 大于角 *DBE*。

而大角对大边；　　　　　　　　[I.19]

因此，*DB* 大于 *DE*。

但 *DB* 等于 *DF*；

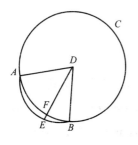

因此，*DF* 大于 *DE*，

小的大于大的：这是不可能的。

因此，从 *A* 到 *B* 的直线不会落在圆外。

类似地，可以证明，它也不会落在圆周上；

因此，它落在圆内。

这就是所要证明的。

命题 3

在圆内，若一条过圆心的直线将一条不过圆心的直线二等分，则它们交成直角；又，若它们交成直角，则前者将后者二等分。

If in a circle a straight line through the centre bisect a straight line not through the centre, it also cuts it at right angles; and if it cut it at right angles, it also bisects it.

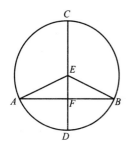

设 *ABC* 是一个圆，圆内的直线 *CD* 过圆心且将不过圆心的直线 *AB* 二等分于点 *F*；

我说，它们交成直角。

这是因为，取圆 *ABC* 的圆心，设它是 *E*；连接 *EA*、*EB*。

于是，由于 *AF* 等于 *FB*，且 *FE* 公用，

所以

两边等于两边；

而底 *EA* 等于底 *EB*；

因此，角 *AFE* 等于角 *BFE*。   [I. 8]

但是，当一条直线与另一条直线交成的邻角彼此相等时，这些等角中的每一个都是直角。   [I. 定义 10]

因此，角 *AFE*、*BFE* 都是直角。

因此，过圆心的 *CD* 将不过圆心的 *AB* 二等分，并与之交成直角。

又，设 *CD* 与 *AB* 交成直角；

我说，*CD* 也将 *AB* 二等分，即 *AF* 等于 *FB*。

这是因为，作同一个图，

由于 *EA* 等于 *EB*，所以

角 *EAF* 也等于角 *EBF*。   [I. 5]

但直角 *AFE* 等于直角 *BFE*，

因此，*EAF*、*EBF* 是两个角相等且有一条边相等的两个三角形，即 *EF* 公用，它对着相等的角。

因此，其余的边也等于其余的边；   [I. 26]

因此，*AF* 等于 *FB*。

这就是所要证明的。

命题 4

若圆内有两条不过圆心的直线相交，则它们不彼此二等分。

If in a circle two straight lines cut one another which are not through the centre, they do not bisect one another.

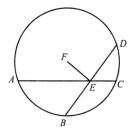

设 *ABCD* 是一个圆，*AC*、*BD* 是圆内两条不过圆心的直线，它们相交于 *E*；

我说，它们不彼此二等分。

这是因为，如果可能，设它们彼此二等分，因此 *AE* 等于 *EC*，*BE* 等于 *ED*；

取圆 *ABCD* 的圆心 [III.1]，设它为 *F*；连接 *FE*。

于是，由于过圆心的直线 *FE* 将不过圆心的直线 *AC* 二等分，所以

　　　　　　它们也交成直角；　　　　　[III.3]

　　　　　因此，角 *FEA* 是直角。

又，由于直线 *FE* 将直线 *BD* 二等分，所以

　　　　　　它们也交成直角，　　　　　[III.3]

　　　　　因此，角 *FEB* 是直角。

但已证明，角 *FEA* 是直角；

　　　　　因此，角 *FEA* 等于角 *FEB*，

小的等于大的：这是不可能的。

因此，*AC*、*BD* 不彼此二等分。

　　　　　　　　　　　　　　　这就是所要证明的。

命题 5

若两圆相交，则它们不同心。

If two circles cut one another, they will not have the same centre.

设圆 *ABC*、*CDG* 相交于点 *B*、*C*；

我说，它们不同心。

这是因为，如果可能，设圆心为 *E*；

连接 *EC*，任作直线 *EFG*。

于是，由于点 *E* 是圆 *ABC* 的圆心，所以

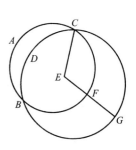

$$EC \text{ 等于 } EF。 \qquad [\text{I. 定义 } 15]$$

又，由于点 *E* 是圆 *CDG* 的圆心，所以

$$EC \text{ 等于 } EG。$$

但已证明，*EC* 也等于 *EF*；

$$因此，EF \text{ 也等于 } EG，$$

小的等于大的：这是不可能的。

因此，点 *E* 不是圆 *ABC*、*CDG* 的圆心。

这就是所要证明的。

命题 6

若两圆相切，则它们不同心。

If two circles touch one another, they will not have the same centre.

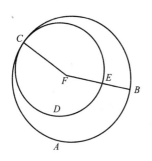

设两圆 *ABC*、*CDE* 相切于点 *C*；

我说，它们不同心。

这是因为，如果可能，设圆心为 *F*；连接 *FC*，并任作 *FEB*。

于是，由于点 *F* 是圆 *ABC* 的圆心，所以

FC 等于 *FB*。

又，由于点 *F* 是圆 *CDE* 的圆心，所以

FC 等于 *FE*。

但已证明，*FC* 等于 *FB*；

因此，*FE* 也等于 *FB*，

小的等于大的：这是不可能的。

因此，*F* 不是圆 *ABC*、*CDE* 的圆心。

这就是所要证明的。

命题 7

若在圆的直径上取一个不是圆心的点，则在从该点到圆上所作的直线中，圆心所在的直线最大，同一直径的其余部分最小；在其余直线中，靠近过圆心直线的总是大于远离过圆心直线的；从该点到圆只能作两条相等的直线，它们分别在最小直线的一侧。

If on the diameter of a circle a point be taken which is not the centre of the circle, and from the point straight lines fall upon the circle, that will be greatest on which the centre is, the remainder of the same diameter will be least, and of the rest the nearer to the straight line through the centre is always greater than the more remote, and only two equal straight lines will fall from the point on the circle, one on each side of the least straight line.

设 *ABCD* 是一个圆，*AD* 是它的一条直径；在 *AD* 上取一个不是圆心的点 *F*，设 *E* 是圆心，从 *F* 到圆 *ABCD* 上作直线 *FB*、*FC*、*FG*；

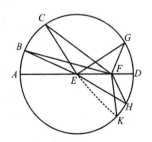

我说，*FA* 最大，*FD* 最小，对于其余的直线，*FB* 大于 *FC*，*FC* 大于 *FG*。

连接 *BE*、*CE*、*GE*。

于是，由于任何三角形中，两边之和大于其余一边 [I. 20]，所以

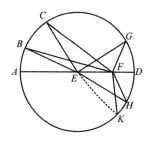

EB、EF 之和大于 BF。

但 AE 等于 BE；

　　因此，AF 大于 BF。

又，由于 BE 等于 CE，且 FE 公用，所以

　　两边 BE、EF 等于两边 CE、EF。

但角 BEF 也大于角 CEF；

　　因此，底 BF 大于底 CF。　　　　　[I. 24]

同理，

　　CF 也大于 FG。

又，由于 GF、FE 之和大于 EG，

且 EG 等于 ED，所以

　　GF、EF 之和大于 ED。

从它们中分别减去 EF；

　　因此，余下的 GF 大于余下的 FD。

因此，FA 最大，FD 最小，且 FB 大于 FC，FC 大于 FG。

其次我说，从点 F 到圆 ABCD 上只能作两条相等的直线，它们分别在最小直线 FD 的一侧。

这是因为，在直线 EF 上并且在其上的点 E 作角 FEH 等于角 GEF[I. 23]，连接 FH。

于是，由于 GE 等于 EH，

且 EF 公用，所以

　　两边 GE、EF 等于两边 HE、EF；

而角 GEF 等于角 HEF；

因此，底 FG 等于底 FH。　　　　　　　　　　　[Ⅰ.4]

其次我说，从点 F 到圆没有另一条直线等于 FG。

这是因为，如果有，设它为 FK。

于是，由于 FK 等于 FG，且 FH 等于 FG，所以

FK 也等于 FH，

因此，靠近过圆心直线的直线等于远离过圆心直线的直线：这是不可能的。

因此，从点 F 到圆作不出另一条直线等于 FG；

因此，这样的直线只有一条。

这就是所要证明的。

命题 8

若在圆外取一点，从该点作到圆的直线，其中一条直线过圆心而其他直线任意作出，则在落在凹圆周上的直线中，过圆心的最大，而在其余直线中，靠近过圆心直线的总是大于远离过圆心直线的；然而在落在凸圆周上的直线中，该点与直径之间的那条最小，而在其余直线中，靠近最小直线的总是小于远离最小直线的；从该点到圆只能作两条相等的直线，它们分别在最小直线的一侧。

If a point be taken outside a circle and from the point straight lines be drawn through to the circle, one of which is through the centre and the others are drawn at random, then, of the straight lines which fall on the concave circumference, that through the centre is greatest, while of the rest the nearer to that through the centre is always greater than the more remote, but, of the straight lines falling on the convex circumference, that between the point and the diameter is least, while of the rest the nearer to the least is always less than the more remote, and only two equal straight lines will fall on the circle from the point, one on each side of the least.

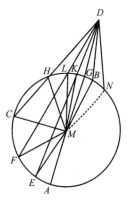

设 *ABC* 是一个圆, *D* 是在 *ABC* 外所取的一点;

从它作直线 *DA*、*DE*、*DF*、*DC*, 且 *DA* 过圆心;

我说, 在落在凹圆周 *AEFC* 上的直线中, 过圆心的直线 *DA* 最长,

且 *DE* 大于 *DF*, *DF* 大于 *DC*;

然而在落在凸圆周 *HLKG* 上的直线中, 该点与直径 *AG* 之间的直线 *DG* 最短; 且靠近最短直线 *DG* 的直线总是小于远离直线 *DG* 的直线, 即 *DK* 小于 *DL*, *DL* 小于 *DH*。

这是因为, 取圆 *ABC* 的圆心,　　　　　　　[III. 1]

设它为 *M*; 连接 *ME*、*MF*、*MC*、*MK*、*ML*、*MH*。

于是, 由于 *AM* 等于 *EM*, 给它们分别加上 *MD*;

因此, *AD* 等于 *EM*、*MD* 之和。

但 *EM*、*MD* 之和大于 *ED*;

因此, *AD* 也大于 *ED*。

又, 由于 *ME* 等于 *MF*,

且 MD 公用，

因此，EM、MD 之和等于 FM、MD 之和；

而角 EMD 大于角 FMD；

因此，底 ED 大于底 FD。　　　　[I. 24]

类似地，可以证明，FD 大于 CD；因此，DA 最大，而 DE 大于 DF，DF 大于 DC。

接着，由于 MK、KD 之和大于 MD，　　　　[I. 20]

而 MG 等于 MK，

因此，余下的 KD 大于余下的 GD，

因此，GD 小于 KD。

又，由于在三角形 MLD 的一边 MD 上作了两条直线 MK、KD 交于此三角形内，

因此，MK、KD 之和小于 ML、LD 之和；　　[I. 21]

而 MK 等于 ML；

因此，余下的 DK 小于余下的 DL。

类似地，可以证明，DL 也小于 DH；

因此，DG 最小，而 DK 小于 DL，DL 小于 DH。

其次我说，从点 D 到圆只能作两条相等的直线，它们分别在最小直线 DG 的一侧。

在直线 MD 上并且在其上的点 M 作角 DMB 等于角 KMD，连接 DB。

于是，由于 MK 等于 MB，

且 MD 公用，所以

两边 KM、MD 分别等于两边 BM、MD；

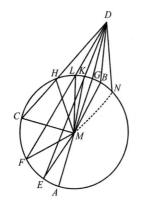

而角 KMD 等于角 BMD；

因此，底 DK 等于底 DB。　　[I. 4]

我说，从点 D 到圆没有另一条直线等于 DK。

这是因为，如果有，设它为 DN。

于是，由于 DK 等于 DN，

且 DK 等于 DB，所以

　　　DB 也等于 DN，

因此，靠近最短直线 DG 的直线等于远离最短直线 DG 的直线：这已经证明是不可能的。

因此，从点 D 到圆 ABC 只能作两条相等的直线，它们分别在最短直线 DG 的一侧。

这就是所要证明的。

命题 9

若在圆内取一点，且从该点到圆所作相等的直线多于两条，则该点是该圆的圆心。

If a point be taken within a circle, and more than two equal straight lines fall from the point on the circle, the point taken is the centre of the circle.

设 ABC 是一个圆，D 是在圆内取的点，且从 D 到圆 ABC 可

作多于两条相等的直线，即 *DA*、*DB*、
DC ；

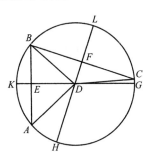

我说，点 *D* 是圆 *ABC* 的圆心。

这是因为，连接 *AB*、*BC*，且它们
被二等分于点 *E*、*F*，连接 *ED*、*FD*，
并让它们通过点 *G*、*K*、*H*、*L*。

于是，由于 *AE* 等于 *EB*，且 *ED* 公用，所以

　　　两边 *AE*、*ED* 等于两边 *BE*、*ED* ；

而底 *DA* 等于底 *DB*，

　　　　因此，角 *AED* 等于角 *BED*。　　　　　［I. 8］

　　因此，角 *AED*、*BED* 中的每一个都是直角。

　　　　　　　　　　　　　　　　　　　　［I. 定义 10］

　　因此，*GK* 把 *AB* 分成相等的两部分，且交成直角。

　　又，如果圆内一直线把另一直线截成相等的两部分且交成直
角，则这个圆的圆心在该直线上，　　　　　　　［III. 1，推论］

　　　　　　因此，圆心在 *GK* 上。

同理，

　　　　　圆 *ABC* 的圆心也在 *HL* 上。

而除点 *D* 以外，直线 *GK*、*HL* 没有其他公共点；

　　　　　因此，点 *D* 是圆 *ABC* 的圆心。

　　　　　　　　　　　　　　　　这就是所要证明的。

命题 10

一圆截一圆，其交点不多于两个。

A circle does not cut a circle at more points than two.

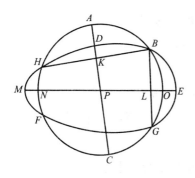

这是因为，设圆 *ABC* 截圆 *DEF* 的交点多于两个，即 *B*、*G*、*F*、*H*；

连接 *BH*、*BG*，设它们被二等分于点 *K*、*L*，从 *K*、*L* 作 *KC*、*LM* 与 *BH*、*BG* 成直角，并让它们通过点 *A*、*E*。

于是，由于圆 *ABC* 内一直线 *AC* 把另一直线 *BH* 截成相等的两部分且交成直角，所以

圆 *ABC* 的圆心在 *AC* 上。   [III. 1，推论]

又，由于同一圆 *ABC* 内一直线 *NO* 把另一直线 *BG* 截成相等的两部分且交成直角，所以

圆 *ABC* 的圆心在 *NO* 上。

但已证明它在 *AC* 上，而且除点 *P* 外，直线 *AC*、*NO* 没有交点；

因此，点 *P* 是圆 *ABC* 的圆心。

类似地，可以证明，*P* 也是圆 *DEF* 的圆心；

因此，彼此相截的两圆 *ABC*、*DEF* 有共同的圆心 *P*；

这是不可能的。　　　　　　　　　　　　　　　　[III. 5]

　　　　　　　　　　　　　　　　　　　这就是所要证明的。

命题 11

　　若两圆内切，且取它们的圆心，则连接其圆心的直线延长后过两圆的切点。

If two circles touch one another internally, and their centres be taken, the straight line joining their centres, if it be also produced, will fall on the point of contact of the circles.

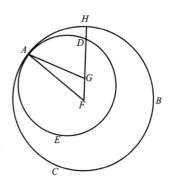

　　设两圆 ABC、ADE 内切于点 A，且取圆 ABC 的圆心 F 以及 ADE 的圆心 G；

　　我说，连接 G、F 的直线过点 A。

　　这是因为，假定不是这样，如果可能，设该直线是 FGH，连接 AF、AG。

　　于是，由于 AG、GF 之和大于 FA，即大于 FH，

　　从它们中分别减去 FG；

　　因此，余下的 AG 大于余下的 GH。

　　但 AG 等于 GD；

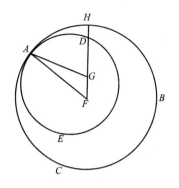

因此，GD 也大于 GH，

小的大于大的：这是不可能的。

因此，连接 F 与 G 的直线不会落在 FA 外面；

因此，它过切点 A。

这就是所要证明的。

命题 12

若两圆外切，则连接其圆心的直线过切点。

If two circles touch one another externally, the straight line joining their centres will pass through the point of contact.

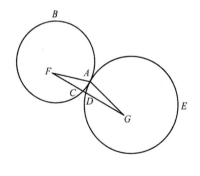

设两圆 ABC、ADE 外切于点 A，取 ABC 的圆心 F 和 ADE 的圆心 G；

我说，连接 F 与 G 的直线过切点 A。

这是因为，假定不是这样，如果可能，设该直线为 FCDG，连接 AF、AG。

于是，由于点 F 是圆 ABC 的圆心，所以

FA 等于 FC。

又，由于点 *G* 是圆 *ADE* 的圆心，所以

$$GA \text{ 等于 } GD。$$

但已证明，*FA* 也等于 *FC*；

因此，*FA*、*AG* 之和等于 *FC*、*GD* 之和，

因此，整个 *FG* 大于 *FA*、*AG* 之和；

但它也小于它们之和［I. 20］：这是不可能的。

因此，连接 *F* 与 *G* 的直线不会不过切点 *A*；

因此，它过切点 *A*。

这就是所要证明的。

命题 13

一圆与另一圆无论内切还是外切，切点不多于一个。

A circle does not touch a circle at more points than one, whether it touch it internally or externally.

这是因为，如果可能，先设圆 *ABDC* 与圆 *EBFD* 内切，其切点多于一个，即 *D*、*B*。

取圆 *ABDC* 的圆心 *G* 和 *EBFD* 的圆心 *H*。

因此，连接 *G* 到 *H* 的直线会过 *B*、*D*。

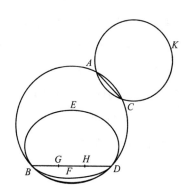

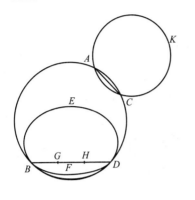

设它为 *BGHD*。

于是，由于点 *G* 是圆 *ABDC* 的圆心，所以

BG 等于 GD；

因此，BG 大于 HD；

因此，BH 比 HD 更大。

又，由于点 *H* 是圆 *EBFD* 的圆心，所以

BH 等于 HD；

但已证明，BH 比 HD 更大：这是不可能的。

因此，一圆与另一圆内切，其切点不多于一个。

其次我说，外切时切点也不多于一个。

这是因为，如果可能，设圆 *ACK* 与圆 *ABDC* 的切点多于一个，即 *A*、*C*，

连接 *AC*。

于是，由于在圆 *ABDC*、*ACK* 中每一个的圆周上已经任取了两点 *A*、*C*，所以连接它们的直线落在每一个圆的内部； ［Ⅲ.2］

但它落在了圆 *ABDC* 内和圆 *ACK* 外［Ⅲ. 定义 3］：这是荒谬的。

因此，一圆与另一圆外切，切点不多于一个。

而已经证明，内切时切点也不多于一个。

因此，一圆与另一圆无论内切还是外切，切点不多于一个。

这就是所要证明的。

命题 14

圆内相等的直线与圆心等距, 与圆心等距的直线彼此相等。

In a circle equal straight lines are equally distant from the centre, and those which are equally distant from the centre are equal to one another.

设 *ABDC* 是一个圆, *AB*、*CD* 是圆内相等的直线。

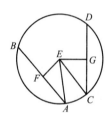

我说, *AB*、*CD* 与圆心等距。

这是因为, 取圆 *ABDC* 的圆心 [III. 1], 设它是 *E*; 从 *E* 作 *EF*、*EG* 垂直于 *AB*、*CD*; 连接 *AE*、*EC*。

于是, 由于过圆心的直线 *EF* 与不过圆心的直线 *AB* 交成直角, 所以它也将 *AB* 二等分。   [III. 3]

因此, *AF* 等于 *FB*;

因此, *AB* 是 *AF* 的二倍。

同理,

CD 也是 *CG* 的二倍;

而 *AB* 等于 *CD*;

因此, *AF* 也等于 *CG*。

又, 由于 *AE* 等于 *EC*, 所以

AE 上的正方形也等于 *EC* 上的正方形。

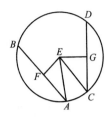

但 AF、EF 上的正方形之和等于 AE 上的正方形，这是因为 F 处的是直角；

而 EG、GC 上的正方形之和等于 EC 上的正方形，这是因为 G 处的是直角；　［I. 47］

因此，AF、FE 上的正方形之和等于 CG、GE 上的正方形之和，

其中 AF 上的正方形等于 CG 上的正方形，这是因为 AF 等于 CG；

因此，余下的 FE 上的正方形等于 EG 上的正方形，

因此，EF 等于 EG。

但是当圆心到圆内直线所作的垂线相等时，则称这些直线与圆心等距；　　　　　　　　　　　　　　　　　［III. 定义 4］

因此，AB、CD 与圆心等距。

接着，设直线 AB、CD 与圆心等距；即设 EF 等于 EG。

我说，AB 也等于 CD。

这是因为，用同样的作图，类似地可以证明，AB 是 AF 的二倍，CD 是 CG 的二倍。

又，由于 AE 等于 CE，所以

AE 上的正方形等于 CE 上的正方形。

但 EF、FA 上的正方形之和等于 AE 上的正方形，EG、GC 上的正方形之和等于 CE 上的正方形。　　　　　　［I. 47］

因此，EF、FA 上的正方形之和等于 EG、GC 上的正方形之和，

其中 EF 上的正方形等于 EG 上的正方形，这是因为 EF 等于 EG；

因此，余下的 *AF* 上的正方形等于 *CG* 上的正方形；

因此，*AF* 等于 *CG*。

但 *AB* 是 *AF* 的二倍，*CD* 是 *CG* 的二倍；

因此，*AB* 等于 *CD*。

这就是所要证明的。

命题 15

圆内的直线中直径最大，而在其余的直线中，靠近圆心的总是大于远离圆心的。

Of straight lines in a circle the diameter is greatest, and of the rest the nearer to the centre is always greater than the more remote.

设 *ABCD* 是一个圆，*AD* 是它的直径，*E* 是圆心；设 *BC* 较为靠近直径 *AD*，且 *FG* 较远。

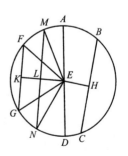

我说，*AD* 最大且 *BC* 大于 *FG*。

这是因为，从圆心 *E* 作 *EH*、*EK* 垂直于 *BC*、*FG*。

于是，由于 *BC* 靠近圆心，而 *FG* 较远，所以 *EK* 大于 *EH*。

[Ⅲ. 定义 5]

取 *EL* 等于 *EH*，过 *L* 作 *LM* 与 *EK* 成直角并把它延长到 *N*，连接 *ME*、*EN*、*FE*、*EG*。

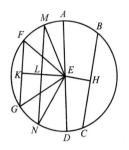

于是，由于 EH 等于 EL，所以

BC 也等于 MN。　　　　　　　　[III. 14]

又，由于 AE 等于 EM，且 ED 等于 EN，所以

AD 等于 ME、EN 之和。

但 ME、EN 之和大于 MN，　　[I. 20]

而 MN 等于 BC；

因此，AD 大于 BC。

又，由于两边 ME、EN 之和等于两边 FE、EG 之和，

且角 MEN 大于角 FEG，

因此，底 MN 大于底 FG。　　[I. 24]

但已证明，MN 等于 BC。

因此，直径 AD 最大，BC 大于 FG。

这就是所要证明的。

命题 16

从圆的直径的端点所作的与直径成直角的直线落在圆外，且不能在该直线与圆周之间的空间中插入另一条直线；此外，半圆的角大于任何锐直线角，余下的角小于任何锐直线角。

The straight line drawn at right angles to the diameter of a circle from its extremity will fall outside the circle, and into the space between the straight line and the circumference another straight line cannot be interposed; further the angle of the semicircle is greater, and the remaining angle less, than any acute rectilineal angle.

设 *ABC* 是以 *D* 为圆心的圆, *AB* 是直径；

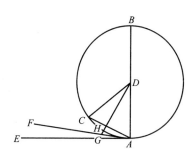

我说，从 *AB* 的端点 *A* 所作的与 *AB* 成直角的直线落在圆外。

这是因为，假定不是这样，如果可能，设它是 *CA* 且落在圆内，连接 *DC*。

由于 *DA* 等于 *DC*，所以

角 *DAC* 也等于角 *ACD*。　　　　　[I.5]

但角 *DAC* 是直角；

因此，角 *ACD* 也是直角：

于是，在三角形 *ACD* 中，两角 *DAC*、*ACD* 之和等于两直角：这是不可能的。　　　　　　　　　　　　[I.17]

因此，从点 *A* 所作的与 *BA* 成直角的直线不会落在圆内。

类似地，可以证明，它也不会落在圆周上；

因此，它落在圆外。

设它落在 *AE*；

接着，我说，不能在直线 *AE* 与圆周 *CHA* 之间的空间中插入另一条直线。

这是因为，如果可能，设如此插入的另一条直线是 *FA*，并从

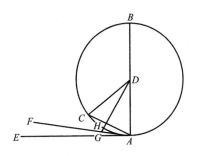

点 D 作 DG 垂直于 FA。

于是，由于角 AGD 是直角，而角 DAG 小于直角，所以 AD 大于 DG。　[I. 19]

但 DA 等于 DH；

因此，DH 大于 DG，

小的大于大的：这是不可能的。

因此，不能在该直线与圆周之间的空间中插入另一条直线。

其次我说，直线 BA 与圆周 CHA 所夹的半圆的角大于任何锐直线角，

且圆周 CHA 与直线 AE 所夹的余下的角小于任何锐直线角。

这是因为，如果有某直线角大于直线 BA 与圆周 CHA 所夹的角，且某直线角小于圆周 CHA 与直线 AE 所夹的角，那么在圆周与直线 AE 之间的空间中可以插入这样一条直线，它将构成一个由直线所夹的角，此角大于直线 BA 与圆周 CHA 所夹的角，并且构成另一个由直线所夹的角，此角小于圆周 CHA 与直线 AE 所夹的角。

但不能插入这样一条直线；

因此，没有任何由直线所夹的锐角大于直线 BA 与圆周 CHA 所夹的角，也没有任何由直线所夹的锐角小于圆周 CHA 与直线 AE 所夹的角。

这就是所要证明的。

推论 由此显然可得，从圆的直径的端点所作的与直径成直

角的直线与圆相切。

命题 17

从给定一点作一直线与给定的圆相切。

From a given point to draw a straight line touching a given circle.

设 *A* 是给定的点，*BCD* 是给定的圆；

于是，要求从点 *A* 作一直线与圆 *BCD* 相切。

取圆的圆心 *E* ；　　　　　　[III. 1]

连接 *AE*，以 *E* 为圆心、*EA* 为距离作圆 *AFG* ；

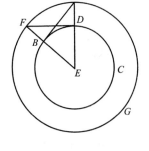

从 *D* 作 *DF* 与 *EA* 成直角，

连接 *EF*、*AB* ；

我说，从点 *A* 所作的 *AB* 与圆 *BCD* 相切。

这是因为，由于 *E* 是圆 *BCD*、*AFG* 的圆心，

EA 等于 *EF*，且 *ED* 等于 *EB* ；

　　　　　因此，两边 *AE*、*EB* 等于两边 *FE*、*ED* ；

而它们夹着 *E* 处的公共角；

　　　　　因此，底 *DF* 等于底 *AB*，

　　　　三角形 *DEF* 等于三角形 *BEA*，

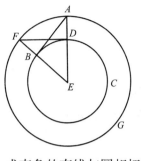

其余的角等于其余的角；   ［Ⅰ.4］

因此，角 *EDF* 等于角 *EBA*。

但角 *EDF* 是直角；

因此，角 *EBA* 也是直角。

现在，*EB* 是半径；

而从圆的直径的端点所作的与直径成直角的直线与圆相切；

［Ⅲ.16，推论］

因此，*AB* 与圆 *BCD* 相切。

这样便从给定的点 *A* 作出了直线 *AB* 与圆 *BCD* 相切。

这就是所要作的。

命题 18

若一直线与一圆相切，则连接圆心与切点的直线垂直于切线。

If a straight line touch a circle, and a straight line be joined from the centre to the point of contact, the straight line so joined will be perpendicular to the tangent.

设直线 *DE* 与圆 *ABC* 相切于点 *C*，取圆 *ABC* 的圆心 *F*，从 *F* 到 *C* 连成直线 *FC*；

我说，*FC* 垂直于 *DE*。

因为否则的话，从 *F* 作 *FG* 垂直于 *DE*。

于是，由于角 *FGC* 是直角，所以

角 *FCG* 是锐角；　　［I. 17］

而大角对大边；　　　　［I. 19］

因此，*FC* 大于 *FG*。

但 *FC* 等于 *FB*；

因此，*FB* 也大于 *FG*，

小的大于大的：这是不可能的。

因此，*FG* 不垂直于 *DE*。

类似地，可以证明，除 *FC* 外，没有任何其他直线垂直于 *DE*；

因此，*FC* 垂直于 *DE*。

这就是所要证明的。

命题 19

若一直线与一圆相切，从切点作一直线与切线成直角，则圆心在这条直线上。

If a straight line touch a circle, and from the point of contact a straight line be drawn at right angles to the tangent, the centre of the circle will be on the straight line so drawn.

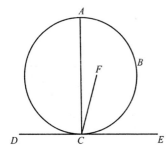

　　设直线 *DE* 与圆 *ABC* 相切于点 *C*，从 *C* 作 *CA* 与 *DE* 成直角；

　　我说，圆心在 *AC* 上。

　　这是因为，假定不是这样，如果可能，设 *F* 是圆心，连接 *CF*。

　　由于直线 *DE* 与圆 *ABC* 相切，且 *FC* 是从圆心到切点的连线，所以

　　　　FC 垂直于 *DE*；　　　　　　　　　[III. 18]

　　　　因此，角 *FCE* 是直角。

但角 *ACE* 也是直角；

　　　　因此，角 *FCE* 等于角 *ACE*，

小的等于大的：这是不可能的。

因此，*F* 不是圆 *ABC* 的圆心。

类似地，可以证明，除了在 *AC* 上以外，圆心不会是其他点。

　　　　　　　　　　　　　　　这就是所要证明的。

命题 20

圆内以相同圆周为底的圆心角是圆周角的二倍。

In a circle the angle at the centre is double of the angle at the circumference, when the angles have the same circumference as base.

设 *ABC* 是一个圆，角 *BEC* 是圆心角，角 *BAC* 是圆周角，设它们以相同的圆周 *BC* 为底。

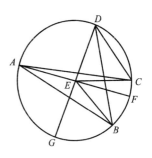

我说，角 *BEC* 是角 *BAC* 的二倍。

这是因为，连接 *AE* 并延长到 *F*。

于是，由于 *EA* 等于 *EB*，所以

角 *EAB* 也等于 *EBA*；　　　　　　　［I. 5］

因此，角 *EAB*、*EBA* 之和是角 *EAB* 的二倍。

但角 *BEF* 等于角 *EAB*、*EBA* 之和；　　　［I. 32］

因此，角 *BEF* 也是角 *EAB* 的二倍。

同理，

角 *FEC* 也是角 *EAC* 的二倍。

因此，整个角 *BEC* 是整个角 *BAC* 的二倍。

又，变成另一条直线，设有另一个角 *BDC*；连接 *DE* 并延长到 *G*。

于是类似地，可以证明，角 *GEC* 是角 *EDC* 的二倍，

其中角 *GEB* 是角 *EDB* 的二倍；

因此，余下的角 *BEC* 是角 *BDC* 的二倍。

这就是所要证明的。

命题 21

圆内同一弓形上的角彼此相等。

In a circle the angles in the same segment are equal to one another.

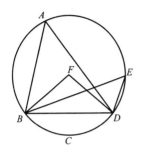

设 *ABCD* 是一个圆，角 *BAD*、*BED* 是同一弓形 *BAED* 上的角。

我说，角 *BAD*、*BED* 彼此相等。

这是因为，取圆 *ABCD* 的圆心，设它为 *F*；

连接 *BF*、*FD*。

现在，由于角 *BFD* 是圆心角，

角 *BAD* 是圆周角，

且它们以相同的圆周 *BCD* 为底，

因此，角 *BFD* 是角 *BAD* 的二倍。　　　　［III. 20］

同理，

角 *BFD* 也是角 *BED* 的二倍；

因此，角 *BAD* 等于角 *BED*。

这就是所要证明的。

命题 22

圆内接四边形的对角之和等于两直角。

The opposite angles of quadrilaterals in circles are equal to two right angles.

设 *ABCD* 是一个圆，*ABCD* 是其内接四

边形；

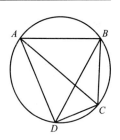

我说，对角之和等于两直角。

连接 *AC*、*BD*。

于是，由于在任何三角形中，三个角之

和等于两直角 [I. 32]，所以

三角形 *ABC* 的三个角 *CAB*、*ABC*、*BCA* 之和等于两直角。

但角 *CAB* 等于角 *BDC*，这是因为它们在同一弓形 *BADC* 中；

[III. 21]

角 *ACB* 等于角 *ADB*，这是因为它们在同一弓形 *ADCB* 中；

因此，整个角 *ADC* 等于角 *BAC*、*ACB* 之和。

给它们分别加上角 *ABC*；

因此，角 *ABC*、*BAC*、*ACB* 之和等于角 *ABC*、*ADC* 之和。

但角 *ABC*、*BAC*、*ACB* 之和等于两直角；

因此，角 *ABC*、*ADC* 之和也等于两直角。

类似地，可以证明，角 *BAD*、*DCB* 之和也等于两直角。

这就是所要证明的。

命题 23

在同一直线上且在同一侧作不出两个相似且不相等的弓形。

On the same straight line there cannot be constructed two

similar and unequal segments of circles on the same side.

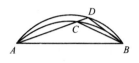

这是因为，如果可能，设在同一直线 *AB* 上且在同一侧可以作出两个相似且不相等的弓形 *ACB*、*ADB* ；

作 *ACD*，连接 *CB*、*DB*。

于是，由于弓形 *ACB* 与弓形 *ADB* 相似，

且相似的弓形含等角［III. 定义 11］，所以

　　　　　角 *ACB* 等于角 *ADB* ，

即外角等于内角：这是不可能的。　　　　　　　　［I. 16］

这就是所要证明的。

命题 24

相等直线上的相似弓形彼此相等。

Similar segments of circles on equal straight lines are equal to one another.

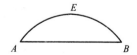
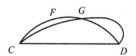

设 *AEB*、*CFD* 是相等直线 *AB*、*CD* 上的相似弓形；

我说，弓形 *AEB* 等于弓形 *CFD*。

这是因为，如果将弓形 *AEB* 叠合到 *CFD* 上，若点 *A* 被置于

C 上，直线 AB 被置于 CD 上，则

点 B 也与点 D 重合，这是因为 AB 等于 CD；

而 AB 与 CD 重合，

弓形 AEB 也与弓形 CFD 重合。

这是因为，如果直线 AB 与 CD 重合，但弓形 AEB 不与弓形 CFD 重合，那么

它要么落在里面，要么落在外面；

或者歪斜地落在 CGD 上，于是一圆截另一圆，其交点多于两个：这是不可能的。　　　　　　　　　　　［III. 10］

因此，若把直线 AB 叠合到 CD 上，则弓形 AEB 必定也与 CFD 重合；

因此，两弓形重合且彼此相等。

这就是所要证明的。

命题 25

给定一个弓形，作一个整圆，使此弓形为它的一部分。

Given a segment of a circle, to describe the complete circle of which it is a segment.

设 ABC 是给定的弓形；

于是，要求作属于弓形 ABC 的整圆，也就是说，弓形 ABC 是这个圆的一部分。

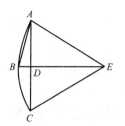

设 AC 被二等分于 D，从点 D 作 DB 与 AC 成直角，连接 AB；

于是，角 ABD 大于、等于或小于角 BAD。

首先，设角 ABD 大于角 BAD；

在直线 BA 上的点 A 作角 BAE 等于角 ABD；延长 DB 到 E，连接 EC。

于是，由于角 ABE 等于角 BAE，所以

直线 EB 也等于 EA。　　　　　[I. 6]

又，由于 AD 等于 DC，且 DE 公用，所以

两边 AD、DE 分别等于两边 CD、DE；

而角 ADE 等于角 CDE，因为每一个都是直角；

因此，底 AE 等于底 CE。

但已证明，AE 等于 BE；

因此，BE 也等于 CE；

因此，三条直线 AE、EB、EC 彼此相等。

因此，以 E 为圆心，以直线 AE、EB、EC 之一为距离所作的圆也经过其余的点，并且是整圆。　　　　　[III. 9]

这样，给定一个弓形，便作出了整圆。

又，弓形 ABC 显然小于一个半圆，因为圆心 E 碰巧在它的外面。

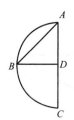

类似地，如果角 ABD 等于角 BAD，

AD 等于 BD、DC 中的每一个，

三条直线 DA、DB、DC 彼此相等，

D 是整圆的圆心，

ABC 显然是一个半圆。

但如果角 *ABD* 小于角 *BAD*，且若我们在直线 *BA* 上的 *A* 点作一个角等于角 *ABD*，则圆心落在弓形 *ABC* 中的 *DB* 上，弓形 *ABC* 显然大于半圆。

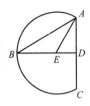

这样，给定一个弓形，便作出了整圆。

这就是所要作的。

命题 26

等圆内相等的圆心角或圆周角对着相等的圆周。

In equal circles equal angles stand on equal circumferences, whether they stand at the centres or at the circumferences.

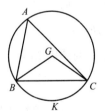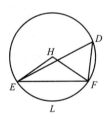

设 *ABC*、*DEF* 是等圆，它们之内有相等的角，即圆心角 *BGC*、*EHF* 和圆周角 *BAC*、*EDF*；

我说，圆周 *BKC* 等于圆周 *ELF*。

连接 *BC*、*EF*。

现在，由于圆 *ABC*、*DEF* 相等，所以

它们的半径相等。

于是，两直线 *BG*、*GC* 等于两直线 *EH*、*HF*；

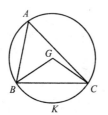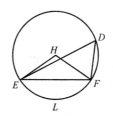

而 G 处的角等于 H 处的角；

　　　　因此，底 BC 等于底 EF。　　　　　　　　［I.4］

又，由于 A 处的角等于 D 处的角，所以

　　　　弓形 BAC 与弓形 EDF 相似；　　［III. 定义 11］

且它们在相等的直线上。

但相等直线上的相似弓形彼此相等；　　　　　　［III.24］

　　　　因此，弓形 BAC 等于弓形 EDF。

但整个圆 ABC 也等于整个圆 DEF；

因此，余下的圆周 BKC 等于余下的圆周 ELF。

　　　　　　　　　　　　　　这就是所要证明的。

命题 27

等圆内相等圆周上的圆心角或圆周角彼此相等。

In equal circles angles standing on equal circumferences are equal to one another, whether they stand at the centres or at the circumferences.

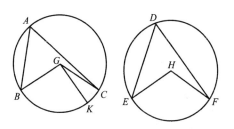

设在等圆 *ABC*、*DEF* 内，在相等的圆周 *BC*、*EF* 上，角
BGC、*EHF* 在圆心 *G*、*H* 处，角 *BAC*、*EDF* 在圆周上；

我说，角 *BGC* 等于角 *EHF*，

且角 *BAC* 等于角 *EDF*。

这是因为，若角 *BGC* 不等于角 *EHF*，则

它们中有一个较大。

设角 *BGC* 较大：在直线 *BG* 上的点 *G* 作角 *BGK* 等于角
EHF。　　　　　　　　　　　　　　　　　　　　［I. 23］

现在，相等的圆心角所对的圆周也相等；　　　　［III. 26］

因此，圆周 *BK* 等于圆周 *EF*。

但 *EF* 等于 *BC*；

因此，*BK* 也等于 *BC*，

小的等于大的：这是不可能的。

因此，角 *BGC* 并非不等于角 *EHF*；

因此，角 *BGC* 等于角 *EHF*。

又，点 *A* 处的角是角 *BGC* 的一半，

而点 *D* 处的角是角 *EHF* 的一半；　　　　　　　［III. 20］

因此，点 *A* 处的角也等于点 *D* 处的角。

这就是所要证明的。

命题 28

等圆内相等的直线截出相等的圆周，较大的圆周等于较大的圆周，较小的圆周等于较小的圆周。

In equal circles equal straight lines cut off equal circumferences, the greater equal to the greater and the less to the less.

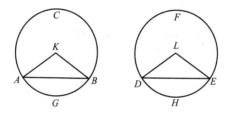

设 *ABC*、*DEF* 是等圆，*AB*、*DE* 是这些圆内相等的直线，它们截出较大的圆周 *ACB*、*DFE* 和较小的圆周 *AGB*、*DHE*；

我说，较大的圆周 *ACB* 等于较大的圆周 *DFE*，较小的圆周 *AGB* 等于较小的圆周 *DHE*。

这是因为，取圆心 *K*、*L*，连接 *AK*、*KB*、*DL*、*LE*。

现在，由于圆相等，所以

半径也相等；

因此，两边 *AK*、*KB* 等于两边 *DL*、*LE*；

且底 *AB* 等于底 *DE*；

因此，角 *AKB* 等于角 *DLE*。   [I. 8]

但相等的圆心角所对的圆周也相等；　　　　　　　[III. 26]

因此，圆周 *AGB* 等于 *DHE*。

又，整个圆 *ABC* 等于整个圆 *DEF*；

因此，余下的圆周 *ACB* 也等于余下的圆周 *DFE*。

这就是所要证明的。

命题 29

等圆内相等的圆周对着相等的直线。

In equal circles equal circumferences are subtended by equal straight lines.

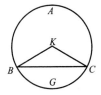 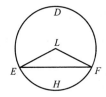

设 *ABC*、*DEF* 是等圆，在它们之内截出相等的圆周 *BGC*、*EHF*；连接直线 *BC*、*EF*。

我说，*BC* 等于 *EF*。

这是因为，取圆心 *K*、*L*；连接 *BK*、*KC*、*EL*、*LF*。

现在，由于圆周 *BGC* 等于圆周 *EHF*，所以

角 *BKC* 也等于角 *ELF*。　　　　　[III. 27]

又，由于圆 *ABC*、*DEF* 相等，所以

半径也相等；

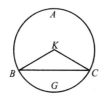 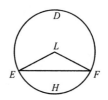

因此，两边 BK、KC 等于两边 EL、LF；

而它们夹的角也相等；

因此，底 BC 等于底 EF。 [I. 4]

这就是所要证明的。

命题 30

将给定的圆周二等分。

To bisect a given circumference.

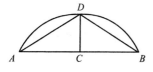

设 ADB 是给定的圆周；

于是，要求将圆周 ADB 二等分。

连接 AB，它被二等分于 C；从点 C 作 CD 与直线 AB 成直角，连接 AD、DB。

于是，由于 AC 等于 CB，且 CD 公用，所以

两边 AC、CD 等于两边 BC、CD；

而角 ACD 等于角 BCD，这是因为它们每一个都是直角；

因此，底 AD 等于底 DB。 [I. 4]

但相等的直线截出相等的圆周，较大的圆周等于较大的圆周，较小的圆周等于较小的圆周；　　　　　　　　［III. 28］

而圆周 AD、DB 中的每一个都小于半圆；

因此，圆周 AD 等于圆周 DB。

因此，给定的圆周被二等分于点 D。

这就是所要作的。

命题 31

圆内半圆上的角是直角，较大弓形上的角小于一直角，较小弓形上的角大于一直角；此外，较大弓形的角大于一直角，较小弓形的角小于一直角。

In a circle the angle in the semicircle is right, that in a greater segment less than a right angle, and that in a less segment greater than a right angle; and further the angle of the greater segment is greater than a right angle, and the angle of the less segment less than a right angle.

设 ABCD 是一个圆，BC 是其直径，E 是圆心，连接 BA、AC、AD、DC；

我说，半圆 BAC 上的角 BAC 是直角，

大于半圆的弓形 ABC 上的角 ABC

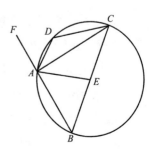

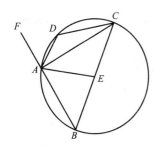

小于一直角，

小于半圆的弓形 ADC 上的角 ADC 大于一直角。

连接 AE，并把 BA 延长到 F。

于是，由于 BE 等于 EA，所以

角 ABE 也等于角 BAE。   ［I. 5］

又，由于 CE 等于 EA，所以

角 ACE 也等于角 CAE。   ［I. 5］

因此，整个角 BAC 等于两角 ABC、ACB 之和。

但三角形 ABC 的外角 FAC 也等于两角 ABC、ACB 之和；

［I. 32］

因此，角 BAC 也等于角 FAC；

因此，每一个角都是直角；   ［I. 定义 10］

因此，半圆 BAC 上的角 BAC 是直角。

接着，由于在三角形 ABC 中，两角 ABC、BAC 之和小于两直角，

［I. 17］

而角 BAC 是直角，所以

角 ABC 小于直角；

且它是在大于半圆的弓形 ABC 上的角。

接着，由于 ABCD 是圆内接四边形，

且圆内接四边形的对角之和等于两直角，   ［III. 22］

而角 ABC 小于一直角，

因此，余下的角 ADC 大于一直角；

且它是在小于半圆的弓形 ADC 上的角。

其次我说，较大弓形的角，即圆周 *ABC* 与直线 *AC* 所夹的角大于一直角；

较小弓形的角，即圆周 *ADC* 与直线 *AC* 所夹的角小于一直角。这是显然的。

这是因为，由于直线 *BA*、*AC* 所夹的角是直角，所以

圆周 *ABC* 与直线 *AC* 所夹的角大于一直角。

又，由于直线 *AC*、*AF* 所夹的角是直角，所以

直线 *CA* 与圆周 *ADC* 所夹的角小于一直角。

　　　　　　　　　　　　　　　　这就是所要证明的。

命题 32

若一直线与一圆相切，从切点在圆内作一直线与圆相截，则该直线与切线所成的角等于另一弓形上的角。

If a straight line touch a circle, and from the point of contact there be drawn across, in the circle, a straight line cutting the circle, the angles which it makes with the tangent will be equal to the angles in the alternate segments of the circle.

设直线 *EF* 与圆 *ABCD* 相切于点 *B*，从点 *B* 在圆 *ABCD* 内作直线 *BD* 与圆相截；

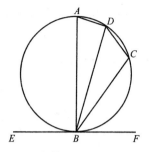

我说，BD 与切线 EF 成的角等于另一弓形上的角，即角 FBD 等于在弓形 BAD 内所作的角，角 EBD 等于在弓形 DCB 内所作的角。

这是因为，从 B 作 BA 与 EF 成直角，在圆周 BD 上任取一点 C，

连接 AD、DC、CB。

于是，由于直线 EF 与圆 $ABCD$ 相切于 B，

从切点作 BA 与切线成直角，所以

圆 $ABCD$ 的圆心在 BA 上。   [III. 19]

因此，BA 是圆 $ABCD$ 的直径；

因此，角 ADB 是半圆上的角，是直角。   [III. 31]

因此，其余的角 BAD、ABD 之和等于一直角。   [I. 32]

但角 ABF 也是直角；

因此，角 ABF 等于角 BAD、ABD 之和。

从它们中分别减去角 ABD；

因此，余下的角 DBF 等于另一弓形上的角 BAD。

接着，由于 $ABCD$ 是圆内接四边形，所以

它的对角之和等于两直角。   [III. 22]

但角 DBF、DBE 之和也等于两直角；

因此，角 DBF、DBE 之和等于角 BAD、BCD 之和，

已经证明，其中角 BAD 等于角 DBF；

因此，余下的角 DBE 等于另一弓形 DCB 上的角 DCB。

这就是所要证明的。

命题 33

在给定的直线上作一弓形，使它所含的角等于给定的直线角。

On a given straight line to describe a segment of a circle admitting an angle equal to a given rectilineal angle.

设 *AB* 为给定的直线，*C* 处的角为给定的直线角；

于是，要求在给定的直线 *AB* 上作一个弓形，使它所含的角等于 *C* 处的角。

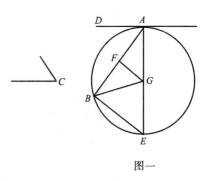

图一

C 处的角可以是锐角、直角或钝角。

首先，设它是锐角，且如图一，在直线 *AB* 上的点 *A* 处作角 *BAD* 等于 *C* 处的角；

因此，角 *BAD* 也是锐角。

作 *AE* 与 *DA* 成直角，设 *AB* 被二等分于 *F*，从点 *F* 作 *FG* 与 *AB* 成直角，连接 *GB*。

于是，由于 *AF* 等于 *FB*，

且 *FG* 公用，所以

两边 *AF*、*FG* 等于两边 *BF*、*FG*；

而角 *AFG* 等于角 *BFG*；

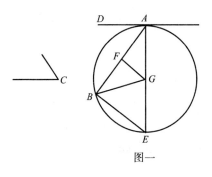

图一

因此，底 *AG* 等于底 *BG*。

[I. 4]

因此，以 *G* 为圆心、*GA* 为距离所作的圆也会经过 *B*。

作这个圆，设它是 *ABE*；

连接 *EB*。

现在，由于从直径 *AE* 的端点 *A* 作的 *AD* 与 *AE* 成直角，

因此，*AD* 与圆 *ABE* 相切。 [III. 16，推论]

于是，由于直线 *AD* 与圆 *ABE* 相切，

且从切点 *A* 在圆 *ABE* 内作一直线 *AB* 与圆相截，所以

角 *DAB* 等于另一弓形上的角 *AEB*。 [III. 32]

但角 *DAB* 等于 *C* 处的角；

因此，*C* 处的角也等于角 *AEB*。

这样便在给定的直线 *AB* 上作出了弓形 *AEB*，它所含的角 *AEB* 等于给定的角即 *C* 处的角。

接着，设 *C* 处的角是直角；

又要求在 *AB* 上作一弓形，使它所含的角等于 *C* 处的直角。

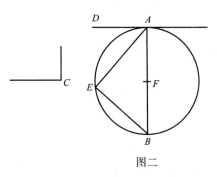

图二

如图二，作角 *BAD* 等于 *C* 处的直角；

设 *AB* 被二等分于 *F*，以 *F* 为圆心、*FA* 或 *FB* 为距离作圆 *AEB*。

因此，直线 *AD* 与圆 *ABE* 相切，这是因为 *A* 处的角是直角。

[III. 16，推论]

而角 *BAD* 等于弓形 *AEB* 上的角，因为后者本身也是一直角，是半圆上的角。

[III. 31]

但角 BAD 也等于 C 处的角。

因此，角 AEB 也等于 C 处的角。

这样便在 *AB* 上作出了弓形 *AEB*，它所含的角等于 C 处的角。

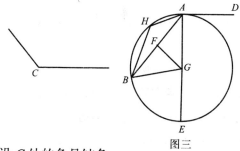

图三

接着，设 C 处的角是钝角；

在直线 *AB* 上的点 *A* 作角 *BAD* 等于 C 处的角，如图三。

作 *AE* 与 *AD* 成直角，*AB* 再次被二等分于 *F*，作 *FG* 与 *AB* 成直角，连接 *GB*。

于是，由于 *AF* 等于 *FB*，

且 *FG* 公用，所以

两边 *AF*、*FG* 等于两边 *BF*、*FG*；

而角 *AFG* 等于角 *BFG*；

因此，底 *AG* 等于底 *BG*。

[I. 4]

因此，以 *G* 为圆心、*GA* 为距离所作的圆也经过 *B*；设这个圆为 *AEB*。

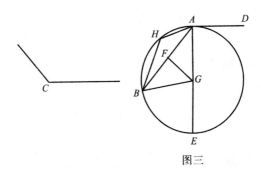

图三

　　现在，由于从直径 *AE* 的端点所作的 *AD* 与直径 *AE* 成直角，所以

　　　　　　AD 与圆 *AEB* 相切。　　　　［III. 16，推论］

而 *AB* 是从切点 *A* 所作的直线且与圆相截；

因此，角 *BAD* 等于在另一弓形 *AHB* 中所作的角。　［III. 32］

但角 *BAD* 等于 *C* 处的角。

　　　　因此，弓形 *AHB* 上的角也等于 *C* 处的角。

　　这样便在给定的直线 *AB* 上作出了弓形 *AHB*，它所含的角等于 *C* 处的角。

　　　　　　　　　　　　　　　　　　　　　这就是所要作的。

命题 34

　　从给定的圆中截出一弓形，使它所含的角等于给定的直线角。

From a given circle to cut off a segment admitting an angle equal to a given rectilineal angle.

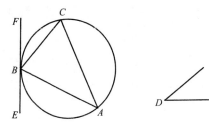

设 *ABC* 是给定的圆，*D* 处的角是给定的直线角；

于是，要求从圆 *ABC* 中截出一弓形，使它所含的角等于给定的直线角，即 *D* 处的角。

在点 *B* 作 *EF* 与 *ABC* 相切，且在直线 *FB* 上的点 *B* 作角 *FBC* 等于 *D* 处的角。   [I. 23]

于是，由于直线 *EF* 与圆 *ABC* 相切，

且从切点 *B* 作直线 *BC* 与圆相截，所以

角 *FBC* 等于在另一弓形 *BAC* 中所作的角。   [III. 32]

但角 *FBC* 等于 *D* 处的角；

因此，弓形 *BAC* 上的角等于 *D* 处的角。

这样便从给定的圆 *ABC* 中截出了弓形 *BAC*，它所含的角等于给定的直线角，即 *D* 处的角。

这就是所要作的。

命题 35

若圆内有两条直线彼此相交，则其中一条被分成的两线段所

围成的矩形等于另一条被分成的两线段所围成的矩形。

If in a circle two straight lines cut one another, the rectangle contained by the segments of the one is equal to the rectangle contained by the segments of the other.

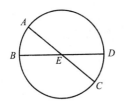

设圆 $ABCD$ 内有两条直线 AC、BD 彼此相交于点 E；

我 说，AE、EC 所围成的矩形等于 DE、EB 所围成的矩形。

现在，如果 AC、BD 过圆心，设 E 是圆 $ABCD$ 的圆心，

那么显然，AE、EC、DE、EB 相等，

AE、EC 所围成的矩形也等于 DE、EB 所围成的矩形。

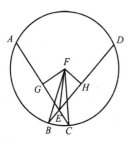

接着，设 AC、DB 不过圆心；

取 $ABCD$ 的圆心，设它为 F；

从 F 作 FG、FH 分别垂直于直线 AC、DB，

连接 FB、FC、FE。

于是，由于过圆心的直线 GF 与不过圆心的直线 AC 交成直角，所以

GF 将 AC 二等分；　　　　　　[III. 3]

因此，AG 等于 GC。

于是，由于直线 AC 在 G 被分成了相等的部分，在 E 被分成了不等的部分，所以

AE、EC 所围成的矩形与 EG 上的正方形之和等于 GC 上的

正方形；　　　　　　　　　　　　　　　　　　　　[II. 5]

给它们分别加上 *GF* 上的正方形；

因此，矩形 *AE*、*EC* 与 *GE*、*GF* 上的正方形之和等于 *CG*、*GF* 上的正方形之和。

但 *FE* 上的正方形等于 *EG*、*GF* 上的正方形之和，*FC* 上的正方形等于 *CG*、*GF* 上的正方形之和；　　　　　[I. 47]

因此，矩形 *AE*、*EC* 与 *FE* 上的正方形之和等于 *FC* 上的正方形。

而 *FC* 等于 *FB*；

因此，矩形 *AE*、*EC* 与 *EF* 上的正方形之和等于 *FB* 上的正方形。

同理也有，

矩形 *DE*、*EB* 与 *FE* 上的正方形之和等于 *FB* 上的正方形。

但已证明，矩形 *AE*、*EC* 与 *FE* 上的正方形之和等于 *FB* 上的正方形；

因此，矩形 *AE*、*EC* 与 *FE* 上的正方形之和等于矩形 *DE*、*EB* 与 *FE* 上的正方形之和。

从它们中分别减去 *FE* 上的正方形；

因此，余下的 *AE*、*EC* 所围成的矩形等于 *DE*、*EB* 所围成的矩形。

这就是所要证明的。

命题 36

若在圆外取一点，从它作两条直线落在圆上，其中一条与圆相截，另一条与圆相切，则与圆相截的整条直线与该点和凸圆周之间的圆外直线所围成的矩形，等于切线上的正方形。

If a point be taken outside a circle and from it there fall on the circle two straight lines, and if one of them cut the circle and the other touch it, the rectangle contained by the whole of the straight line which cuts the circle and the straight line intercepted on it outside between the point and the convex circumference will be equal to the square on the tangent.

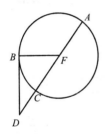

在圆 ABC 外取一点 D，从 D 作两条直线 DCA、DB 落在圆 ABC 上；DCA 与圆 ABC 相截，而 BD 与圆相切；

我说，AD、DC 所围成的矩形等于 DB 上的正方形。

于是，DCA 要么过圆心，要么不过圆心。

首先设它过圆心，并设 F 是圆 ABC 的圆心；连接 FB；

因此，角 FBD 是直角。　　　　　　　[III. 18]

又，由于 AC 被二等分于 F，CD 被加在它之上，所以

矩形 AD、DC 与 FC 上的正方形之和等于 FD 上的正方形。

[II. 6]

但 FC 等于 FB；

因此，矩形 AD、DC 与 FB 上的正方形之和等于 FD 上的正方形。

又，FB、BD 上的正方形之和等于 FD 上的正方形；　　[I. 47]

因此，矩形 *AD*、*DC* 与 *FB* 上的正方形之和等于 *FB*、*BD* 上的正方形之和。

从它们中分别减去 *FB* 上的正方形；

因此，余下的矩形 *AD*、*DC* 等于切线 *DB* 上的正方形。

又，设 *DCA* 不过圆 *ABC* 的圆心；

取圆心 *E*，从 *E* 作 *EF* 垂直于 *AC*；

连接 *EB*、*EC*、*ED*。

于是，角 *EBD* 是直角。　[III. 18]

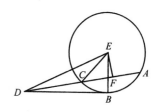

又，由于过圆心的直线 *EF* 与不过

圆心的直线 *AC* 交成直角，所以

EF 也将 *AC* 二等分；　　　　　　[III. 3]

因此，*AF* 等于 *FC*。

现在，由于直线 *AC* 被二等分于点 *F*，*CD* 被加在它之上，所以

AD、*DC* 所围成的矩形与 *FC* 上的正方形之和等于 *FD* 上的正方形。　　　　　　　　　　　　　　[II. 6]

给它们分别加上 *FE* 上的正方形；

因此，矩形 *AD*、*DC* 与 *CF*、*FE* 上的正方形之和等于 *FD*、*FE* 上的正方形之和。

但 *EC* 上的正方形等于 *CF*、*FE* 上的正方形之和，这是因为角 *EFC* 是直角；　　　　　　　　　　　　　　[I. 47]

而 *ED* 上的正方形等于 *DF*、*FE* 上的正方形之和；

因此，矩形 *AD*、*DC* 与 *EC* 上的正方形之和等于 *ED* 上的正方形。

而 *EC* 等于 *EB*；

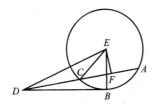

因此, 矩形 *AD*、*DC* 与 *EB* 上的正方形之和等于 *ED* 上的正方形。

但 *EB*、*BD* 上的正方形之和等于 *ED* 上的正方形, 这是因为角 *EBD* 是直角;　　　　　　　　　[I. 47]

因此, 矩形 *AD*、*DC* 与 *EB* 上的正方形之和等于 *EB*、*BD* 上的正方形之和。

从它们中分别减去 *EB* 上的正方形;

因此, 余下的矩形 *AD*、*DC* 等于 *DB* 上的正方形。

　　　　　　　　　　　　　　这就是所要证明的。

命题 37

若在圆外取一点, 从它作两条直线落在圆上, 其中一条与圆相截, 另一条与圆相切, 若与圆相截的整条直线与该点和凸圆周之间的圆外直线所围成的矩形等于落在圆上的直线上的正方形, 则落在圆上的直线与圆相切。

If a point be taken outside a circle and from the point there fall on the circle two straight lines, if one of them cut the circle, and the other fall on it, and if further the rectangle contained by the whole of the straight line which cuts the circle and the straight line intercepted on it outside between the point and the convex circumference be equal to the square on the straight line which falls on the circle, the straight line which falls on it will touch the circle.

设在圆 ABC 外取一点 D；从 D 作两条直线 DCA、DB 落在圆 ACB 上；

设 DCA 与圆相截，DB 落在圆上；又设矩形 AD、DC 等于 DB 上的正方形。

我说，DB 与圆 ABC 相切。

这是因为，作 DE 与 ABC 相切；

取圆 ABC 的圆心，设它为 F；

连接 FE、FB、FD。

于是，角 FED 是直角。   [III. 18]

现在，由于 DE 与圆 ABC 相切，DCA 与圆相截，所以矩形 AD、DC 等于 DE 上的正方形。   [III. 36]

但矩形 AD、DC 也等于 DB 上的正方形；

因此，DE 上的正方形等于 DB 上的正方形；

因此，DE 等于 DB。

而 FE 等于 FB；

因此，两边 DE、EF 等于两边 DB、BF；

而 FD 是三角形的公共底；

因此，角 DEF 等于角 DBF。   [I. 8]

但角 DEF 是直角；

因此，角 DBF 也是直角。

将 BF 延长为一直径；

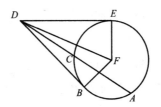

而从圆的直径的端点所作的与直径成直角的直线与圆相切;

[Ⅲ.16, 推论]

因此, *DB* 与圆相切。

类似地, 可以证明, 即使圆心在 *AC* 上, 情况也是如此。

这就是所要证明的。

第四卷

定义

1. 当一直线形的各角分别位于另一直线形的各边上时，则称这一直线形**内接于**后一直线形。

   A rectilineal figure is said to be *inscribed in a rectilineal figure* when the respective angles of the inscribed figure lie on the respective sides of that in which it is inscribed.

2. 类似地，当一个图形的各边经过另一图形的各角时，则称前一图形**外接于**后一图形。

   Similarly a figure is said to be *circumscribed about a figure* when the respective sides of the circumscribed figure pass through the respective angles of that about which it is circumscribed.

3. 当一直线形的每个角都位于一个圆的圆周上时，则称这一直线形**内接于圆**。

   A rectilineal figure is said to be *inscribed in a circle* when each angle of the inscribed figure lies on the circumference of the circle.

4. 当一直线形的每条边都与一个圆的圆周相切时，则称这一直线形**外切于圆**。

A rectilineal figure is said to be *circumscribed about a circle*, when each side of the circumscribed figure touches the circumference of the circle.

5. 类似地，当一个圆的圆周与一个图形的每条边相切时，则称这个圆**内切于这个图形**。

Similarly a circle is said to be *inscribed in a figure* when the circumference of the circle touches each side of the figure in which it is inscribed.

6, 当一个圆的圆周经过一个图形的每个角时，则称这个圆**外接于这个图形**。

A circle is said to be *circumscribed about a figure* when the circumference of the circle passes through each angle of the figure about which it is circumscribed.

7. 当一直线的端点在一个圆的圆周上时，则称这一直线**被纳入这个圆**。

A straight line is said to be *fitted into a circle* when its extremities are on the circumference of the circle.

命题 1

将一条等于给定直线的直线纳入一个给定的圆，此给定直线不大于圆的直径。

Into a given circle to fit a straight line equal to a given straight line which is not greater than the diameter of the circle.

设 ABC 是给定的圆，D 是不大于该圆直径的给定直线；

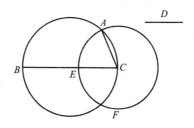

于是，要求将一条等于直线 D 的直线纳入圆 ABC。

作圆 ABC 的直径 BC。

于是，如果 BC 等于 D，那么所要求的就已经作出了；因为等于直线 D 的 BC 已经被纳入圆 ABC。

但如果 BC 大于 D，取 CE 等于 D，

以 C 为圆心、以 CE 为距离作圆 EAF；

连接 CA。

于是，由于点 C 是圆 EAF 的圆心，所以

$$CA \text{ 等于 } CE。$$

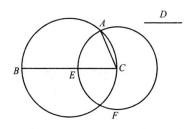

但 *CE* 等于 *D*；

因此，*D* 也等于 *CA*。

这样便将一条等于给定直线 *D* 的直线 *CA* 纳入了给定的圆 *ABC*。

这就是所要作的。

命题 2

作给定圆的内接三角形与给定的三角形等角。

In a given circle to inscribe a triangle equiangular with a given triangle.

设 *ABC* 是给定的圆，*DEF* 是给定的三角形；

于是，要求作圆 *ABC* 的内接三角形与三角形 *DEF* 等角。

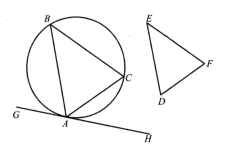

在 *A* 作 *GH* 与圆 *ABC* 相切；   ［III. 16，推论］

在直线 *AH* 上的点 *A* 作角 *HAC* 等于角 *DEF*，

在直线 *AG* 上的点 *A* 作角 *GAB* 等于角 *DFE*；   ［I. 23］

连接 *BC*。

于是，由于直线 *AH* 与圆 *ABC* 相切，

且从切点 *A* 在圆内作直线 *AC* 与圆相截，

因此，角 *HAC* 等于另一弓形上的角 *ABC*。   ［III. 32］

但角 *HAC* 等于角 *DEF*；

　　　　　因此，角 *ABC* 也等于角 *DEF*。

同理，

　　　　　角 *ACB* 也等于角 *DFE*；

因此，余下的角 *BAC* 也等于余下的角 *EDF*。   ［I. 32］

这样便作出了给定圆的内接三角形与给定的三角形等角。

　　　　　　　　　　　　　　　　　　这就是所要作的。

命题 3

作给定圆的外切三角形与给定的三角形等角。

About a given circle to circumscribe a triangle equiangular
with a given triangle.

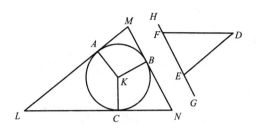

设 *ABC* 是给定的圆，*DEF* 是给定的三角形，

于是，要求作圆 *ABC* 的外切三角形与三角形 *DEF* 等角。

沿两个方向将 *EF* 延长到点 *G*、*H*，

取圆 *ABC* 的圆心 *K*，   [III. 1]

任意作直线 *KB* 与圆相截；

在直线 *KB* 上的点 *K* 作角 *BKA* 等于角 *DEG*，

且角 *BKC* 等于角 *DFH*；   [I. 23]

过点 *A*、*B*、*C* 作 *LAM*、*MBN*、*NCL* 与圆 *ABC* 相切。

                                            [III. 16，推论]

现在，由于 *LM*、*MN*、*NL* 与圆 *ABC* 相切于点 *A*、*B*、*C*，

而 *KA*、*KB*、*KC* 是从圆心 *K* 到点 *A*、*B*、*C* 的连线，

        因此，点 *A*、*B*、*C* 处的角是直角。   [III. 18]

又，由于四边形 *AMBK* 的四个角之和等于四直角，因为 *AMBK* 事实上可以分成两个三角形，

且角 *KAM*、*KBM* 是直角，

        因此，余下的角 *AKB*、*AMB* 之和等于两直角。

但角 *DEG*、*DEF* 之和也等于两直角；   [I. 13]

        因此，角 *AKB*、*AMB* 之和等于角 *DEG*、*DEF* 之和，

其中角 *AKB* 等于角 *DEG*；

因此，余下的角 *AMB* 等于余下的角 *DEF*。

类似地，可以证明，角 *LNB* 也等于角 *DFE*；

　　　　因此，余下的角 *MLN* 等于角 *EDF*。　　　　[I.32]

　　　　因此，三角形 *LMN* 与三角形 *DEF* 等角；

且它外切于圆 *ABC*。

这样便作出了给定圆的外切三角形与给定的三角形等角。

　　　　　　　　　　　　　　　这就是所要作的。

命题 4

作给定三角形的内切圆。

In a given triangle to inscribe a circle.

　　设 *ABC* 是给定的三角形；

　　于是，要求作三角形 *ABC* 的内切圆。

　　设角 *ABC*、*ACB* 分别被直线 *BD*、*CD* 二等分，　　[I.9]

　　且 *BD*、*CD* 相交于点 *D*；

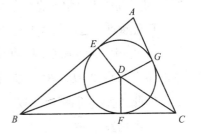

从 *D* 作 *DE*、*DF*、*DG* 垂直于直线 *AB*、*BC*、*CA*。

现在，由于角 *ABD* 等于角 *CBD*，

且直角 *BED* 等于直角 *BFD*，所以

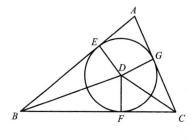

EBD、*FBD* 这两个三角形有两个角等于两个角，一边等于一边，即一个等角的对边，它就是两三角形公用的边 *BD*；

因此，其余的边也等于其余的边； ［I. 26］

因此，*DE* 等于 *DF*。

同理，

DG 也等于 *DF*。

因此，三条直线 *DE*、*DF*、*DG* 彼此相等；

因此，以 *D* 为圆心，以 *DE*、*DF*、*DG* 之一为距离所作的圆会经过其余的点，并与直线 *AB*、*BC*、*CA* 相切，这是因为点 *E*、*F*、*G* 处的角是直角。

事实上，如果圆不与这些直线相交，那么从圆的直径的端点所作的与直径成直角的直线落在圆内：

已经证明，这是荒谬的； ［III. 16］

因此，以 *D* 为圆心，以直线 *DE*、*DF*、*DG* 之一为距离所作的圆不会与直线 *AB*、*BC*、*CA* 相截。

因此，它与它们相切，即是三角形 *ABC* 的内切圆。［IV. 定义 5］

设内切圆是 *FGE*。

这样便作出了给定三角形 *ABC* 的内切圆 *EFG*。

这就是所要作的。

命题 5

作给定三角形的外接圆。

About a given triangle to circumscribe a circle.

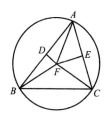 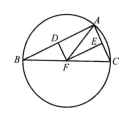 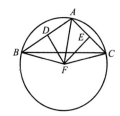

设 *ABC* 是给定的三角形；

于是，要求作给定的三角形 *ABC* 的外接圆。

设直线 *AB*、*AC* 被二等分于点 *D*、*E*，   [I. 10]

从点 *D*、*E* 作 *DF*、*EF* 与 *AB*、*AC* 成直角；

它们交于三角形 *ABC* 内、直线 *BC* 上或 *BC* 之外。

首先，设它们交于三角形内的 *F*，连接 *FB*、*FC*、*FA*。

于是，由于 *AD* 等于 *DB*，

且 *DF* 公用，又成直角，

   因此，底 *AF* 等于底 *FB*。   [I. 4]

类似地，可以证明，*CF* 也等于 *AF*；

   因此，*FB* 也等于 *FC*；

  因此，三直线 *FA*、*FB*、*FC* 彼此相等。

因此，以 *F* 为圆心，以直线 *FA*、*FB*、*FC* 之一为距离所作的圆也经过其余的点，这个圆外接于三角形 *ABC*。

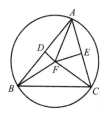 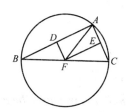 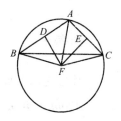

设这个外接圆是 ABC。

其次，设 DF、EF 交于直线 BC 上的 F，如图二；连接 AF。

于是，类似地可以证明，点 F 是三角形 ABC 外接圆的圆心。

最后，设 DF、EF 交于三角形外部的 F，如图三；连接 AF、BF、CF。

于是同样，由于 AD 等于 DB，

且 DF 公用，又成直角；

　　　　　因此，底 AF 等于底 BF。　　　　　[I. 4]

类似地，可以证明，CF 也等于 AF；

　　　　　因此，BF 也等于 FC；

因此，以 F 为圆心，以直线 FA、FB、FC 之一为距离所作的圆也经过其余的点，这个圆外接于三角形 ABC。

这样便作出了给定三角形的外接圆。

　　　　　　　　　　　　　　这就是所要作的。

显然，当圆心落在三角形内时，角 BAC 在一个大于半圆的弓形中，它小于一直角；

当圆心落在直线 BC 上时，角 BAC 在一个半圆中，是直角；

当圆心落在三角形外时，角 *BAC* 在一个小于半圆的弓形中，它大于一直角。　　　　　　　　　　　　　　　［Ⅲ.31］

命题 6

作给定圆的内接正方形。

In a given circle to inscribe a square.

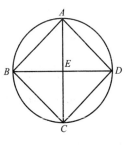

设 *ABCD* 是给定的圆；

于是，要求作圆 *ABCD* 的内接正方形。

作圆 *ABCD* 的两条直径 *AC*、*BD* 彼此成直角，连接 *AB*、*BC*、*CD*、*DA*，

于是，由于 *E* 是圆心，*BE* 等于 *ED*，*EA* 公用且与它们成直角，所以

底 *AB* 等于底 *AD*。　　　　　　　　［Ⅰ.4］

同理，

直线 *BC*、*CD* 中的每一条等于直线 *AB*、*AD* 中的每一条；

因此，四边形 *ABCD* 是等边的。

其次我说，它是直角的。

这是因为，由于直线 *BD* 是圆 *ABCD* 的直径，

因此，*BAD* 是半圆；

因此，角 *BAD* 是直角。　　　　　　　［Ⅲ.31］

同理，

角 *ABC*、*BCD*、*CDA* 中的每一个也是直角；

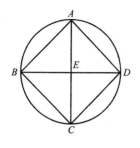

因此，四边形 ABCD 是直角的。

但已证明，它是等边的；

因此，它是一个正方形；［I. 定义 22］

且内接于圆 ABCD。

这样便作出了给定圆的内接正方形 ABCD。

这就是所要作的。

命题 7

作给定圆的外切正方形。

About a given circle to circumscribe a square.

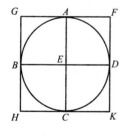

设 ABCD 是给定的圆；

于是，要求作圆 ABCD 的外切正方形。

作圆 ABCD 的两条直径 AC、BD 彼此成直角，过点 A、B、C、D 作 FG、GH、HK、KF 与圆 ABCD 相切。　　　　［III. 16，推论］

于是，由于 FG 与圆 ABCD 相切，

从圆心 E 到切点 A 连接 EA，所以

A 处的角是直角。　　　　　　［III. 18］

同理，

点 B、C、D 处的角也是直角。

现在, 由于角 *AEB* 是直角,

且角 *EBG* 也是直角,

　　　　　　因此, *GH* 平行于 *AC*。　　　　　　[I. 28]

同理,

　　　　　AC 也平行于 *FK*,

　　　　　因此, *GH* 也平行于 *FK*。　　　　　　[I. 30]

类似地, 可以证明,

　　　直线 *GF*、*HK* 中的每一条都平行于 *BED*。

因此, *GK*、*GC*、*AK*、*FB*、*BK* 是平行四边形;

　　　　　因此, *GF* 等于 *HK*, *GH* 等于 *FK*。　[I. 34]

又, 由于 *AC* 等于 *BD*,

且 *AC* 也等于直线 *GH*、*FK* 中的每一条,

而 *BD* 等于直线 *GF*、*HK* 中的每一条,　　　　[I. 34]

　　　　　因此, 四边形 *FGHK* 是等边的。

其次我说, 它也是直角的。

这是因为, 由于 *GBEA* 是平行四边形,

且角 *AEB* 是直角,

　　　　　因此, 角 *AGB* 也是直角。　　　　　　[I. 34]

类似地, 可以证明,

　　　H、*K*、*F* 处的角也是直角。

因此, *FGHK* 是直角的。

但已证明, 它是等边的;

　　　　　因此, 它是一个正方形;

且外切于圆 *ABCD*。

这样便作出了给定圆的外切正方形。

这就是所要作的。

命题 8

作给定正方形的内切圆。

In a given square to inscribe a circle.

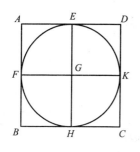

设 *ABCD* 是给定的正方形；

于是，要求作给定正方形 *ABCD* 的内切圆。

设直线 *AD*、*AB* 分别被二等分于点 *E*、*F*，   [I. 10]

过 *E* 作 *EH* 平行于 *AB* 或 *CD*，过 *F* 作 *FK* 平行于 *AD* 或 *BC*；   [I. 31]

因此，图形 *AK*、*KB*、*AH*、*HD*、*AG*、*GC*、*BG*、*GD* 中的每一个都是平行四边形，它们的对边显然相等。   [I. 34]

现在，由于 *AD* 等于 *AB*，

且 *AE* 是 *AD* 的一半，*AF* 是 *AB* 的一半，

因此，*AE* 等于 *AF*，

因此，对边也相等；

因此，*FG* 等于 *GE*。

类似地，可以证明，直线 *GH*、*GK* 中的每一个等于直线

FG、*GE* 中的每一个；

因此，四条直线 *GE*、*GF*、*GH*、*GK* 彼此相等。

因此，以 *G* 为圆心，以直线 *GE*、*GF*、*GH*、*GK* 之一为距离所作的圆也经过其余各点。

又，它与直线 *AB*、*BC*、*CD*、*DA* 相切，这是因为 *E*、*F*、*H*、*K* 处的角是直角。

这是因为，若这个圆与 *AB*、*BC*、*CD*、*DA* 相截，则从圆的直径的端点所作的与直径成直角的直线落在圆内：

已经证明这是荒谬的；　　　　　　　　　　　　　　　［III. 16］

因此，以 *G* 为圆心，以直线 *GE*、*GF*、*GH*、*GK* 之一为距离所作的圆不会与直线 *AB*、*BC*、*CD*、*DA* 相截。

因此，这个圆与它们相切，即内切于正方形 *ABCD*。

这样便作出了给定正方形的内切圆。

　　　　　　　　　　　　　　　　　　　　这就是所要作的。

命题 9

作给定正方形的外接圆。

About a given square to circumscribe a circle.

设 *ABCD* 是给定的正方形；

于是，要求作给定正方形 *ABCD* 的外

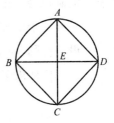

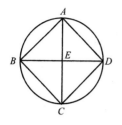

接圆。

连接 AC、BD，设它们交于 E。

于是，由于 DA 等于 AB，且 AC 公用，

因此，两边 DA、AC 等于两边 BA、CA；

而底 DC 等于底 BC；

因此，角 DAC 等于角 BAC。　　　　[I.8]

因此，角 DAB 被 AC 二等分。

类似地，可以证明，角 ABC、BCD、CDA 中的每一个被直线 AC、DB 二等分。

现在，由于角 DAB 等于角 ABC，

且角 EAB 是角 DAB 的一半，

角 EBA 是角 ABC 的一半，

因此，角 EAB 也等于角 EBA；

因此，边 EA 也等于边 EB。　　　　[I.6]

类似地，可以证明，直线 EA、EB 中的每一个等于直线 EC、ED 中的每一个。

因此，四条直线 EA、EB、EC、ED 彼此相等。

因此，以 E 为圆心，以直线 EA、EB、EC、ED 之一为距离所作的圆也会经过其余各点；

它外接于正方形 $ABCD$。

设外接圆是 $ABCD$。

这样便作出了给定正方形的外接圆。

这就是所要作的。

命题 10

作一个等腰三角形，使它的每一个底角都是顶角的二倍。

To construct an isosceles triangle having each of the angles at the base double of the remaining one.

任取一条直线 *AB*，设它被点 *C* 所截，使得 *AB*、*BC* 所围成的矩形等于 *CA* 上的正方形；

[II. 11]

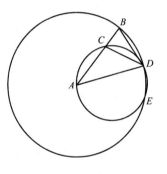

以 *A* 为圆心、*AB* 为距离作圆 *BDE*，

将等于直线 *AC* 的直线 *BD* 纳入圆 *BDE*，使它不大于圆 *BDE* 的直径。

[IV. 1]

连接 *AD*、*DC*，设圆 *ACD* 外接于三角形 *ACD*。

[IV. 5]

于是，由于矩形 *AB*、*BC* 等于 *AC* 上的正方形，

且 *AC* 等于 *BD*，

因此，矩形 *AB*、*BC* 等于 *BD* 上的正方形。

又，由于点 *B* 取在圆 *ACD* 外，

从 *B* 作两条直线 *BA*、*BD* 落在圆 *ACD* 上，其中一条与圆相截，另一条落在圆上，

而矩形 *AB*、*BC* 等于 *BD* 上的正方形，

因此，*BD* 与圆 *ACD* 相切。

[III. 37]

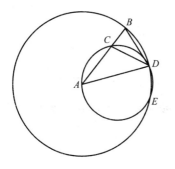

于是，由于 *BD* 与它相切，*DC* 是从切点 *D* 作的与圆相截的直线，

因此，角 *BDC* 等于另一弓形上的角 *DAC*。　　　　　　[III. 32]

于是，由于角 *BDC* 等于角 *DAC*，

给它们分别加上角 *CDA*；

因此，整个角 *BDA* 等于两角 *CDA*、*DAC* 之和。

但外角 *BCD* 等于角 *CDA*、*DAC* 之和；　　　　　　[I. 32]

因此，角 *BDA* 也等于角 *BCD*。

但角 *BDA* 等于角 *CBD*，这是因为边 *AD* 也等于 *AB*；

[I. 5]

因此，角 *DBA* 也等于角 *BCD*。

因此，三个角 *BDA*、*DBA*、*BCD* 彼此相等。

又，由于角 *DBC* 等于角 *BCD*，所以

边 *BD* 也等于边 *DC*。　　　　　　[I. 6]

但根据假设，*BD* 等于 *CA*；

因此，*CA* 也等于 *CD*，

因此，角 *CDA* 也等于角 *DAC*；　　　　　　[I. 5]

因此，角 *CDA*、*DAC* 之和是角 *DAC* 的二倍。

但角 *BCD* 等于角 *CDA*、*DAC* 之和；

因此，角 *BCD* 也是角 *CAD* 的二倍。

但角 *BCD* 等于角 *BDA*、*DBA* 中的每一个；

因此，角 *BDA*、*DBA* 中的每一个也是角 *DAB* 的二倍。

这样我们便作出了等腰三角形 ABD，它在底 DB 处的每一个角都等于顶角的二倍。

这就是所要作的。

命题 11

作给定圆的内接等边等角五边形。

In a given circle to inscribe an equilateral and equiangular pentagon.

设 ABCDE 是给定的圆；

于是，要求作圆 ABCDE 的内接等边等角五边形。

设等腰三角形 FGH 在 G、H 处的每一个角都是 F 处角的二倍；　　　　　　　　　　　［IV. 10］

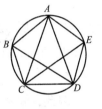

在圆 ABCDE 中作一个与三角形 FGH 等角的内接三角形 ACD，使得角 CAD 等于 F 处的角，且 G、H 处的角分别等于角 ACD、CDA；　　　　　　　　　　　　　　　［IV. 2］

因此，角 ACD、CDA 中的每一个也是角 CAD 的二倍。

现在，设角 ACD、CDA 分别被直线 CE、DB 二等分，［I. 9］

连接 AB、BC、DE、EA。

于是，由于角 ACD、CDA 是角 CAD 的二倍，

且它们被直线 CE、DB 二等分，

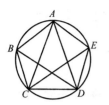

因此，五个角 DAC、ACE、ECD、CDB、BDA 彼此相等。

但等角对着相等的圆周；

[III. 26]

因此，五段圆周 AB、BC、CD、DE、EA 彼此相等。

但相等的圆周对着相等的直线；　　　　　　　[III. 29]

因此，五条直线 AB、BC、CD、DE、EA 彼此相等；

因此，五边形 $ABCDE$ 是等边的。

其次我说，它也是等角的。

这是因为，由于圆周 AB 等于圆周 DE，给它们分别加上 BCD；

因此，整个圆周 $ABCD$ 等于整个圆周 $EDCB$。

又，角 AED 是圆周 $ABCD$ 所对的，角 BAE 是圆周 $EDCB$ 所对的；

因此，角 BAE 也等于角 AED。　　　[III. 27]

同理，

角 ABC、BCD、CDE 中的每一个也等于角 BAE、AED 中的每一个；

因此，五边形 $ABCDE$ 是等角的。

但已证明，它是等边的；

这样便作出了给定圆的内接等边等角五边形。

这就是所要作的。

命题 12

作给定圆的外切等边等角五边形。

About a given circle to circumscribe an equilateral and equiangular pentagon.

设 *ABCDE* 是给定的圆；

于是，要求作圆 *ABCDE* 的外切等边等角五边形。

设 *A*、*B*、*C*、*D*、*E* 是内接五边形的顶点，于是圆周 *AB*、*BC*、*CD*、*DE*、*EA* 相等；　　　　　[IV. 11]

过 *A*、*B*、*C*、*D*、*E* 作 *GH*、*HK*、*KL*、*LM*、*MG* 与圆相切；

[III. 16，推论]

取圆 *ABCDE* 的圆心 *F*，　　　　　　　　[III. 1]

连接 *FB*、*FK*、*FC*、*FL*、*FD*。

于是，由于直线 *KL* 与圆 *ABCDE* 相切于 *C*，

从圆心 *F* 到切点 *C* 连成直线 *FC*，

　　　　因此，*FC* 垂直于 *KL*；　　　　[III. 18]

　　　　因此，*C* 处的每个角都是直角。

同理，

　　　　点 *B*、*D* 处的角也是直角。

又，由于角 *FCK* 是直角，

因此，*FK* 上的正方形等于 *FC*、*CK* 上的正方形之和。[I. 47]

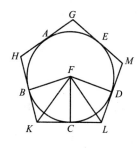

同理，

FK 上的正方形也等于 FB、BK 上的正方形之和；

因此，FC、CK 上的正方形之和等于 FB、BK 上的正方形之和，

其中 FC 上的正方形等于 FB 上的正方形；

因此，余下的 CK 上的正方形等于 BK 上的正方形。

因此，BK 等于 CK。

又，由于 FB 等于 FC，

且 FK 公用，

两边 BF、FK 等于两边 CF、FK；且底 BK 等于底 CK；

因此，角 BFK 等于角 KFC，   [I. 8]

且角 BKF 等于角 FKC。

因此，角 BFC 是角 KFC 的二倍，

且角 BKC 是角 FKC 的二倍。

同理，

角 CFD 也是角 CFL 的二倍，

且角 DLC 也是角 FLC 的二倍。

现在，由于圆周 BC 等于 CD，所以

角 BFC 也等于角 CFD。   [III. 27]

而角 BFC 是角 KFC 的二倍，角 DFC 是角 LFC 的二倍；

因此，角 KFC 也等于角 LFC。

但角 FCK 也等于角 FCL；

因此，三角形 *FKC* 的两个角分别等于三角形 *FLC* 的两个角，且前者的一边等于后者的一边，即它们公用的边 *FC*；

因此，它们其余的边也等于其余的边，其余的角也等于其余的角。

[I. 26]

因此，直线 *KC* 等于 *CL*，

角 *FKC* 等于角 *FLC*。

又，由于 *KC* 等于 *CL*，

因此，*KL* 是 *KC* 的二倍。

同理，可以证明，

HK 也是 *BK* 的二倍，

而 *BK* 等于 *KC*；

因此，*HK* 也等于 *KL*。

类似地，也可以证明，直线 *HG*、*GM*、*ML* 中的每一条等于直线 *HK*、*KL* 中的每一条；

因此，五边形 *GHKLM* 是等边的。

其次我说，它也是等角的。

这是因为，由于角 *FKC* 等于角 *FLC*，

且已证明，角 *HKL* 是角 *FKC* 的二倍，

角 *KLM* 是角 *FLC* 的二倍，

因此，角 *HKL* 也等于角 *KLM*。

类似的，也可证明，角 *KHG*、*HGM*、*GML* 中的每一个也等于角 *HKL*、*KLM* 中的每一个；

因此，五个角 *GHK*、*HKL*、*KLM*、*LMG*、*MGH* 彼此相等。

因此，五边形 *GHKLM* 是等角的。

前已证明它是等边的；这样便作出了圆 *ABCDE* 的外切等边等角五边形。

这就是所要作的。

命题 13

作给定等边等角五边形的内切圆。

In a given pentagon, which is equilateral and equiangular, to inscribe a circle.

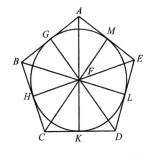

设 *ABCDE* 是给定的的等边等角五边形；

于是，要求作五边形 *ABCDE* 的内切圆。

分别用直线 *CF*、*DF* 将角 *BCD*、*CDE* 二等分，且直线 *CF*、*DF* 相交于点 *F*，连接直线 *FB*、*FA*、*FE*。

于是，由于 *BC* 等于 *CD*，且 *CF* 公用，所以

两边 *BC*、*CF* 等于两边 *DC*、*CF*；

而角 *BCF* 等于角 *DCF*；

因此，底 *BF* 等于底 *DF*，

三角形 *BCF* 等于三角形 *DCF*，

且其余的角等于其余的角，即等边所夹的那些角。　　　[I. 4]

因此，角 *CBF* 等于角 *CDF*。

又，由于角 *CDE* 是角 *CDF* 的二倍，且角 *CDE* 等于角 *ABC*，而角 *CDF* 等于角 *CBF*；

因此，角 *CBA* 也是角 *CBF* 的二倍；

因此，角 *ABF* 等于角 *FBC*；

因此，角 *ABC* 被直线 *BF* 二等分。

类似地可以证明，角 *BAE*、*AED* 也分别被直线 *FA*、*FE* 二等分。

现在，从点 *F* 作 *FG*、*FH*、*FK*、*FL*、*FM* 垂直于直线 *AB*、*BC*、*CD*、*DE*、*EA*。

于是，由于角 *HCF* 等于角 *KCF*，直角 *FHC* 也等于角 *FKC*，所以 *FHC*、*FKC* 是有两个角等于两个角且一条边等于一条边的两个三角形，即 *FC* 是它们的公共边，并且是一个等角所对的边；

因此，它们其余的边也等于其余的边；　　　　［I. 26］

因此，垂线 *FH* 等于垂线 *FK*。

类似地可以证明，直线 *FL*、*FM*、*FG* 中的每一条也等于直线 *FH*、*FK* 中的每一条；

因此，五条直线 *FG*、*FH*、*FK*、*FL*、*FM* 彼此相等。

因此，以 *F* 为圆心，以直线 *FG*、*FH*、*FK*、*FL*、*FM* 之一为距离所作的圆也经过其余各点；而且必定与直线 *AB*、*BC*、*CD*、*DE*、*EA* 相切，因为点 *G*、*H*、*K*、*L*、*M* 处的角是直角。

这是因为，如果不与之相切，而是与之相截，那么会推出，从圆的直径的端点所作的与直径成直角的直线会落在圆内：而我们已经证明，这是荒谬的。　　　　　　　　　　　　　［III. 16］

因此，以 *F* 为圆心，以直线 *FG*、*FH*、*FK*、*FL*、*FM* 之一为距离所作的圆不会与直线 *AB*、*BC*、*CD*、*DE*、*EA* 相截；

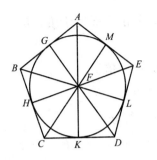

因此，它与之相切。

设所作的圆是 *GHKLM*。

这样便在给定的等边等角五边形内作出了内切圆。

这就是所要作的。

命题 14

作给定等边等角五边形的外接圆。

About a given pentagon, which is equilateral and equiangular, to circumscribe a circle.

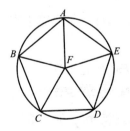

设 *ABCDE* 是给定的等边等角五边形；

于是，要求作五边形 *ABCDE* 的外接圆。

设角 *BCD*、*CDE* 分别被直线 *CF*、*DF* 二等分，从两直线的交点 *F* 作直线 *FB*、*FA*、*FE* 与点 *B*、*A*、*E* 相连。

于是，按照与前面类似的方式可以证明，角 *CBA*、*BAE*、*AED* 也分别被直线 *FB*、*FA*、*FE* 二等分。

现在，由于角 *BCD* 等于角 *CDE*，

而角 *FCD* 是角 *BCD* 的一半，

角 *CDF* 是角 *CDE* 的一半，

因此，角 *FCD* 也等于角 *CDF*，

　　　　　因此，边 *FC* 也等于边 *FD*。　　　　　　[I. 6]

　　类似地，可以证明，直线 *FB*、*FA*、*FE* 中的每一条也等于直线 *FC*、*FD* 中的每一条；

　　　因此，五条直线 *FA*、*FB*、*FC*、*FD*、*FE* 彼此相等。

　　　因此，以 *F* 为圆心，以 *FA*、*FB*、*FC*、*FD*、*FE* 之一为距离所作的圆也会经过其余的点，并且是外接的。

　　　设这个外接圆是 *ABCDE*。

　　　这样便作出了给定等边等角五边形的外接圆。

　　　　　　　　　　　　　　　　这就是所要作的。

命题 15

作给定圆的等边等角内接六边形。

In a given circle to inscribe an equilateral and equiangular hexagon.

　　　设 *ABCDEF* 是给定的圆；

　　　于是，要求作圆 *ABCDEF* 的等边等角内接六边形。

　　　作圆 *ABCDEF* 的直径 *AD*；

　　　取圆的圆心 *G*，以 *D* 为圆心、*DG* 为距离作圆 *EGCH*；

　　　连接 *EG*、*CG*，并延长到点 *B*、*F*，

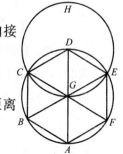

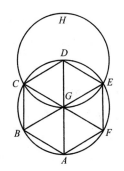

连接 AB、BC、CD、DE、EF、FA。

我说，六边形 $ABCDEF$ 是等边等角的。

这是因为，由于点 G 是圆 $ABCDEF$ 的圆心，所以

　　　　GE 等于 GD。

又，由于点 D 是圆 GCH 的圆心，所以

　　　　DE 等于 DG。

但已证明，GE 等于 GD；

　　　　因此，GE 也等于 ED；

　　　　因此，三角形 EGD 是等边的；

因此，它的三个角 EGD、GDE、DEG 彼此相等，这是因为在等腰三角形中，两底角彼此相等。　　　　　　　　　　[I. 5]

而三角形的三个角之和等于两直角；　　　　　　　　　[I. 32]

　　　　因此，角 EGD 是两直角的三分之一。

类似地，也可证明，角 DGC 是两直角的三分之一。

又，由于直线 CG 与 EB 所成的邻角 EGC、CGB 之和等于两直角，

　　　因此，其余的角 CGB 也是两直角的三分之一。

　　　因此，角 EGD、DGC、CGB 彼此相等；

　　　因此，它们的对顶角 BGA、AGF、FGE 相等。　[I. 15]

因此，六个角 EGD、DGC、CGB、BGA、AGF、FGE 彼此相等。

但等角对着相等的圆周；　　　　　　　　　　　　　[III. 26]

因此，六个圆周 AB、BC、CD、DE、EF、FA 彼此相等。

而相等的圆周对着相等的直线；　　　　　　　　　　[III. 29]

　　　　因此，六条直线彼此相等；

因此，六边形 *ABCDEF* 是等边的。

其次我说，它也是等角的。

这是因为，由于圆周 *FA* 等于圆周 *ED*，

给它们分别加上圆周 *ABCD*；

因此，整个 *FABCD* 等于整个 *EDCBA*；

而角 *FED* 在圆周 *FABCD* 上，

角 *AFE* 在圆周 *EDCBA* 上；

因此，角 *AFE* 等于角 *DEF*。　　　[Ⅲ. 27]

类似地，可以证明，六边形 *ABCDEF* 其余的角也分别等于角

AFE、*FED* 中的每一个；

因此，六边形 *ABCDEF* 是等角的。

但已证明，它也是等边的；

且它内接于圆 *ABCDEF*。

这样便作出了给定圆的等边等角内接六边形。

这就是所要作的。

推论 由此显然可得，此六边形的边等于圆的半径。

以和五边形的情况类似的方式，如果过圆上的分点作圆的切线，会得到此圆的一个等边等角外切六边形，这与在五边形的情况下所给出的解释是一致的。

此外，按照与在五边形的情况下所给出的解释类似的方式，我们可以作出给定六边形的内切圆和外接圆。

这就是所要作的。

命题 16

作给定圆的等边等角内接十五角形。

In a given circle to inscribe a fifteen-angled figure which shall be both equilateral and equiangular.

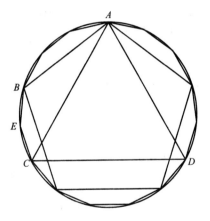

设 *ABCD* 是给定的圆；

于是，要求作圆 *ABCD* 的等边等角内接十五角形。

设 *AC* 是圆 *ABCD* 的内接等边三角形的一边，*AB* 是等边五边形的一边；

因此，在圆 *ABCD* 内相等的十五条线段中，本身是此圆三分之一的圆周 *ABC* 中有五条，本身是此圆五分之一的圆周 *AB* 中有三条；

因此，余下的 *BC* 中有两条相等的线段。

设圆周 *BC* 被二等分于 *E* ；   [III. 30]

因此，圆周 *BE*、*EC* 中的每一个都是圆 *ABCD* 的十五分之一。

因此，如果连接 *BE*、*EC*，并将等于它们的临近直线纳入圆 *ABCD*，即可作出内接于它的等边等角十五角形。

这就是所要作的。

推论 以和五边形的情况类似的方式，如果过圆上的分点作圆的切线，会得到此圆的一个等边等角外切十五边形。

此外，按照与在五边形的情况下类似的证明，我们可以作出给定十五角形的内切圆与外切圆。

第五卷

定义

1. 当较小量量尽较大量时，较小量是较大量的一个**部分**。

A magnitude is a *part* of a magnitude, the less of the greater, when it measures the greater.

2. 当较大量被较小量量尽时，较大量是较小量的一个**倍量**。

The greater is a *multiple* of the less when it is measured by the less.

3. 比是两个同类量之间的一种大小关系。

A *ratio* is a sort of relation in respect of size between two magnitudes of the same kind.

4. 若把一个量若干倍以后大于另一个量，则称这两个量彼此之间**有一个比**。

Magnitudes are said to *have a ratio* to one another which are capable, when multiplied, of exceeding one another.

5. 若对第一个量与第三个量取任意相同的倍数，又对第二个量与第四个量取任意相同的倍数，而第一倍量依次大于、等于或小于第二倍量时，第三倍量便依次大于、等于或小于第四倍量，则称第一个量比第二个量与第三个量比第四个量**有相同的比**。

Magnitudes are said to *be in the same ratio*, the first to the second and the third to the fourth, when, if any equimultiples whatever be taken of the first and third, and any equimultiples whatever of the second and fourth, the former equimultiples alike exceed, are alike equal to, or alike fall short of, the latter equimultiples respectively taken in corresponding order.

6. 有相同的比的四个量叫做**成比例的**。

Let magnitudes which have the same ratio be called *proportional*.

7. 第一、第三个量取相同的倍数，第二、第四个量取另一相同的倍数，当第一个量的倍量大于第二个量的倍量，但第三个量的倍量不大于第四个量的倍量时，则称第一个量比第二个量**大于**第三个量比第四个量。

When, of the equimultiples, the multiple of the first magnitude exceeds the multiple of the second, but the multiple of the third does not exceed the multiple of the fourth, then the first is said to *have a greater ratio* to the second than the third has to the fourth.

8. 一个比例至少有三项。

A proportion in three terms is the least possible.

9. 当三个量成比例时，称第一个量比第三个量是第一个量比第二个量的**二倍比**。

When three magnitudes are proportional, the first is said to have to the third the *duplicate ratio* of that which it has to the second.

10. 当四个量成＜连＞[①]比例时，称第一个量比第四个量是第一个量比第二个量的**三倍比**，依此类推，不论比例如何。

When four magnitudes are <continuously> proportional, the first is said to have to the fourth the *triplicate ratio* of that which it has to the second, and so on continually, whatever be the proportion.

11. 称前项是前项的**对应量**，后项是后项的**对应量**。

The term *corresponding magnitudes* is used of antecedents in relation to antecedents, and of consequents in relation to consequents.

12. **更比例**指前项比前项且后项比后项。[②]

Alternate ratio means taking the antecedent in relation to the antecedent and the consequent in relation to the consequent.

---

① "连"为希思所加，它在希腊文本中没有对应。当 a:b=b:c=c:d 时，称 a、b、c、d 成"连"比例。——译者

② 若 a:b=c:d，则可"更换地"（*alternando*）得到 a:c=b:d，如命题 V. 16 所证明的。——译者

13. **反比例**指后项作前项比前项作后项。[①]

Inverse ratio means taking the consequent as antecedent in relation to the antecedent as consequent.

14. **合比例**指前项与后项之和比后项。[②]

Composition of a ratio means taking the antecedent together with the consequent as one in relation to the consequent by itself.

15. **分比例**指前项与后项之差比后项。[③]

Separation of a ratio means taking the excess by which the antecedent exceeds the consequent in relation to the consequent by itself.

16. **换比例**指前项比前项与后项之差。[④]

Conversion of a ratio means taking the antecedent in relation to the excess by which the antecedent exceeds the consequent.

17. 有若干个量以及另一组个数与之相等的量，当它们两两成相

---

① 若 a:b=c:d，则可"相反地"（*invertendo*）得到 b:a=d:c，如命题 V. 7 推论所证明的。——译者

② 若 a:b=c:d，则可通过复合（*componendo*）而得到 a+b:b=c+d:d。见命题 V. 17 和 V. 18。——译者

③ 若 a:b=c:d，则可通过分离（*separando*）而得到 a−b:b=c−d:d。见命题 V. 17 和 V. 18。——译者

④ 若 a:b=c:d，则可通过转换（*convertendo*）而得到 a:a−b =c:c−d。见命题 V. 19。——译者

同的比，第一组量中首量比末量等于第二组中首量比末量时，便产生了**首末比例**；

或者换句话说，它指的是移除中间项，取两端的项。[①]

A ratio *ex aequali* arises when, there being several magnitudes and another set equal to them in multitude which taken two and two are in the same proportion, as the first is to the last among the first magnitudes, so is the first to the last among the second magnitudes;

Or, in other words, it means taking the extreme terms by virtue of the removal of the intermediate terms.

18. 有三个量以及另一组个数与之相等的量，当第一组量中的前项比中项等于第二组量中的前项比中项，第一组量中的中项比后项等于第二组量中的后项比前项时，便产生了**调动比例**。[②]

A *perturbed proportion* arises when, there being three magnitudes and another set equal to them in multitude, as antecedent is to consequent among the first magnitudes, so is antecedent to consequent among the second magnitudes, while, as the consequent is to a third among the first magnitudes, so is a third to the antecedent among the second magnitudes.

---

① 若 a:b=d:e, 且 b:c=e:f, 则可通过等距（*ex aequali*[*distantia*]）而得到比例 a:c=d:f。按照字面含义，"首末比例" 或可译为 "等距比例"。——译者

② 若 a:b=e:f, 且 b:c=d:e, 则称此时的比例 a:c=d:f 为调动的。这里，比例 a:c=d:f 也是通过首末比例而得到的，如命题 V. 23 所证明的。——译者

命题 1

若有任意多个量，分别是个数与之相等的量的等倍量，则无论这个倍数是多少，前者之和也是后者之和的等倍量。

If there be any number of magnitudes whatever which are, respectively, equimultiples of any magnitudes equal in multitude, then, whatever multiple one of the magnitudes is of one, that multiple also will all be of all.

设任意量 AB、CD 分别是个数与之相等的任意量 E、F 的等倍量；

我说，AB 是 E 的多少倍，AB、CD 之和也是 E、F 之和的多少倍。

这是因为，由于 AB 是 E 的倍量，CD 是 F 的倍量，其倍数相等，因此，AB 中有多少个等于 E 的量，CD 中也有多少个等于 F 的量。

设 AB 被分成了等于 E 的量 AG、GB，

且 CD 被分成了等于 F 的量 CH、HD；

于是，量 AG、GB 的个数等于量 CH、HD 的个数。

现在，由于 AG 等于 E，CH 等于 F，

因此，AG 等于 E，AG、CH 之和等于 E、F 之和。

同理，

GB 等于 E，且 GB、HD 之和等于 E、F 之和；

因此，*AB* 中有多少个等于 *E* 的量，*AB*、*CD* 之和中就有同样多少个等于 *E*、*F* 之和的量。

因此，无论 *AB* 是 *E* 的多少倍，*AB*、*CD* 之和也是 *E*、*F* 之和的多少倍。

这就是所要证明的。

命题 2

若第一个量是第二个量的倍量，第三个量是第四个量的倍量，其倍数相等，第五个量是第二个量的倍量，第六个量是第四个量的倍量，其倍数相等，则第一个量与第五个量之和是第二个量的倍量，第三个量与第六个量之和是第四个量的倍量，其倍数相等。

If a first magnitude be the same multiple of a second that a third is of a fourth, and a fifth also be the same multiple of the second that a sixth is of the fourth, the sum of the first and fifth will also be the same multiple of the second that the sum of the third and sixth is of the fourth.

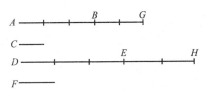

设第一个量 *AB* 是第二个量 *C* 的倍量，第三个量 *DE* 是第四个量 *F* 的倍量，其倍数相等；第五个量 *BG* 是第二个量 *C* 的倍量，

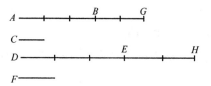

第六个量 EH 是第四个量 F 的倍量，其倍数相等；

我说，第一个量与第五个量之和 AG 是第二个量 C 的倍量，第三个量与第六个量之和 DH 是第四个量 F 的倍量，其倍数相等。

这是因为，由于 AB 是 C 的倍量，DE 是 F 的倍量，其倍数相等，

因此，AB 中有多少个等于 C 的量，DE 中就有多少个等于 F 的量。

同理，

BG 中有多少个等于 C 的量，EH 中就有多少个等于 F 的量；

因此，整个 AG 中有多少个等于 C 的量，整个 DH 中就有多少个等于 F 的量。

因此，AG 是 C 的多少倍，DH 就是 F 的多少倍。

因此，第一个量与第五个量之和 AG 是第二个量 C 的倍量，第三个量与第六个量之和 DH 是第四个量 F 的倍量，其倍数相等。

这就是所要证明的。

命题 3

若第一个量是第二个量的倍量，第三个量是第四个量的倍量，其倍数相等，并且取第一个量和第三个量的等倍数，则等倍

后的这两个量分别是第二个量和第四个量的倍量，其倍数相等。

If a first magnitude be the same multiple of a second that a third is of a fourth, and if equimultiples be taken of the first and third, then also ex aequali *the magnitudes taken will be equimultiples respectively, the one of the second and the other of the fourth.*

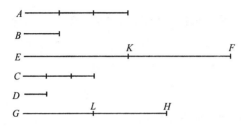

设第一个量 A 是第二个量 B 的倍量，第三个量 C 是第四个量 D 的倍量，其倍数相等，并取 A、C 的等倍量 EF、GH；

我说，EF 是 B 的倍量，GH 是 D 的倍量，其倍数相等。

这是因为，由于 EF 是 A 的倍量，GH 是 C 的倍量，其倍数相等，因此，EF 中有多少个等于 A 的量，GH 中就有多少个等于 C 的量。

设 EF 被分成了等于 A 的量 EK、KF，

GH 被分成了等于 C 的量 GL、LH；

于是，量 EK、KF 的个数等于量 GL、LH 的个数。

又，由于 A 是 B 的倍量，C 是 D 的倍量，其倍数相等，

而 EK 等于 A，GL 等于 C，

因此，EK 是 B 的倍量，GL 是 D 的倍量，其倍数相等。

同理，

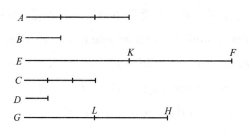

KF 是 B 的倍量，LH 是 D 的倍量，其倍数相等。

于是，由于第一个量 EK 是第二个量 B 的倍量，第三个量 GL 是第四个量 D 的倍量，其倍数相等，

又，第五个量 KF 是第二个量 B 的倍量，第六个量 LH 是第四个量 D 的倍量，其倍数也相等，

因此，第一个量与第五个量之和 EF 是第二个量 B 的倍量，第三个量与第六个量之和 GH 是第四个量 D 的倍量，其倍数相等。

[V. 2]

这就是所要证明的。

命题 4

若第一个量比第二个量与第二个量比第四个量有相同的比，取第一个量与第二个量的任意等倍量，再取第二个量与第四个量的任意等倍量，则按照相应的顺序它们也有相同的比。

If a first magnitude have to a second the same ratio as a third to a fourth, any equimultiples whatever of the first and third will also have the same ratio to any equimultiples whatever of the second and fourth respectively, taken in corresponding order.

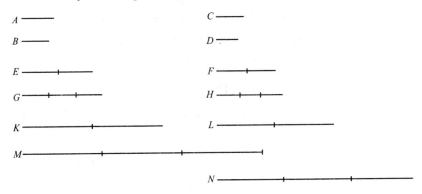

设第一个量 A 比第二个量 B 与第三个量 C 比第四个量 D 有相同的比；

取 A、C 的等倍量 E、F，

再取 B、D 的等倍量 G、H；

我说，E 比 G 如同 F 比 H。

这是因为，取 E、F 的等倍量 K、L，

再取 G、H 的等倍量 M、N。

由于 E 是 A 的倍量，F 的是 C 的倍量，其倍数相等，

且已取 E、F 的等倍量 K、L，

因此，K 是 A 的倍量，L 是 C 的倍量，其倍数相等。

[V. 3]

同理，M 是 B 的倍量，N 是 D 的倍量，其倍数相等。

又，由于 A 比 B 如同 C 比 D，

且已取 A、C 的等倍量 K、L，

以及 B、D 的等倍量 M、N，

因此，如果 K 大于 M，那么 L 也大于 N；

如果 K 等于 M，那么 L 也等于 N；

如果 K 小于 M，那么 L 也小于 N。　　[V. 定义 5]

又，由于 K、L 是 E、F 的等倍量，

且 M、N 是 G、H 的等倍量；

因此，E 比 G 如同 F 比 H。　　[V. 定义 5]

这就是所要证明的。

命题 5

若一个量是另一个量的倍量，而第一个量减去的部分是第二个量减去的部分的倍量，其倍数相等，则余量是余量的倍量，整个是整个的倍量，其倍数相等。

If a magnitude be the same multiple of a magnitude that a part subtracted is of a part subtracted, the remainder will also be the same multiple of the remainder that the whole is of the whole.

设量 AB 是量 CD 的倍量，减去的部分 AE 是减去的部分 CF 的倍量，其倍数相等；

我说，余量 EB 是余量 FD 的倍量，整个 AB 是整个 CD 的倍量，其倍数相等。

这是因为，AE 是 CF 的多少倍，设 EB 也是 CG 的多少倍。

于是，由于 AE 是 CF 的倍量，EB 是 GC 的倍量，其倍数相等，因此，AE 是 CF 的倍量，AB 是 GF 的倍量，其倍数相等。

$$[\,\text{V. 1}\,]$$

但根据假设，AE 是 CF 的倍量，AB 是 CD 的倍量，其倍数相等。

因此，AB 是量 GF、CD 中每一个的倍量，其倍数相等；

因此，GF 等于 CD。

从它们中分别减去 CF；

因此，余量 GC 等于余量 FD。

又，由于 AE 是 CF 的倍量，EB 是 GC 的倍量，其倍数相等，且 GC 等于 DF，

因此，AE 是 CF 的倍量，EB 是 FD 的倍量，其倍数相等。

但根据假设，

AE 是 CF 的倍量，AB 是 CD 的倍量，其倍数相等；

因此，EB 是 FD 的倍量，AB 是 CD 的倍量，其倍数相等。

也就是说，余量 EB 是余量 FD 的倍量，整个 AB 是整个 CD 的倍量，其倍数相等。

这就是所要证明的。

命题 6

若两个量是另外两个量的等倍量，而且从前两个量中减去后两个量的任何等倍量，则剩余的两个量要么与后两个量相等，要么是它们的等倍量。

If two magnitudes be equimultiples of two magnitudes, and any magnitudes subtracted from them be equimultiples of the same, the remainders also are either equal to the same or equimultiples of them.

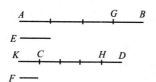

设两个量 AB、CD 是两个量 E、F 的等倍量，

从前两个量中减去两个量 E、F 的等倍量 AG、CH ；

我说，余量 GB、HD 要么等于 E、F, 要么是它们的等倍量。

首先设 GB 等于 E ；

我说，HD 也等于 F。

这是因为，作 CK 等于 F。

由于 AG 是 E 的倍量，CH 是 F 的倍量，其倍数相等，

而 GB 等于 E，KC 等于 F，

因此，AB 是 E 的倍量，KH 是 F 的倍量，其倍数相等。

[V. 2]

但根据假设，AB 是 E 的倍量，CD 是 F 的倍量，其倍数相等；

因此，KH 是 F 的倍量，CD 是 F 的倍量，其倍数相等。

于是，由于量 KH、CD 中的每一个都是 F 的等倍量，

因此，KH 等于 CD。

从它们中各减去 CH ；

因此，余量 KC 等于余量 HD。

但 F 等于 KC ；

因此，*HD* 也等于 *F*。

因此，如果 *GB* 等于 *E*，那么 *HD* 也等于 *F*。

类似地，可以证明，即使 *GB* 是 *E* 的倍量，*HD* 也是 *F* 的等倍量。

这就是所要证明的。

命题 7

等量比同一个量，其比相同；同一个量比等量，其比相同。

Equal magnitudes have to the same the same ratio, as also has the same to equal magnitudes.

设 *A*、*B* 是等量，*C* 是另一个任意的量。

我说，量 *A*、*B* 中的每一个比量 *C*，其比相同；*C* 比量 *A*、*B* 中的每一个，其比相同。

取 *A*、*B* 的等倍量 *D*、*E*，

以及取另一个量 *C* 的倍量 *F*，

于是，由于 *D* 是 *A* 的倍量，*E* 是 *B* 的倍量，其倍数相等，而 *A* 等于 *B*，

因此，*D* 等于 *E*。

但 *F* 是另一个任意的量。

因此，如果 *D* 大于 *F*，那么 *E* 也大于 *F*，

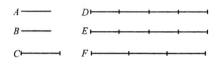

如果 *D* 等于 *F*，那么 *E* 也等于 *F*；

如果 *D* 小于 *F*，那么 *E* 也小于 *F*。

由于 *D*、*E* 是 *A*、*B* 的等倍量，

而 *F* 是 *C* 的另一个任意的倍量；

因此，*A* 比 *C* 如同 *B* 比 *C*。　　　［V. 定义 5］

其次我说，*C* 比量 *A*、*B* 中的每一个，其比相同。

这是因为，用同样的作图，可以类似地证明，*D* 等于 *E*；

而 *F* 是另外某个量。

因此，如果 *F* 大于 *D*，那么 *F* 也大于 *E*，

如果 *F* 等于 *D*，那么 *F* 也等于 *E*；

如果 *F* 小于 *D*，那么 *F* 也小于 *E*。

由于 *F* 是 *C* 的倍量，

而 *D*、*E* 是 *A*、*B* 的另外的等倍量；

因此，*C* 比 *A* 如同 *C* 比 *B*。　　　［V. 定义 5］

这就是所要证明的。

推论　由此显然可得，如果任意几个量成比例，则它们的反比例也成立。

命题 8

两个不等的量比同一个量，较大量比这个量大于较小量比这个量；这个量比较小量大于这个量比较大量。

Of unequal magnitudes, the greater has to the same a greater ratio than the less has; and the same has to the less a greater ratio than it has to the greater.

设 AB、C 是不等的量，且 AB 较大；

而 D 是另一个任意的量；

我说，AB 比 D 大于 C 比 D，D 比 C 大于 D 比 AB。

这是因为，由于 AB 大于 C，取 BE 等于 C；

于是，把量 AE、EB 中较小的量若干倍以后，它大于 D。

[V. 定义 4]

[情况 1]

首先，设 AE 小于 EB；

把 AE 若干倍，设 FG 是 AE 的倍量，且大于 D；

于是，FG 是 AE 的多少倍，就取 GH 是 EB 的多少倍，取 K 是 C 的同样多少倍；

又取 L 是 D 的二倍，M 是 D 的三倍，并且逐个加倍，直到

所取的 D 的倍量首次大于 K。

设它已经取定为 N，并且是 D 的四倍，这是首次大于 K 的倍量。

于是，由于 K 首次小于 N，

因此，K 不小于 M。

又，由于 FG 是 AE 的倍量，GH 是 EB 的倍量，其倍数相等，

因此，FG 是 AE 的倍量，FH 是 AB 的倍量，其倍数相等。

$[\text{V. 1}]$

但 FG 是 AE 的倍量，K 是 C 的倍量，其倍数相等；

因此，FH 是 AB 的倍量，K 是 C 的倍量，其倍数相等；

因此，FH、K 是 AB、C 的等倍量。

又，由于 GH 是 EB 的倍量，K 是 C 的倍量，其倍数相等，

且 EB 等于 C，

因此，GH 等于 K。

但 K 不小于 M；

因此，GH 也不小于 M。

又，FG 大于 D；

因此，整个 FH 大于 D、M 之和。

但 D、M 之和等于 N，

这是因为 M 是 D 的三倍，M、D 之和是 D 的四倍，而 N 也是 D 的四倍；

因此，M、D 之和等于 N。

但 FH 大于 M、D 之和；

因此，FH 大于 N，

而 K 不大于 N。

又，FH、K 是 AB、C 的等倍量，而 N 是 D 的另一个任意的倍量；

　　　　　因此，AB 比 D 大于 C 比 D。　　　[V. 定义7]

其次我说，D 比 C 也大于 D 比 AB。

这是因为，用相同的作图，可以类似地证明，N 大于 K，而 N 不大于 FH。

又，N 是 D 的倍量，

而 FH、K 是 AB、C 的另外的任意的等倍量；

　　　　　因此，D 比 C 大于 D 比 AB。　　　[V. 定义7]

[情况2]

又，设 AE 大于 EB。

于是，把较小的量 EB 若干倍以后，它大于 D。

　　　　　[V. 定义4]

设加倍后的 GH 是 EB 的倍量且大于 D；

把 EB 若干倍，设 GH 是 EB 的倍量，且大于 D；

GH 是 EB 的多少倍，就取 FG 是 AE 的多少倍，取 K 是 C 的同样多少倍；

于是可以类似地证明，FH、K 是 AB、C 的等倍量；

而且类似地，取 N 是首次大于 FG 的 D 的倍量，

　　　　　这样，FG 不再小于 M。

但 GH 大于 D；

　　　　　因此，整个 FH 大于 D、M 之和，即大于 N。

现在，K 不大于 N，因为大于 GH 即大于 K 的 FG 也不大于 N。

用相同的方式，根据以上论证，我们可以把证明补全。

这就是所要证明的。

命题 9

与同一个量有相同比的几个量彼此相等；同一个量与之有相同比的几个量彼此相等。

Magnitudes which have the same ratio to the same are equal to one another; and magnitudes to which the same has the same ratio are equal.

设量 *A*、*B* 中的每一个都与 *C* 有相同的比；

我说，*A* 等于 *B*。

因为否则的话，那么量 *A*、*B* 中的每一个与 *C* 没有相同的比；

[V. 8]

但它们与 *C* 有相同的比；

因此，*A* 等于 *B*。

又设 *C* 与量 *A*、*B* 中的每一个都有相同的比；

我说，*A* 等于 *B*。

因为否则的话，那么 *C* 与量 *A*、*B* 中的每一个没有相同的比；

[V. 8]

但它与量 *A*、*B* 有相同的比；

因此，A 等于 B。

这就是所要证明的。

命题 10

几个量比同一个量，有较大比的量较大；同一个量比几个量，有较大比的量较小。

Of magnitudes which have a ratio to the same, that which has a greater ratio is greater; and that to which the same has a greater ratio is less.

设 A 比 C 大于 B 比 C；

我说，A 大于 B。

因为否则的话，要么 A 等于 B，要么 A 小于 B。

现在，A 不等于 B；

因为在这种情况下，A、B 与 C 有相同的比；   [V. 7]

但它们并没有相同的比；

因此，A 不等于 B。

又，A 也不小于 B；

因为在这种情况下，A 比 C 小于 B 比 C；   [V. 8]

但 A 比 C 并不小于 B 比 C；

因此，A 不小于 B。

但已证明，A 不等于 B；

$$A \text{ ——————————} B \text{ —————}$$
$$C \text{ ——————}$$

因此，A 大于 B。

又，设 C 比 B 大于 C 比 A；

我说，B 小于 A。

因为否则的话，要么 B 等于 A，要么 B 大于 A。

现在，B 不等于 A；

因为在这种情况下，C 与量 A、B 中的每一个有相同的比；

[V. 7]

但 C 与量 A、B 中的每一个并没有相同的比；

因此，A 不等于 B。

又，B 也不大于 A；

因为在这种情况下，C 比 B 小于 C 比 A；　　　　[V. 8]

但 C 比 B 并不小于 C 比 A；

因此，B 不大于 A。

但已证明，B 也不等于 A；

因此，B 小于 A。

这就是所要证明的。

命题 11

与同一个比相同的比也彼此相同。

Ratios which are the same with the same ratio are also the same with one another.

$$
\begin{array}{llll}
A \text{———} & \quad & C \text{——} & \quad & E \text{——} \\
B \text{——} & & D \text{——} & & F \text{—} \\
G \text{————} & & H \text{————} & & K \text{——} \\
L \text{————} & & M \text{————} & & N \text{——}
\end{array}
$$

设 A 比 B 如同 C 比 D，C 比 D 如同 E 比 F；

我说，A 比 B 如同 E 比 F。

这是因为，取 A、C、E 的等倍量为 G、H、K，并取 B、D、F 的任意等倍量为 L、M、N。

于是，由于 A 比 B 如同 C 比 D，

并且已取 A、C 的等倍量 G、H，

以及 B、D 的等倍量 L、M，

　　　因此，如果 G 大于 L，那么 H 也大于 M，

　　　　如果 G 等于 L，那么 H 也等于 M，

　　　　如果 G 小于 L，那么 H 也小于 M。

又，由于 C 比 D 如同 E 比 F，

并且已取 C、E 的等倍量 H、K，

以及 D、F 的等倍量 M、N，

　　　因此，如果 H 大于 M，那么 K 也大于 N，

　　　　如果 H 等于 M，那么 K 也等于 N，

　　　　如果 H 小于 M，那么 K 也小于 N。

但我们看到，如果 H 大于 M，那么 G 也大于 L；

如果 H 等于 M，那么 G 也等于 L；如果 H 小于 M，那么 G 也小于 L；

因此，

　　　如果 G 大于 L，那么 K 也大于 N，

$$A \text{———} \qquad C \text{———} \qquad E \text{———}$$
$$B \text{———} \qquad D \text{———} \qquad F \text{———}$$
$$G \text{—————} \qquad H \text{————} \qquad K \text{————}$$
$$L \text{—————} \qquad M \text{—————} \qquad N \text{————}$$

　　　　如果 G 等于 L，那么 K 也等于 N，

　　　　如果 G 小于 L，那么 K 也小于 N。

又，G、K 是 A、E 的等倍量，

而 L、N 是 B、F 的其他任意等倍量；

　　　　　因此，A 比 B 如同 E 比 F。

　　　　　　　　　　　　　　　　这就是所要证明的。

命题 12

　　若任意多个量成比例，则前项之一比后项之一如同所有前项之和比所有后项之和。

　　If any number of magnitudes be proportional, as one of the antecedents is to one of the consequents, so will all the antecedents be to all the consequents.

　　设任意多个量 A、B、C、D、E、F 成比例，因此 A 比 B 如同 C 比 D，又如同 E 比 F；

　　我说，A 比 B 如同 A、C、E 之和比 B、D、F 之和。

　　这是因为，取 A、C、E 的等倍量 G、H、K，

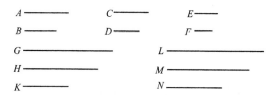

以及 B、D、F 的其他任意等倍量 L、M、N。

于是，由于 A 比 B 如同 C 比 D，又如同 E 比 F，

且已取 A、C、E 的等倍量 G、H、K，

以及 B、D、F 的其他任意等倍量 L、M、N，

因此，如果 G 大于 L，那么 H 也大于 M，K 也大于 N，

如果 G 等于 L，那么 H 也等于 M，K 也等于 N，

如果 G 小于 L，那么 H 也小于 M，K 也小于 N；

因此，

如果 G 大于 L，那么 G、H、K 之和大于 L、M、N 之和，

如果 G 等于 L，那么 G、H、K 之和等于 L、M、N 之和，

如果 G 小于 L，那么 G、H、K 之和小于 L、M、N 之和。

现在，G 与 G、H、K 之和是 A 与 A、C、E 之和的等倍量，这是因为，如果任意多个量分别是同样多个量的等倍量，那么其中一个量是其中一个量的多少倍，前者之和也是后者之和的多少倍。

[V. 1]

同理，

L 与 L、M、N 之和也是 B 与 B、D、F 之和的等倍量；

因此，A 比 B 如同 A、C、E 之和比 B、D、F 之和。

[V. 定义 5]

这就是所要证明的。

命题 13

若第一个量比第二个量与第三个量比第四个量有相同的比，第三个量比第四个量大于第五个量比第六个量，则第一个量比第二个量也大于第五个量比第六个量。

If a first magnitude have to a second the same ratio as a third to a fourth, and the third have to the fourth a greater ratio than a fifth has to a sixth, the first will also have to the second a greater ratio than the fifth to the sixth.

```
A ———————        C ——————————        M ——————————        G ————————————
B ————            D ————              N ————————          K ————————
                  E ——————————                            H ——————————————
                  F ——————                                L ————————————
```

设第一个量 A 比第二个量 B 与第三个量 C 比第四个量 D 有相同的比，

又设第三个量 C 比第四个量 D 大于第五个量 E 比第六个量 F；

我说，第一个量 A 比第二个量 B 也大于第五个量 E 比第六个量 F。

这是因为，由于 C、E 有某些等倍量，

且 D、F 有其他任意等倍量，使得 C 的倍量大于 D 的倍量，

而 E 的倍量不大于 F 的倍量，　　　　　　　　　［V. 定义 7］

设它们已被取定，

并设 G、H 是 C、E 的等倍量，

以及 K、L 是 D、F 的其他任意等倍量，使得 G 大于 K，但 H 不大于 L；

且 G 是 C 的多少倍，设 M 也是 A 的多少倍，

且 K 是 D 的多少倍，设 N 也是 B 的多少倍。

现在，由于 A 比 B 如同 C 比 D，

且已取定 A、C 的等倍量 M、G，

以及 B、D 的其他任意等倍量 N、K，

因此，如果 M 大于 N，那么 G 也大于 K，

如果 M 等于 N，那么 G 也等于 K，

如果 M 小于 N，那么 G 也小于 K。　　[V. 定义 5]

但 G 大于 K；

因此，M 也大于 N。

但 H 不大于 L；

且 M、H 是 A、E 的等倍量，

且 N、L 是 B、F 的其他任意等倍量；

因此，A 比 B 大于 E 比 F。　　　　[V. 定义 7]

这就是所要证明的。

命题 14

若第一个量比第二个量与第三个量比第四个量有相同的比，且第一个量大于第三个量，则第二个量也大于第四个量；若第一

个量等于第三个量，则第二个量也等于第四个量；若第一个量小于第三个量，则第二个量也小于第四个量。

If a first magnitude have to a second the same ratio as a third has to a fourth, and the first be greater than the third, the second will also be greater than the fourth; if equal, equal; and if less, less.

设第一个量 A 比第二个量 B 与第三个量 C 比第四个量 D 有相同的比；又设 A 大于 C；

我说，B 也大于 D。

这是因为，由于 A 大于 C，且 B 是其他任意的量，

　　　　　因此，A 比 B 大于 C 比 B。　　　　　[V. 8]

但 A 比 B 如同 C 比 D；

因此，C 比 D 大于 C 比 B。　　　　　[V. 13]

但同一个量比几个量，有较大比的量较小，　　　　　[V. 10]

　　　　　因此，D 小于 B；

　　　　　因此，B 大于 D。

类似地，可以证明，如果 A 等于 C，那么 B 也等于 D；

如果 A 小于 C，那么 B 也小于 D。

　　　　　　　　　　　　　这就是所要证明的。

命题 15

部分与部分之比以相应的次序如同其等倍量之比。

Parts have the same ratio as the same multiples of them taken in corresponding order.

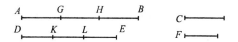

设 AB 是 C 的倍量，DE 是 F 的倍量，其倍数相等；

我说，C 比 F 如同 AB 比 DE。

这是因为，由于 AB 是 C 的倍量，DE 是 F 的倍量，其倍数相等，因此，AB 中有多少个等于 C 的量，DE 中就有多少个等于 F 的量。

设 AB 被分成等于 C 的量 AG、GH、HB，

DE 被分成等于 F 的量 DK、KL、LE；

于是，量 AG、GH、HB 的个数等于量 DK、KL、LE 的个数。

又，由于 AG、GH、HB 彼此相等，

DK、KL、LE 也彼此相等，

因此，AG 比 DK 如同 GH 比 KL，也如同 HB 比 LE。

［Ⅴ. 7］

因此，前项之一比后项之一如同所有前项之和比所有后项之和；

［Ⅴ. 12］

因此，AG 比 DK 如同 AB 比 DE。

但 AG 等于 C，DK 等于 F；

因此，C 比 F 如同 AB 比 DE。

这就是所要证明的。

命题 16

若四个量成比例，则它们的更比例也成立。

If four magnitudes be proportional, they will also be proportional alternately.

设 A、B、C、D 是四个成比例的量，因此 A 比 B 如同 C 比 D；

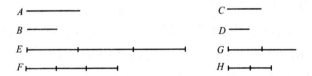

我说，它们的更比例也成立 [V. 定义 12]，即 A 比 C 如同 B 比 D。

这是因为，取 A、B 的等倍量 E、F，

以及 C、D 的其他任意等倍量 G、H。

于是，由于 E 是 A 的倍量，F 是 B 的倍量，其倍数相等，

且部分与部分之比如同其等倍量之比，　　　　　　　 [V. 15]

　　　　　　因此，A 比 B 如同 E 比 F。

但 A 比 B 如同 C 比 D；

　　　　　　因此也有，C 比 D 如同 E 比 F。　　　 [V. 11]

又，由于 G、H 是 C、D 的等倍量，

因此，C 比 D 如同 G 比 H。   ［V. 15］

但 C 比 D 如同 E 比 F；

　　　　因此也有，E 比 F 如同 G 比 H。   ［V. 11］

但如果四个量成比例，且第一个量大于第三个量，那么第二个量也大于第四个量；

如果第一个量等于第三个量，那么第二个量也等于第四个量；

如果第一个量小于第三个量，那么第二个量也小于第四个量。

　　　　　　　　　　　　　　　　　　　　　　［V. 14］

　　　　因此，如果 E 大于 G，那么 F 也大于 H，

　　　　　如果 E 等于 G，那么 F 也等于 H；

　　　　　如果 E 小于 G，那么 F 也小于 H。

现在，E、F 是 A、B 的等倍量，

且 G、H 是 C、D 的其他任意等倍量；

　　　　　因此，A 比 C 如同 B 比 D。   ［V. 定义 5］

　　　　　　　　　　　　　　　　　这就是所要证明的。

命题 17

若几个量成合比例，则它们的分比例也成立。

If magnitudes be proportional componendo, *they will also be proportional* separando.

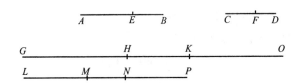

设 AB、BE、CD、DF 是成合比例的量［V. 定义 14］，因此 AB 比 BE 如同 CD 比 DF；

我说，它们的分比例也成立［V. 定义 15］，即 AE 比 EB 如同 CF 比 DF。

这是因为，取 AE、EB、CF、FD 的等倍量 GH、HK、LM、MN，

以及 EB、FD 的其他任意等倍量 KO、NP。

于是，由于 GH 是 AE 的倍量，HK 是 EB 的倍量，其倍数相等，

因此，GH 是 AE 的倍量，GK 是 AB 的倍量，其倍数相等。

［V. 1］

但 GH 是 AE 的倍量，LM 是 CF 的倍量，其倍数相等；

因此，GK 是 AB 的倍量，LM 是 CF 的倍量，其倍数相等。

又，由于 LM 是 CF 的倍量，MN 是 FD 的倍量，其倍数相等，

因此，LM 是 CF 的倍量，LN 是 CD 的倍量，其倍数相等。

［V. 1］

但 LM 是 CF 的倍量，GK 是 AB 的倍量，其倍数相等；

因此，GK 是 AB 的倍量，LN 是 CD 的倍量，其倍数相等。

因此，GK、LN 是 AB、CD 的等倍量。

又，由于 HK 是 EB 的倍量，MN 是 FD 的倍量，其倍数相等，

且 KO 也是 EB 的倍量，NP 是 FD 的倍量，其倍数相等，

因此，和 HO 也是 EB 的倍量，MP 是 FD 的倍量，其倍数相

等。   [V. 2]

又，由于 AB 比 BE 如同 CD 比 DF，

且已取 AB、CD 的等倍量 GK、LN，

以及 EB、FD 的等倍量 HO、MP，

  因此，如果 GK 大于 HO，那么 LN 也大于 MP，

    如果 GK 等于 HO，那么 LN 也等于 MP，

    如果 GK 小于 HO，那么 LN 也小于 MP。

设 GK 大于 HO；

于是，如果从它们中各减去 HK，那么

$$GH \text{ 也大于 } KO。$$

但我们看到，如果 GK 大于 HO，那么 LN 也大于 MP；

$$\text{因此，} LN \text{ 也大于 } MP，$$

又，如果从它们中各减去 MN，那么

$$LM \text{ 也大于 } NP；$$

  因此，如果 GH 大于 KO，那么 LM 也大于 NP。

类似地，可以证明，

  如果 GH 等于 KO，那么 LM 也等于 NP，

    如果 GH 小于 KO，那么 LM 也小于 NP。

又，GH、LM 是 AE、CF 的等倍量，

而 KO、NP 是 EB、FD 的其他任意等倍量；

  因此，AE 比 EB 如同 CF 比 FD。

这就是所要证明的。

命题 18

若几个量成分比例，则它们的合比例也成立。

If magnitudes be proportional separando, *they will also be proportional* componendo.

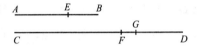

设 *AE*、*EB*、*CF*、*FD* 是成分比例的量 [V. 定义 15]，因此 *AE* 比 *EB* 如同 *CF* 比 *FD*；

我说，它们的合比例也成立 [V. 定义 14]，即 *AB* 比 *BE* 如同 *CD* 比 *FD*。

这是因为，如果 *CD* 比 *DF* 不如同 *AB* 比 *BE*，

那么，*AB* 比 *BE* 如同 *CD* 比某个小于 *DF* 或大于 *DF* 的量。

首先，设在那个比中，它是一个小于 *DF* 的量 *DG*。

于是，由于 *AB* 比 *BE* 如同 *CD* 比 *DG*，所以

它们是成合比例的量；

因此，它们的分比例也成立。　　　　　　[V. 17]

因此，*AE* 比 *EB* 如同 *CG* 比 *GD*。

但根据假设也有，

AE 比 *EB* 如同 *CF* 比 *FD*。

因此也有，*CG* 比 *GD* 如同 *CF* 比 *FD*。　　[V. 11]

但第一个量 *CG* 大于第三个量 *CF*；

因此，第二个量 GD 也大于第四个量 FD。　　　［V. 14］

但 GD 也小于 FD：这是不可能的。

因此，AB 比 BE 不如同 CD 比一个小于 FD 的量。

类似地，可以证明，在那个比中，它也不是一个大于 FD 的量；

因此，在那个比例中，它是 FD 自身。

这就是所要证明的。

命题 19

若整个比整个如同减去的部分比减去的部分，则剩余比剩余也如同整个比整个。

If, as a whole is to a whole, so is a part subtracted to a part subtracted, the remainder will also be to the remainder as whole to whole.

设整个 AB 比整个 CD 如同减去的部分 AE 比减去的部分 CF；

我说，剩余的 EB 比剩余的 FD 也如同整个 AB 比整个 CD。

这是因为，由于 AB 比 CD 如同 AE 比 CF，所以

它们的更比例也成立，BA 比 AE 如同 DC 比 CF。

［V. 16］

又，由于这些量成合比例，所以它们的分比例也成立，［V. 17］

即 BE 比 EA 如同 DF 比 CF，

又，取更比例，

　　　　　BE 比 *DF* 如同 *EA* 比 *FC*。　　　　　　　　［V. 16］

但根据假设，*AE* 比 *CF* 如同整个 *AB* 比整个 *CD*。

因此也有，剩余的 *EB* 比剩余的 *FD* 如同整个 *AB* 比整个 *CD*。

　　　　　　　　　　　　　　　　　　　　　　　　　　　［V. 11］

　　　　　　　　　　　　　　　　　　　　这就是所要证明的。

　< **推论** 由此显然可得，若这些量成合比例［V. 定义 14］，则它们的换比例也成立［V. 定义 16］。>

命题 20

如果有三个量，又有个数与之相等的另外三个量，它们两两成相同的比，若按照首末比例第一个量大于第三个量，则第四个量也大于第六个量；若第一个量等于第三个量，则第四个量也等于第六个量；若第一个量小于第三个量，则第四个量也小于第六个量。

If there be three magnitudes, and others equal to them in multitude, which taken two and two are in the same ratio, and if ex aequali *the first be greater than the third, the fourth will also be greater than the sixth; if equal, equal; and, if less, less.*

设有三个量 *A*、*B*、*C*，又有个数与之相等的另外三个量 *D*、

E、F，它们两两成相同的比，因此，

$$A \text{ 比 } B \text{ 如同 } D \text{ 比 } E，$$

且

$$B \text{ 比 } C \text{ 如同 } E \text{ 比 } F；$$

又设按照首末比例 A 大于 C；

我说，D 也大于 F；

如果 A 等于 C，那么 D 也等于 F；如果 A 小于 C，那么 D 也小于 F。

这是因为，由于 A 大于 C，

且 B 是另外的某个量，

且两个不等的量比同一个量，较大量比这个量大于较小量比这个量，   [V. 8]

因此，A 比 B 大于 C 比 B。

但 A 比 B 如同 D 比 E，

且根据逆比例，C 比 B 如同 F 比 E；

因此，D 比 E 也大于 F 比 E。   [V. 13]

但几个量比同一个量，有较大比的量较大；   [V. 10]

因此，D 大于 F。

类似地，可以证明，如果 A 等于 C，那么 D 也等于 F；如果 A 小于 C，那么 D 也小于 F。

这就是所要证明的。

命题 21

如果有三个量，又有个数与之相等的另外三个量，它们两两成相同的比，而且它们成调动比例，那么若按照首末比例第一个量大于第三个量，则第四个量也大于第六个量；若第一个量等于第三个量，则第四个量也等于第六个量；若第一个量小于第三个量，则第四个量也小于第六个量。

If there be three magnitudes, and others equal to them in multitude, which taken two and two together are in the same ratio, and the proportion of them be perturbed, then, if ex aequali *the first magnitude is greater than the third, the fourth will also be greater than the sixth; if equal, equal; and if less, less.*

设有三个量 A、B、C，又有个数与之相等的另外三个量 D、E、F，它们两两成相同的比，并设它们成调动比例［V. 定义 18］，

因此，

A 比 B 如同 E 比 F，

且

B 比 C 如同 D 比 E，

又设按照首末比例 A 大于 C；

我说，D 也大于 F；

如果 A 等于 C，那么 D 也等于 F；如果 A 小于 C，那么 D 也小于 F。

这是因为，由于 A 大于 C，且 B 是另外的某个量，

因此，A 比 B 大于 C 比 B。   ［V. 8］

但 A 比 B 如同 E 比 F，

且根据逆比例，C 比 B 如同 E 比 D。

因此，E 比 F 也大于 E 比 D。   ［V. 13］

但同一个量比几个量，有较大比的量较小；   ［V. 10］

因此，F 小于 D；

因此，D 大于 F。

类似地，可以证明，如果 A 等于 C，那么 D 也等于 F；如果 A 小于 C，那么 D 也小于 F。

这就是所要证明的。

命题 22

若有任意多个量，又有个数与之相等的另外几个量，它们两两成相同的比，则它们的首末比例也成立。

If there be any number of magnitudes whatever, and others equal to them in multitude, which taken two and two together are in the same ratio, they will also be in the same ratio ex aequali.

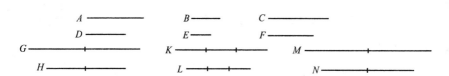

设有任意多个量 A、B、C；又有个数与之相等的另外三个量 D、E、F，它们两两成相同的比，因此，

A 比 B 如同 D 比 E，

且

B 比 C 如同 E 比 F；

我说，它们的首末比例也成立 [V. 定义 17]，[即 A 比 C 如同 D 比 F]。

这是因为，取 A、D 的等倍量 G、H，

以及 B、E 的其他任意等倍量 K、L；

以及 C、F 的其他任意等倍量 M、N。

于是，由于 A 比 B 如同 D 比 E，

且已取 A、D 的等倍量 G、H，

以及 B、E 的其他任意等倍量 K、L，

因此，G 比 K 如同 H 比 L。   [V. 4]

同理也有，

K 比 M 如同 L 比 N。

于是，由于有三个量 G、K、M，又有个数与之相等的另外三个量 H、L、N，它们两两成相同的比，

因此，按照首末比例，如果 G 大于 M，那么 H 也大于 N；

如果 G 等于 M，那么 H 也等于 N。

如果 G 小于 M，那么 H 也小于 N。　　　［V. 20］

又，G、H 是 A、D 的等倍量，

且 M、N 是 C、F 的其他任意等倍量。

　　因此，A 比 C 如同 D 比 F。　　　　［V. 定义 5］

　　　　　　　　　　　　　　　这就是所要证明的。

命题 23

若有三个量，又有个数与之相等的另外三个量，它们两两成相同的比，且成调动比例，则它们的首末比例也成立。

If there be three magnitudes, and others equal to them in multitude, which taken two and two together are in the same ratio, and the proportion of them be perturbed, they will also be in the same ratio ex aequali.

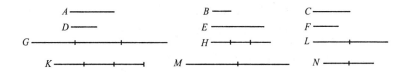

设有三个量 A、B、C，又有个数与之相等的另外三个量 D、E、F，它们两两成相同的比；并设它们成调动比例［V. 定义 18］，因此，

　　A 比 B 如同 E 比 F，

且

　　B 比 C 如同 D 比 E；

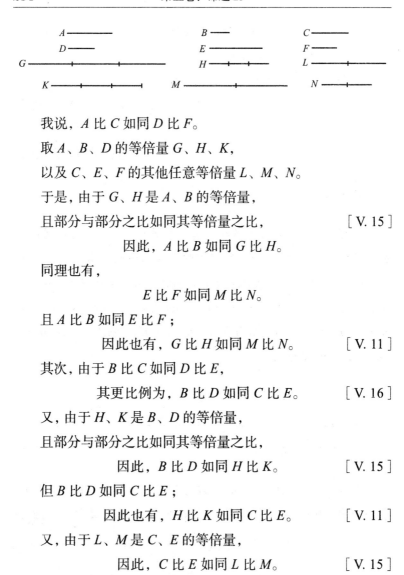

我说，A 比 C 如同 D 比 F。

取 A、B、D 的等倍量 G、H、K，

以及 C、E、F 的其他任意等倍量 L、M、N。

于是，由于 G、H 是 A、B 的等倍量，

且部分与部分之比如同其等倍量之比，　　　　　　　　　　［V. 15］

因此，A 比 B 如同 G 比 H。

同理也有，

E 比 F 如同 M 比 N。

且 A 比 B 如同 E 比 F；

因此也有，G 比 H 如同 M 比 N。　　　　　［V. 11］

其次，由于 B 比 C 如同 D 比 E，

其更比例为，B 比 D 如同 C 比 E。　　　　　［V. 16］

又，由于 H、K 是 B、D 的等倍量，

且部分与部分之比如同其等倍量之比，

因此，B 比 D 如同 H 比 K。　　　　　　　［V. 15］

但 B 比 D 如同 C 比 E；

因此也有，H 比 K 如同 C 比 E。　　　　　［V. 11］

又，由于 L、M 是 C、E 的等倍量，

因此，C 比 E 如同 L 比 M。　　　　　　　［V. 15］

但 C 比 E 如同 H 比 K；

因此也有，H 比 K 如同 L 比 M，　　　　［V. 11］

其更比例为，H 比 L 如同 K 比 M。　　　　⌊V. 16⌋

但已证明，

G 比 H 如同 M 比 N。

于是，由于有三个量 G、H、L，又有个数与之相等的另外三个量 K、M、N，它们两两成相同的比，且它们成调动比例，

因此，按照首末比例，如果 G 大于 L，那么 K 也大于 N；

如果 G 等于 L，那么 K 也等于 N；

如果 G 小于 L，那么 K 也小于 N。　　　　［V. 21］

又，G、K 是 A、D 的等倍量，

且 L、N 是 C、F 的等倍量。

因此，A 比 C 如同 D 比 F。

这就是所要证明的。

命题 24

若第一个量比第二个量与第三个量比第四个量有相同的比，且第五个量比第二个量与第六个量比第四个量有相同的比，则第一个量与第五个量之和比第二个量，第三个量与第六个量之和比第四个量有相同的比。

If a first magnitude have to a second the same ratio as a third has to a fourth, and also a fifth have to the second the same ratio as a sixth to the fourth, the first and fifth added together will have to the second the same ratio as the third and sixth have to the fourth.

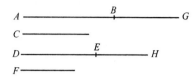

　　设第一个量 *AB* 比第二个量 *C* 与第三个量 *DE* 比第四个量 *F* 有相同的比；

　　且设第五个量 *BG* 比第二个量 *C* 与第六个量 *EH* 比第四个量 *F* 有相同的比；

　　我说，第一个量与第五个量之和 *AG* 比第二个量 *C*，第三个量与第六个量之和 *DH* 比第四个量 *F* 有相同的比。

　　这是因为，由于 *BG* 比 *C* 如同 *EH* 比 *F*，所以

　　　　其反比例为，*C* 比 *BG* 如同 *F* 比 *EH*。

　　于是，由于 *AB* 比 *C* 如同 *DE* 比 *F*，

　　且 *C* 比 *BG* 如同 *F* 比 *EH*，

　　　因此，按照首末比例，*AB* 比 *BG* 如同 *DE* 比 *EH*。

　　　　　　　　　　　　　　　　　　　　　　　　[V. 22]

　　又，由于这些量成分比例，所以它们的合比例也成立；[V. 18]

　　　　因此，*AG* 比 *GB* 如同 *DH* 比 *HE*。

　　但也有，*BG* 比 *C* 如同 *EH* 比 *F*；

　　　因此，按照首末比例，*AG* 比 *C* 如同 *DH* 比 *F*。　[V. 22]

　　　　　　　　　　　　　　　　　　　　这就是所要证明的。

命题 25

若四个量成比例，则最大量与最小量之和大于其余两个量之和。

If four magnitudes be proportional, the greatest and the least are greater than the remaining two.

设四个量 AB、CD、E、F 成比例，因此 AB 比 CD 如同 E 比 F，且设 AB 是它们之中最大的，F 是最小的；

我说，AB 与 F 之和大于 CD 与 E 之和。

这是因为，取 AG 等于 E，且 CH 等于 F。

由于 AB 比 CD 如同 E 比 F，

且 E 等于 AG，F 等于 CH，

因此，AB 比 CD 如同 AG 比 CH。

又，由于整个 AB 比整个 CD 如同减去的部分 AG 比减去的部分 CH，所以

剩余的 GB 比剩余的 HD 也如同整个 AB 比整个 CD。

[V. 19]

但 AB 大于 CD；

因此，GB 也大于 HD。

又，由于 AG 等于 E，且 CH 等于 F，

因此，AG 与 F 之和等于 CH 与 E 之和。

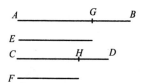

既然 *GB*、*HD* 不等，且 *GB* 较大，

若把 *AG*、*F* 加在 *GB* 上，

并把 *CH*、*E* 加在 *HD* 上，

那么可得，*AB* 与 *F* 之和大于 *CD* 与 *E* 之和。

这就是所要证明的。

第六卷

定义

1. **相似直线形**是指这样一些直线形，它们的角分别相等且夹等角的边成比例。

   Similar rectilineal figures are such as have their angles severally equal and the sides about the equal angles proportional.

2. < **互反相关图形** >[①]

   [*Reciprocally related figures*]

3. 将一直线分成两段，当整个直线比大段如同大段比小段时，则称此直线被**分成中外比**。

   A straight line is said to have been *cut in extreme and mean ratio*

---

① 定义 2 被认为是伪造的。欧几里得从未使用过它。根据希思的说法，其希腊文本没有给出可理解的含义，希思没有翻译它。不过在对定义 2 的注释中，他列出了 Simson 所尝试给出的定义："两个量与另外两个量成互反比例，即前两个量中的第一个量比后两个量中的第一个量如同后两个量中的第二个量比前两个量中的第二个量。"

——译者

when, as the whole line is to the greater segment, so is the greater
to the less.

4. 任一图形的**高**是从顶点到底所作的垂线。

The *height* of any figure is the perpendicular drawn from the
vertex to the base.

命题 1

等高的三角形或平行四边形，它们彼此之比如同其底之比。

*Triangles and parallelograms which are under the same height
are to one another as their bases.*

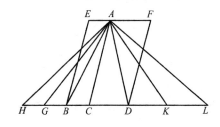

设 *ABC*、*ACD* 是等高的
三角形，*EC*、*CF* 是等高的
平行四边形；

我说，底 *BC* 比底 *CD*
如同三角形 *ABC* 比三角形
ACD，也如同平行四边形 *EC* 比平行四边形 *CF*。

这是因为，沿两个方向延长 *BD* 至点 *H*、*L*，并取任意条直线
BG、*GH* 等于底 *ABC*，以及任意条直线 *DK*、*KL* 等于底 *CD*；

连接 *AG*、*AH*、*AK*、*AL*。

于是，由于 *CB*、*BG*、*GH* 彼此相等，所以

三角形 *ABC*、*AGB*、*AHG* 也彼此相等。   [I. 38]

因此，底 HC 是底 BC 的多少倍，三角形 AHC 也是三角形 ABC 的多少倍。

同理，

底 LC 是底 CD 的多少倍，三角形 ALC 也是三角形 ACD 的多少倍；

而且，如果底 HC 等于底 CL，那么三角形 AHC 也等于三角形 ACL，　　　　　　　　　　　　　　　　　　　[I. 38]

如果底 HC 大于底 CL，那么三角形 AHC 也大于三角形 ACL，

如果底 HC 小于底 CL，那么三角形 AHC 也小于三角形 ACL。

于是，有四个量，两个底 BC、CD 和两个三角形 ABC、ACD，已取底 BC 和三角形 ABC 的等倍量，即底 HC 和三角形 AHC，以及底 CD 和三角形 ADC 的其他任意等倍量，即底 LC 和三角形 ALC；

且已经证明，

如果底 HC 大于底 CL，那么三角形 AHC 也大于三角形 ALC；

如果底 HC 等于底 CL，那么三角形 AHC 也等于三角形 ALC；

如果底 HC 小于底 CL，那么三角形 AHC 也小于三角形 ALC。

因此，底 BC 比底 CD 如同三角形 ABC 比三角形 ACD。

[V. 定义5]

其次，由于平行四边形 EC 是三角形 ABC 的二倍，　　[I. 41]

且平行四边形 FC 是三角形 ACD 的二倍，

而部分比部分如同其等倍量比等倍量，　　　　　　　　[V. 15]

因此，三角形 ABC 比三角形 ACD 如同平行四边形 EC 比平行四边形 FC。

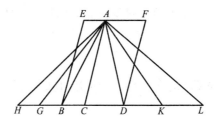

于是，由于已经证明，底 BC 比 CD 如同三角形 ABC 比三角形 ACD，

且三角形 ABC 比三角形 ACD 如同平行四边形 EC 比平行四边形 CF，

因此也有，底 BC 比底 CD 如同平行四边形 EC 比平行四边形 FC。　　　　　　　　　　　　　　　　　　［V. 11］

这就是所要证明的。

命题 2

若作一直线平行于三角形的一边，则它成比例地截三角形的两边；又，若三角形的两边被成比例地截，则截点的连线平行于三角形的其余一边。

If a straight line be drawn parallel to one of the sides of a triangle, it will cut the sides of the triangle proportionally; and, if the sides of the triangle be cut proportionally, the line joining the points of section will be parallel to the remaining side of the triangle.

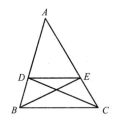

作 *DE* 平行于三角形 *ABC* 的一边 *BC*；

我说，*BD* 比 *DA* 如同 *CE* 比 *EA*。

连接 *BE*、*CD*。

因此，三角形 *BDE* 等于三角形 *CDE*；因为它们等底 *DE* 且在平行线 *DE*、*BC* 之间。　　　　　　　　　　　［I. 38］

又，三角形 *ADE* 是另一个面。

但等量比同一个量，其比相同；　　　　　　　　　［V. 7］

因此，三角形 *BDE* 比三角形 *ADE* 如同三角形 *CDE* 比三角形 *ADE*。

但三角形 *BDE* 比 *ADE* 如同 *BD* 比 *DA*；

这是因为它们有等高，即从 *E* 到 *AB* 所作垂线，它们彼此之比如同其底之比。　　　　　　　　　　　　　［VI. 1］

同理也有，

三角形 *CDE* 比 *ADE* 如同 *CE* 比 *EA*。

因此也有，*BD* 比 *DA* 如同 *CE* 比 *EA*。　　［V. 11］

其次，设三角形 *ABC* 的边 *AB*、*AC* 被成比例地截，因此 *BD* 比 *DA* 如同 *CE* 比 *EA*；

并连接 *DE*。

我说，*DE* 平行于 *BC*。

这是因为，根据同样的作图，

由于 *BD* 比 *DA* 如同 *CE* 比 *EA*，

但 *BD* 比 *DA* 如同三角形 *BDE* 比三角形 *ADE*，

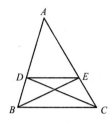

且 CE 比 EA 如同三角形 CDE 比三角形 ADE，   [VI. 1]

因此也有，

三角形 BDE 比三角形 ADE 如同三角形 CDE 比三角形 ADE。   [V. 11]

因此，三角形 BDE、CDE 中的每一个比 ADE 有相同的比。

因此，三角形 BDE 等于三角形 CDE；   [V. 9]

且它们在同底 DE 上。

但同底的相等三角形也在相同的平行线之间。   [I. 39]

因此，DE 平行于 BC。

这就是所要证明的。

命题 3

若将三角形的一个角二等分，分角线也把底截成两段，则底的两段之比如同三角形其余两边之比；又，若底的两段之比如同三角形其余两边之比，则从顶点到截点的直线将三角形的顶角二等分。

If an angle of a triangle be bisected and the straight line cutting the angle cut the base also, the segments of the base will have the same ratio as the remaining sides of the triangle; and, if the segments of the base have the same ratio as the remaining sides of the triangle, the straight line joined from the vertex to the point of section will bisect the angle of the triangle.

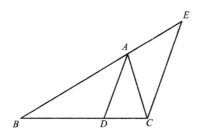

设 ABC 是一个三角形, 直线 AD 将角 BAC 二等分;

我说, BD 比 CD 如同 BA 比 AC。

这是因为, 过 C 作 CE 平行于 DA, 延长 BA 与之交于 E。

于是, 由于直线 AC 和平行线 AD、EC 相交, 所以

角 ACE 等于角 CAD。 [Ⅰ.29]

但根据假设, 角 CAD 等于角 BAD;

因此, 角 BAD 也等于角 ACE。

又, 由于直线 BAE 和平行线 AD、EC 相交, 所以

外角 BAD 等于内角 AEC。 [Ⅰ.29]

但已证明, 角 ACE 等于角 BAD;

因此, 角 ACE 也等于角 AEC,

因此, 边 AE 也等于边 AC。 [Ⅰ.6]

又, 由于已作 AD 平行于三角形 BCE 的一边 EC,

因此按照比例, BD 比 DC 如同 BA 比 AE。 [Ⅵ.2]

但 AE 等于 AC;

因此, BD 比 DC 如同 BA 比 AC。

又, 设 BA 比 AC 如同 BD 比 DC, 且连接 AD;

我说, 直线 AD 将角 BAC 二等分。

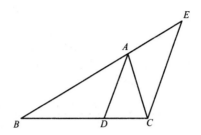

这是因为，用同样的作图，

由于 *BD* 比 *DC* 如同 *BA* 比 *AC*，

又有，*BD* 比 *DC* 如同 *BA* 比 *AE*：这是因为已作 *AD* 平行
于三角形 *BCE* 的一边 *EC*：   [VI. 2]

　　　因此也有，*BA* 比 *AC* 如同 *BA* 比 *AE*。   [V. 11]

因此，*AC* 等于 *AE*，   [V. 9]

　　　　因此，角 *AEC* 也等于角 *ACE*。   [I. 5]

但同位角 *AEC* 等于角 *BAD*，   [I. 29]

且内错角 *ACE* 等于角 *CAD*；   [I. 29]

　　　　因此，角 *BAD* 也等于角 *CAD*。

　　　　因此，直线 *AD* 将角 *BAC* 二等分。

　　　　　　　　　　　　　　这就是所要证明的。

命题 4

在若干个等角三角形中，夹等角的边成比例，等角所对的边
是对应边。

In equiangular triangles the sides about the equal angles are proportional, and those are corresponding sides which subtend the equal angles.

设 *ABC*、*DCE* 是 等 角 三 角形，角 *ABC* 等于角 *DCE*，角 *BAC* 等于角 *CDE*，且角 *ACB* 等 于角 *CED*；

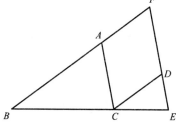

我说，在三角形 *ABC*、*DCE* 中，夹等角的边成比例，等角所对的边是对应边。

这是因为，将 *BC* 和 *CE* 置于同一直线上。

于是，由于角 *ABC*、*ACB* 之和小于两直角，   [I. 17]
且角 *ACB* 等于角 *DEC*，

因此，角 *ABC*、*DEC* 之和小于两直角；

因此，*BA*、*ED* 延长后会相交。   [I. 公设 5]
设它们交于 *F*。

现在，由于角 *DCE* 等于角 *ABC*，所以

BF 平行于 *CD*。   [I. 28]

又，由于角 *ACB* 等于角 *DEC*，所以

AC 平行于 *FE*。   [I. 28]

因此，*FACD* 是一个平行四边形；

因此，*FA* 等于 *DC*，且 *AC* 等于 *FD*。   [I. 34]

又，由于 *AC* 平行于三角形 *FBE* 的边 *FE*，

因此，*BA* 比 *AF* 如同 *BC* 比 *CE*。   [VI. 2]

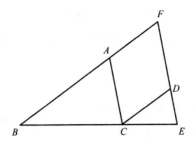

但 *AF* 等于 *CD* ；

> 因此，*BA* 比 *CD* 如同 *BC* 比 *CE*，

其更比例为，*AB* 比 *BC* 如同 *DC* 比 *CE*。　　［V. 16］

又，由于 *CD* 平行于 *BF*，

> 因此，*BC* 比 *CE* 如同 *FD* 比 *DE*。　　［VI. 2］

但 *FD* 等于 *AC* ；

> 因此，*BC* 比 *CE* 如同 *AC* 比 *DE*，

其更比例为，*BC* 比 *CA* 如同 *CE* 比 *ED*。　　［V. 16］

于是，由于已经证明，

AB 比 *BC* 如同 *DC* 比 *CE*，

且 *BC* 比 *CA* 如同 *CE* 比 *ED* ；

> 因此，取首末比例，*BA* 比 *AC* 如同 *CD* 比 *DE*。［V. 22］

这就是所要证明的。

命题 5

若两个三角形的各边成比例，则它们是等角的，且对应边所对的角相等。

If two triangles have their sides proportional, the triangles will be equiangular and will have those angles equal which the corresponding sides subtend.

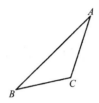

设 *ABC*、*DEF* 是各边成比例的两个三角形，即

AB 比 *BC* 如同 *DE* 比 *EF*，

BC 比 *CA* 如同 *EF* 比 *FD*，

且 *BA* 比 *AC* 如同 *ED* 比 *DF*；

我说，三角形 *ABC* 与三角形 *DEF* 是等角的，对应边所对的角相等，即角 *ABC* 等于角 *DEF*，角 *BCA* 等于角 *EFD*，以及角 *BAC* 等于角 *EDF*。

这是因为，在直线 *EF* 上的点 *E*、*F* 处作角 *FEG* 等于角 *ABC*，且角 *EFG* 等于角 *ACB*；   ［I. 23］

因此，其余的 *A* 处的角等于其余的 *G* 处的角。 ［I. 32］

因此，三角形 *ABC* 与三角形 *GEF* 是等角的。

因此，在三角形 *ABC*、*GEF* 中，夹等角的边成比例，等角所对的边是对应边；   ［VI. 4］

因此，*AB* 比 *BC* 如同 *GE* 比 *EF*。

但根据假设，*AB* 比 *BC* 如同 *DE* 比 *EF*；

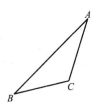

因此，*DE* 比 *EF* 如同 *GE* 比 *EF*。 ［V. 11］

因此，直线 *DE*、*GE* 中的每一条与 *EF* 相比都有相同的比；

因此，*DE* 等于 *GE*。 ［V. 9］

同理，

DF 也等于 *GF*。

于是，由于 *DE* 等于 *EG*，

且 *EF* 公用，所以

两边 *DE*、*EF* 等于两边 *GE*、*EF* ；

且底 *DF* 等于底 *FG* ；

因此，角 *DEF* 等于角 *GEF*， ［I. 8］

且三角形 *DEF* 等于三角形 *GEF*，

又，其余的角等于其余的角，即等边所对的那些角。 ［I. 4］

因此，角 *DFE* 也等于角 *GFE*，

且角 *EDF* 等于角 *EGF*。

又，由于角 *FED* 等于角 *GEF*，

而角 *GEF* 等于角 *ABC*，

因此，角 *ABC* 也等于角 *DEF*。

同理，

角 *ACB* 也等于角 *DFE*，

以及 A 处的角等于 D 处的角；

因此，三角形 ABC 与三角形 DEF 是等角的。

这就是所要证明的。

命题 6

若两个三角形有一个对应的角相等，且夹等角的边成比例，则这两个三角形是等角的，且对应边所对的角相等。

If two triangles have one angle equal to one angle and the sides about the equal angles proportional, the triangles will be equiangular and will have those angles equal which the corresponding sides subtend.

 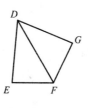

设两个三角形 ABC、DEF 中，角 BAC 等于角 EDF，且夹等角的边成比例，即

BA 比 AC 如同 ED 比 DF；

我说，三角形 ABC 与三角形 DEF 是等角的，即角 ABC 等于角 DEF，角 ACB 等于角 DFE。

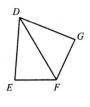

这是因为，在直线 *DF* 上的点 *D*、*F* 处作角 *FDG* 等于角 *BAC*
或角 *EDF*，且角 *DFG* 等于角 *ACB*； [I. 23]

因此，其余的 *B* 处的角等于其余的 *G* 处的角。 [I. 32]

因此，三角形 *ABC* 与三角形 *DGF* 是等角的。

因此成比例，*BA* 比 *AC* 如同 *GD* 比 *DF*。 [VI. 4]

但根据假设，*BA* 比 *AC* 如同 *ED* 比 *DF*；

因此也有，*ED* 比 *DF* 如同 *GD* 比 *DF*。 [V. 11]

因此，*ED* 等于 *DG*； [V. 9]

而 *DF* 公用；

因此，两边 *ED*、*DF* 等于两边 *GD*、*DF*；

而角 *EDF* 等于角 *GDF*；

因此，底 *EF* 等于底 *GF*，

三角形 *DEF* 等于三角形 *DGF*，

其余的角等于其余的角，即等边所对的那些角。 [I. 4]

因此，角 *DFG* 等于角 *DFE*，

角 *DGF* 等于角 *DEF*。

但角 *DFG* 等于角 *ACB*；

因此，角 *ACB* 也等于角 *DFE*。

又根据假设，角 *BAC* 也等于角 *EDF*；

因此，其余的 *B* 处的角也等于其余的 *E* 处的角；   [I. 32]

  因此，三角形 *ABC* 与三角形 *DEF* 是等角的。

这就是所要证明的。

命题 7

若两个三角形有一个角彼此相等，夹另外的角的边成比例，其余的角要么都小于要么都不小于一直角，则这两个三角形是等角的，成比例的边所夹的角相等。

If two triangles have one angle equal to one angle, the sides about other angles proportional, and the remaining angles either both less or both not less than a right angle, the triangles will be equiangular and will have those angles equal, the sides about which are proportional.

设 *ABC*、*DEF* 是两个三角形，有一个角彼此相等，即角 *BAC* 等于角 *EDF*，夹另外的角 *ABC*、*DEF* 的边成比例，因此

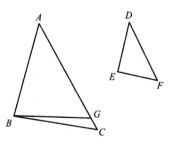

AB 比 *BC* 如同 *DE* 比 *EF*，

且首先假设其余的 *C*、*F* 处的每一个角都小于一直角；

我说，三角形 *ABC* 与三角形 *DEF* 是等角的，角 *ABC* 等于角

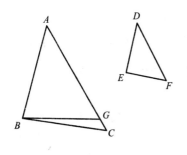

DEF, 其余的角 *C* 处的角等于其余的 *F* 处的角。

这是因为，如果角 *ABC* 不等于角 *DEF*，则它们中有一个较大。

设角 *ABC* 较大；

且在直线 *AB* 上的点 *B* 处作角

ABG 等于角 *DEF*。 ［I. 23］

于是，由于角 *A* 等于角 *D*，

且角 *ABG* 等于角 *DEF*，

因此，其余的角 *AGB* 等于其余的角 *DFE*。 ［I. 32］

因此，三角形 *ABG* 与三角形 *DEF* 是等角的。

因此，*AB* 比 *BG* 如同 *DE* 比 *EF*。 ［VI. 4］

但根据假设，*DE* 比 *EF* 如同 *AB* 比 *BC*；

因此，*AB* 比直线 *BC*、*BG* 中的每一个有相同的比； ［V. 11］

因此，*BC* 等于 *BG*， ［V. 9］

因此，*C* 处的角也等于角 *BGC*。 ［I. 5］

但根据假设，*C* 处的角小于一直角；

因此，角 *BGC* 也小于一直角；

因此，它的邻角 *AGE* 大于一直角。 ［I. 13］

而已经证明它等于 *F* 处的角；

因此，*F* 处的角也大于一直角。

但根据假设，它小于一直角：这是荒谬的。

因此，角 *ABC* 并非不等于角 *DEF*；

因此，角 *ABC* 等于角 *DEF*。

但 *A* 处的角也等于 *D* 处的角；

　　因此，其余的 *C* 处的角等于其余的 *F* 处的角。　[I. 32]

　　因此，三角形 *ABC* 与三角形 *DEF* 是等角的。

但又设 *C*、*F* 处的角每一个都不小于一直角；

我说，在这种情况下，三角形 *ABC* 与三角形 *DEF* 也是等角的。

这是因为，用同样的作图，类似地可以证明，

$$BC \text{ 等于 } BG；$$

　　因此，*C* 处的角也等于角 *BGC*。　　　　　[I. 5]

但 *C* 处的角不小于一直角；

因此，角 *BGC* 也不小于一直角。

于是，在三角形 *BGC* 中，两个角之和不小于两直角：这是不可能的。　　　　　　　　　　　　　　　　　　[I. 17]

　　因此，同样，角 *ABC* 并非不等于角 *DEF*；

　　　　因此，角 *ABC* 等于角 *DEF*。

但 *A* 处的角也等于 *D* 处的角；

　　因此，其余的 *C* 处的角等于其余的 *F* 处的角。　[I. 32]

　　因此，三角形 *ABC* 与三角形 *DEF* 是等角的。

　　　　　　　　　　　　　　　　这就是所要证明的。

命题 8

　　若在一直角三角形中，从直角向底作垂线，则与垂线相邻的两个三角形既与整个三角形相似又彼此相似。

If in a right-angled triangle a perpendicular be drawn from the right angle to the base, the triangles adjoining the perpendicular are similar both to the whole and to one another.

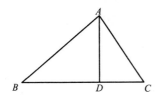

设 *ABC* 是一个直角三角形，角 *BAC* 为直角，从 *A* 向 *BC* 作垂线 *AD*；

我说，三角形 *ABD*、*ADC* 中的每一个都与整个三角形 *ABC* 相似，且它们彼此相似。

由于角 *BAC* 等于角 *ADB*，这是因为它们都是直角，

且 *B* 处的角为两三角形 *ABC* 和 *ABD* 所公用，

因此，其余的角 *ACB* 等于其余的角 *BAD*；　　［I. 32］

因此，三角形 *ABC* 与三角形 *ABD* 是等角的。

因此，三角形 *ABC* 中直角所对的边 *BC* 比三角形 *ABD* 中直角所对的边 *BA*，如同三角形 *ABC* 中 *C* 处的角所对的边 *AB* 本身比三角形 *ABD* 中等角 *BAD* 所对的边 *BD*，也如同两三角形公用的 *B* 处的角所对的边 *AC* 比 *AD*。　　［VI. 4］

因此，三角形 *ABC* 与三角形 *ABD* 是等角的，且夹等角的边成比例。

因此，三角形 *ABC* 与三角形 *ABD* 相似。

［VI. 定义 1］

类似地，可以证明，

三角形 *ABC* 也相似于三角形 *ADC*；

因此，三角形 *ABD*、*ADC* 中的每一个都相似于整个三角形 *ABC*。

其次我说，三角形 *ABD*、*ADC* 也彼此相似。

这是因为，直角 *BDA* 等于直角 *ADC*，

而且也已经证明，角 BAD 等于 C 处的角，

因此，其余的 *B* 处的角也等于其余的角 *DAC*；　　　　［I. 32］

　　因此，三角形 *ABD* 于三角形 *ADC* 是等角的。

因此，三角形 *ABD* 中角 *BAD* 所对的边 *BD* 比三角形 *ADC* 中 *C* 处的角所对的边 *DA*，如同三角形 *ABD* 中 *B* 处的角所对的边 *AD* 本身比三角形 *ADC* 中等于 *B* 处的角的角 *DAC* 所对的边 *DC*，

也如同直角所对的边 *BA* 比 *AC*；　　　　　　　　［VI. 4］

　　因此，三角形 *ABD* 相似于三角形 *ADC*。［VI. 定义 1］

　　　　　　　　　　　　　　　　　　这就是所要证明的。

推论 由此显然可得，若在一个直角三角形中从直角向底作一垂线，则该直线是底上两段的比例中项。

命题 9

从一给定直线上截取一个指定的部分。

From a given straight line to cut off a prescribed part.

设 *AB* 是给定的直线；

于是，要求从 *AB* 上截取一个指定
的部分。

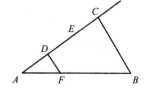

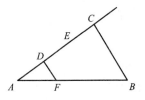

设那个指定的部分是三分之一部分。

从 *A* 作直线 *AC* 与 *AB* 成任意角；

在 *AC* 上任取一点 *D*, 使 *DE*、*EC* 等

于 *AD*。   ［I. 3］

连接 *BC*, 过 *D* 作 *DF* 平行于它。   ［I. 31］

于是, 由于 *FD* 平行于三角形 *ABC* 的一边 *BC*,

因此, 按照比例, *CD* 比 *DA* 如同 *BF* 比 *FA*。 ［VI. 2］

但 *CD* 是 *DA* 的二倍；

因此, *BF* 也是 *FA* 的二倍；

因此, *BA* 是 *AF* 的三倍。

这样便在给定的直线 *AB* 上截取了指定的三分之一部分 *AF*。

这就是所要作的。

命题 10

分一给定的未分直线, 使它相似于一条给定的已分直线。

To cut a given uncut straight line similarly to a given cut straight line.

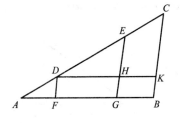

设 *AB* 是给定的未分直线, 且直线 *AC* 被截于点 *D*、*E*；并设它们交成任意角；

连接 *CB*, 过 *D*、*E* 作 *DF*、*EG*

平行于 *BC*，过 *D* 作 *DHK* 平行于 *AB*。　　　　　　　[I. 31]

因此，图形 *FH*、*HB* 中的每一个都是平行四边形；

因此，*DH* 等于 *FG*，且 *HK* 等于 *GB*。　　　[I. 34]

现在，由于已作直线 *HE* 平行于三角形 *DKC* 的一边 *KC*，

因此，按照比例，*CE* 比 *ED* 如同 *KH* 比 *HD*。[VI. 2]

但 *KH* 等于 *BG*，且 *HD* 等于 *GF*；

因此，*CE* 比 *ED* 如同 *BG* 比 *GF*。

又，由于已作 *FD* 平行于三角形 *AGE* 的一边 *GE*，

因此，按照比例，*ED* 比 *DA* 如同 *GF* 比 *FA*。　[VI. 2]

但已证明，*CE* 比 *ED* 如同 *BG* 比 *GF*；

因此，*CE* 比 *ED* 如同 *BG* 比 *GF*，

ED 比 *DA* 如同 *GF* 比 *FA*。

这样便把给定的未分直线 *AB* 分成了与给定的已分直线 *AC*
相似的直线。

这就是所要作的。

命题 11

求作两条给定直线的第三比例项。

*To two given straight lines to find a third
proportional.*

设 *BA*、*AC* 是两条给定的直线，并设

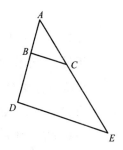

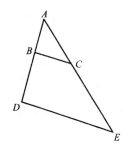

它们交成任意角；

于是，要求作 *BA*、*AC* 的第三比例项。

延长它们到点 *D*、*E*，

并且取 *BD* 等于 *AC* ；　　　　　　　　[I. 3]

连接 *BC*，

过 *D* 作 *DE* 平行于 *BC*。　　　　　[I. 31]

于是，由于已作 *BC* 平行于三角形 *ADE* 的一边 *DE*，

按照比例，*AB* 比 *BD* 如同 *AC* 比 *CE*。　　　[VI. 2]

但 *BD* 等于 *AC* ；

因此，*AB* 比 *AC* 如同 *AC* 比 *CE*。

这样便对两条给定的直线 *AB*、*AC* 作出了它们的第三比例项 *CE*。

这就是所要作的。

命题 12

求作三条给定直线的第四比例项。

To three given straight lines to find a fourth proportional.

设 *A*、*B*、*C* 是三条给定的直线；

于是，要求作 *A*、*B*、*C* 的第四比例项。

设两条直线 *DE*、*DF* 交成任意角 *EDF* ；

取 *DG* 等于 *A*，*GE* 等于 *B*，且 *DH* 等于 *C* ；

连接 *GH*，过 *E* 作 *EF* 平行于它。　　　　　[I. 31]

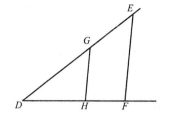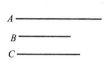

于是, 由于已作 GH 平行于三角形 DEF 的一边 EF,

　　　因此, DG 比 GE 如同 DH 比 HF。　　　　[VI. 2]

但 DG 等于 A, GE 等于 B, 且 DH 等于 C;

　　　因此, A 比 B 如同 C 比 HF。

这样便对三条给定的直线 A、B、C 作出了第四比例项 HF。

　　　　　　　　　　　　　　　这就是所要作的。

命题 13

求作两条给定直线的比例中项。

To two given straight lines to find a mean proportional.

设 AB、BC 是两条给定的直线;

于是, 要求作 AB、BC 的比例中项。

设它们在同一直线上, 并且在 AC 上
作半圆 ADC;

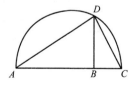

在点 B 处作 BD 与直线 AC 成直角,

并且连接 AD、DC。

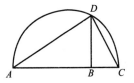

由于角 *ADC* 是半圆上的角, 所以它是直角。   [III. 31]

又, 由于在直角三角形 *ADC* 中, 已作 *DB* 从直角垂直于底,

因此, *DB* 是底段 *AB*、*BC* 的比例中项。   [VI. 8, 推论]

这样便对两条给定的直线 *AB*、*BC* 作出了比例中项 *DB*。

这就是所要作的。

命题 14

在相等且等角的平行四边形中, 夹等角的边成互反比例; 在等角的平行四边形中, 若夹等角的边成互反比例, 则它们相等。

In equal and equiangular parallelograms the sides about the equal angles are reciprocally proportional; and equiangular parallelograms in which the sides about the equal angles are reciprocally proportional are equal.

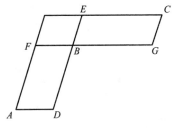

设 *AB*、*BC* 是相等且等角的平行四边形, 且 *B* 处的角相等,

又设 *DB*、*BE* 在同一直线上;

因此, *FB*、*BG* 也在同一直线上。   [I. 14]

我说, 在 *AB*、*BC* 中, 夹等角的边成互反比例, 也就是说,

DB 比 *BE* 如同 *GB* 比 *BF*。这是因为，将平行四边形 *FE* 补充完整。

于是，由于平行四边形 *AB* 等于平行四边形 *BC*，

且 *FE* 是另一个面，

　　　　因此，*AB* 比 *FE* 如同 *BC* 比 *FE*。　　　　［V. 7］

但 *AB* 比 *FE* 如同 *DB* 比 *BE*，　　　　　　　　　［VI. 1］

且 *BC* 比 *FE* 如同 *GB* 比 *BF*，　　　　　　　　　［VI. 1］

　　　　因此也有，*DB* 比 *BE* 如同 *GB* 比 *BF*。　　　［V. 11］

因此，在平行四边形 *AB*、*BC* 中，夹等角的边成互反比例。

其次，设 *BG* 比 *BF* 如同 *DB* 比 *BE*；

我说，平行四边形 *AB* 等于平行四边形 *BC*。

这是因为，由于 *DB* 比 *BE* 如同 *GB* 比 *BF*，

而 *DB* 比 *BE* 如同平行四边形 *AB* 比平行四边形 *FE*，　　［VI. 1］

且 *BG* 比 *BF* 如同平行四边形 *BC* 比平行四边形 *FE*，　　［VI. 1］

　　　　因此也有，*AB* 比 *FE* 如同 *BC* 比 *FE*；　　　　［V. 11］

　　　　因此，平行四边形 *AB* 等于平行四边形 *BC*。　　　［V. 9］

　　　　　　　　　　　　　　　　　　　这就是所要证明的。

命题 15

在有一个角彼此相等的相等的三角形中，夹等角的边成互反比例；又，有一个角彼此相等且夹等角的边成互反比例的三角形是相等的。

In equal triangles which have one angle equal to one angle the sides about the equal angles are reciprocally proportional;

and those triangles which have one angle equal to one angle,
and in which the sides about the equal angles are reciprocally
proportional, are equal.

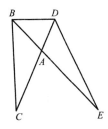

设 *ABC*、*ADE* 是相等的三角形，且有一个角彼此相等，即角 *BAC* 等于角 *DAE*；

我说，在三角形 *ABC*、*ADE* 中，夹等角的边成互反比例，

也就是说，*CA* 比 *AD* 如同 *EA* 比 *AB*。

这是因为，设 *CA* 和 *AD* 在同一直线上；

因此，*EA* 和 *AB* 也在同一直线上。　　　［I. 14］

连接 *BD*。

于是，由于三角形 *ABC* 等于三角形 *ADE*，且 *BAD* 是另一个面，

因此，三角形 *CAB* 比三角形 *BAD* 如同三角形 *EAD* 比三角形 *BAD*。　　　［V. 7］

但 *CAB* 比 *BAD* 如同 *CA* 比 *AD*，　　　　　　　［VI. 1］

且 *EAD* 比 *BAD* 如同 *EA* 比 *AB*。　　　　　　　［VI. 1］

因此也有，*CA* 比 *AD* 如同 *EA* 比 *AB*。　　［V. 11］

于是，在三角形 *ABC*、*ADE* 中，夹等角的边成互反比例。

其次，设三角形 *ABC*、*ADE* 的边成互反比例，也就是说，设 *EA* 比 *AB* 如同 *CA* 比 *AD*；

我说，三角形 *ABC* 等于三角形 *ADE*。

这是因为，如果再连接 *BD*，

由于 *CA* 比 *AD* 如同 *EA* 比 *AB*，

而 *CA* 比 *AD* 如同三角形 *ABC* 比三角形 *BAD*，

且 *EA* 比 *AB* 如同三角形 *EAD* 比三角形 *BAD*，　　　[ⅤI. 1]

因此，三角形 *ABC* 比三角形 *BAD* 如同三角形 *EAD* 比三角

形 *BAD*。　　　　　　　　　　　　　　　　　　　[Ⅴ. 11]

因此，三角形 *ABC*、*EAD* 中的每一个都与 *BAD* 有相同的比。

因此，三角形 *ABC* 等于三角形 *EAD*。　　　[Ⅴ. 9]

这就是所要证明的。

命题 16

若四条直线成比例，则两外项所围成的矩形等于两内项所围成的矩形；又，若两外项所围成的矩形等于两内项所围成的矩形，则四条直线成比例。

If four straight lines be proportional, the rectangle contained by the extremes is equal to the rectangle contained by the means; and, if the rectangle contained by the extremes be equal to the rectangle contained by the means, the four straight lines will be proportional.

设四条直线 *AB*、*CD*、*E*、*F* 成比例，因此 *AB* 比 *CD* 如同 *E* 比 *F*；

我说，AB、F 所围成的矩形等于 CD、E 所围成的矩形。

从点 A、C 作 AG、CH 与直线 AB、CD 成直角，且取 AG 等于 F，CH 等于 E。

将平行四边形 BG、DH 补充完整。

于是，由于 AB 比 CD 如同 E 比 F，

而 E 等于 CH，且 F 等于 AG，

　　　　　　因此，AB 比 CD 如同 CH 比 AG。

因此，在平行四边形 BG、DH 中，夹等角的边成互反比例。

但在这两个等角的平行四边形中，若夹等角的边成互反比例，则它们是相等的；　　　　　　　　　　　　　　　[VI. 14]

　　　　　　因此，平行四边形 BG 等于平行四边形 DH。

又，BG 是矩形 AB、F，这是因为 AG 等于 F；

且 DH 是矩形 CD、E，这是因为 E 等于 CH；

因此，AB、F 所围成的矩形等于 CD、E 所围成的矩形；

其次，设 AB、F 所围成的矩形等于 CD、E 所围成的矩形；

我说，这四条直线成比例，因此 AB 比 CD 如同 E 比 F。

这是因为，用同样的作图，

由于矩形 AB、F 等于矩形 CD、E，

且矩形 AB、F 是 BG，这是因为 AG 等于 F，

且矩形 CD、E 是 DH，这是因为 CH 等于 E，

因此，*BG* 等于 *DH*。

且它们是等角的。

但在相等且等角的平行四边形中，夹等角的边成互反比例。

[VI. 14]

因此，*AB* 比 *CD* 如同 *CH* 比 *AG*。

但 *CH* 等于 *E* 且 *AG* 等于 *F*；

因此，*AB* 比 *CD* 如同 *E* 比 *F*。

这就是所要证明的。

命题 17

若三条直线成比例，则两外项所围成的矩形等于中项上的正方形；又，若两外项所围成的矩形等于中项上的正方形，则这三条直线成比例。

If three straight lines be proportional, the rectangle contained by the extremes is equal to the square on the mean; and, if the rectangle contained by the extremes be equal to the square on the mean, the three straight lines will be proportional.

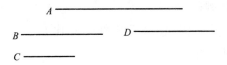

设三条直线 *A*、*B*、*C* 成比例，因此 *A* 比 *B* 如同 *B* 比 *C*；

我说，*A*、*C* 所围成的矩形等于 *B* 上的正方形。

取 D 等于 B。

于是，由于 A 比 B 如同 B 比 C，

且 B 等于 D，

因此，A 比 B 如同 D 比 C。

但若四条直线成比例，则两外项所围成的矩形等于两内项所围成的矩形。　　　　　　　　　　　　　　　　　[VI. 16]

因此，矩形 A、C 等于矩形 B、D。

但矩形 B、D 是 B 上的正方形，这是因为 B 等于 D；

因此，A、C 所围成的矩形等于 B 上的正方形。

其次，设矩形 A、C 等于 B 上的正方形；

我说，A 比 B 如同 B 比 C。

这是因为，用同样的作图，

由于矩形 A、C 等于 B 上的正方形，

而 B 上的正方形是矩形 B、D，这是因为 B 等于 D，

因此，矩形 A、C 等于矩形 B、D。

但若两外项所围成的矩形等于两内项所围成的矩形，则这四条直线成比例；　　　　　　　　　　　　　　　　[VI. 16]

因此，A 比 B 如同 D 比 C。

但 B 等于 D；

因此，A 比 B 如同 B 比 C。

这就是所要证明的。

命题 18

在给定直线上作一直线形, 使之与给定的直线形相似且有相似位置。

On a given straight line to describe a rectilineal figure similar and similarly situated to a given rectilineal figure.

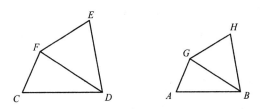

设 *AB* 是给定的直线, *CE* 是给定的直线形;

于是, 要求在直线 *AB* 上作一个与直线形 *CE* 相似且有相似位置的直线形。

连接 *DF*, 在直线 *AB* 上的点 *A*、*B* 处作角 *GAB* 等于 *C* 处的角, 且角 *ABG* 等于角 *CDF*。   [I.23]

因此, 其余的角 *CFD* 等于角 *AGB*;   [I.32]

因此, 三角形 *FCD* 与三角形 *GAB* 是等角的。

因此, 按照比例, *FD* 比 *BG* 如同 *FC* 比 *GA*, 又如同 *CD* 比 *AB*。

又, 在直线 *BG* 上的点 *B*、*G* 处作角 *BGH* 等于角 *DFE*, 以及角 *GBH* 等于角 *FDE*。   [I.23]

因此, 其余的 *E* 处的角等于 *H* 处的角;   [I.32]

因此, 三角形 *FDE* 与三角形 *GBH* 是等角的;

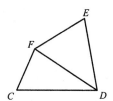

因此，按照比例，*FD* 比 *GB* 如同 *FE* 比 *GH*，又如同 *ED* 比 *HB*。   [Ⅵ. 4]

但已证明，*FD* 比 *GB* 如同 *FC* 比 *GA*，又如同 *CD* 比 *AB*；

因此也有，*FC* 比 *AG* 如同 *CD* 比 *AB*，又如同 *FE* 比 *GH*，又如同 *ED* 比 *HB*。

又，由于角 *CFD* 等于角 *AGB*，

且角 *DFE* 等于角 *BGH*，

因此，整个角 *CFE* 等于整个角 *AGH*。

同理，

角 *CDE* 也等于角 *ABH*。

而 *C* 处的角也等于 *A* 处的角，

且 *E* 处的角等于 *H* 处的角。

因此，*AH* 与 *CE* 是等角的；

而它们夹等角的边成比例；

因此，直线形 *AH* 相似于直线形 *CE*。[Ⅵ. 定义 1]

这样便在给定的直线 *AB* 上作出了直线形 *AH*，它与给定的直线形 *CE* 相似且有相似位置。

这就是所要作的。

命题 19

相似三角形彼此之比是对应边之比的二倍比。

Similar triangles are to one another in the duplicate ratio of the corresponding sides.

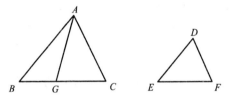

设 *ABC*、*DEF* 是相似三角形，*B* 处的角等于 *E* 处的角，因此 *AB* 比 *BC* 如同 *DE* 比 *EF*，因此 *BC* 对应 *EF*；　　［V. 定义 11］

我说，三角形 *ABC* 比三角形 *DEF* 是 *BC* 比 *EF* 的二倍比。

这是因为，取 *BC*、*EF* 的第三比例项为 *BG*，因此 *BC* 比 *EF* 如同 *EF* 比 *BG*；　　　　　　　　　　　　　　　　　　　［VI. 11］

连接 *AG*。

于是，由于 *AB* 比 *BC* 如同 *DE* 比 *EF*，

　　因此，取更比例，*AB* 比 *DE* 如同 *BC* 比 *EF*。　［V. 16］

但 *BC* 比 *EF* 如同 *EF* 比 *BG*；

　　　　因此也有，*AB* 比 *DE* 如同 *EF* 比 *BG*。　　［V. 11］

因此，在三角形 *ABG*、*DEF* 中，夹等角的边成互反比例。

但有一个角彼此相等且夹等角的边成互反比例的三角形是相等的；　　　　　　　　　　　　　　　　　　　　　　［VI. 15］

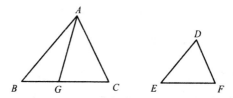

因此，三角形 *ABG* 等于三角形 *DEF*。

现在，由于 *BC* 比 *EF* 如同 *EF* 比 *BG*，

且若三条直线成比例，则第一条比第三条是第一条比第二条的二倍比。 ［V. 定义 9］

因此，*BC* 比 *BG* 是 *CB* 比 *EF* 的二倍比。

但 *CB* 比 *BG* 如同三角形 *ABC* 比三角形 *ABG*； ［VI. 1］

因此，三角形 *ABC* 比三角形 *ABG* 是 *BC* 比 *EF* 的二倍比。

但三角形 *ABG* 等于三角形 *DEF*；

因此，三角形 *ABC* 比三角形 *DEF* 也是 *BC* 比 *EF* 的二倍比。

这就是所要证明的。

推论 由此显然可得，若三条直线成比例，则第一条直线比第三条直线如同在第一条直线上所作的图形比在第二条直线上所作的与之相似且有相似位置的图形。

命题 20

相似多边形被分成同样多个相似三角形，则对应三角形之比

如同整个多边形之比，多边形与多边形之比是对应边与对应边之比的二倍比。

Similar polygons are divided into similar triangles, and into triangles equal in multitude and in the same ratio as the wholes, and the polygon has to the polygon a ratio duplicate of that which the corresponding side has to the corresponding side.

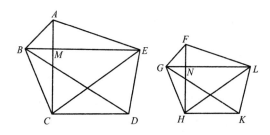

设 ABCDE、FGHKL 是相似多边形，且设 AB 对应于 FG；

我说，多边形 ABCDE、FGHKL 被分成同样多个相似三角形，相似三角形之比如同整个多边形之比，多边形 ABCDE 比多边形 FGHKL 是 AB 比 FG 的二倍比。

连接 BE、EC、GL、LH。

现在，由于多边形 ABCDE 相似于多边形 FGHKL，所以

角 BAE 等于角 GFL；

且 BA 比 AE 如同 GF 比 FL。   ［VI. 定义 1］

于是，由于 ABE、FGL 这两个三角形有一个对应的角相等，且夹等角的边成比例，

因此，三角形 ABE 与三角形 FGL 是等角的； ［VI. 6］

因此也是相似的；   ［VI. 4 和定义 1］

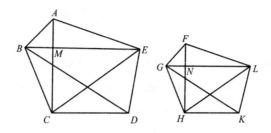

因此，角 *ABE* 等于角 *FGL*。

但整个角 *ABC* 也等于整个角 *FGH*，这是因为多边形是相似的；

因此，其余的角 *EBC* 等于角 *LGH*。

又，由于三角形 *ABE*、*FGL* 是相似的，所以

EB 比 *BA* 如同 *LG* 比 *FG*，

以及由于多边形是相似的，所以

AB 比 *BC* 如同 *FG* 比 *GH*，

因此，取首末比例，*EB* 比 *BC* 如同 *LG* 比 *GH*；　［V. 22］

也就是说，夹等角 *EBC*、*LGH* 的边成比例；

因此，三角形 *EBC* 与三角形 *LGH* 是等角的，　［VI. 6］

因此，三角形 *EBC* 也相似于三角形 *LGH*。

［VI. 4 和定义 1］

同理，

三角形 *ECD* 也相似于三角形 *LHK*。

因此，相似多边形 *ABCDE*、*FGHKL* 被分成同样多个相似三角形。

我说，它们之比如同整个多边形之比，即各个三角形成比例，*ABE*、*EBC*、*ECD* 是前项，而 *FGL*、*LGH*、*LHK* 是其后项，多

边形 *ABCDE* 比多边形 *FGHKL* 是对应边比对应边的二倍比，即 *AB* 比 *FG* 的二倍比。

连接 *AC*、*FH*。

于是，由于多边形是相似的，

角 *ABC* 等于角 *FGH*，

AB 比 *BC* 如同 *FG* 比 *GH*，所以

　　　三角形 *ABC* 与三角形 *FGH* 是等角的； 　［VI. 6］

　　　因此，角 *BAC* 等于角 *GFH*，

　　　　　角 *BCA* 等于角 *GHF*。

又，由于角 *BAM* 等于角 *GFN*，

角 *ABM* 也等于角 *FGN*，

因此，其余的角 *AMB* 也等于其余的角 *FNG*； 　［I. 32］

　　因此，三角形 *ABM* 与三角形 *FGN* 是等角的。

类似地，可以证明，

　　　三角形 *BMC* 与三角形 *GNH* 也是等角的。

因此，按照比例，

　　　AM 比 *MB* 如同 *FN* 比 *NG*，

　　　BM 比 *MC* 如同 *GN* 比 *NH*；

因此，按照首末比例，

　　　AM 比 *MC* 如同 *FN* 比 *NH*。

但 *AM* 比 *MC* 如同三角形 *ABM* 比 *MBC*，又如同 *AME* 比 *EMC*；这是因为它们彼此之比如同其底之比。 　［VI. 1］

因此也有，前项之一比后项之一如同所有前项之和比所有后项之和； 　［V. 12］

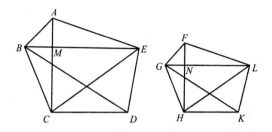

因此，三角形 *AMB* 比 *BMC* 如同 *ABE* 比 *CBE*。

但 *AMB* 比 *BMC* 如同 *AM* 比 *MC* ；

因此也有，*AM* 比 *MC* 如同三角形 *ABE* 比三角形 *EBC*。

同理也有，

　　FN 比 *NH* 如同三角形 *FGL* 比三角形 *GLH*。

又，*AM* 比 *MC* 如同 *FN* 比 *NH* ；

因此也有，三角形 *ABE* 比三角形 *BEC* 如同三角形 *FGL* 比三角形 *GLH* ；

取更比例，三角形 *ABE* 比三角形 *FGL* 如同三角形 *BEC* 比三角形 *GLH*。

类似地，可以证明，如果连接 *BD*、*GK*，那么三角形 *BEC* 比三角形 *LGH* 也如同三角形 *ECD* 比三角形 *LHK*。

又，由于三角形 *ABE* 比三角形 *FGL* 如同 *EBC* 比 *LGH*，又如同 *ECD* 比 *LHK*，

因此也有，前项之一比后项之一如同所有前项之和比所有后项之和；　　　　　　　　　　　　　　　　　[V. 12]

因此，三角形 *ABE* 比三角形 *FGL* 如同多边形 *ABCDE* 比多边形 *FGHKL*。

但三角形 *ABE* 比三角形 *FGL* 是对应边 *AB* 比对应边 *FG* 的二倍比；这是因为相似三角形之比是对应边之比的二倍比。[VI. 19]

因此，多边形 *ABCDE* 比多边形 *FGHKL* 也是对应边 *AB* 比对应边 *FG* 的二倍比。

这就是所要证明的。

推论 类似地，可以证明，四边形与四边形之比是对应边之比的二倍比。前已证明三角形的情况；因此一般地也有，相似直线形彼此之比是对应边之比的二倍比。

命题 21

与同一直线形相似的图形也彼此相似。

Figures which are similar to the same rectilineal figure are also similar to one another.

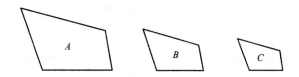

设直线形 *A*、*B* 中的每一个都与 *C* 相似；

我说，*A* 与 *B* 也相似。

这是因为，由于 *A* 与 *C* 相似，所以

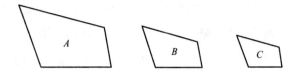

它们是等角的且夹等角的边成比例；　　　　　　　　　[VI. 定义 1]

又，由于 B 与 C 相似，所以

它们是等角的且夹等角的边成比例。

因此，图形 A、B 中的每一个都与 C 是等角的且夹等角的边成比例；

因此，A 与 B 相似。

这就是所要证明的。

命题 22

若四条直线成比例，则在它们上面所作的相似且有相似位置的直线形也成比例；又，若在各直线上所作的相似且有相似位置的直线形成比例，则这些直线本身也成比例。

If four straight lines be proportional, the rectilineal figures similar and similarly described upon them, will also be proportional; and, if the rectilineal figures similar and similarly described upon them be proportional, the straight lines will themselves also be proportional.

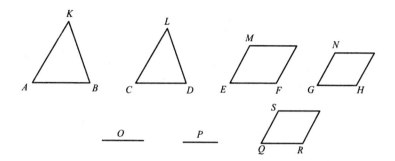

设四条直线 *AB*、*CD*、*EF*、*GH* 成比例，因此

   AB 比 *CD* 如同 *EF* 比 *GH*，

在 *AB*、*CD* 上作相似且有相似位置的直线形 *KAB*、*LCD*，

又在 *EF*、*GH* 上作相似且有相似位置的直线形 *MF*、*NH*；

我说，*KAB* 比 *LCD* 如同 *MF* 比 *NH*。

这是因为，取 *AB*、*CD* 的第三比例项 *O*，

以及取 *EF*、*GH* 的第三比例项 *P*。   [Ⅵ. 11]

于是，由于 *AB* 比 *CD* 如同 *EF* 比 *GH*，

且 *CD* 比 *O* 如同 *GH* 比 *P*，

   因此，取首末比例，*AB* 比 *O* 如同 *EF* 比 *P*。 [Ⅴ. 22]

但 *AB* 比 *O* 如同 *KAB* 比 *LCD*，   [Ⅵ. 19, 推论]

且 *EF* 比 *P* 如同 *MF* 比 *NH*；

   因此也有，*KAB* 比 *LCD* 如同 *MF* 比 *NH*。   [Ⅴ. 11]

其次，设 *MF* 比 *NH* 如同 *KAB* 比 *LCD*；

我也说，*AB* 比 *CD* 如同 *EF* 比 *GH*。

这是因为，如果 *EF* 比 *GH* 不如同 *AB* 比 *CD*，

设 *EF* 比 *QR* 如同 *AB* 比 *CD*，   [Ⅵ. 12]

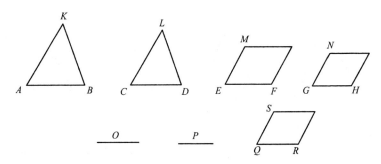

且在 QR 上作直线形 SR 与 MF、NH 中的任何一个相似且有相似位置。　　　　　　　　　　　　　　　　　　　［Ⅵ. 18］

于是，由于 AB 比 CD 如同 EF 比 QR，

且已在 AB、CD 上作相似且有相似位置的图形 KAB、LCD，

以及在 EF、QR 上作相似且有相似位置的图形 MF、SR，

　　　　因此，KAB 比 LCD 如同 MF 比 SR。

但根据假设也有，

　　　　KAB 比 LCD 如同 MF 比 NH；

　　　　因此也有，MF 比 SR 如同 MF 比 NH。　　　［Ⅴ. 11］

因此，MF 比图形 NH、SR 中的每一个有相同的比；

　　　　　　因此，NH 等于 SR。　　　　　　　　［Ⅴ. 9］

但它们也相似且有相似位置；

　　　　　　因此，GH 等于 QR。

又，由于 AB 比 CD 如同 EF 比 QR，

而 QR 等于 GH，

　　　　因此，AB 比 CD 如同 EF 比 GH。

　　　　　　　　　　　　　　　　这就是所要证明的。

命题 23

等角的平行四边形彼此之比是其边之比的复比。

Equiangular parallelograms have to one another the ratio compounded of the ratios of their sides.

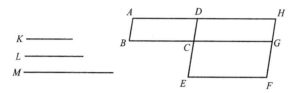

设 AC、CF 是等角的平行四边形，角 BCD 等于角 ECG；

我说，平行四边形 AC 比平行四边形 CF 是其边之比的复比。

这是因为，设 BC 与 CG 在同一直线上；

因此，DC 与 CE 也在同一直线上。

将平行四边形 DG 补充完整；

设计一条直线 K，使得

BC 比 CG 如同 K 比 L，

且 DC 比 CE 如同 L 比 M。   [VI. 12]

于是，K 比 L 与 L 比 M 如同边与边之比，即 BC 比 CG 与 DC 比 CE。

但 K 比 M 是 K 比 L 与 L 比 M 的复比；

因此，K 比 M 是边与边之比的复比。

现在，由于 BC 比 CG 如同平行四边形 AC 比平行四边形 CH，

[VI. 1]

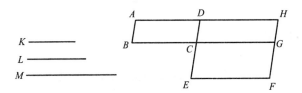

而 *BC* 比 *CG* 如同 *K* 比 *L*，

　　因此也有，*K* 比 *L* 如同 *AC* 比 *CH*。　　　　［V. 11］

又，由于 *DC* 比 *CE* 如同平行四边形 *CH* 比 *CF*，　　［VI. 1］

而 *DC* 比 *CE* 如同 *L* 比 *M*，

因此也有，*L* 比 *M* 如同平行四边形 *CH* 比平行四边形 *CF*。

　　　　　　　　　　　　　　　　　　　　　　　　　［V. 11］

　　于是，由于已经证明，*K* 比 *L* 如同平行四边形 *AC* 比平行四边形 *CH*，

　　且 *L* 比 *M* 如同平行四边形 *CH* 比平行四边形 *CF*，

　　因此，取首末比例，*K* 比 *M* 如同平行四边形 *AC* 比平行四边形 *CF*。

　　但 *K* 比 *M* 是边与边之比的复比；

　　因此，*AC* 比 *CF* 也是边与边之比的复比。

　　　　　　　　　　　　　　　　　　这就是所要证明的。

命题 24

　　在任何平行四边形中，对角线周围的平行四边形既与整个平行四边形相似，又彼此相似。

In any parallelogram the parallelograms about the diameter are similar both to the whole and to one another.

设 *ABCD* 是平行四边形，*AC* 是其对角线，又设 *EG*、*HK* 是 *AC* 周围的平行四边形；

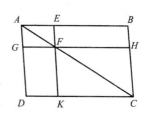

我说，平行四边形 *EG*、*HK* 中的每一个都既与整个平行四边形 *ABCD* 相似，又彼此相似。

这是因为，由于已作 *EF* 平行于三角形 *ABC* 的一边 *BC*，所以

　　　　按照比例，*BE* 比 *EA* 如同 *CF* 比 *FA*。　　　[Ⅵ. 2]

又，由于已作 *FG* 平行于三角形 *ACD* 的一边 *CD*，所以

　　　　按照比例，*CF* 比 *FA* 如同 *DG* 比 *GA*。　　　[Ⅵ. 2]

但已证明，*CF* 比 *FA* 如同 *BE* 比 *EA*；

　　　　　　因此也有，*BE* 比 *EA* 如同 *DG* 比 *GA*，

因此取合比例，

　　　　BA 比 *AE* 如同 *DA* 比 *AG*，　　　　[Ⅴ. 18]

根据更比例，

　　　　BA 比 *AD* 如同 *EA* 比 *AG*。　　　　[Ⅴ. 16]

因此，在平行四边形 *ABCD*、*EG* 中，夹公共角 *BAD* 的各边成比例。

又，由于 *GF* 平行于 *DC*，所以

　　　　角 *AFG* 等于角 *DCA*；

且角 *DAC* 是两个三角形 *ADC*、*AGF* 的公共角；

　　　　因此，三角形 *ADC* 与三角形 *AGF* 是等角的。

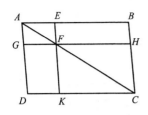

同理，

三角形 *ACB* 与三角形 *AFE* 也是等角的，

且整个平行四边形 *ABCD* 与平行四

边形 *EG* 是等角的。

因此，按照比例，

AD 比 *DC* 如同 *AG* 比 *GF*，

DC 比 *CA* 如同 *GF* 比 *FA*，

AC 比 *CB* 如同 *AF* 比 *FE*，

以及，*CB* 比 *BA* 如同 *FE* 比 *EA*。

又，由于已经证明，*DC* 比 *CA* 如同 *GF* 比 *FA*，

且 *AC* 比 *CB* 如同 *AF* 比 *FE*，

因此，按照首末比例，*DC* 比 *CB* 如同 *GF* 比 *FE*。

［V. 22］

因此，在平行四边形 *ABCD*、*EG* 中，夹等角的边成比例；

因此，平行四边形 *ABCD* 相似于平行四边形 *EG*。

［VI. 定义 1］

同理，

平行四边形 *ABCD* 也相似于平行四边形 *KH*；

因此，平行四边形 *EG*、*HK* 中的每一个都相似于 *ABCD*。

但与同一直线形相似的图形也彼此相似；　　　　　　　［VI. 21］

因此，平行四边形 *EG* 也相似于平行四边形 *HK*。

这就是所要证明的。

命题 **25**

作一个图形既与一给定的直线形相似，又等于另一给定的直线形。

To construct one and the same figure similar to a given rectilineal figure and equal to another given rectilineal figure.

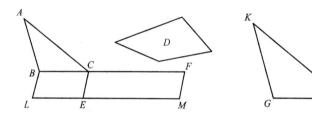

设 *ABC* 是给定的直线形，所要作的图形必须既与之相似，又等于另一图形 *D*。

于是，要求作一个图形与 *ABC* 相似且等于 *D*。

对 *BC* 贴合出平行四边形 *BE* 等于三角形 *ABC*，   ［I. 44］

又以等于角 *CBL* 的角 *FCE*，对 *CE* 贴合出平行四边形 *CM* 等于 *D*。   ［I. 45］

因此，*BC* 与 *CF* 在同一直线上，*LE* 与 *EM* 在同一直线上。

现在，取 *GH* 为 *BC*、*CF* 的比例中项，   ［VI. 13］

且在 *GH* 上作 *KGH* 与 *ABC* 相似且有相似位置。   ［VI. 18］

于是，由于 *BC* 比 *GH* 如同 *GH* 比 *CF*，

又，若三条直线成比例，则第一条直线比第三条直线如同在第一条直线上所作的图形比在第二条直线上所作的与之相似且

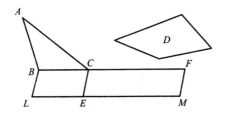 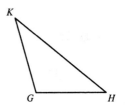

有相似位置的图形, [VI. 19, 推论]

因此，BC 比 CF 如同三角形 ABC 比三角形 KGH。

但 BC 比 CF 也如同平行四边形 BE 比平行四边形 EF。

[VI. 1]

因此也有，三角形 ABC 比三角形 KGH 如同平行四边形 BE 比平行四边形 EF；

因此，按照更比例，三角形 ABC 比平行四边形 BE 如同三角形 KGH 比平行四边形 EF。 [V. 16]

但三角形 ABC 等于平行四边形 BE；

因此，三角形 KGH 也等于平行四边形 EF。

但平行四边形 EF 等于 D；

因此，KGH 也等于 D。

而 KGH 也相似于 ABC。

这样便作出了图形 KGH，它既与给定的直线形 ABC 相似，又等于另一给定的图形 D。

这就是所要作的。

命题 26

若从一个平行四边形中取掉一个与整个平行四边形相似、有相似位置且有一个公共角的平行四边形，则它与整个平行四边形有相同的对角线。

If from a parallelogram there be taken away a parallelogram similar and similarly situated to the whole and having a common angle with it, it is about the same diameter with the whole.

从平行四边形 *ABCD* 取掉平行四边形 *AF*，它与 *ABCD* 相似、有相似位置且有公共角 *DAB*；

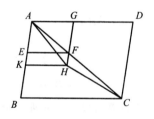

我说，*ABCD* 与 *AF* 有相同的对角线。

这是因为，假设不是这样，如果可能，设 *AHC* 是［*ABCD* 的］对角线，延长 *GF* 到 *H*，过 *H* 作 *HK* 平行于直线 *AD*、*BC* 中的一条，　　　　　　　　　　　　　　　　　　　　　［I. 31］

于是，由于 *ABCD* 与 *KG* 有相同的对角线，

　　　　因此，*DA* 比 *AB* 如同 *GA* 比 *AK*。　　　　［VI. 24］

但因为 *ABCD* 与 *EG* 相似，所以

　　　　DA 比 *AB* 如同 *GA* 比 *AE*；

因此也有，

　　　　GA 比 *AK* 如同 *GA* 比 *AE*。　　　　　　［V. 11］

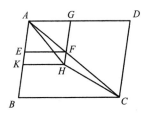

因此，*GA* 与直线 *AK*、*AE* 中的每一条
之比有相同的比。

因此，*AE* 等于 *AK*，   [V. 9]

较小的等于较大的：这是不可能的。

因此，*ABCD* 与 *AF* 只可能有相同的对
角线；

因此，平行四边形 *ABCD* 与平行四边形 *AF* 有相同的对角线。

这就是所要证明的。

命题 27

在对同一直线贴合出的、亏缺一个与在半条直线上所作的平行四边形相似且有相似位置的平行四边形的所有平行四边形中，以对半条直线贴合出的那个平行四边形为最大，且与亏缺的图形相似。

Of all the parallelograms applied to the same straight line and deficient by parallelogrammic figures similar and similarly situated to that described on the half of the straight line, that parallelogram is greatest which is applied to the half of the straight line and is similar to the defect.

设 *AB* 是一条直线且被二等分于 *C*；平行四边形 *AD* 是对直线 *AB* 贴合出的、亏缺在 *AB* 的一半即 *CB* 上所作的平行四边形 *DB* 的平行四边形；

我说，对直线 *AB* 贴合出的、亏缺与 *DB* 相似且有相似位置的平行四边形的所有平行四边形中，*AD* 最大。

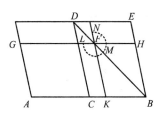

对直线 *AB* 贴合出平行四边形 *AF*，它亏缺了与 *DB* 相似且有相似位置的平行四边形 *FB*；

我说，*AD* 大于 *AF*。

这是因为，由于平行四边形 *DB* 相似于平行四边形 *FB*，所以它们有相同的对角线。　　　　　　　　　　［VI. 26］

作它们的对角线 *DB*，并且作出图形。

于是，由于 *CF* 等于 *FE*，　　　　　　　　　　　　［I. 43］

且 *FB* 公用，

　　　　因此，整个 *CH* 等于整个 *KE*。

但 *CH* 等于 *CG*，这是因为 *AC* 也等于 *CB*。　　　［I. 36］

　　　　因此，*GC* 也等于 *EK*。

给它们分别加上 *CF*；

　　　　因此，整个 *AF* 等于拐尺形 *LMN*；

因此，平行四边形 *DB* 即 *AD* 大于平行四边形 *AF*。

　　　　　　　　　　　　　　　　　这就是所要证明的。

命题 28

对一给定的直线贴合出一个平行四边形，它等于给定的直线形，且亏缺一个与给定的平行四边形相似的平行四边形：于是，这个给定的直线形必定不大于在一半直线上所作的、与亏缺的平行四边形相似的平行四边形。

To a given straight line to apply a parallelogram equal to a given rectilineal figure and deficient by a parallelogrammic figure similar to a given one: thus the given rectilineal figure must not be greater than the parallelogram described on the half of the straight line and similar to the defect.

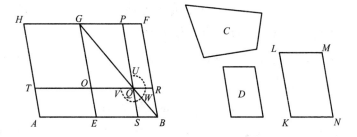

设 *AB* 是给定的直线，*C* 是给定的直线形，需要对 *AB* 贴合出一个与 *C* 相等的平行四边形，*C* 不大于在一半 *AB* 上所作的、与亏缺的平行四边形相似的平行四边形，亏缺的平行四边形需要与平行四边形 *D* 相似；

于是，要求对给定的直线 *AB* 贴合出一个平行四边形等于给定的直线形 *C*，且亏缺一个与 *D* 相似的平行四边形。

设 *AB* 在点 *E* 被二等分，在 *EB* 上作 *EBFG* 与 *D* 相似且有相似位置；　　　　　　　　　　　　　　　　　　　　[VI. 18]

将平行四边形 *AG* 补充完整。

于是，如果 *AG* 等于 *C*，那么就完成了所要求的作图；

这是因为已经对给定的直线 *AB* 贴合出了平行四边形 *AG*，它等于给定的直线形 *C*，且亏缺一个与 *D* 相似的平行四边形 *BG*。

但如果不是这样，设 *HE* 大于 *C*。

现在，*HE* 等于 *GB*；

因此，*GB* 也大于 *C*。

作 *KLMN* 等于 *GB* 与 *C* 之差，它与 *D* 相似且有相似位置。

[VI. 25]

但 *D* 相似于 *GB*；

因此，*KM* 也相似于 *GB*。   [VI. 21]

于是，设 *KL* 对应于 *GE*，*LM* 对应于 *GF*。

现在，由于 *GB* 等于 *C*、*KM* 之和，

因此，*GB* 大于 *KM*；

因此也有，*GE* 大于 *KL*，*GF* 大于 *LM*。

取 *GO* 等于 *KL*，且 *GP* 等于 *LM*；

并将平行四边形 *OGPQ* 补充完整；

因此，它等于且相似于 *KM*。

因此，*GQ* 也相似于 *GB*；   ·   [VI. 21]

因此，*GQ* 与 *GB* 有相同的对角线。   [VI. 26]

设 *GQB* 是它们的对角线，作出该图形。

于是，由于 *BG* 等于 *C*、*KM* 之和，

且其中 *GQ* 等于 *KM*，

因此，其余部分，即拐尺形 *UWV*，等于其余部分 *C*。

又，由于 *PR* 等于 *OS*，

给它们分别加上 *QB*；

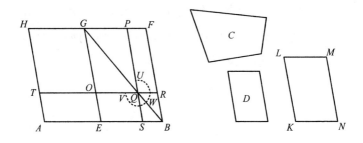

因此，整个 PB 等于整个 OB；

但 OB 等于 TE，这是因为边 AE 也等于边 EB；   [I. 36]

因此，TE 也等于 PB。

给它们分别加上 OS；

因此，整个 TS 等于整个拐尺形 VWU。

但已证明，拐尺形 VWU 等于 C；

因此，TS 也等于 C。

这样便对给定的直线 AB 贴合出了平行四边形 ST，它等于给定的直线形 C，且亏缺了一个与 D 相似的平行四边形 QB。

这就是所要作的。

命题 29

对一给定的直线贴合出一个平行四边形等于给定的直线形，并且超出一个与给定的平行四边形相似的平行四边形。

To a given straight line to apply a parallelogram equal to a given rectilineal figure and exceeding by a parallelogrammic figure

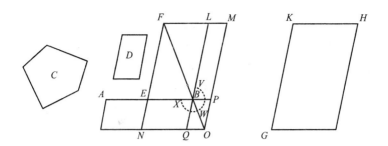

similar to a given one.

设 *AB* 是给定的直线，*C* 是给定的直线形，对 *AB* 贴合出的平行四边形需要与 *C* 相等，*D* 是超出的平行四边形需要与之相似的平行四边形。

于是，要求对直线 *AB* 贴合出一个平行四边形，它等于直线形 *C*，并且超出一个与 *D* 相似的平行四边形。

设 *AB* 被二等分于 *E*；

在 *EB* 上作平行四边形 *BF* 与 *D* 相似且有相似位置；

又作 *GH* 等于 *BF* 与 *C* 之和，并与 *D* 相似且有相似位置。

[VI. 25]

设 *KH* 对应于 *FL*，且 *KG* 对应于 *FE*。

现在，由于 *GH* 大于 *FB*，

因此，*KH* 也大于 *FL*，且 *KG* 大于 *FE*。

延长 *FL*、*FE*，

设 *FLM* 等于 *KH*，且 *FEN* 等于 *KG*，

将平行四边形 *MN* 补充完整；

因此，*MN* 等于且相似于 *GH*。

但 *GH* 相似于 *EL*；

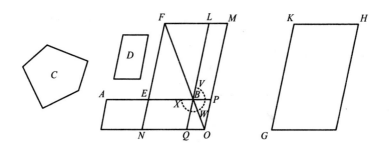

　　　因此，*MN* 也相似于 *EL*；　　　　　［VI. 21］

　　　因此，*EL* 与 *MN* 有相同的对角线。　［VI. 26］

作它们的对角线 *FO*，并且作出图形。

由于 *GH* 等于 *EL* 与 *C* 之和，

而 *GH* 等于 *MN*，

　　　因此，*MN* 也等于 *EL* 与 *C* 之和。

从它们中各减去 *EL*；

　　　因此，其余部分即拐尺形 *XWV* 等于 *C*。

现在，由于 *AE* 等于 *EB*，所以

　　　　　AN 也等于 *NB*，　　　　　［I. 36］

　　　　　即等于 *LP*。　　　　　　　　［I. 43］

给它们分别加上 *EO*；

　　　因此，整个 *AO* 等于拐尺形 *VWX*。

但拐尺形 *VWX* 等于 *C*；

因此，*AO* 也等于 *C*。

这样便对给定的直线 *AB* 贴合出平行四边形 *AO*，它等于给定的直线形 *C*，并且超出一个与 *D* 相似的平行四边形 *QP*，因为

PQ 也相似于 *EL*。　　　　　　　　　　　　　［VI. 24］

这就是所要作的。

命题 30

将一给定的有限直线分成中外比。

To cut a given finite straight line in extreme and mean ratio.

设 *AB* 是给定的有限直线；

于是，要求将 *AB* 分成中外比。

在 *AB* 上作正方形 *BC*；对 *AC* 贴合出平行

四边形 *CD* 等于 *BC*，且超出的图形 *AD* 相似于

BC。　　　　　　　　　　［VI. 29］

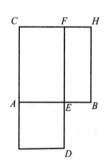

现在，*BC* 是正方形；

　　　因此，*AD* 也是正方形。

又，由于 *BC* 等于 *CD*，

从它们中各减去 *CE*；

因此，其余部分 *BF* 等于其余部分 *AD*。

但它们也是等角的；

因此，在 *BF*、*AD* 中，夹等角的边成互反比例；　　［VI. 14］

　　　因此，*FE* 比 *ED* 如同 *AE* 比 *EB*。

但 *FE* 等于 *AB*，且 *ED* 等于 *AE*。

　　　因此，*BA* 比 *AE* 如同 *AE* 比 *EB*。

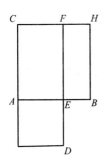

而 AB 大于 AE；

因此，AE 也大于 EB。

这样直线 AB 便被点 E 分成了中外比，AE 是较大的线段。

这就是所要作的。

命题 31

在直角三角形中，直角所对边上的图形等于夹直角的边上相似且有相似位置的图形之和。

In right-angled triangles the figure on the side subtending the right angle is equal to the similar and similarly described figures on the sides containing the right angle.

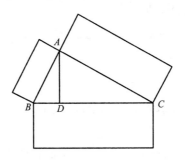

设 ABC 是有直角 BAC 的直角三角形；

我说，BC 上的图形等于 BA、AC 上相似且有相似位置的图形之和。

作垂线 AD。

于是，由于在直角三角形 ABC 中，已从 A 处的直角作 AD 垂直于底 BC，所以

垂线两边的三角形 ABD、ADC 既与整个 ABC 相似，也彼此相似。　　　　　　　　　　　　　　　　　　　［VI. 8］

又，由于 ABC 相似于 ABD，

因此，CB 比 BA 如同 AB 比 BD。　　［VI. 定义 1］

又，由于三条直线成比例，所以

第一条直线比第三条直线如同在第一条直线上所作的图形比在第二条直线上所作的与之相似且有相似位置的图形。

　　　　　　　　　　　　　　　　　　［VI. 19，推论］

因此，CB 比 BD 如同 CB 上的图形比 BA 上相似且有相似位置的图形。

同理也有，

BC 比 CD 如同 BC 上的图形比 CA 上的图形；

因此还有，

BC 比 BD、DC 之和如同 BC 上的图形比 BA、AC 上相似且有相似位置的图形之和。　　　　　　　　　　　　　［V. 24］

但 BC 等于 BD、DC 之和；

因此，BC 上的图形也等于 BA、AC 上相似且有相似位置的图形之和。

这就是所要证明的。

命题 32

　　若有两边彼此成比例的两个三角形在一个角被放置在一起，使得对应的边也平行，则这两个三角形的其余边在同一直线上。

　　If two triangles having two sides proportional to two sides be placed together at one angle so that their corresponding sides are also parallel, the remaining sides of the triangles will be in a straight line.

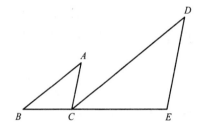

　　设 *ABC*、*DCE* 这两个三角形的两边 *BA*、*AC* 与两边 *DC*、*DE* 成比例，因此 *AB* 比 *AC* 如同 *DC* 比 *DE*，且 *AB* 平行于 *DC*，*AC* 平行于 *DE*；

　　我说，*BC* 与 *CE* 在同一直线上。

　　这是因为，由于 *AB* 平行于 *DC*，

　　且直线 *AC* 与它们相交，所以错角 *BAC*、*ACD* 彼此相等。

[I. 29]

　　同理，

角 *CDE* 也等于角 *ACD*；

因此，角 *BAC* 等于角 *CDE*。

　　又，由于 *ABC*、*DCE* 这两个三角形在 *A* 处的角等于在 *D* 处的角，

且夹等角的边成比例，

因此 *BA* 比 *AC* 如同 *CD* 比 *DE*，

　　　因此，三角形 *ABC* 与三角形 *DCE* 是等角的；　　［VI. 6］

　　　　　因此，角 *ABC* 等于角 *DCE*。

但已证明，角 *ACD* 等于角 *BAC*；

　　因此，整个角 *ACE* 等于两个角 *ABC*、*BAC* 之和。

给它们分别加上角 *ACB*；

因此，角 *ACE*、*ACB* 之和等于角 *BAC*、*ACB*、*CBA* 之和。

但角 *BAC*、*ABC*、*ACB* 之和等于两直角；　　　　　［I. 32］

　　　因此，角 *ACE*、*ACB* 之和也等于两直角。

因此，在直线 *AC* 上的点 *C* 处，两直线 *BC*、*CE* 不在直线
AC 的同侧，且和 *AC* 所成邻角 *ACE* 与 *ACB* 之和等于两直角；

　　　因此，*BC* 与 *CE* 在同一直线上。　　　　　［I. 14］

　　　　　　　　　　　　　这就是所要证明的。

命题 33

在等圆中，圆心角或圆周角之比如同它们所对圆周之比。

*In equal circles angles have the same ratio as the
circumferences on which they stand, whether they stand at the
centres or at the circumferences.*

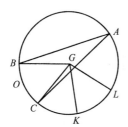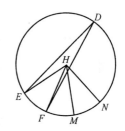

设 ABC、DEF 是等圆，角 BGC、EHF 是圆心 G、H 处的角，角 BAC、EDF 是圆周角；

我说，圆周 BC 比圆周 EF 如同角 BGC 比角 EHF，也如同角 BAC 比角 EDF。

这是因为，取任意多个连续的圆周 CK 等于圆周 BC，

并取任意多个连续的圆周 FM、MN 等于圆周 EF；

连接 GK、GL、HM、HN。

于是，由于圆周 BC、CK、KL 彼此相等，所以

角 BGC、CGK、KGL 也彼此相等；   ［III. 27］

因此，圆周 BL 是 BC 的多少倍，角 BGL 也是角 BGC 的多少倍。

同理也有，

圆周 NE 是 EF 的多少倍，角 NHE 也是角 EHF 的多少倍。

于是，如果圆周 BL 等于圆周 EN，那么角 BGL 也等于角 EHN；   ［III. 27］

如果圆周 BL 大于圆周 EN，那么角 BGL 也大于角 EHN；

如果圆周 BL 小于圆周 EN，那么角 BGL 也小于角 EHN。

于是有四个量，两个圆周 BC、EF，以及两个角 BGC、EHF，

已取圆周 BC 和角 BGC 的等倍量，即圆周 BL 和角 BGL，

又，已取圆周 *EF* 和角 *EHF* 的等倍量，即圆周 *EN* 和角 *EHN*。

已经证明，

如果圆周 *BL* 大于圆周 *EN*，那么角 *BGL* 也大于角 *EHN*；

如果圆周 *BL* 等于圆周 *EN*，那么角 *BGL* 也等于角 *EHN*；

如果圆周 *BL* 小于圆周 *EN*，那么角 *BGL* 也小于角 *EHN*。

因此，圆周 *BC* 比 *EF* 如同角 *BGC* 比角 *EHF*。　［V. 定义 5］

但角 *BGC* 比角 *EHF* 如同角 *BAC* 比角 *EDF*；这是因为它们分别是二倍。

因此也有，圆周 *BC* 比圆周 *EF* 如同角 *BGC* 比角 *EHF*，又如同角 *BAC* 比角 *EDF*。

这就是所要证明的。

第七卷

定义

1. 每一个存在的事物凭借**单元**而被称为一。

An *unit* is that by virtue of which each of the things that exist is called one.

2. 一个**数**是由若干单元组成的"多少"。

A *number* is a multitude composed of units.

3. 一个较小数量尽较大数时，是较大数的**一部分**；

A number is *a part* of a number, the less of the greater, when it measures the greater;

4. 但一个较小数量不尽较大数时，是较大数的**几部分**。

but *parts* when it does not measure it.

5. 较大数被较小数量尽时，是较小数的一个**倍数**。

The greater number is a *multiple* of the less when it is measured by the less.

6. **偶数**是能被分成两个相等部分的数。

An *even number* is that which is divisible into two equal parts.

7. **奇数**是不能被分成两个相等部分的数，或者与一个偶数相差一个单元的数。

An *odd number* is that which is not divisible into two equal parts, or that which differs by an unit from an even number.

8. **偶倍偶数**是被一个偶数按照偶数量尽的数。

An *even-times even number* is that which is measured by an even number according to an even number.

9. **偶倍奇数**是被一个偶数按照奇数量尽的数。

An *even-times odd number* is that which is measured by an even number according to an odd number.

10. **奇倍奇数**是被一个奇数按照奇数量尽的数。

An *odd-times odd number* is that which is measured by an odd number according to an odd number.

11. **素数**是只能被单元量尽的数。

A prime number is that which is measured by an unit alone.

12. **互素**的数是只能被作为公度的一个单元量尽的那些数。

Numbers *prime to one another* are those which are measured by an unit alone as a common measure.

13. **合数**是能被某个数量尽的数。

A *composite number* is that which is measured by some number.

14. **互合**的数是能被作为公度的某个数量尽的那些数。

Numbers *composite to one another* are those which are measured by some number as a common measure.

15. 所谓一个数**乘**一个数，就是被乘数自身相加另一个数中单元的个数那么多次，从而得出某个数。

A number is said to *multiply* a number when that which is multiplied is added to itself as many times as there are units in the other, and thus some number is produced.

16. 当两数相乘得出某个数时，得出的数叫做**面数**，它的**边**就是相乘的两数。

And, when two numbers having multiplied one another make some number, the number so produced is called *plane*, and its *sides* are the numbers which have multiplied one another.

17. 当三数相乘得出某个数时，得出的数叫做**体数**，它的**边**就是相乘的三数。

And, when three numbers having multiplied one another make some number, the number so produced is *solid*, and its *sides* are the numbers which have multiplied one another.

18. **平方数**是相等数乘相等数，或由两个相等数所包含的数。

A *square number* is equal multiplied by equal, or a number which is contained by two equal numbers.

19 **立方数**是相等数乘相等数再乘相等数，或由三个相等数所包含的数。

And a *cube* is equal multiplied by equal and again by equal, or a number which is contained by three equal numbers.

20. 当第一个数是第二个数的某倍、某一部分或某几部分，第三个数也是第四个数的同样倍数、一部分或几部分时，这四个**数成比例**。

Numbers are *proportional* when the first is the same multiple, or the same part, or the same parts, of the second that the third is of the fourth.

21. **相似的面数**和**体数**是其边成比例的那些**面数**和**体数**。

Similar plane and *solid* numbers are those which have their sides proportional.

22. **完全数**是等于其自身所有部分之和的数。

A *perfect number* is that which is equal to its own parts.

命题 1

设有两个不相等的数，依次从较大数中不断减去较小数，若余数总是量不尽它前面一个数，直到余数为一个单元，则这两个数互素。

Two unequal numbers being set out, and the less being continually subtracted in turn from the greater, if the number which is left never measures the one before it until an unit is left, the original numbers will be prime to one another.

设有两个不相等的数 AB、CD，从较大数中不断减去较小数，设余数总是量不尽它前面一个数，直到余数为一个单元；

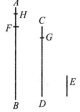

我说，AB、CD 互素，即只有一个单元能量尽 AB、CD。

这是因为，如果 AB、CD 不互素，则有某个数量尽它们。

设量尽它们的数是 E；

用 CD 量 BF，设余数 FA 小于 CD，

又用 AF 量 DG，设余数 GC 小于 AF，

以及用 GC 量 FH，设余数为一个单元 HA。

于是，由于 E 量尽 CD，且 CD 量尽 BF，

因此，E 也量尽 BF。

但 E 也量尽整个 BA；

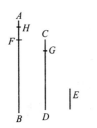

因此，E 也量尽余数 AF。

但 AF 量尽 DG；

因此，E 也量尽 DG。

但 E 也量尽整个 DC；

因此，它也量尽余数 CG。

由于 CG 量尽 FH；

因此，E 也量尽 FH。

但 E 也量尽整个 FA；

因此，E 也量尽余数，即单元 AH，尽管 E 是一个数：这是不可能的。

因此，没有数同时量尽 AB、CD；

因此，AB、CD 互素。　　　　[VII. 定义 12]

这就是所要证明的。

命题 2

给定两个不互素的数，求它们的最大公度数。

Given two numbers not prime to one another, to find their greatest common measure.

设 AB、CD 是两个不互素的数。

于是，要求 AB、CD 的最大公度数。

现在，如果 CD 量尽 AB（它也量尽它自身），那么 CD 就是 CD、AB 的一个公度数。

而且显然，*CD* 也是最大公度数；这是因为没有比 *CD* 更大的数能量尽 *CD*。

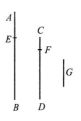

但如果 *CD* 量不尽 *AB*，那么从 *AB*、*CD* 的较大者中不断减去较小者，则有某个余数能量尽它前面一个余数。

这是因为，余数不会是一个单元；否则 *AB*、*CD* 互素，

[VII. 1]

而这与假设矛盾。

因此，某个余数会量尽它前面一个余数。

现在，用 *CD* 量 *BE*，设余数 *EA* 小于 *CD*，

用 *EA* 量 *DF*，设余数 *FC* 小于 *EA*，

又设 *CF* 量尽 *AE*。

于是，由于 *CF* 量尽 *AE*，且 *AE* 量尽 *DF*，

因此，*CF* 也量尽 *DF*。

但 *CF* 也量尽它自身；

因此，*CF* 也量尽整个 *CD*。

但 *CD* 量尽 *BE*；

因此，*CF* 也量尽 *BE*。

但 *CF* 也量尽 *EA*；

因此，*CF* 也量尽整个 *BA*。

但 *CF* 也量尽 *CD*；

因此，*CF* 量尽 *AB*、*CD*。

因此，*CF* 是 *AB*、*CD* 的一个公度数。

其次我说，它也是最大公度数。

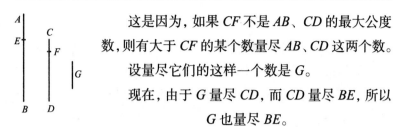

这是因为，如果 CF 不是 AB、CD 的最大公度数，则有大于 CF 的某个数量尽 AB、CD 这两个数。

设量尽它们的这样一个数是 G。

现在，由于 G 量尽 CD，而 CD 量尽 BE，所以 G 也量尽 BE。

但 G 也量尽整个 BA；

因此，G 也量尽余数 AE。

但 AE 量尽 DF；

因此，G 也量尽 DF。

但 G 也量尽整个 DC；

因此，G 也量尽余数 CF，较大的量尽较小的；这是不可能的。

因此，没有大于 CF 的数量尽 AB、CD；

因此，CF 是 AB、CD 的最大公度数。

这就是所要证明的。

推论 由此显然可得，若一个数量尽两个数，则它也量尽这两个数的最大公度数。

命题 3

给定三个不互素的数，求它们的最大公度数。

Given three numbers not prime to one another, to find their greatest common measure.

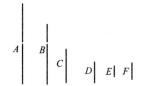

设 *A*、*B*、*C* 是给定的三个不互素的数；

于是，要求 *A*、*B*、*C* 的最大公度数。

取两数 *A*、*B* 的最大公度数 *D*；　　　　　　　　　[VII. 2]

于是，*D* 要么量尽要么量不尽 *C*。

首先，设 *D* 量尽 *C*。

但 *D* 也量尽 *A*、*B*；

　　　　　　因此，*D* 量尽 *A*、*B*、*C*；

　　　　　因此，*D* 是 *A*、*B*、*C* 的一个公度数。

我说，它也是最大公度数。

这是因为，如果 *D* 不是 *A*、*B*、*C* 的最大公度数，则有某个大于 *D* 的数量尽 *A*、*B*、*C*。

设量尽它们的这样一个数是 *E*。

于是，由于 *E* 量尽 *A*、*B*、*C*，所以

　　　　　E 也量尽 *A*、*B*；

　　　　　因此，*E* 也量尽 *A*、*B* 的最大公度数。[VII. 2，推论]

但 *A*、*B* 的最大公度数是 *D*；

　　　　　因此，*E* 量尽 *D*，较大的量尽较小的：

这是不可能的。

因此，没有大于 *D* 的数量尽数 *A*、*B*、*C*；

　　　　　因此，*D* 是 *A*、*B*、*C* 的最大公度数。

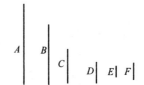

其次，设 D 量不尽 C；

首先我说，C、D 不互素。

这是因为，由于 A、B、C 不互素，所以有某个数量尽它们。

既然量尽 A、B、C 的数也量尽 A、B，并且量尽 A、B 的最大公度数 D。   ［VII. 2，推论］

但它也量尽 C；

　　　　　因此，这个数量尽数 D、C；

　　　　　因此，D，C 不互素。

然后，取它们的最大公度数 E。   ［VII. 2］

于是，由于 E 量尽 D，

而 D 量尽 A、B，

　　　　　因此，E 也量尽 A、B。

但 E 也量尽 C；

　　　　　因此，E 量尽 A、B、C；

　　　　　因此，E 是 A、B、C 的一个公度数。

其次，我说，E 也是最大公度数。

这是因为，如果 E 不是 A、B、C 的最大公度数，那么有某个大于 E 的数 F 量尽数 A、B、C。

设这样一个量尽它们的数是 F。

现在，由于 F 量尽 A、B、C，所以

F 也量尽 A、B ；

因此，F 也量尽 A、B 的最大公度数。［VII. 2, 推论］

但 A、B 的最大公度数是 D ；

因此，F 量尽 D。

而 F 也量尽 C ；

因此，F 量尽 D、C ；

因此，F 量尽 D、C 的最大公度数。［VII. 2, 推论］

但 D、C 的最大公度数是 E ；

因此，F 量尽 E，较大的量尽较小的：

这是不可能的。

因此，没有大于 E 的数量尽 A、B、C ；

因此，E 是 A、B、C 的最大公度数。

这就是所要证明的。

命题 4

较小数是较大数的一部分或几部分。

Any number is either a part or parts of any number, the less of the greater.

设 A、BC 是两个数，BC 是较小者。

我说，BC 是 A 的一部分或几部分。

这是因为，A、BC 要么互素，要么不互素。

首先，设 A、BC 互素。

于是，如果 BC 被分成若干单元，那么 BC 中的每一个单元都是 A 的某一部分；

因此，BC 是 A 的几部分。

其次，设 A、BC 不互素；

于是，BC 要么量尽，要么量不尽 A。

现在，如果 BC 量尽 A，那么 BC 是 A 的一部分。

但如果 BC 量不尽 A，取 A、BC 的最大公度数 D；［Ⅶ.2］

并将 BC 分成若干等于 D 的数，即 BE、EF、FC。

现在，由于 D 量尽 A，所以

D 是 A 的一部分。

但 D 等于数 BE、EF、FC 中的每一个；

因此，BE、EF、FC 中的每一个也是 A 的一部分；

因此，BC 是 A 的几部分。

这就是所要证明的。

命题 5

若一数是一数的一部分，另一数是另一数的同样一部分，则两数之和也是另外两数之和的一部分，且与一数是一数的一部分相同。

If a number be a part of a number, and another be the same part of another, the sum will also be the same part of the sum that the one is of the one.

设数 A 是 BC 的一部分，

另一数 D 是另一数 EF 的一部分，且与 A 是 BC 的部分相同；

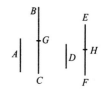

我说，A、D 之和也是 BC、EF 之和的一部分，且与 A 是 BC 的部分相同。

这是因为，由于 A 是 BC 的怎样一部分，D 也是 EF 的同样一部分，

因此，BC 中有多少个等于 A 的数，FE 中就有同样多少个等于 D 的数。

将 BC 分成若干个等于 A 的数，即 BG、GC，

又将 EF 分成若干个等于 D 的数，即 EH、HF；

于是，BG、GC 的个数等于 EH、HF 的个数。

又，由于 BG 等于 A，且 EH 等于 D，

因此，BG、EH 之和也等于 A、D 之和。

同理，

GC、HF 之和也等于 A、D 之和。

因此，BC 中有多少个等于 A 的数，BC、EF 之和中就有同样多少个等于 A、D 之和的数。

因此，BC 是 A 的多少倍，BC、EF 之和也是 A、D 之和的同样多少倍。

因此，A 是 BC 的怎样一部分，A、D 之和也是 BC、EF 之和的同样一部分。

这就是所要证明的。

命题 6

若一数是一数的几部分，另一数是另一数的同样几部分，则两数之和也是另外两数之和的几部分，且与一数是一数的几部分相同。

If a number be parts of a number, and another be the same parts of another, the sum will also be the same parts of the sum that the one is of the one.

设数 AB 是数 C 的几部分，另一数 DE 是另一数 F 的几部分，且与 AB 是 C 的几部分相同；

我说，AB、DE 之和也是 C、F 之和的几部分，且与 AB 是 C 的几部分相同。

这是因为，由于 AB 是 C 的怎样几部分，DE 也是 F 的同样几部分，

因此，AB 中有多少个 C 的一部分，DE 中也有同样多个 F 的一部分。

将 AB 分成若干个 C 的一部分，即 AG、GB，

又将 DE 分成若干个 F 的一部分，即 DH、HE；

于是，AG、GB 的个数等于 DH、HE 的个数。

又，由于 AG 是 C 的怎样一部分，DH 也是 F 的同样一部分，

因此，AG 是 C 的怎样一部分，AG、DH 之和也是 C、F 之和的同样一部分。　　　　　　　　　　［VII. 5］

同理，

GB 是 C 的怎样一部分，GB、HE 之和也是 C、F 之和的同样一部分。

因此，AB 是 C 的怎样几部分，AB、DE 之和也是 C、F 之和的同样几部分。

这就是所要证明的。

命题 7

若一数是一数的一部分，一减数是一减数的同样一部分，则余数也是余数的一部分，且与整个数是整个数的一部分相同。

If a number be that part of a number, which a number subtracted is of a number subtracted, the remainder will also be the same part of the remainder that the whole is of the whole.

设数 AB 是数 CD 的一部分，减数 AE 是减数 CF 的同样一部分；

我说，余数 EB 也是余数 FD 的一部分，且与整个数 AB 是整个数 CD 的一部分相同。

这是因为，AE 是 CF 的怎样一部分，设 EB 也是 CG 的同样一部分。

现在，由于 AE 是 CF 的怎样一部分，EB 也是 CG 的同样一部分，

因此，AE 是 CF 的怎样一部分，AB 也是 GF 的同样一部分。

[VII. 5]

但根据假设，AE 是 CF 的怎样一部分，AB 也是 CD 的同样一部分；

因此，AB 是 GF 的怎样一部分，AB 也是 CD 的同样一部分；

因此，GF 等于 CD。

从它们中分别减去 CF；

因此，余数 GC 等于余数 FD。

现在，由于 AE 是 CF 的怎样一部分，EB 也是 GC 的同样一部分，

而 GC 等于 FD，

因此，AE 是 CF 的怎样一部分，EB 也是 FD 的同样一部分。

但 AE 是 CF 的怎样一部分，AB 也是 CD 的同样一部分；

因此，余数 EB 也是余数 FD 的一部分，且与整个数 AB 是整个数 CD 的一部分相同。

这就是所要证明的。

命题 8

若一数是一数的几部分，一减数是一减数的同样几部分，则余数也是余数的几部分，且与整个数是整个数的几部分相同。

If a number be the same parts of a number that a number subtracted is of a number subtracted, the remainder will also be the same parts of the remainder that the whole is of the whole.

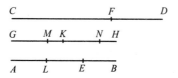

设数 *AB* 是数 *CD* 的几部分, 减数 *AE* 是减数 *CF* 的同样几部分;

我说, 余数 *EB* 也是余数 *FD* 的几部分, 且与整个数 *AB* 是整个数 *CD* 的几部分相同。

这是因为, 取 *GH* 等于 *AB*。

因此, *GH* 是 *CD* 的怎样几部分, *AE* 也是 *CF* 的同样几部分。

将 *GH* 分成若干个 *CD* 的一部分, 即 *GK*、*KH*,

又将 *AE* 分成若干个 *CF* 的一部分, 即 *AL*、*LE*;

于是, *GK*、*KH* 的个数等于 *AL*、*LE* 的个数。

现在, 由于 *GK* 是 *CD* 的怎样一部分, *AL* 也是 *CF* 的同样一部分,

而 *CD* 大于 *CF*,

因此, *GK* 也大于 *AL*。

取 *GM* 等于 *AL*。

因此, *GK* 是 *CD* 的怎样一部分, *GM* 也是 *CF* 的同样一部分;

因此, 余数 *MK* 也是余数 *FD* 的一部分, 且与整个数 *GK* 是整个数 *CD* 的一部分相同。   [VII. 7]

又, 由于 *KH* 是 *CD* 的怎样一部分, *EL* 也是 *CF* 的同样一部分,

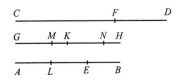

而 *CD* 大于 *CF*；

因此，*HK* 也大于 *EL*。

取 *KN* 等于 *EL*。

因此，*KH* 是 *CD* 的怎样一部分，*KN* 也是 *CF* 的同样一部分；

因此，余数 *NH* 是余数 *FD* 的一部分，且与整个 *KH* 是整个 *CD* 的一部分相同。　　　　　　　　　　　　[VII. 7]

但已证明，余数 *MK* 是余数 *FD* 的一部分，且与整个 *GK* 是整个 *CD* 的一部分相同；

因此，*MK*、*NH* 之和是 *DF* 的几部分，且与整个 *HG* 是整个 *CD* 的几部分相同。

但 *MK*、*NH* 之和等于 *EB*，

又 *HG* 等于 *BA*；

因此，余数 *EB* 是余数 *FD* 的几部分，且与整个 *AB* 是整个 *CD* 的几部分相同。

这就是所要证明的。

命题 9

若一数是一数的一部分，另一数是另一数的同样一部分，则

取更比例后，第一数是第三数的怎样一部分或几部分，第二数也是第四数的同样一部分或几部分。

If a number be a part of a number, and another be the same part of another, alternately also, whatever part or parts the first is of the third, the same part, or the same parts, will the second also be of the fourth.

　　设数 A 是数 BC 的一部分，另一数 D 是另一数 EF 的一部分，且与 A 是 BC 的一部分相同；

　　我说，取更比例后，A 是 D 的怎样一部分或几部分，BC 也是 EF 的同样一部分或几部分。

　　这是因为，由于 A 是 BC 的怎样一部分，D 也是 EF 的相同一部分，

　　因此，BC 中有多少个等于 A 的数，EF 中也有多少个等于 D 的数。

　　将 BC 分成若干个等于 A 的数，即 BG、GC，

　　又将 EF 分成若干个等于 D 的数，即 EH、HF；

　　于是，BG、GC 的个数等于 EH、HF 的个数。

　　现在，由于数 BG、GC 彼此相等，

　　且数 EH、HF 也彼此相等，

　　而 BG、GC 的个数等于 EH、HF 的个数，

　　因此，BG 是 EH 的怎样一部分或几部分，GC 也是 HF 的同样一部分或几部分；

　　因此还有，BG 是 EH 的怎样一部分或几部分，和 BC 也是

和 *EF* 的同样一部分或几部分。   ﹝Ⅶ.5,6﹞

但 *BG* 等于 *A*，且 *EH* 等于 *D*；

因此，*A* 是 *D* 的怎样一部分或几部分，*BC* 也是 *EF* 的同样一部分或几部分。

这就是所要证明的。

命题 10

若一数是一数的几部分，另一数是另一数的同样几部分，则取更比例后，第一数是第三数的怎样几部分或一部分，第二数也是第四数的同样几部分或一部分。

If a number be parts of a number, and another be the same parts of another, alternately also, whatever parts or part the first is of the third, the same parts or the same part will the second also be of the fourth.

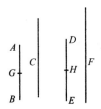

设数 *AB* 是数 *C* 的几部分，另一数 *DE* 是另一数 *F* 的同样几部分；

我说，取更比例后，*AB* 是 *DE* 怎样几部分或一部分，*C* 也是 *F* 的同样几部分或一部分。

这是因为，由于 *AB* 是 *C* 的怎样几部分，*DE* 也是 *F* 的同样几部分，

因此，*AB* 中有多少个 *C* 的一部分，*DE* 中也有多少个 *F* 的

一部分。

　　将 *AB* 分成若干个 *C* 的一部分，即 *AG*、*GB*，

　　又将 *DE* 分成若干个 *F* 的一部分，即 *DH*、*HE*；

　　于是，*AG*、*GB* 的个数等于 *DH*、*HE* 的个数。

　　现在，由于 *AG* 是 *C* 的怎样一部分，*DH* 也是 *F* 的同样一部分，所以

　　取更比例后也有，*AG* 是 *DH* 的怎样一部分或几部分，*C* 也是 *F* 的同样一部分或几部分。　　　　　　　　　　　［VII. 9］

　　同理也有，

　　GB 是 *HE* 的怎样一部分或几部分，*C* 也是 *F* 的同样一部分或几部分；

　　因此还有，*AB* 是 *DE* 怎样几部分或一部分，*C* 也是 *F* 的同样几部分或一部分。　　　　　　　　　　　　　　　　［VII. 5, 6］

　　　　　　　　　　　　　　　　　　　这就是所要证明的。

命题 11

　　若整个数比整个数如同减数比减数，则余数比余数也如同整个数比整个数。

　　If, as whole is to whole, so is a number subtracted to a number subtracted, the remainder will also be to the remainder as whole to whole.

设整个数 AB 比整个数 CD 如同减数 AE 比减数 CF；

我说，余数 EB 比余数 FD 也如同整个数 AB 比整个数 CD。

由于 AB 比 CD 如同 AE 比 CF，所以

AB 是 CD 的怎样一部分或几部分，AE 也是 CF 的同样一部分或几部分；   ［Ⅶ. 定义 20］

因此也有，余数 EB 是余数 FD 的一部分或几部分，且与 AB 是 CD 的一部分或几部分相同。   ［Ⅶ. 7, 8］

因此，EB 比 FD 如同 AB 比 CD。   ［Ⅶ. 定义 20］

这就是所要证明的。

命题 12

若有成比例的任意多个数，则前项之一比后项之一如同所有前项之和比所有后项之和。

If there be as many numbers as we please in proportion, then, as one of the antecedents is to one of the consequents, so are all the antecedents to all the consequents.

设 A、B、C、D 是成比例的任意多个数，因此 A 比 B 如同 C 比 D；

我说，A 比 B 如同 A、C 之和比 B、D 之和。

这是因为，由于 A 比 B 如同 C 比 D,

因此，A 是 B 的怎样一部分或几部分，C 也是 D 的同样一部分或几部分。　　　　　　　　　　　　　　　　　　［VII. 定义 20］

因此也有，A、C 之和是 B、D 之和的一部分或几部分，且与 A 是 B 的一部分或几部分相同。　　　　　　　　　　［VII. 5, 6］

因此，A 比 B 如同 A、C 之和比 B、D 之和。［VII. 定义 20］

这就是所要证明的。

命题 13

若四个数成比例，则它们的更比例也成立。

If four numbers be proportional, they will also be proportional alternately.

设四个数 A、B、C、D 成比例，因此 A 比 B 如同 C 比 D;

我说，它们的更比例也成立，因此 A 比 C 如同 B 比 D。

这是因为，由于 A 比 B 如同 C 比 D,

因此，A 是 B 的怎样一部分或几部分，C 也是 D 的同样一部分或几部分。　　　　　　　　　　　　　　　　　　［VII. 定义 20］

因此，取更比例后，A 是 C 的怎样一部分或几部分，B 也是 D 的同样一部分或几部分。　　　　　　　　　　　　　　［VII. 10］

因此，A 比 C 如同 B 比 D。　［VII. 定义 20］

这就是所要证明的。

命题 14

若有任意多个数，以及与它们个数相等的另一些数，它们两两成相同的比，则它们的首末比例也成立。

If there be as many numbers as we please, and others equal to them in multitude, which taken two and two are in the same ratio, they will also be in the same ratio ex aequali.

A	D
B	E
C	F

设有任意多个数 A、B、C，以及与它们个数相等的另一些数 D、E、F，它们两两成相同的比，因此

A 比 B 如同 D 比 E，

且 B 比 C 如同 E 比 F；

我说，按照首末比例，

A 比 C 如同 D 比 F。

这是因为，由于 A 比 B 如同 D 比 E，

因此，取更比例，

A 比 D 如同 B 比 E。　　　［VII. 13］

又，由于 B 比 C 如同 E 如 F，

因此，取更比例，

         B 比 E 如同 C 比 F。   [VII. 13]

但 B 比 E 如同 A 比 D；

         因此也有，A 比 D 如同 C 比 F。

因此，取更比例，

         A 比 C 如同 D 比 F。   [VII. 13]

                            这就是所要证明的。

命题 15

若一个单元量尽任一数与另一数量尽任一其他数有相同的次数，则取更比例后，单元量尽第三数与第二数量尽第四数有相同的次数。

If an unit measure any number, and another number measure ally other number the same number of times, alternately also, the unit will measure the third number the same number of times that the second measures the fourth.

设单元 A 量尽任一数 BC 与另一数 D 量尽任一其他数 EF 有相同的次数；

我说，取更比例后，单元 A 量尽数 D 与 BC 量尽 EF 有相同的次数。

这是因为,由于单元 A 量尽数 BC 与 D 量尽 EF 有相同的次数,

因此,BC 中有多少单元,EF 中也有同样多少个等于 D 的数。

将 BC 分成单元 BG、GH、HC,

又将 EF 分成等于 D 的数 EK、KL、LF。

于是,BG、GH、HC 的个数等于 EK、KL、LF 的个数。

又,由于单元 BG、GH、HC 彼此相等,

且数 EK、KL、LK 也彼此相等,

而单元 BG、GH、HC 的个数等于数 EK、KL、LF 的个数,

因此,单元 BG 比数 EK 如同单元 GH 比数 KL,又如同单元 HC 比数 LF。

因此也有,前项之一比后项之一等于所有前项之和比所有后项之和;　　　　　　　　　　　　　　　　[VII. 12]

　　　因此,单元 BG 比数 EK 如同 BC 比 EF。

但单元 BG 等于单元 A,

且数 EK 等于数 D。

　　　因此,单元 A 比数 D 如同 BC 比 EF。

因此,单元 A 量尽 D 与 BC 量尽 EF 有相同的次数。

　　　　　　　　　　　　　　　　这就是所要证明的。

命题 16

若两数彼此相乘得两数，则所得两数彼此相等。

If two numbers by multiplying one another make certain numbers, the numbers so produced will be equal to one another.

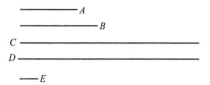

设 A、B 是两数，又设 A 乘 B 得 C，且 B 乘 A 得 D；

我说，C 等于 D。

这是因为，由于 A 乘 B 得 C，

因此，B 按照 A 中的单元数量尽 C。

但单元 E 也按照 A 中的单元数量尽数 A；

因此，单元 E 量尽 A 与 B 量尽 C 有相同的次数。

因此，取更比例，单元 E 量尽 B 与 A 量尽 C 有相同的次数。

[VII. 15]

又，由于 B 乘 A 得 D，

因此，A 按照 B 中的单元数量尽 D。

但单元 E 也按照 B 中的单元数量尽 B；

因此，单元 E 量尽数 B 与 A 量尽 D 有相同的次数。

但单元 E 量尽数 B 与 A 量尽 C 有相同的次数；

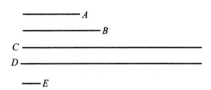

因此，*A* 量尽数 *C*、*D* 中的每一个有相同的次数。

因此，*C* 等于 *D*。

　　　　　　　　　　　　　　　　这就是所要证明的。

命题 17

若一数乘两数得某两数，则所得两数之比与被乘的两数之比有相同的比。

If a number by multiplying two numbers make certain numbers, the numbers so produced will have the same ratio as the numbers multiplied.

设数 *A* 乘两数 *B*、*C* 得 *D*、*E*；

我说，*B* 比 *C* 如同 *D* 比 *E*。

这是因为，由于 *A* 乘 *B* 得 *D*，

　　　　因此，*B* 按照 *A* 中的单元数量尽 *D*。

但单元 F 也按照 A 中的单元数量尽数 A；

因此，单元 F 量尽数 A 与 B 量尽 D 有相同的次数。

　　　　因此，单元 F 比数 A 如同 B 比 D。［VII. 定义 20］

同理，

　　　　单元 F 比数 A 也如同 C 比 E；

　　　　因此也有，B 比 D 如同 C 比 E。

因此，取更比例，B 比 C 如同 D 比 E。　　　　　　［VII. 13］

　　　　　　　　　　　　　　这就是所要证明的。

命题 18

若两数各乘任一数得某两数，则所得两数之比与两乘数之比有相同的比。

If two numbers by multiplying any number make certain numbers, the numbers so produced will have the same ratio as the multipliers.

设两数 A、B 乘任一数 C 得 D、E；

我说，A 比 B 如同 D 比 E。

这是因为，由于 A 乘 C 得 D，

　　　　因此，C 乘 A 也得 D。　　　　［VII. 16］

同理也有，

　　　　C 乘 B 得 E。

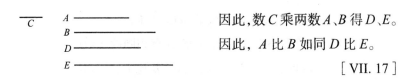

因此,数 C 乘两数 A、B 得 D、E。

因此, A 比 B 如同 D 比 E。

[VII. 17]

这就是所要证明的。

命题 19

若四个数成比例,则第一数与第四数乘得的数等于第二数与第三数乘得的数;又,若第一数与第四数乘得的数等于第二数与第三数乘得的数,则这四个数成比例。

If four numbers be proportional, the number produced from the first and fourth will be equal to the number produced from the second and third; and, if the number produced from the first and fourth be equal to that produced from the second and third, the four numbers will be proportional.

设 A、B、C、D 是四个成比例的数,因此 A 比 B 如同 C 比 D ;

又设 A 乘 D 得 E,

且 B 乘 C 得 F ;

我说, E 等 F。

这是因为, 设 A 乘 C 得 G。

于是, 由于 A 乘 C 得 G, 且 A 乘 D 得

E, 所以

数 *A* 乘两数 *C*、*D* 得 *G*、*E*。

因此，*C* 比 *D* 如同 *G* 比 *E*。   [VII. 17]

但 *C* 比 *D* 如同 *A* 比 *B*；

因此也有，*A* 比 *B* 如同 *G* 比 *E*。

又，由于 *A* 乘 *C* 得 *G*，

但还有 *B* 乘 *C* 得 *F*，

因此，两数 *A*、*B* 乘某一确定的数 *C* 得 *G*、*F*。

因此，*A* 比 *B* 如同 *G* 比 *F*。   [VII. 18]

但还有，*A* 比 *B* 如同 *G* 比 *E*；

因此也有，*G* 比 *E* 如同 *G* 比 *F*。

因此，*G* 与两数 *E*、*F* 中的每一个有相同的比；

因此，*E* 等于 *F*。   [参见 V. 9]

又，设 *E* 等于 *F*；

我说，*A* 比 *B* 如同 *C* 比 *D*。

这是因为，用同样的作图，由于 *E* 等于 *F*，

因此，*G* 比 *E* 如同 *G* 比 *F*。   [参见 V. 7]

但 *G* 比 *E* 如同 *C* 比 *D*，   [VII. 17]

且 *G* 比 *F* 如同 *A* 比 *B*。   [VII. 18]

因此也有，*A* 比 *B* 如同 *C* 比 *D*。

这就是所要证明的。

命题 20

用有相同比的数对中最小的数对量那些有相同比的数对，较大数量尽较大数与较小数量尽较小数有相同的次数。

The least numbers of those which have the same ratio with them measure those which have the same ratio the same number of times, the greater the greater and the less the less.

设 *CD*、*EF* 是与 *A*、*B* 有相同比的数对中最小的数对；

我说，*CD* 量尽 *A* 与 *EF* 量尽 *B* 有相同的次数。

现在，*CD* 不是 *A* 的几部分。

这是因为，如果可能，设它是这样；

因此，*EF* 是 *B* 的几部分与 *CD* 是 *A* 的几部分相同。

[VII. 13 和定义 20]

因此，*CD* 中有 *A* 的多少个一部分，*EF* 中也有 *B* 的同样多少个一部分。

将 *CD* 分成若干个 *A* 的一部分，即 *CG*、*GD*，

并将 *EF* 分成若干个 *B* 的一部分，即 *EH*、*HF*；

于是，*CG*、*GD* 的个数等于 *EH*、*HF* 的个数。

现在，由于数 *CG*、*GD* 彼此相等，且数 *EH*、*HF* 也彼此相等，

而 *CG*、*GD* 的个数等于 *EH*、*HF* 的个数，

因此，*CG* 比 *EH* 如同 *GD* 比 *HF*。

因此也有，前项之一比后项之一如同所有前项之和比所有后项之和。　　　　　　　　　　　　　　　　　　　［VII. 12］

因此，*CG* 比 *EH* 如同 *CD* 比 *EF*。

因此，*CG*、*EH* 与小于它们的 *CD*、*EF* 有相同的比：

这是不可能的，因为根据假设，*CD*、*EF* 是和它们有相同比的数对中最小的数对。

因此，*CD* 不是 *A* 的几部分；

因此，*CD* 是 *A* 的一部分。　　　　　［VII. 4］

且 *EF* 是 *B* 的一部分与 *CD* 是 *A* 的一部分相同；

　　　　　　　　　　　　　［VII. 13 和定义 20］

因此，*CD* 量尽 *A* 与 *EF* 量尽 *B* 有相同的次数。

这就是所要证明的。

命题 21

互素的数是与它们有相同比的数对中最小的。

Numbers prime to one another are the least of those which have the same ratio with them.

设 *A*、*B* 是互素的数；

我说，*A*、*B* 是与它们有相同比的数对中最小的。

这是因为，如果不是这样，则有小于 A、B 的数对与 A、B 有相同的比。

设它们是 C、D。

于是，由于用有相同比的最小数对量那些有相同比的数对，较大数量尽较大数与较小数量尽较小数有相同的次数，即前项量尽前项与后项量尽后项有相同的次数；　　　　　　　　　　［Ⅶ. 20］

因此，C 量尽 A 与 D 量尽 B 有相同的次数。

现在，C 量尽 A 有多少次，就设 E 中有多少单元。

因此，按照 E 中的单元数，D 也量尽 B。

又，由于按照 E 中的单元数，C 量尽 A，

因此，按照 C 中的单元数，E 也量尽 A。　［Ⅶ. 16］

同理，

按照 D 中的单元数，E 也量尽 B。　　　［Ⅶ. 16］

因此，E 量尽互素的 A、B：

这是不可能的。　　　　　　　　　　　　　［Ⅶ. 定义 12］

因此，没有小于 A、B 的数对与 A、B 有相同的比。

因此，A、B 是与它们有相同比的数对中最小的。

这就是所要证明的。

命题 22

有相同比的数对中最小的数对互素。

The least numbers of those which have the same ratio with them are prime to one another.

设 A、B 是与它们有相同比的数对中
最小的数对；

我说，A、B 互素。

这是因为，如果它们不互素，那么就
有某个数量尽它们。

设量尽它们的数是 C。

又，C 量尽 A 有多少次，就设 D 中有多少单元，

且 C 量尽 B 有多少次，就设 E 中有多少单元。

由于按照 D 中的单元数，C 量尽 A，

因此，C 乘 D 得 A。   ［VII. 定义 15］

同理也有，

C 乘 E 得 B。

于是，数 C 乘两数 D、E 得 A、B；

因此，D 比 E 如同 A 比 B；   ［VII. 17］

因此，D、E 与 A、B 有相同的比，且小于它们：

这是不可能的。

因此，没有数量尽数 A、B。

因此，A、B 互素。

这就是所要证明的。

命题 23

若两数互素，则量尽其一的数与另一数互素。

If two numbers be prime to one another, the number which measures the one of them will be prime to the remaining number.

设 A、B 是两个互素的数，设数 C 量尽 A；

我说，C、B 也互素。

这是因为，如果 C、B 不互素，那么

有某个数量尽 C、B。

设量尽它们的数是 D。

由于 D 量尽 C 且 C 量尽 A，

因此，D 也量尽 A。

但 D 也量尽 B；

因此，D 量尽互素的 A、B：

这是不可能的。　　　　　　　　　　　[VII. 定义 12]

因此，没有数量尽数 C、B。

因此，C、B 互素。

这就是所要证明的。

命题 24

若两数与某数互素，则它们的乘积与该数也互素。

If two numbers be prime to any number, their product also will be prime to the same.

设两数 A、B 与某个数 C 互素，又设 A 乘 B 得 D；

我说，C、D 互素。

这是因为，如果 C、D 不互素，则有某个数量尽 C、D。

设量尽它们的数是 E。

现在，由于 C、A 互素，

且某个数 E 量尽 C，

因此，A、E 互素。   ［VII. 23］

于是，E 量尽 D 有多少次，就设 F 中有多少单元；

因此，按照 E 中的单元数，F 也量尽 D。 ［VII. 16］

因此，E 乘 F 得 D。   ［VII. 定义 15］

但还有，A 乘 B 也得 D。

因此，E、F 的乘积等于 A、B 的乘积。

但如果两外项之积等于两内项之积，则这四个数成比例；

［VII. 19］

因此，E 比 A 如同 B 比 F。

但 A、E 互素，

而互素的数是与它们有相同比的数对中最小的，   [Ⅶ. 21]

且用有相同比的数对中最小的数对量那些有相同比的数对，较大数量尽较大数与较小数量尽较小数有相同的次数，也就是说，前项量尽前项与后项量尽后项有相同的次数；   [Ⅶ. 20]

因此，E 量尽 B。

但 E 也量尽 C；

因此，E 量尽互素的 B、C：

这是不可能的。   [Ⅶ. 定义 12]

因此，没有数量尽数 C、D。

因此，C、D 互素。

这就是所要证明的。

命题 25

若两数互素，则其中一数的自乘积与另一数互素。

If two numbers be prime to one another, the product of one of them into itself will be prime to the remaining one.

设 A、B 两数互素，

又设 A 自乘得 C；

我说，B、C 互素。

这是因为，取 D 等于 A。

由于 A、B 互素，且 A 等于 D，

　　　　因此，D、B 也互素，

因此，两数 D、A 中的每一个都与 B 互素；

　　　　因此，D、A 的乘积也与 B 互素。　　　［Ⅶ.24］

但 D、A 的乘积是 C。

因此，C、B 互素。

　　　　　　　　　　　　　　　　这就是所要证明的。

命题 26

若两数与另外两数中的每一个都互素，则两数的乘积与另外两数的乘积也互素。

If two numbers be prime to two numbers, both to each, their products also will be prime to one another.

设两数 A、B 与两数 C、D 中的每一个都互素，又设 A 乘 B 得 E，C 乘 D 得 F；

我说，E、F 互素。

这是因为，由于数 A、B 中的每一个与 C 互素，

　　　因此，A、B 的乘积也与 C 互素。　　　［VII. 24］

但 A、B 的乘积是 E；

　　　　　因此，E、C 互素。

同理，

　　　　　E、D 也互素。

因此，数 C、D 中的每一个与 E 互素。

　　　因此，C、D 的乘积也与 E 互素。　　　［VII. 24］

但 C、D 的乘积是 F。

因此，E、F 互素。

　　　　　　　　　　　　　　　这就是所要证明的。

命题 27

　　若两数互素，且每个数自乘得某个数，则这些乘积互素；又，若原数乘以乘积得某数，则后者也互素。

If two numbers be prime to one another, and each by multiplying itself make a certain number, the products will be prime to one another; and, if the original numbers by multiplying the

products make certain numbers, the latter will also be prime to one
another   [and this is always the case with the extremes].

设 A、B 两数互素，

又设 A 自乘得 C，A 乘 C 得 D，

且设 B 自乘得 E，B 乘 E 得 F；

我说，C、E 互素，D、F 互素。

这是因为，由于 A、B 互素，且 A 自乘得 C，

　　　　　因此，C、B 互素。　　　　　[VII. 25]

于是，由于 C、B 互素，

且 B 自乘得 E，

　　　　　因此，C、E 互素。　　　　　[VII. 25]

又，由于 A、B 互素，

且 B 自乘得 E，

　　　　　因此，A、E 互素。　　　　　[VII. 25]

于是，由于两数 A、C 与两数 B、E 中的每一个互素，

　　因此，A、C 的乘积与 B、E 的乘积也互素。[VII. 26]

而 A、C 的乘积是 D；B、E 的乘积是 F。

因此，D、F 互素。

　　　　　　　　　　　　　　　这就是所要证明的。

命题 28

若两数互素，则其和与它们中的每一个也互素；又，若两数之和与它们中的每一个互素，则原来的两数也互素。

If two numbers be prime to one another, the sum will also be prime to each of them; and, if the sum of two numbers be prime to any one of them, the original numbers will also be prime to one another.

设互素的两数 AB、BC 相加；

我说，其和 AC 与数 AB、BC 中的每一个也互素。

这是因为，如果 CA、AB 不互素，则有某数量尽 CA、AB。

设量尽它们的数是 D。

于是，由于 D 量尽 CA、AB，

　　　　因此，D 也量尽余数 BC。

但 D 也量尽 BA；

　　　　因此，D 量尽互素的 AB、BC：

这是不可能的。　　　　　　　　　　　[VII. 定义 12]

　　　　因此，没有数量尽 CA、AB；

　　　　因此，CA、AB 互素。

同理，

　　　　AC、BC 也互素。

因此，CA 与数 AB、BC 中的每一个互素。

又，设 CA、AB 互素；

我说，AB、BC 也互素。

这是因为，如果 AB、BC 不互素，

则有某数量尽 AB、BC。

设量尽它们的数是 D。

于是，由于 D 量尽数 AB、BC 中的每一个，所以 D 也量尽整个 CA。

但 D 也量尽 AB；

因此，D 量尽互素的 CA、AB：

这是不可能的。　　　　　　　　　　[VII. 定义 12]

因此，没有数量尽 AB、BC。

因此，AB、BC 互素。

这就是所要证明的。

命题 29

任一素数与它量不尽的任一数互素。

Any prime number is prime to any number which it does not measure.

设 A 是一个素数，且它量不尽 B；

我说，B、A 互素。

这是因为，如果 B、A 不互素，则有某数量尽它们。

设 C 量尽它们。

由于 C 量尽 B，且 A 量不尽 B，

因此，C 与 A 不同。

现在，由于 C 量尽 B、A，

因此，C 也量尽与 C 不同的素数 A：

这是不可能的。

因此，没有数量尽 B、A。

于是 A、B 互素。

这就是所要证明的。

命题 30

若两数相乘得某数，且某素数量尽该乘积，则它也量尽原来两数之一。

If two numbers by multiplying one anther make some number, and any prime number measure the product, it will also measure one of the original numbers.

设两数 A、B 相乘得 C，又设某素数 D 量尽 C；

我说，D 量尽 A、B 之一。

这是因为，设 D 量不尽 A。

现在 D 是素数；

　　因此，A、D 互素。〔VII. 29〕

又，D 量 C 有多少次，就设 E 中有多少单元。

于是，由于按照 E 中的单元数，D 量尽 C，

　　　　因此，D 乘 E 得 C。　　　〔VII. 定义 15〕

此外，A 乘 B 也得 C；

　　　　因此，D、E 的乘积等于 A、B 的乘积。

　　　　因此，D 比 A 如同 B 比 E。　　　〔VII. 19〕

但 D、A 互素，

互素的数是与它们有相同比的数对中最小的，　　〔VII. 21〕

且用有相同比的数对中最小的数对量那些有相同比的数对，较大数量尽较大数与较小数量尽较小数有相同的次数；〔VII. 20〕

　　　　因此，D 量尽 B。

类似地，可以证明，如果 D 量不尽 B，则它量尽 A。

因此，D 量尽 A、B 之一。

　　　　　　　　　　　　　这就是所要证明的。

命题 31

任一合数可被某素数量尽。

Any composite number is measured by some prime number.

A ━━━━━━━━━━ 　　　设 A 是一个合数;
B ━━━━━━
C ━━━━ 　　　　　　我说, A 可被某素数量尽。

　　　　　　这是因为, 由于 A 是合数, 所以
有某数量尽它。

设量尽它的数是 B。

现在, 如果 B 是素数, 则已经完成证明。

但如果 B 是合数, 则有某数量尽它。

设量尽它的数是 C。

于是, 由于 C 量尽 B,

且 B 量尽 A,

　　　　　　　　因此, C 也量尽 A。

又, 如果 C 是素数, 则已经完成证明。

但如果 C 是合数, 则有某数量尽它。

于是, 如果继续以这种方式推下去, 就会找到某素数量尽它
前面那个数, 它也就量尽 A。

这是因为, 如果找不到该素数, 就会有一个无穷数列量尽数
A, 其中每一个都小于它前面的数:

这在数里是不可能的。

因此, 可找到某素数量尽它前面那个数, 它也就量尽 A。

因此, 任一合数可被某素数量尽。

　　　　　　　　　　　　　　这就是所要证明的。

命题 32

任一数要么是素数，要么可被某素数量尽。

Any number either is prime or is measured by some prime number.

$$A \text{ ———————————}$$

设 A 是一个数；

我说，A 要么是素数，要么可被某素数量尽。

现在，如果 A 是素数，则已经完成证明。

但如果 A 是合数，则有某素数量尽它。　　　　[VII. 31]

因此，任一数要么是素数，要么可被某素数量尽。

这就是所要证明的。

命题 33

给定任意多个数，求与它们有相同比的数组中最小的数组。

Given as many numbers as we please, to find the least of those which have the same ratio with them.

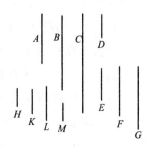

设 A、B、C 是给定的任意多个数；

于是，要求找到与 A、B、C 有相

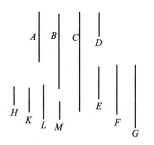

同比的数组中最小的数组。

A、B、C要么互素，要么不互素。

现在，如果A、B、C互素，则它们是与它们有相同比的数组中最小的数组。　　　　　　　[VII. 21]

但如果A、B、C不互素，取D是A、B、C的最大公度数，

[VII. 3]

且D分别量尽A、B、C有多少次，就分别设数E、F、G中有多少单元。

因此，按照D中的单元数，E、F、G分别量尽A、B、C。

[VII. 16]

因此，E、F、G量尽A、B、C有相同的次数。

因此，E、F、G与A、B、C有相同的比。

[VII. 定义 20]

其次我说，它们是有这个比的数组中最小的。

这是因为，如果E、F、G不是与A、B、C有相同比的数组中最小的数组，则有小于E、F、G的数组与A、B、C有相同的比。

设它们是H、K、L；

因此，H量尽A与K、L分别量尽数B、C有相同的次数。

现在，H量尽A有多少次，就设M中有多少单元；

因此，按照M中的单元数，K、L也分别量尽B、C。

又，由于按照M中的单元数，H量尽A，

因此，按照H中的单元数，M也量尽A。　　[VII. 16]

同理，

分别按照在数 K、L 中的单元数，M 也量尽数 B、C；

因此，M 量尽 A、B、C。

现在，由于按照 M 中的单元数，H 量尽 A，

因此，H 乘 M 得 A。   ［VII. 定义 15］

同理也有，

E 乘 D 得 A。

因此，E、D 的乘积等于 H、M 的乘积。

因此，E 比 H 如同 M 比 D。   ［VII. 19］

但 E 大于 H；

因此，M 也大于 D。

又，它量尽 A、B、C：这是不可能的，

因为根据假设，D 是 A、B、C 的最大公度数。

因此，不可能有任何小于 E、F、G 的数组与 A、B、C 有相同的比。

因此，E、F、G 是与 A、B、C 有相同比的数组中最小的数组。

这就是所要证明的。

命题 34

给定两数，求它们量尽的数中最小的数。

Given two numbers, to find the least number which they measure.

设 *A*、*B* 是两个给定的数；

于是，要求找到它们量尽的数中最小的数。

现在，*A*、*B* 要么互素，要么不互素。

首先设 *A*、*B* 互素，

且设 *A* 乘 *B* 得 *C*；

因此，*B* 乘 *A* 也得 *C*。　　　　　　　　　　　［VII. 16］

　　　　因此，*A*、*B* 量尽 *C*。

其次我说，它也是 *A*、*B* 量尽的最小的数。

这是因为，如果不是这样，那么 *A*、*B* 量尽某个比 *C* 小的数。

设它们量尽 *D*。

于是，*A* 量尽 *D* 有多少次，就设 *E* 中有多少单元，

且 *B* 量尽 *D* 有多少次，就设 *F* 中有多少单元；

　　　　因此，*A* 乘 *E* 得 *D*，

且 *B* 乘 *F* 得 *D*；　　　　　　　　　　　　　　［VII. 定义 15］

　　　　因此，*A*、*E* 的乘积等于 *B*、*F* 的乘积。

　　　　因此，*A* 比 *B* 如同 *F* 比 *E*。　　　　　　［VII. 19］

但 *A*、*B* 互素，

互素的数是与它们有相同比的数对中最小的，　　　［VII. 21］

且用有相同比的数对中最小的数对量那些有相同比的数对，较大数量尽较大数与较小数量尽较小数有相同的次数；　　　［VII. 20］

　　　　因此，后项 *B* 量尽后项 *E*。

又，由于 *A* 乘 *B*、*E* 得 *C*、*D*，

　　　　因此，*B* 比 *E* 如同 *C* 比 *D*。　　　　　　［VII. 17］

但 B 量尽 E；

　　　因此，C 也量尽 D，较大的量尽较小的：

这是不可能的。

因此，A、B 量不尽任何小于 C 的数；

　　　因此，C 是被 A、B 量尽的最小的数。

其次，设 A、B 不互素，

且设 F、E 为与 A、B 有相同比的数对中最小的数对；

　　　　　　　　　　　　　　　　　　［Ⅶ. 33］

因此，A、E 的乘积等于 B、F 的乘积。　　　［Ⅶ. 19］

又，设 A 乘 E 得 C；

　因此也有，B 乘 F 得 C；

　　因此，A、B 量尽 C。

其次我说，它也是 A、B 量尽的

数中最小的数。

这是因为，如果不是这样，A、B 量尽某个小于 C 的数。

设它们量尽 D。

又，A 量尽 D 有多少次，就设 G 中有多少单元，

且 B 量尽 D 有多少次，就设 H 中有同样单元。

因此，A 乘 G 得 D，

且 B 乘 H 得 D。

　　　因此，A、G 的乘积等于 B、H 的乘积；

　　　　　因此，A 比 B 如同 H 比 G。　　　［Ⅶ. 19］

但 A 比 B 如同 F 比 E。

　　　　　因此也有，F 比 E 如同 H 比 G。

但 F、E 是最小的，

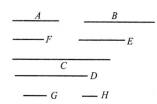

且用有相同比的数对中最小的数

对量那些有相同比的数对，较大数量

尽较大数与较小数量尽较小数有相同

的次数；　　　　　　　　　　［VII. 20］

　　　因此，E 量尽 G。

又，由于 A 乘 E、G 得 C、D，

　　　因此，E 比 G 如同 C 比 D。　　　［VII. 17］

但 E 量尽 G；

因此，C 也量尽 D，较大的量尽较小的：

这是不可能的。

因此，A、B 量不尽任何小于 C 的数。

因此，C 是 A、B 量尽的数中最小的数。

　　　　　　　　　　　　　　这就是所要证明的。

命题 35

若两数量尽某数，则它们量尽的最小数也量尽这个数。

If two numbers measure any number, the least number measured by them will also measure the same.

设两数 A、B 量尽某数 CD，

又设 E 是它们量尽的最小数；

我说，E 也量尽 CD。

这是因为，如果 E 量不尽 CD，设 E 量出 DF，其余数 CF 小于 E。

现在，由于 A、B 量尽 E，

且 E 量尽 DF，

因此，A、B 也量尽 DF。

但它们也量尽整个 CD；

因此，它们也量尽小于 E 的余数 CF：

这是不可能的。

因此，E 不可能量不尽 CD；

因此，E 量尽 CD。

这就是所要证明的。

命题 36

给定三个数，求它们量尽的最小数。

Given three numbers, to find the least number which they measure.

设 A、B、C 是三个给定的数；

于是，要求找到它们量尽的最小数。

设 D 是两数 A、B 量尽的最小数。

$$[\text{VII. 34}]$$

于是，C 要么量尽 D，要么量不尽 D。

首先，设 C 量尽 D。

但 A、B 也量尽 D；

$$
\begin{array}{l}
A \;\text{———} \\
B \;\text{———} \\
C \;\text{———} \\
D \;\text{—————} \\
E \;\text{————}
\end{array}
$$

A ————

B ——

C ————

D ————————

E —————

因此，*A*、*B*、*C* 量尽 *D*。

其次我说，*D* 也是它们量尽的最小数。

这是因为，如果不是这样，则 *A*、*B*、*C* 量尽某个小于 *D* 的数。

设它们量尽 *E*。

由于 *A*、*B*、*C* 量尽 *E*，

因此也有，*A*、*B* 量尽 *E*。

因此，*A*、*B* 量尽的最小数也量尽 *E*。　　　　[VII. 35]

但 *D* 是 *A*、*B* 量尽的最小数；

因此，*D* 量尽 *E*，较大的量尽较小的：

这是不可能的。

因此，*A*、*B*、*C* 量不尽任何小于 *D* 的数；

因此，*D* 是 *A*、*B*、*C* 量尽的最小数。

又，设 *C* 量不尽 *D*，

且设 *E* 是 *C*、*D* 量尽的最小数。　　　　[VII. 34]

由于 *A*、*B* 量尽 *D*，

且 *D* 量尽 *E*，

因此也有，*A*、*B* 量尽 *E*。

但 *C* 也量尽 *E*；

因此也有，*A*、*B*、*C* 量尽 *E*。

A ———

B ————

C ————

D ———

——————— E

——————— F

其次我说，*E* 也是它们量尽的最小数。

这是因为，如果不是这样，则 *A*、*B*、*C* 量尽某个小于 *E* 的数。

设它们量尽 *F*。

由于 A、B、C 量尽 F，

因此也有，A、B 量尽 F；

因此，A、B 量尽的最小数也量尽 F。　　［VII. 35］

但 D 是 A、B 量尽的最小数；

因此，D 量尽 F。

但 C 也量尽 F；

因此，D、C 量尽 F，

因此，D、C 量尽的最小数也量尽 F。

但 E 是 C、D 量尽的最小数；

因此，E 量尽 F，较大的量尽较小的：

这是不可能的。

因此，A、B、C 量不尽任何小于 E 的数。

因此，E 是 A、B、C 量尽的最小数。

这就是所要证明的。

命题 37

若一个数被某个数量尽，则被量数有与量数的一部分同名的一部分。

If a number be measured by any number, the number which is measured will have a part called by the same name as the measuring number.

A ————————

B ——————

C ————

D ——

设数 A 被某数 B 量尽；

我说，A 有与 B 的一部分同名的一部分。

这是因为，B 量尽 A 有多少次，就设 C 中有多少单元。

由于按照 C 中的单元数，B 量尽 A，

且按照 C 中的单元数，单元 D 也量尽数 C，

因此，单元 D 量尽数 C 与 B 量尽 A 有相同的次数。

因此，取更比例，单元 D 量尽数 B 与 C 量尽 A 有相同的次数。　　　　　　　　　　　　　　　　　　　　[VII. 15]

因此，单元 D 是 B 的怎样一部分，C 也是 A 的同样一部分。

但单元 D 是数 B 的与 B 的一部分同名的一部分；

因此，C 也是 A 的与 B 的一部分同名的一部分，

因此，A 有与 B 的一部分同名的一部分 C。

这就是所要证明的。

命题 38

若一个数有任一部分，则它被与该部分同名的一个数量尽。

If a number have any part whatever, it will be measured by a number called by the same name as the part.

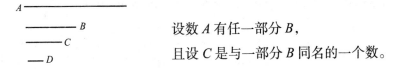

设数 A 有任一部分 B，

且设 C 是与一部分 B 同名的一个数。

我说，*C* 量尽 *A*。

这是因为，由于 *B* 是 *A* 的与 *C* 的一部分同名的一部分，

且单元 *D* 也是 *C* 的与 *C* 的一部分同名的一部分，

因此，单元 *D* 是数 *C* 的怎样一部分，*B* 也是 *A* 同样的一部分；

因此，单元 *D* 量尽数 *C* 与 *B* 量尽 *A* 有相同的次数。

因此，取更比例，单元 *D* 量尽 *B* 与 *C* 量尽 *A* 有相同的次数。

[VII. 15]

因此，*C* 量尽 *A*。

这就是所要证明的。

命题 39

求有给定的几个一部分的数中最小的数。

To find the number which is the least that will have given parts.

设 *A*、*B*、*C* 是给定的几个一部分；

于是，要求找到有这几个一部分 *A*、*B*、*C* 的数中最小的数。

设 *D*、*E*、*F* 是与这几个一部分 *A*、*B*、*C* 同名的数，

且设 *G* 是 *D*、*E*、*F* 量尽的最小数。

[VII. 36]

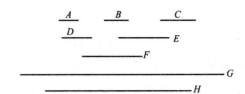

因此，G 有与 D、E、F 同名的几个一部分。［VII. 37］

但 A、B、C 是与 D、E、F 同名的几个一部分；

因此，G 有几个一部分 A、B、C。

其次我说，G 也是有这几个一部分 A、B、C 的数中最小的数。

这是因为，如果不是这样，则有某个小于 G 的数有这几个一部分 A、B、C。

设它为 H。

由于 H 有几个一部分 A、B、C，

因此，H 将被与这几个一部分 A、B、C 同名的数量尽。

［VII. 38］

但 D、E、F 是与这几个一部分 A、B、C 同名的数；

因此，H 被 D、E、F 量尽。

且 H 小于 G：这是不可能的。

因此，没有小于 G 的数有这几个一部分 A、B、C。

这就是所要证明的。

第八卷

命题 1

若有任意多个数成连比例，且它们的两外项互素，则这些数是与它们有相同比的数组中最小的。

If there be as many numbers as we please in continued proportion, and the extremes of them be prime to one another, the numbers are the least of those which have the same ratio with them.

设有任意多个数 A、B、C、D 成连比例，

A ——————   E ———
B ——————   F ———
C ——————   G ———
D ——————   H

且设它们的两外项 A、D 互素；

我说，A、B、C、D 是与它们有相同比的数组中最小的。

这是因为，如果不是这样，设 E、F、G、H 分别小于 A、B、C、D，且与它们有相同的比。

现在，由于 A、B、C、D 与 E、F、G、H 有相同的比，

且 A、B、C、D 的个数与 E、F、G、H 的个数相等，

A ———— 　　　E ——

B ———— 　　　F ——

C ———— 　　　G ——

D ———— 　　　H ——

因此，取首末比例，

　　　A 比 D 如同 E 比 H。

［VII. 14］

但 A、D 互素，

互素的数是与它们有相同比的数对中最小的，　　　［VII. 21］

且用有相同比的数对中最小的数对量那些有相同比的数对，较大数量尽较大数与较小数量尽较小数有相同的次数，即前项量尽前项与后项量尽后项有相同的次数。　　　［VII. 20］

　　　因此，A 量尽 E，较大的量尽较小的：

这是不可能的。

因此，小于 A、B、C、D 的 E、F、G、H 与它们没有相同的比。

因此，A、B、C、D 是与它们有相同比的数组中最小的。

　　　这就是所要证明的。

命题 2

按照指定的个数，求有给定比的成连比例的数组中最小的。

To find numbers in continued proportion, as many as may be prescribed, and the least that are in a given ratio.

设 A、B 是有给定比的最小数对；

于是，要求按照指定的个数求有 A 与 B 之比的成连比例的数组中最小的。

$$
\begin{array}{lll}
\text{—— } A \qquad \text{—— } C & \qquad F \text{ ————} & \text{————— } G \\
\text{—— } B \qquad \text{———— } D & \qquad \text{—————— } H \\
\text{———— } E & \qquad \text{————— } K
\end{array}
$$

设指定的个数是四；

设 A 自乘得 C，A 乘 B 得 D；

B 自乘得 E；

此外，设 A 乘 C、D、E 分别得 F、G、H，

且设 B 乘 E 得 K。

现在，由于 A 自乘得 C，

且 A 乘 B 得 D，

　　　　　因此，A 比 B 如同 C 比 D。　　　　[VII. 17]

又，由于 A 乘 B 得 D，

且 B 自乘得 E，

因此，数 A、B 乘 B 分别得数 D、E。

　　　　　因此，A 比 B 如同 D 比 E。　　　　[VII. 18]

但 A 比 B 如同 C 比 D；

　　　　　因此也有，C 比 D 如同 D 比 E。

又，由于 A 乘 C、D 得 F、G，

　　　　　因此，C 比 D 如同 F 比 G。　　　　[VII. 17]

但 C 比 D 如同 A 比 B；

　　　　　因此也有，A 比 B 如同 F 比 G。

又，由于 A 乘 D、E 得 G、H，

　　　　　因此，D 比 E 如同 G 比 H。　　　　[VII. 17]

但 D 比 E 如同 A 比 B。

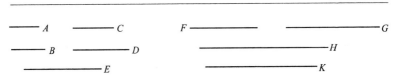

因此也有，A 比 B 如同 G 比 H。

又，由于 A、B 乘 E 得 H、K，

因此，A 比 B 如同 H 比 K。　　　　［VII. 18］

但 A 比 B 如同 F 比 G，也如同 G 比 H。

因此也有，F 比 G 如同 G 比 H，也如同 H 比 K；

因此，C、D、E 以及 F、G、H、K 都以 A 比 B 成连比例。

其次我说，它们是以 A 比 B 成连比例的数组中最小的。

这是因为，由于 A、B 是与它们有相同比的最小数对，

且有相同比的最小数对互素，　　　　　　　　　［VII. 22］

因此，A、B 互素。

又，数 A、B 分别自乘得数 C、E，数 A、B 分别乘 C、E 得 F、K；

因此，C、E 和 F、K 分别互素。　　　［VII. 27］

但若有任意多个数成连比例，且它们的两外项互素，则这些数是与它们有相同比的数组中最小的。　　　　　　　　［VIII. 1］

因此，C、D、E 和 F、G、H、K 是与 A 比 B 有相同比的数组中最小的。

这就是所要证明的。

推论 由此显然可得，若成连比例的三个数是与它们有相同比的最小者，则它们的两外项是平方数；若成连比例的四个数是

与它们有相同比的最小者，则它们的两外项是立方数。

命题 3

若成连比例的任意多个数是与它们有相同比的数组中最小的，则它们的两外项互素。

If as many numbers as we please in continued proportion be the least of those which have the same ratio with them, the extremes of them are prime to one another.

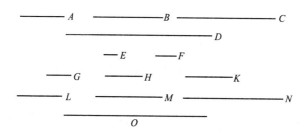

设成连比例的任意多个数 A、B、C、D 是与它们有相同比的数组中最小的。

我说，它们的两外项 A、D 互素。

这是因为，设数 E、F 是与 A、B、C、D 有相同比的数组中最小的，   [VII. 33]

然后取有相同性质的另外三个数 G、H、K，

以及其他的数，一次多一个，   [VIII. 2]

直到个数等于数 A、B、C、D 的个数。

设所取的数是 L、M、N、O。

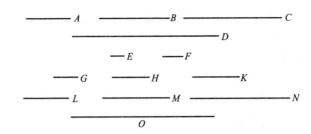

现在，由于 E、F 是与它们有相同比的数组中最小的，所以它们互素。　　　　　　　　　　　　　　　　　　［Ⅶ. 22］

又，由于数 E、F 分别自乘得数 G、K，且 E、F 分别乘 G、K 得数 L、O，　　　　　　　　　　　［Ⅷ. 2，推论］

因此，G、K 和 L、O 两者分别互素。　　［Ⅶ. 27］

又，由于 A、B、C、D 是与它们有相同比的数组中最小的，而 L、M、N、O 是与 A、B、C、D 有相同比的数组中最小的，且数 A、B、C、D 的个数等于数 L、M、N、O 的个数，

因此，数 A、B、C、D 分别等于数 L、M、N、O；

因此，A 等于 L，且 D 等于 O。

又，L、O 互素。

因此，A、D 也互素。

这就是所要证明的。

命题 4

给定以最小数给出的任意多个比，求以给定比成连比例的数组中最小的。

Given as many ratios as we please in least numbers, to find numbers in continued proportion which are the least in the given ratios.

设以最小数给出的比是 *A* 比 *B*、*C* 比 *D* 和 *E* 比 *F*。

于是，要求找到成连比例的数组，它们是以 *A* 比 *B*、*C* 比 *D* 和 *E* 比 *F* 成连比例的数组中最小的。

设 *G* 是 *B*、*C* 量尽的最小数；   [VII. 34]

又，*B* 量尽 *G* 有多少次，就设 *A* 量尽 *H* 有多少次，

且 *C* 量尽 *G* 有多少次，就设 *D* 量尽 *K* 有多少次。

现在，*E* 要么量尽要么量不尽 *K*。

首先，设 *E* 量尽 *K*。

又，*E* 量尽 *K* 有多少次，就设 *F* 量尽 *L* 也有多少次。

现在，由于 *A* 量尽 *H* 与 *B* 量尽 *G* 有相同的次数，

因此，*A* 比 *B* 如同 *H* 比 *G*。

[VII. 定义 20，VII. 13]

同理，

C 比 *D* 如同 *G* 比 *K*，

还有 E 比 F 如同 K 比 L ；

因此，H、G、K、L 是以 A 比 B、C 比 D 和 E 比 F 成连比例的数组。

其次我说，它们也是有这个性质的数组中最小的。

这是因为，如果 H、G、K、L 不是有 A 比 B、C 比 D 和 E 比 F 的成连比例的数组中最小的，则设最小数组是 N、O、M、P。

于是，由于 A 比 B 如同 N 比 O，

而 A、B 是最小的，

且用有相同比的最小数对量那些有相同比的数对，较大数量尽较大数与较小数量尽较小数有相同的次数，即前项量尽前项与后项量尽后项有相同的次数，

因此，B 量尽 O。   [VII. 20]

同理，

C 也量尽 O ；

因此，B、C 量尽 O ；

因此，B、C 量尽的最小数也量尽 O。   [VII. 35]

但 G 是 B、C 量尽的最小数；

因此，G 量尽 O，较大的量尽较小的：

这是不可能的。

因此，没有比 H、G、K、L 还小的数组能以 A 比 B、C 比 D 和 E 比 F 成连比例。

其次，设 E 量不尽 K。

设 M 是 E、K 量尽的最小数。

又，K 量尽 M 有多少次，就设 H、G 分别量尽 N、O 有多少次，

且 E 量尽 M 有多少次，就设 F 量尽 P 也有多少次。

由于 H 量尽 N 与 G 量尽 O 有相同的次数，

　　　　因此，H 比 G 如同 N 比 O。

[VII. 13 和定义 20]

但 H 比 G 如同 A 比 B；

　　　　因此也有，A 比 B 如同 N 比 O。

同理也有，

　　　　C 比 D 如同 O 比 M。

又，由于 E 量尽 M 与 F 量尽 P 有相同的次数，

　　　　因此，E 比 F 如同 M 比 P；

[VII. 13 和定义 20]

因此，N、O、M、P 以 A 比 B、C 比 D 和 E 比 F 成连比例。

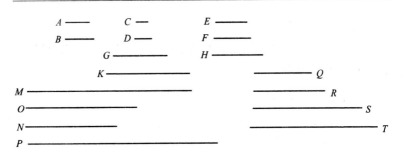

其次我说，它们也是以 A 比 B、C 比 D 和 E 比 F 成连比例的数组中最小的。

这是因为，如果不是这样，则有某数组小于 N、O、M、P 而以 A 比 B、C 比 D 和 E 比 F 成连比例。

设它们是 Q、R、S、T。

现在，由于 Q 比 R 如同 A 比 B，

而 A、B 是最小的，

且用有相同比的最小数对量那些有相同比的数对，较大数量尽较大数与较小数量尽较小数有相同的次数，即前项量尽前项与后项量尽后项有相同的次数；   [VII. 20]

因此，B 量尽 R。

同理，C 也量尽 R；

因此，B、C 量尽 R。

因此，B、C 量尽的最小数也量尽 R。   [VII. 35]

但 G 是 B、C 量尽的最小数；

因此，G 量尽 R。

又，G 比 R 如同 K 比 S，

因此，K 也量尽 S。   [VII. 13]

但 E 也量尽 S ；

因此， E 、 K 量尽 S 。

因此， E 、 K 量尽的最小数也量尽 S 。 ［ VII. 35 ］

但 M 是 E 、 K 量尽的最小数、

因此， M 量尽 S , 较大的量尽较小的：

这是不可能的。

因此，没有小于 N 、 O 、 M 、 P 的数组以 A 比 B 、 C 比 D 和 E 比 F 成连比例；

因此， N 、 O 、 M 、 P 是以 A 比 B 、 C 比 D 和 E 比 F 成连比例的数组中最小的。

这就是所要证明的。

命题 5

面数之比是其边之比的复比。

Plane numbers have to one another the ratio compounded of the ratios of their sides.

设 A 、 B 是面数，且设数 C 、 D 是 A 的边，数 E 、 F 是 B 的边；

我说， A 与 B 之比是其边之比的复比。

这是因为， C 比 E 和 D 比 F 已给定，设以 C 比 E 和 D 比 F 成连比例的最小

数组是 G、H、K，因此

　　　　　　　　C 比 E 如同 G 比 H，

　　　　　　　　且 D 比 F 如同 H 比 K。　　［VIII. 4］

　　　　　又设 D 乘 E 得 L。

　　　　　现在，由于 D 乘 C 得 A，且 D 乘 E

　　得 L，

　　　　因此，C 比 E 如同 A 比 L。　　　［VII. 17］

但 C 比 E 如同 G 比 H；

　　　　因此也有，G 比 H 如同 A 比 L。

又，由于 E 乘 D 得 L，还有 E 乘 F 得 B，

　　　　因此，D 比 F 如同 L 比 B。　　　［VII. 17］

但 D 比 F 如同 H 比 K；

　　　　因此也有，H 比 K 如同 L 比 B。

但已证明，G 比 H 如同 A 比 L；

　　　　因此，取首末比例，G 比 K 如同 A 比 B。　［VII. 14］

但 G 与 K 之比是边之比的复比；

　　　　因此，A 与 B 之比也是边之比的复比。

　　　　　　　　　　　　　　　　这就是所要证明的。

命题 6

　　若有任意多个成连比例的数，且第一数量不尽第二数，则任
一其他数也量不尽任一其他数。

If there be as many numbers as we please in continued proportion, and the first do not measure the second, neither will any other measure any other.

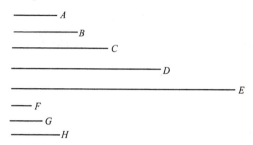

设有任意多个成连比例的数 A、B、C、D、E,

且设 A 量不尽 B；

我说，任一其他数也量不尽任一其他数。

现在显然，A、B、C、D、E 依次相互量不尽；这是因为 A 甚至量不尽 B。

于是我说，任一其他数也量不尽任一其他数。

这是因为，如果可能，设 A 量尽 C。

又，A、B、C 有多少个，就取多少个数 F、G、H，它们是与 A、B、C 有相同比的数组中最小的。　　　　　　　　　　［VII. 33］

现在，由于 F、G、H 与 A、B、C 有相同的比，且数 A、B、C 的个数等于数 F、G、H 的个数，

　　　因此，取首末比例，A 比 C 如同 F 比 H。　［VII. 14］

又，由于 A 比 B 如同 F 比 G，

而 A 量不尽 B，

　　　因此，F 也量不尽 G；　　　［VII. 定义 20］

因此，F 不是一个单元，因为单元量尽任何数。

现在，F、H 互素。   [VIII. 3]

又，F 比 H 如同 A 比 C；

　　　　　　因此，A 也量不尽 C。

类似地，可以证明，任一其他数也量不尽任一其他数。

　　　　　　　　　　　　这就是所要证明的。

命题 7

若有任意多个成连比例的数，且第一数量尽最后一数，则第一数也量尽第二数。

If there be as many numbers as we please in continued proportion, and the first measure the last, it will measure the second also.

设有任意多个数 A、B、C、D 成连比例；且设 A 量尽 D。

$$
\begin{array}{l}
A\ \rule[0.5ex]{1.2cm}{0.4pt} \\
B\ \rule[0.5ex]{1.8cm}{0.4pt} \\
C\ \rule[0.5ex]{3.2cm}{0.4pt} \\
D\ \rule[0.5ex]{5.2cm}{0.4pt}
\end{array}
$$

我说，A 也量尽 B。

这是因为，如果 A 量不尽 B，则任一其他数也量不尽任一其他数。   [VIII. 6]

但 A 量尽 D，

因此，A 也量尽 B。

这就是所要证明的。

命题 8

若两数之间有几个与它们成连比例的数，则它们之间有多少个成连比例的数，与原来两数有相同比的两数之间就有多少个成连比例的数。

If between two numbers there fall numbers in continued proportion with them, then, however many numbers fall between them in continued proportion, so many will also fall in continued proportion between the numbers which have the same ratio with the original numbers.

A ———————   E ——————
C —————————   M ———————
D ——————————   N ————————
B ———————————   F ——————————
G ——
H ——
K ———
L ————

设两数 A、B 之间有与它们成连比例的数 C、D，且设 E 比 F 如同 A 比 B。

我说，A、B 之间有多少个成连比例的数，E、F 之间也有多少个成连比例的数。

```
A ———————          E ——————————
C ———————————       M ——————————
D —————————         N ———————————————
B ———————————————   F —————————————————
G ———
H ————
K ————
L ———
```

这是因为，A、B、C、D 有多少个，就取多少个数 G、H、K、L 为与 A、C、D、B 有相同比的数组中最小的，　　　［VII. 33］

　　　　　因此，它们的两端 G、L 互素。　　　［VIII. 3］

现在，由于 A、C、D、B 与 G、H、K、L 有相同的比，

且数 A、C、D、B 的个数等于数 G、H、K、L 的个数，

　　　　因此，取首末比例，A 比 B 如同 G 比 L。［VII. 14］

但 A 比 B 如同 E 比 F；

　　　　　因此也有，G 比 L 如同 E 比 F。

但 G、L 互素，

而互素的数是与它们有相同比的数对中最小的，　　［VII. 21］

且用有相同比的最小数对量那些有相同比的数对，较大数量
尽较大数与较小数量尽较小数有相同的次数，即前项量尽前项与
后项量尽后项有相同的次数；　　　　　　　　　　［VII. 20］

　　　　因此，G 量尽 E 与 L 量尽 F 有相同的次数。

其次，G 量尽 E 有多少次，就设 H、K 分别量尽 M、N 也有多少次；

因此，G、H、K、L 量尽 E、M、N、F 有相同的次数。

因此，G、H、K、L 与 E、M、N、F 有相同的比。

　　　　　　　　　　　　　　　　　　　　　　［VII. 定义 20］

但 G、H、K、L 与 A、C、D、B 有相同的比；

因此，A、C、D、B 也与 E、M、N、F 有相同的比。

但 A、C、D、B 成连比例；

因此，E、M、N、F 也成连比例。

因此，A、B 之间有多少个成连比例的数，E、F 之间也有多少个成连比例的数。

这就是所要证明的。

命题 9

若两数互素，且它们之间的一些数成连比例，则它们之间这些成连比例的数有多少个，它们中的每一个与单元之间成连比例的数就有多少个。

If two numbers be prime to one another, and numbers fall between them in continued proportion, then, however many numbers fall between them in continued proportion, so many will also fall between each of them and an unit in continued proportion.

A ━━━━━━━━　　　　　　　H ━━━
C ━━━━━━━━　　　　　　　K ━━━
D ━━━━━━━━━　　　　　　L ━━━━
B ━━━━━━━━━━

　　　　　E ━　　　　　　　M ━━━━━
　　　　　F ━━　　　　　　 N ━━━━━━
　　　　　G ━━　　　　　　 O ━━━━━━━━
　　　　　　　　　　　　　　　P ━━━━━━━━━

设 A、B 两数互素，且设 C、D 是它们之间的成连比例的数，

A —————————	H ————
C —————————	K —————
D ———————————	L ————
B ———————————	
E —	M ——————
F —	N ———————
G —	O ————————
	P —————————

且设单元为 E ;

我说，A、B 之间成连比例的数有多少个，数 A、B 中的每一个与单元 E 之间成连比例的数就有多少个。

这是因为，设两数 F、G 是与 A、C、D、B 有相同比的数对中最小的，然后取有相同性质的三个数 H、K、L，

直到个数等于 A、C、D、B 的个数。   [VIII. 2]

设它们是 M、N、O、P。

现在，显然可得，F 自乘得 H，F 乘 H 得 M，G 自乘得 L，且 G 乘 L 得 P。   [VIII. 2，推论]

又，由于 M、N、O、P 是与 F、G 有相同比的数组中最小的，

且 A、C、D、B 也是与 F、G 有相同比的数组中最小的，

[VIII. 1]

而数 M、N、O、P 的个数等于数 A、C、D、B 的个数，

因此，M、N、O、P 分别等于 A、C、D、B ；

因此，M 等于 A，且 P 等于 B。

现在，由于 F 自乘得 H，

因此，按照 F 中的单元数，F 量尽 H。

但按照 F 中的单元数，单元 E 也量尽 F ；

因此，单元 E 量尽数 F 与 F 量尽 H 有相同的次数。

　　　　因此，单元 E 比数 F 如同 F 比 H。[VII. 定义 20]

又，由于 F 乘 H 得 M，

　　　　因此，按照 F 中的单元数，H 量尽 M。

但按照数 F 中的单元数，单元 E 也量尽数 F；

因此，单元 E 量尽数 F 与 H 量尽 M 有相同的次数。

　　　　因此，单元 E 比数 F 如同 H 比 M。

但也已证明，单元 E 比数 F 如同 F 比 H；

因此也有，单元 E 比数 F 如同 F 比 H，也如同 H 比 M。

但 M 等于 A；

　　　　因此，单元 E 比数 F 如同 F 比 H，也如同 H 比 A。

同理也有，

　　　　单元 E 比数 G 如同 G 比 L，也如同 L 比 B。

因此，A、B 之间成连比例的数有多少个，数 A、B 中的每一个与单元 E 之间成连比例的数就有多少个。

　　　　　　　　　　　　　　　这就是所要证明的。

命题 10

　　若两数中的每一个与单元之间有一些数成连比例，则两数中的每一个与单元之间这些成连比例的数有多少个，这两数之间成连比例的数就有多少个。

If numbers fall between each of two numbers and an unit in

continued proportion, however many numbers fall between each
of them and an unit in continued proportion, so many also will fall
between the numbers themselves in continued proportion.

```
C —              A ————
                 B —————————

D —
E ——             H ——
F ——             K ————
G ————           L —————————
```

　　设数 D、E 和 F、G 分别是两数 A、B 与单元 C 之间成连比例的数；

　　我说，数 A、B 中的每一个与单元 C 之间成连比例的数有多少个，A、B 之间成连比例的数就有多少个。

　　这是因为，设 D 乘 F 得 H，

　　且数 D、F 分别乘 H 得 K、L。

　　现在，由于单元 C 比数 D 如同 D 比 E，

　　因此，单元 C 量尽数 D 与 D 量尽 E 有相同的次数。

[VII. 定义 20]

　　但按照 D 中的单元数，C 量尽 D；

　　　　因此，按照 D 中的单元数，数 D 也量尽 E；

　　　　　　因此，D 自乘得 E。

　　又，由于 C 比数 D 如同 E 比 A，

　　因此，单元 C 量尽数 D 与 E 量尽 A 有相同的次数。

　　但按照 D 中的单元数，单元 C 量尽数 D；

　　　　因此，按照 D 中的单元数，E 也量尽 A；

因此，D 乘 E 得 A。

同理也有，

F 自乘得 G，且 F 乘 G 得 B。

又，由于 D 自乘得 E，且 D 乘 F 得 H，

因此，D 比 F 如同 E 比 H。　　　　[VII. 17]

同理也有，

D 比 F 如同 H 比 G。　　　　[VII. 18]

因此也有，E 比 H 如同 H 比 G。

又，由于 D 乘数 E、H 分别得 A、K，

因此，E 比 H 如同 A 比 K。　　　　[VII. 17]

但 E 比 H 如同 D 比 F；

因此也有，D 比 F 如同 A 比 K。

又，由于数 D、F 乘 H 分别得 K、L，

因此，D 比 F 如同 K 比 L。　　　　[VII. 18]

但 D 比 F 如同 A 比 K；

因此也有，A 比 K 如同 K 比 L。

还有，由于 F 乘数 H、G 分别得 L、B，

因此，H 比 G 如同 L 比 B。　　　　[VII. 17]

但 H 比 G 如同 D 比 F；

因此也有，D 比 F 如同 L 比 B。

但已证明，D 比 F 如同 A 比 K，也如同 K 比 L；

因此也有，A 比 K 如同 K 比 L，也如同 L 比 B。

因此，A，K、L、B 成连比例。

因此，数 A、B 中的每一个与单元 C 之间成连比例的数有多

少个，*A*、*B* 之间成连比例的数就有多少个。

这就是所要证明的。

命题 11

两平方数之间有一个比例中项数，且平方数比平方数是其边比边的二倍比。

Between two square numbers there is one mean proportional number, and the square has to the square the ratio duplicate of that which the side has to the side.

A ———

B ————

C —　D ——

E ————

设 *A*、*B* 是两平方数，

且设 *C* 是 *A* 的边，*D* 是 *B* 的边。

我说，*A*、*B* 之间有一个比例中项数，

且 *A* 比 *B* 是 *C* 比 *D* 的二倍比。

这是因为，设 *C* 乘 *D* 得 *E*。

现在，由于 *A* 是平方数，且 *C* 是它的边，

因此，*C* 自乘得 *A*。

同理也有，

D 自乘得 *B*。

于是，由于 *C* 乘数 *C*、*D* 分别得 *A*、*E*，

因此，*C* 比 *D* 如同 *A* 比 *E*。　　　[VII. 17]

同理也有，

　　　　　　C 比 D 如同 E 比 B。　　　　　　　［VII. 18］

　　　　因此也有，A 比 E 如同 E 比 B。

　　　　因此，A、B 之间有一个比例中项数。

其次我说，A 比 B 也是 C 比 D 的二倍比。

这是因为，由于 A、E、B 是三个成比例的数，

　　　　　　因此，A 比 B 是 A 比 E 的二倍比。　　［V. 定义 9］

但 A 比 E 如同 C 比 D。

因此，A 比 B 是边 C 比 D 的二倍比。

　　　　　　　　　　　　　　这就是所要证明的。

命题 12

　　两立方数之间有两个比例中项数，且立方数比立方数是其边
比边的三倍比。

Between two cube numbers there are two mean proportional numbers, and the cube has to the cube the ratio triplicate of that which the side has to the side.

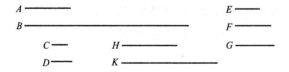

设 A、B 是两立方数，

且设 C 是 A 的边，D 是 B 的边；

```
A ————————                            E ——
B ————————————————                    F ——
   C ——      H ————————                  G ————
   D ——      K ————————————————
```

我说，A、B 之间有两个比例中项数，且 A 比 B 是 C 比 D 的三倍比。

这是因为，设 C 自乘得 E，且 C 乘 D 得 F；

设 D 自乘得 G，

且设数 C、D 乘 F 分别得 H、K。

现在，由于 A 是立方数，C 是它的边，

且 C 自乘得 E，

因此，C 自乘得 E，且 C 乘 E 得 A。

同理也有，

        D 自乘得 G，且 D 乘 G 得 B。

又，由于 C 乘数 C、D 分别得 E、F，

        因此，C 比 D 如同 E 比 F。   [VII. 17]

同理也有，

        C 比 D 如同 F 比 G。   [VII. 18]

又，由于 C 乘数 E、F 分别得 A、H，

        因此，E 比 F 如同 A 比 H。   [VII. 17]

但 E 比 F 如同 C 比 D。

        因此也有，C 比 D 如同 A 比 H。

又，由于数 C、D 乘 F 分别得 H、K，

        因此，C 比 D 如同 H 比 K。   [VII. 18]

又，由于 D 乘 F、G 分别得 K、B，

因此，F 比 G 如同 K 比 B。　　　　　［VII. 17］

但 F 比 G 如同 C 比 D；

因此也有，C 比 D 如同 A 比 H，也如同 H 比 K，也如同 K 比 B。

因此，H、K 是 A、B 之间的两比例中项数。

其次我说，A 比 B 也是 C 比 D 的三倍比。

这是因为，由于 A、H、K、B 是成比例的四个数，

因此，A 比 B 是 A 比 H 的三倍比。　［V. 定义 10］

但 A 比 H 如同 C 比 D；

因此，A 比 B 也是 C 比 D 的三倍比。

这就是所要证明的。

命题 13

若有任意多个数成连比例，且每个数自乘得某数，则这些乘积成连比例；又，若原来的数乘这些乘积得某些数，则最后这些数也成连比例。

If there be as many numbers as we please in continued proportion, and each by multiplying itself make some number, the products will be proportional; and, if the original numbers by multiplying the products make certain numbers, the fatter will also be proportional.

```
A ———            G ——————
B ————           H ————————
C ———            K —————————
D ——             
E ————           M —————
F —————          N —————
L ————           P ——————
O —————          Q —————
```

设有任意多个数 A、B、C 成连比例，因此 A 比 B 如同 B 比 C；

设 A、B、C 自乘得 D、E、F，

且 A、B、C 乘 D、E、F 得 G、H、K；

我说，D、E、F 和 G、H、K 都成连比例。

这是因为，设 A 乘 B 得 L，

且设数 A、B 分别乘 L 得 M、N。

又，设 B 乘 C 得 O，

且设数 B、C 分别乘 O 得 P、Q。

于是，以类似于之前的方式可以证明，

　　D、L、E 和 G、M、N、H 都以 A 比 B 成连比例，

以及，

　　E、O、F 和 H、P、Q、K 都以 B 比 C 成连比例。

现在，A 比 B 如同 B 比 C；

　　　因此，D、L、E 与 E、O、F 也有相同的比，

　以及，G、M、N、H 与 H、P、Q、K 有相同的比。

而 D、L、E 的个数等于 E、O、F 的个数，

且 G、M、N、H 的个数等于 H、P、Q、K 的个数；

因此，取首末比例，

$$D 比 E 如同 E 比 F，$$

以及，

$$G 比 H 如同 H 比 K。 \qquad [\text{VII. 14}]$$

这就是所要证明的。

命题 14

若一平方数量尽另一平方数，则一边也量尽另一边；又，若一边量尽另一边，则一平方数也量尽另一平方数。

If a square measure a square, the side will also measure the side; and, if the side measure the side, the square will also measure the square.

设 A、B 是平方数，C、D 是它们的边，且设 A 量尽 B；

我说，C 也量尽 D。

这是因为，设 C 乘 D 得 E；

因此，A、E、B 以 C 比 D 成连比例。 　　　 [VIII. 11]

又，由于 A、E、B 成连比例，且 A 量尽 B，

因此，A 也量尽 E。 　　　 [VIII. 7]

又，A 比 E 如同 C 比 D；

因此，C 也量尽 D。 　　　 [VII. 定义 20]

又，设 C 量尽 D；

A ——

B ——————

—— C   —— D

E ——————

我说，A 也量尽 B。

这是因为，用同样的作图可以类似地证明，A、E、B 以 C 比 D 成连比例。

又，由于 C 比 D 如同 A 比 E，

且 C 量尽 D，

因此，A 也量尽 E。   [VII. 定义 20]

而 A、E、B 成连比例；

因此，A 也量尽 B。

这就是所要证明的。

命题 15

若一立方数量尽另一立方数，则一边也量尽另一边；又，若一边量尽另一边，则一立方数也量尽另一立方数。

If a cube number measure a cube number, the side will also measure the side; and, if the side measure the side, the cube will also measure the cube.

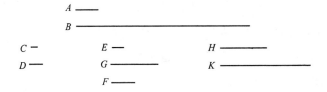

设立方数 A 量尽立方数 B，

且设 C 是 A 的边，D 是 B 的边；

我说，C 量尽 D。

这是因为，设 C 自乘得 E，

且 D 自乘得 G；

又设 C 乘 D 得 F，

且设 C、D 分别乘 F 得 H、K。

现在显然可得，E、F、G 和 A、H、K、B 都以 C 比 D 成连比例。   ［VIII. 11,12］

又，由于 A、H、K、B 成连比例，

且 A 量尽 B，

　　　　　　因此，它也量尽 H。　　　　　　［VIII. 7］

又，A 比 H 如同 C 比 D；

　　　　　　因此，C 也量尽 D。　　　　［VII. 定义 20］

其次，设 C 量尽 D；

我说，A 也量尽 B。

这是因为，用同样的作图可以类似地证明，A、H、K、B 以 C 比 D 成连比例。

又，由于 C 量尽 D，

且 C 比 D 如同 A 比 H，

　　　　　　因此，A 也量尽 H。　　　　［VII. 定义 20］

　　　　　　因此，A 也量尽 B。

　　　　　　　　　　　　这就是所要证明的。

命题 16

若一平方数量不尽另一平方数，则一边也量不尽另一边；又，若一边量不尽另一边，则一平方数也量不尽另一平方数。

If a square number do not measure a square number, neither will the side measure the side; and, if the side do not measure the side, neither will the square measure the square.

A ———————
B ————————————
C ————
D ————

设 A、B 是平方数，且 C、D 是它们的边；

且设 A 量不尽 B；

我说，C 也量不尽 D。

这是因为，如果 C 量尽 D，则 A 也量尽 B。　　　　　［Ⅷ. 14］

但 A 量不尽 B；

因此，C 也量不尽 D。

又，设 C 量不尽 D；

我说，A 也量不尽 B。

这是因为，如果 A 量尽 B，则 C 也量尽 D。　　　　　［Ⅷ. 14］

但 C 量不尽 D；

因此，A 也量不尽 B。

这就是所要证明的。

命题 17

若一立方数量不尽另一立方数，则一边也量不尽另一边；又，若一边量不尽另一边，则一立方数也量不尽另一立方数。

If a cube number do not measure a cube number, neither will the side measure the side; and, if the side do not measure the side, neither will the cube measure the cube.

```
A ————
B ———————————
C —
D —
```

设立方数 A 量不尽立方数 B，

且设 C 是 A 的边，D 是 B 的边。

我说，C 也量不尽 D。

这是因为，如果 C 量尽 D，则 A 也量尽 B。　　　　［VIII. 15］

但 A 量不尽 B；

因此，C 也量不尽 D。

又，设 C 量不尽 D；

我说，A 也量不尽 B。

这是因为，如果 A 量尽 B，则 C 也量尽 D。　［VIII. 15］

但 C 量不尽 D；

因此，A 也量不尽 B。

这就是所要证明的。

命题 18

　　两相似面数之间有一个比例中项数；又，这两个面数之比是两对应边之比的二倍比。

Between two similar plane numbers there is one mean proportional number; and the plane number has to the plane number the ratio duplicate of that which the corresponding side has to the corresponding side.

　　设 A、B 是两个相似面数，且设数 C、D 是 A 的两边，E、F 是 B 的两边。

　　现在，由于相似面数的两边成比例，　　　　　　[VII. 定义 21]
　　　　　　因此，C 比 D 如同 E 比 F。

　　于是我说，A、B 之间有一个比例中项数，且 A 比 B 是 C 比 E 的二倍比或 D 比 F 的二倍比，即两对应边之比的二倍比。

　　现在，由于 C 比 D 如同 E 比 F，
　　　　　　因此，取更比例，C 比 E 如同 D 比 F。　　[VII. 13]
　　又，由于 A 是面数，且 C、D 是它的两边，
　　　　　　因此，D 乘 C 得 A。
　　同理也有，

　　　　　　E 乘 F 等于 B。

现在，设 D 乘 E 得 G。

于是，由于 D 乘 C 得 A，且 D 乘 E 得 G，

因此，C 比 E 如同 A 比 G。　　　　［ VII. 17 ］

但 C 比 E 如同 D 比 F；

因此也有，D 比 F 如同 A 比 G。

又，由于 E 乘 D 得 G，且 E 乘 F 得 B，

因此，D 比 F 如同 G 比 B。　　　　［ VII. 17 ］

但已证明，D 比 F 如同 A 比 G；

因此也有，A 比 G 如同 G 比 B。

因此，A、G、B 成连比例。

因此，A、B 之间有一个比例中项数。

其次我说，A 比 B 也是对应边之比的二倍比，即 C 比 E 或 D 比 F 的二倍比。

这是因为，由于 A、G、B 成连比例，所以

A 比 B 是 A 比 G 的二倍比。　　　　［ V. 定义 9 ］

又，A 比 G 如同 C 比 E，也如同 D 比 F。

因此，A 比 B 也是 C 比 E 或 D 比 F 的二倍比。

　　　　　　　　　　　　　这就是所要证明的。

命题 19

两相似体数之间有两个比例中项数；又，两相似体数之比是对应边之比的三倍比。

Between two similar solid numbers there fall two mean proportional numbers; and the solid number has to the similar solid number the ratio triplicate of that which the corresponding side has to the corresponding side.

设 A、B 是两个相似体数，且设 C、D、E 是 A 的边，F、G、H 是 B 的边。

现在，由于相似体数的边成比例， [VII. 定义 21]

因此，C 比 D 如同 F 比 G。

且 D 比 E 如同 G 比 H。

我说，A、B 之间有两个比例中项数，且 A 比 B 是 C 比 F、D 比 G 和 E 比 H 的三倍比。

这是因为，设 C 乘 D 得 K，且 F 乘 G 得 L。

现在，由于 C、D 与 F、G 有相同的比，

且 K 是 C、D 的乘积，

以及 L 是 F、G 的乘积，所以

K、L 是相似面数； [VII. 定义 21]

因此，K、L 之间有一个比例中项数。 [VIII. 18]

设它是 M。

因此，M 是 D、F 的乘积，如这之前的命题所证明的。

[VIII. 18]

这时，由于 D 乘 C 得 K，且 D 乘 F 得 M，

因此，C 比 F 如同 K 比 M。   [VII. 17]

但 K 比 M 如同 M 比 L。

因此，K、M、L 以 C 比 F 之比成连比例。

又，由于 C 比 D 如同 F 比 G，

取更比例，C 比 F 如同 D 比 G。   [VII. 13]

同理也有，

D 比 G 如同 E 比 H。

因此，K、M、L 以 C 比 F、D 比 G 和 E 比 H 成连比例。

其次，设 E、H 分别乘 M 得 N、O。

现在，由于 A 是一个体数，且 C、D、E 是它的边，

因此，E 乘 C、D 之积得 A。

但 C、D 之积是 K；

因此，E 乘 K 得 A。

同理也有，

H 乘 L 得 B。

现在，由于 E 乘 K 得 A，且 E 乘 M 得 N，

因此，K 比 M 如同 A 比 N。   [VII. 17]

但 K 比 M 如同 C 比 F、D 比 G 以及 E 比 H；

因此也有，C 比 F、D 比 G 和 E 比 H 如同 A 比 N。

又，由于 E、H 分别乘 M 得 N、O，

因此，E 比 H 如同 N 比 O。   [VII. 18]

但 E 比 H 如同 C 比 F 和 D 比 G；

因此也有，C 比 F、D 比 G 和 E 比 H 如同 A 比 N 和 N 比 O。

又，由于 H 乘 M 得 O，且 H 乘 L 得 B，

因此，M 比 L 如同 O 比 B。 ［VII. 17］

但 M 比 L 如同 C 比 F、D 比 G 和 E 比 H。

因此也有，C 比 F、D 比 G 和 E 比 H 不仅如同 O 比 B，而且也如同 A 比 N 和 N 比 O。

因此，A、N、O、B 以前述边之比成连比例。

其次我说，A 比 B 是对应边之比的三倍比，即是 C 比 F、D 比 G 和 E 比 H 的三倍比。

这是因为，由于 A、N、O、B 是四个成连比例的数，

因此，A 比 B 是 A 比 N 的三倍比。［V. 定义 10］

但已证明，A 比 N 如同 C 比 F、D 比 G 和 E 比 H。

因此，A 比 B 是对应边之比的三倍比，即 C 比 F、D 比 G 和 E 比 H 的三倍比。

这就是所要证明的。

命题 20

若两数之间有一个比例中项数，则这两数是相似面数。

If one mean proportional number fall between two numbers, the numbers will be similar plane numbers.

设两数 A、B 之间有一个比例中项数 C；

我说，A、B 是相似面数。

设 D、E 是与 A、C 有相同比的数对中最小的，　　［VII. 33］

　　因此，D 量尽 A 与 E 量尽 C 有相同的次数。［VII. 20］

现在，D 量尽 A 有多少次，就设 F 中有多少单元；

　　　　因此，F 乘 D 得 A，

　　　　　因此 A 是面数，F 是它的边。

又，由于 D、E 是与 C、B 有相同比的数对中最小的，

　　　　因此，D 量尽 C 与 E 量尽 B 有相同的次数。［VII. 20］

于是，E 量尽 B 有多少次，就设 G 中有多少单元；

　　　　　因此，按照 G 中的单元数，E 量尽 B；

　　　　　　因此，G 乘 E 得 B。

因此，B 是面数，且 E、G 是它的边。

　　　　　　因此，A、B 是面数。

其次我说，它们也相似。

这是因为，由于 F 乘 D 得 A，且 F 乘 E 得 C，

因此，D 比 E 如同 A 比 C，即如同 C 比 B。　[VII. 17]

又，由于 E 分别乘 F、G 得 C、B，

因此，F 比 G 如同 C 比 B。　　　　[VII. 17]

但 C 比 B 如同 D 比 E；

因此也有，D 比 E 如同 F 比 G。

取更比例，D 比 F 如同 E 比 G。　　　[VII. 13]

因此，A、B 是相似面数；这是因为它们的边成比例。

这就是所要证明的。

命题 21

若两数之间有两个比例中项数，则这两数是相似体数。

If two mean proportion numbers fall between two numbers, the numbers are similar solid numbers.

设两数 A、B 之间有两个比例中项数 C、D；

我说，A、B 是相似体数。

取三数 E、F、G 是与 A、C、D 有相同比的数组中最小的；

[VII. 33 或 VIII. 2]

A ——
B ————————————————————
C —————
D —————————

E ——　　　K ——　　　　N ——
F ———　　　L ——　　　　O ——
G ————　　　M ——
H -

　　　　　　因此，它们的两端 E、G 互素。　　　　〔VIII. 3〕
　　现在，E、G 之间有一个比例中项数 F，
　　　　　　　因此，E、G 是相似面数。　　　　　〔VIII. 20〕
　　于是，设 H、K 是 E 的边，且 L、M 是 G 的边。
　　因此，由前一命题显然可得，E、F、G 以 H 比 L 和 K 比 M 成连比例。
　　现在，由于 E、F、G 是与 A、C、D 有相同比中的数组中最小的，
　　且数 E、F、G 的个数等于数 A、C、D 的个数，
　　　　　　因此，取首末比例，E 比 G 如同 A 比 D。　〔VII. 14〕
　　但 E、G 互素，
　　而互素的数是与它们有相同比的数对中最小的，　〔VII. 21〕
　　且用有相同比的最小数对量那些有相同比的数对，较大数量尽较大数与较小数量尽较小数有相同的次数，即前项量尽前项与后项量尽后项有相同的次数；　　　　　　　　　　　　　〔VII. 20〕
　　　　　　因此，E 量尽 A 与 G 量尽 D 有相同的次数。
　　现在，E 量尽 A 有多少次，就设 N 中有多少单元。
　　　　　　　因此，N 乘 E 得 A。
　　但 E 是 H、K 的乘积；
　　　　　　　因此，N 乘 H、K 之积得 A。
　　　　　　因此，A 是体数，且 H、K、N 是它的边。
　　又，由于 E、F、G 是与 C、D、B 有相同比的数组中最小的，
　　　　　　因此，E 量尽 C 与 G 量尽 B 有相同的次数。

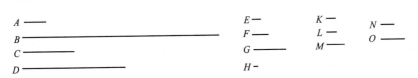

现在，E 量尽 C 有多少次，就设 O 中有多少单元。

因此，按照 O 中的单元数，G 量尽 B；

因此，O 乘 G 得 B。

但 G 是 L、M 的乘积；

因此，O 乘 L、M 之积得 B。

因此，B 是体数，且 L、M、O 是它的边；

因此，A、B 是体数。

其次我说，它们也相似。

这是因为，由于 N、O 乘 E 得 A、C，

因此，N 比 O 如同 A 比 C，即如同 E 比 F。［VII. 18］

但 E 比 F 如同 H 比 L 和 K 比 M；

因此也有，H 比 L 如同 K 比 M 和 N 比 O。

而 H、K、N 是 A 的边，且 O、L、M 是 B 的边。

因此，A、B 是相似体数。

这就是所要证明的。

命题 22

若三数成连比例，且第一数是平方数，则第三数也是平方数。

If three numbers be in continued proportion, and the first be square, the third will also be square.

设 A、B、C 是三个成连比例的数，且第一数 A 是平方数；

我说，第三数 C 也是平方数。

这是因为，A、C 之间有一个比例中项数 B，

因此，A、C 是相似面数。　　　[VIII. 20]

但 A 是平方数；

因此，C 也是平方数。

这就是所要证明的。

命题 23

若四数成连比例，且第一数是立方数，则第四数也是立方数。

If four numbers be in continued proportion, and the first be cube, the fourth will also be cube.

设 A、B、C、D 是四个成连比例的数，且 A 是立方数；

我说，D 也是立方数。

这是因为，由于 A、D 之间有两个比例中项数 B、C。

因此，A、D 是相似体数。　　　[VIII. 21]

但 A 是立方数；

因此，D 也是立方数。

这就是所要证明的。

命题 24

若两数之比如同两平方数之比，且第一数是平方数，则第二数也是平方数。

If two numbers have to one another the ratio which a square number has to a square number, and the first be square, the second will also be square.

A ———————

B ———————

C ——

D ——

设两数 A、B 之比如同平方数 C 比平方数 D，

且设 A 是平方数；

我说，B 也是平方数。

这是因为，由于 C、D 是平方数，所以

C、D 是相似面数。

因此，C、D 之间有一个比例中项数。　［VIII. 18］

又，C 比 D 如同 A 比 B；

因此，A、B 之间也有一个比例中项数。　［VIII. 8］

而 A 是平方数；

因此，B 也是平方数。　［VIII. 22］

这就是所要证明的。

命题 25

若两数之比如同一个立方数比一个立方数，且第一数是立方数，则第二数也是立方数。

If two numbers have to one another the ratio which a cube number has to a cube number, and the first be cube, the second will also be cube.

设两数 A、B 之比如同立方数 C 比立方数 D，且设 A 是立方数；我说，B 也是立方数。

这是因为，由于 C、D 是立方数，所以

　　　　C、D 是相似体数。

　　　因此，C、D 之间有两个比例中项数。　　[VIII. 19]

又，C、D 之间有多少个成连比例的数，与它们有相同比的两数之间也有多少个成连比例的数；　　　　　　　[VIII. 8]

因此，A、B 之间也有两个比例中项数。

设它们是 E、F。

于是，由于四数 A、E、F、B 成连比例，

且 A 是立方数，

因此，B 也是立方数。   [VIII. 23]

这就是所要证明的。

命题 26

相似面数之比如同一个平方数比一个平方数。

Similar plane numbers have to one another the ratio which a square number has to a square number.

设 A、B 是相似面数；

我说，A 比 B 如同一个平方数比一个平方数。

这是因为，由于 A、B 是相似面数，

因此，A、B 之间有一个比例中项数，   [VIII. 18]

设这个数是 C；

且设 D、E、F 是与 A、C、B 有相同比的数组中最小的；

[VII. 33 或 VIII. 2]

因此，它们的两端 D、F 是平方数。[VIII. 2，推论]

又，由于 D 比 F 如同 A 比 B，

且 D、F 是平方数。

因此，A 比 B 如同一个平方数比一个平方数。

这就是所要证明的。

命题 27

相似体数之比如同一个立方数比一个立方数。

Similar solid numbers have to one another the ratio which a cube number has to a cube number.

A —————　　　　　　　　　　　C —————
B ——————————————————————　　　D ——————
E — F ——— G ——— H ——————————

设 A、B 是相似体数；

我说，A 比 B 如同一个立方数比一个立方数。

这是因为，由于 A、B 是相似体数，

　　　因此，A、B 之间有两个比例中项数。　　[VIII. 19]

设它们是 C、D，

且设 E、F、G、H 是与 A、C、D、B 有相同比且个数相等的数组中最小的；　　　　　　　　　　[VII. 33 或 VIII. 2]

　　　因此，它们的两端 E、H 是立方数。　　[VIII. 2，

推论]

又，E 比 H 如同 A 比 B；

因此，A 比 B 也如同一个立方数比一个立方数。

这就是所要证明的。

第九卷

命题 1

若两相似面数相乘得某数，则这个乘积是平方数。

If two similar plane numbers by multiplying one another make some number, the product will be square.

设 A、B 是两个相似面数，且
设 A 乘 B 得 C；

我说，C 是平方数。

这是因为，设 A 自乘得 D。

因此，D 是平方数。

于是，由于 A 自乘得 D，且 A 乘 B 得 C，

因此，A 比 B 如同 D 比 C。　　　［VII. 17］

又，由于 A、B 是相似面数，

因此，A、B 之间有一个比例中项数。　［VIII. 18］

但如果两数之间有多少个成连比例的数，与它们有相同比的两数之间也有多少个成连比例的数；　　　　　　　　［VIII. 8］

$$A \text{———}$$
$$B \text{————}$$
$$C \text{—————————}$$
$$D \text{———————}$$

因此，D、C 之间也有一个比例中项数。

而 D 是平方数；

因此，C 也是平方数。　　　　　［VIII. 22］

这就是所要证明的。

命题 2

若两数相乘得一个平方数，则它们是相似面数。

If two numbers by multiplying one another make a square number, they are similar plane numbers.

$$A \text{————}$$
$$B \text{—————}$$
$$C \text{———————————}$$
$$D \text{————————}$$

设 A、B 是两个数，且设 A 乘 B 得平方数 C；

我说，A、B 是相似面数。

这是因为，设 A 自乘得 D；

因此，D 是平方数。

现在，由于 A 自乘得 D，且 A 乘 B 得 C，

因此，A 比 B 如同 D 比 C。　　　　　［VII. 17］

又，由于 D 是平方数，且 C 也是平方数，

因此，D、C 是相似面数。

因此，数 D、C 之间有一个比例中项数。　［Ⅷ.18］

又，D 比 C 如同 A 比 B；

因此，A、B 之间也有一个比例中项数，　　［Ⅷ.8］

但若两数之间有一个比例中项数，则它们是相似面数；

［Ⅷ.20］

因此，A、B 是相似面数。

这就是所要证明的。

命题 3

若一个立方数自乘得某数，则这个乘积是立方数。

If a cube number by multiplying itself make some number, the product will be cube.

设立方数 A 自乘得 B；

我说，B 是立方数。

这是因为，设 C 是 A 的边，且 C 自乘得 D。

于是显然可得，C 乘 D 得 A。

现在，由于 C 自乘得 D，

因此，按照 C 中的单元数，C 量尽 D。

但按照 C 中的单元数，单元也量尽 C；

A ——
B ————————
C -   D —

因此，单元比 C 如同 C 比 D。

[VII. 定义 20]

又，由于 C 乘 D 得 A，

因此，按照 C 中的单元数，D 量尽 A。

但按照 C 中的单元数，单元也量尽 C；

因此，单元比 C 如同 D 比 A。

但单元比 C 如同 C 比 D；

因此也有，单元比 C 如同 C 比 D，也如同 D 比 A。

因此，单元与数 A 之间有两个比例中项数 C、D 成连比例。

又，由于 A 自乘得 B，

因此，按照 A 中的单元数，A 量尽 B。

但按照 A 中的单元数，单元也量尽 A；

因此，单元比 A 如同 A 比 B。   [VII. 定义 20]

但单元与 A 之间有两个比例中项数；

因此，A、B 之间也有两个比例中项数。   [VIII. 8]

但若两数之间有两个比例中项数，且第一个是立方数，则第二个也是立方数。   [VIII. 23]

而 A 是立方数；

因此，B 也是立方数。

这就是所要证明的。

命题 4

若一个立方数乘一个立方数得某数，则这个乘积是立方数。

If a cube number by multiplying a cube number make some number, the product will be cube.

$$
\begin{array}{l}
A \ \rule{2cm}{0.4pt} \\
B \ \rule{2.6cm}{0.4pt} \\
C \rule{4.2cm}{0.4pt} \\
D \ \rule{3cm}{0.4pt}
\end{array}
$$

设立方数 A 乘立方数 B 得 C；

我说，C 是立方数。

这是因为，设 A 自乘得 D；

因此，D 是立方数。　　　　　　［ IX. 3］

又，由于 A 自乘得 D，且 A 乘 B 得 C，

因此，A 比 B 如同 D 比 C。　　　［ VII. 17］

又，由于 A、B 是立方数，所以

A、B 是相似体数。

因此，A、B 之间有两个比例中项数；　　　［ VIII. 19］

因此，D、C 之间也有两个比例中项数。　　［ VIII. 8］

而 D 是立方数；

因此，C 也是立方数。　　　　　　　［ VIII. 23］

这就是所要证明的。

命题 5

若一个立方数乘某数得一个立方数，则此被乘数也是立方数。

If a cube number by multiplying any number make a cube number, the multiplied number will also be cube.

设立方数 A 乘某数 B 得立方数 C；

我说，B 是立方数。

这是因为，设 A 自乘得 D；

因此，D 是立方数。   [IX. 3]

现在，由于 A 自乘得 D，且 A 乘 B 得 C，

因此，A 比 B 如同 D 比 C。   [VII. 17]

又，由于 D、C 是立方数，所以

它们是相似体数。

因此，D、C 之间有两个比例中项数。   [VIII. 19]

又，D 比 C 如同 A 比 B；

因此，A、B 之间也有两个比例中项数。   [VIII. 8]

而 A 是立方数；

因此，B 也是立方数。   [VIII. 23]

这就是所要证明的。

命题 6

若一数自乘得一个立方数，则它本身也是立方数。

If a number by multiplying itself make a cube number, it will itself also be cube.

设数 A 自乘得立方数 B；

我说，A 也是立方数。

A ————

B ————

C ————

这是因为，设 A 乘 B 得 C。

于是，由于 A 自乘得 B，且 A 乘 B 得 C，

因此，C 是立方数。

又，由于 A 自乘得 B，

因此，按照 A 中的单元数，A 量尽 B。

但按照 A 中的单元数，单元也量尽 A。

因此，单元比 A 如同 A 比 B。 ［VII. 定义 20］

又，由于 A 乘 B 得 C，

因此，按照 A 中的单元数，B 量尽 C。

但按照 A 中的单元数，单元也量尽 A。

因此，单元比 A 如同 B 比 C。 ［VII. 定义 20］

但单元比 A 如同 A 比 B；

因此也有，A 比 B 如同 B 比 C。

又，由于 B、C 是立方数，所以

它们是相似体数。

A ———————
B ———————
C ———————————

因此，*B*、*C* 之间有两个比例中项数。

[VIII. 19]

又，*B* 比 *C* 如同 *A* 比 *B*。

因此，*A*、*B* 之间也有两个比例中项数。   [VIII. 8]

而 *B* 是立方数，

因此，*A* 也是立方数。   [参见 VIII. 23]

这就是所要证明的。

命题 7

若一个合数乘一数得某数，则这个乘积是体数。

If a composite number by multiplying any number make some member, the product will be solid.

A ———————————————
B ———————
C ———————————————————
D ————   E ———————————————

设合数 *A* 乘一数 *B* 得 *C*；

我说，*C* 是体数。

这是因为，由于 *A* 是合数，所以它被某数量尽。[VII. 定义 13]

设 *A* 被 *D* 量尽；

且 *D* 量尽 *A* 有多少次，就设 *E* 中有多少单元。

于是，由于按照 *E* 中的单元数，*D* 量尽 *A*，

因此，*E* 乘 *D* 得 *A*。   [VII. 定义 15]

又，由于 A 乘 B 得 C，

且 A 是 D、E 的乘积。

因此，D、E 之积乘 B 得 C。

因此，C 是体数，且 D、E、B 是它的边。

这就是所要证明的。

命题 8

若从单元开始有任意多个数成连比例，则从单元起的第三个数是平方数，之后每隔一个也都是平方数；第四个数是立方数，之后每隔两个也都是立方数；第七个数既是立方数又是平方数，之后每隔五个也都既是立方数又是平方数。

If as many numbers as we please beginning from an unit be in continued proportion, the third from the unit will be square, as will also those which successively leave out one; the fourth will be cube, as will also all those which leave out two; and the seventh will be at once cube and square, as will also those which leave out five.

设从单元开始有任意多个数 A、B、C、D、E、F 成连比例；

我说，从单元起的第三个数 B 是平方数，之后每隔一个也都是平方数；第四个数 C 是立方数，之后每隔两个也都是立方数；第七个数 F 既是立方数又是平方数，之后每

A ———
B ———
C ————
D —————
E —————
F ——————

A ———
B ————
C —————
D ——————
E ———————
F ————————

隔五个也都既是立方数又是平方数。

这是因为，由于单元比 A 如同 A 比 B，

因此，单元量尽 A 与 A 量尽 B 有相同的次数。〔Ⅶ. 定义 20〕

但按照 A 中的单元数，单元量尽 A；

因此，按照 A 中的单元数，A 也量尽 B。

因此，A 自乘得 B；

因此，B 是平方数。

又，由于 B、C、D 成连比例，且 B 是平方数，

因此，D 也是平方数。   〔Ⅷ. 22〕

同理，

F 也是平方数。

类似地，可以证明，之后每隔一个数都是平方数。

其次我说，从单元起的第四个数 C 是立方数，之后每隔两个也都是立方数。

这是因为，由于单元比 A 如同 B 比 C，

因此，单元量尽数 A 与 B 量尽 C 有相同的次数。

但按照 A 中的单元数，单元量尽 A；

因此，按照 A 中的单元数，B 也量尽 C。

因此，A 乘 B 得 C。

于是，由于 A 自乘得 B，且 A 乘 B 得 C，

因此，C 是立方数。

又，由于 C、D、E、F 成连比例，且 C 是立方数，

因此，F 也是立方数。   〔Ⅷ. 23〕

但已证明，它也是平方数；

因此，从单元起的第七个数既是立方数又是平方数。

类似地，可以证明，之后每隔五个的所有那些数也都既是平方数又是立方数。

这就是所要证明的。

命题 9

若从单元开始有任意多个数成连比例，且单元后面的数是平方数，则所有其余的数也是平方数。又，若单元后面的数是立方数，则所有其余的数也是立方数。

If as many numbers as we please beginning from an unit be in continued proportion, and the number after the unit be square, all the rest will also be square. And, if the number after the unit be cube, all the rest will also be cube.

设从单元开始有任意多个数 A、B、C、D、E、F 成连比例，

　　且设单元后面的数 A 是平方数；

　　我说，所有其余的数也是平方数。

$$\begin{array}{l} A \;\rule[0.5ex]{1.2cm}{0.4pt} \\ B \;\rule[0.5ex]{1.6cm}{0.4pt} \\ C \;\rule[0.5ex]{2.0cm}{0.4pt} \\ D \;\rule[0.5ex]{2.6cm}{0.4pt} \\ E \;\rule[0.5ex]{3.2cm}{0.4pt} \\ F \;\rule[0.5ex]{4.2cm}{0.4pt} \end{array}$$

　　现已证明，从单元起的第三个数 B 是平方数，之后每隔一个也都是平方数；　　　　　　　　　　　　　　　　　[IX. 8]

　　我说，所有其余的数也是平方数。

A ————
B ———
C ————
D —————
E ——————
F ————————

这是因为，由于 A、B、C 成连比例，

且 A 是平方数，

因此，C 也是平方数。　　　[VIII. 22]

又，由于 B、C、D 成连比例，

且 B 是平方数，

　　　　因此，D 也是平方数。　　　[VIII. 22]

类似地，可以证明，所有其余的数也是平方数。

其次，设 A 是立方数；

我说，所有其余的数也是立方数。

现已证明，从单元起的第四个数 C 是立方数，之后每隔两个的所有那些数也都是立方数；　　　　　　　　　[IX. 8]

我说，所有其余的数也是立方数。

这是因为，由于单元比 A 如同 A 比 B，

　　　因此，单元量尽 A 与 A 量尽 B 有相同的次数。

但按照 A 中的单元数，单元量尽 A；

　　　　因此，按照 A 中的单元数，A 也量尽 B；

　　　　　　因此，A 自乘得 B。

而 A 是立方数。

但若一个立方数自乘得某数，则这个乘积是立方数。[IX. 3]

　　　　　　因此，B 也是立方数。

又，由于 A、B、C、D 这四个数成连比例，

且 A 是立方数，于是

　　　　　　D 也是立方数。　　　[VIII. 23]

同理，

E 也是立方数，以及类似地，所有其余的数也是立方数。

这就是所要证明的。

命题 10

若从单元开始有任意多个数成连比例，且单元后面的数不是平方数，则除了从单元起的第三个数和每隔一个的所有那些数以外，任何其他数都不是平方数。又，若单元后面的数不是立方数，则除了从单元起的第四个数和每隔两个的所有那些数以外，任何其他数都不是立方数。

If as many numbers as we please beginning from an unit be in continued proportion, and the number after the unit be not square, neither will any other be square except the third from the unit and all those which leave out one. And, if the number after the unit be not cube, neither will any other be cube except the fourth from the unit and all those which leave out two.

设从单元开始有任意多个数 A、B、C、D、E、F 成连比例，且设单元后面的数 A 不是平方数；

我说，除了从单元起的第三个数和每隔一个的所有那些数以外，任何其他数都不是平方数。

这是因为，如果可能，设 C 是平

A ——
B ———
C ————
D —————
E ——————
F ———————

```
A ——
B ——
C ———
D ————
E ————
F —————
```

方数。

但 B 也是平方数；   [IX. 8]

因此，B 比 C 如同一个平方数比一个平方数。

又，B 比 C 如同 A 比 B；

因此，A 比 B 如同一个平方数比一个平方数；

因此，A、B 是相似面数。[VIII. 26，逆命题]

而 B 是平方数；

因此，A 也是平方数；

这与假设矛盾。

因此，C 不是平方数。

类似地，可以证明，除了从单元起的第三个数和每隔一个的所有那些数以外，任何其他数都不是平方数。

其次，设 A 不是立方数。

我说，除了从单元起的第四个数和每隔两个的所有那些数以外，任何其他数都不是立方数。

这是因为，如果可能，设 D 是立方数。

现在，C 也是立方数；因为它是从单元起的第四个数。

[IX. 8]

而 C 比 D 如同 B 比 C；

因此，B 比 C 如同一个立方数比一个立方数。

而 C 是立方数；

因此，B 也是立方数。   [VIII. 25]

又，由于单元比 A 如同 A 比 B，

而按照 A 中的单元数，单元量尽 A；

因此，按照 A 中的单元数，A 也量尽 B。

因此，A 自乘得立方数 B。

但若一个数自乘得一个立方数，则它自身也是立方数。

[IX. 6]

因此，A 也是立方数：

这与假设矛盾。

因此，D 不是立方数。

类似地，可以证明，除了从单元起的第四个数和每隔两个的所有那些数以外，任何其他数都不是立方数。

这就是所要证明的。

命题 11

若从单元开始有任意多个数成连比例，则按照成连比例数组中的某个数，较小数量尽较大数。

If as many numbers as we please beginning from an unit be in continued proportion, the less measures the greater according to some one of the numbers which have place among the proportional numbers.

设从单元 A 开始，有任意多个数 B、C、D、E 成连比例。

A –

B ———

C ————

D —————

E ——————

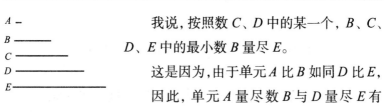

　　　　　　　　　　　　我说，按照数 C、D 中的某一个，B、C、D、E 中的最小数 B 量尽 E。

　　　　　　　　　　　　这是因为，由于单元 A 比 B 如同 D 比 E，因此，单元 A 量尽数 B 与 D 量尽 E 有相同的次数；

　　因此，取更比例，单元 A 量尽 D 与 B 量尽 E 有相同的次数。

　　　　　　　　　　　　　　　　　　　　　　　　[VII. 15]

　　但按照 D 中的单元数，单元 A 量尽 D；

　　　　因此，按照 D 中的单元数，B 也量尽 E。

　　因此，按照成连比例数组中的某个数 D，较小数 B 量尽较大数 E。

　　　　　　　　　　　　　　　　　　这就是所要证明的。

　　推论 显然，无论量数从单元算起在什么位置，沿着量数前面的数的方向，所按照的数从被量数算起也有同样的位置。

　　命题 12

　　若从单元开始有任意多个数成连比例，则无论有多少个素数量尽最后一个数，单元后面那个数也被同样的素数量尽。

　　If as many numbers as we please beginning from an unit be in continued proportion, by however many prime numbers the last is measured, the next to the unit will also be measured by the same.

```
A ——              F ———————
B ———             G ——————
C ————            H —————
D —————
E —
```

设从单元开始，有任意多个数 A、B、C、D 成连比例。

我说，无论有多少个素数量尽 D，A 也被同样的素数量尽。

设 D 被某素数 E 量尽；

我说，E 量尽 A。

这是因为，假设 E 量不尽 A；

现在，E 是素数，且任一素数与它量不尽的数互素；　　［VII. 29］

　　　　　因此，E、A 互素。

又，由于 E 量尽 D，设按照 F，E 量尽 D，

　　　　　因此，E 乘 F 得 D。

又，由于按照 C 中的单元数，A 量尽 D，　　［IX. 11 和推论］

　　　　　因此，A 乘 C 得 D。

但还有，E 乘 F 得 D；

　　　　　因此，A、C 的乘积等于 E、F 的乘积。

　　　　　因此，A 比 E 如同 F 比 C。　　　　［VII. 19］

但 A、E 互素，

而互素的数是与它们有相同比的数对中最小的，　　［VII. 21］

且用有相同比的最小数对量那些有相同比的数对，较大数量尽较大数与较小数量尽较小数有相同的次数，即前项量尽前项与后项量尽后项有相同的次数；　　　　　　　　　　［VII. 20］

　　　　　因此，E 量尽 C。

设按照 G，E 量尽 C；

因此，E 乘 G 得 C。

但根据前一命题，

A 乘 B 也得 C。　　　　［IX. 11 和推论］

因此，A、B 的乘积等于 E、G 的乘积。

因此，A 比 E 如同 G 比 B。　　　　［VII. 19］

但 A、E 互素，

而互素的数是与它们有相同比的数对中最小的，　　［VII. 21］

且用有相同比的最小数对量那些有相同比的数对，较大数量尽较大数与较小数量尽较小数有相同的次数，即前项量尽前项与后项量尽后项有相同的次数；　　　　［VII. 20］

因此，E 量尽 B。

设按照 H，E 量尽 B；

因此，E 乘 H 得 B。

但 A 自乘也得 B；　　　　［IX. 8］

因此，E、H 的乘积等于 A 的平方。

因此，E 比 A 如同 A 比 H。　　　　［VII. 19］

但 A、E 互素，

而互素的数是与它们有相同比的数对中最小的，　　［VII. 21］

且用有相同比的最小数对量那些有相同比的数对，较大数量

尽较大数与较小数量尽较小数有相同的次数，即前项量尽前项与
后项量尽后项有相同的次数；   [VII. 20]

因此，E 量尽 A，即前项量尽前项。

但已假设 E 量不尽 A：

这是不可能的。

因此，E、A 不互素。

因此，E、A 互合。

但互合的数被某数量尽。   [VII. 定义 14]

又，由于按照假设，E 是素数，

而素数不被任何除自身以外的数量尽，

因此，E 量尽 A、E，

因此，E 量尽 A。

[但它也量尽 D；

因此，E 量尽 A、D。]

类似地，可以证明，无论有多少个素数量尽 D，A 也被同样
的素数量尽。

这就是所要证明的。

命题 13

若从单元开始有任意多个数成连比例，且单元后面那个数是
素数，则除了这些成比例的数中的那些数以外，任何数都量不尽
其中最大的数。

If as many numbers as we please beginning from an unit be in continued proportion, and the number after the unit be prime, the greatest will not be measured by any except those have a place among the proportional numbers.

A ————		E ——
B —————		F ————
C ——————		G ——
D ——————		H ——

设从单元开始，有任意多个数 A、B、C、D 成连比例，且单元后面那个数 A 是素数；

我说，它们中最大的数 D 不被除 A、B、C 以外的任何其他数量尽。

如果可能，设 D 被 E 量尽，且设 E 不同于数 A、B、C 中的任何一个。

于是显然，E 不是素数。

这是因为，如果 E 是素数，并且量尽 D，

那么 E 也量尽素数 A［IX. 12］，尽管 E 不同于 A：

这是不可能的。

因此，E 不是素数。

因此，E 是合数。

但任何合数都被某一素数量尽；   ［VII. 31］

因此，E 被某一素数量尽。

其次我说，E 不被除 A 以外的任何其他素数量尽。

这是因为，如果 E 被另一素数量尽，

而 E 量尽 D，

则这一另外的数也量尽 D；

于是，它也量尽素数 A [IX. 12]，尽管它不同于 A：

这是不可能的。

因此，A 量尽 E。

又，由于 E 量尽 D，设 E 按照 F 量尽 D。

我说，F 不同于数 A、B、C 中的任何一个。

这是因为，如果 F 与数 A、B、C 中的一个相同，

且 F 按照 E 量尽 D，

则数 A、B、C 之一也按照 E 量尽 D。

但数 A、B、C 之一按照数 A、B、C 之一量尽 D；[IX. 11]

因此，E 也与数 A、B、C 之一相同：

这与假设矛盾。

因此，F 不同于 A、B、C 中的任何一个。

类似地，可以证明，F 被 A 量尽，只要再次证明 F 不是素数。

这是因为，如果 F 是素数，且量尽 D，

则它也量尽素数 A [IX. 12]，尽管它不同于 A：

这是不可能的；

因此，F 不是素数。

因此，F 是合数。

但任何合数都被某一素数量尽；   [VII. 31]

因此，F 被某一素数量尽。

其次我说，F 不被除 A 以外的任何其他素数量尽。

这是因为，如果 F 被另一素数量尽，

A ——————　　　　　　　E ————

B ————————　　　　F ——————————

C ——————————　　G ————

D ——————————　　H ——————

而 F 量尽 D，

则这一另外的数也量尽 D；

于是，它也量尽素数 A [IX. 12]，尽管它不同于 A：

这是不可能的。

因此，A 量尽 F。

又，由于 E 按照 F 量尽 D，

因此，E 乘 F 得 D。

但还有，A 乘 C 也得 D；　　　　　　　　　　[IX. 11]

因此，A、C 的乘积等于 E、F 的乘积。

因此有比例，A 比 F 如同 F 比 C。　　　[VII. 19]

但 A 量尽 E；

因此，F 也量尽 C。

设 F 按照 G 量尽 C。

于是，类似地，可以证明，G 不同于数 A、B 中的任何一个，且 A 量尽 G。

又，由于 F 按照 G 量尽 C，

因此，F 乘 G 得 C。

但还有，A 乘 B 也得 C；　　　　　　　　　　[IX. 11]

因此，A、B 的乘积等于 F、G 的乘积。

因此有比例，A 比 F 如同 G 比 B。　　　[VII. 19]

但 A 量尽 F；

因此，G 也量尽 B。

设 G 按照 H 量尽 B。

于是，类似地，可以证明，H 与 A 不同。

又，由于 G 按照 H 量尽 B，

因此，G 乘 H 得 B。

但还有，A 自乘也得 B；　　　　　　　　[IX. 8]

因此，H、G 的乘积等于 A 的平方。

因此，H 比 A 如同 A 比 G。　　[VII. 19]

但 A 量尽 G；

因此，H 也量尽素数 A，尽管 H 不同于 A：

这是荒谬的。

因此，最大的数 D 不被除 A、B、C 以外的任何其他数量尽。

这就是所要证明的。

命题 14

若一数是被若干素数量尽的最小数，则除了原来量尽它的那些素数以外，任何其他素数都量不尽这个数。

If a number be the least that is measured by prime numbers, it will not be measured by any other prime number except those originally measuring it.

$$
\begin{array}{ll}
A\ \rule{3cm}{0.4pt} & B\ \rule{0.6cm}{0.4pt} \\
E\ \rule{2.4cm}{0.4pt} & C\ \rule{1cm}{0.4pt} \\
F\ \rule{1.5cm}{0.4pt} & D\ \rule{1.3cm}{0.4pt}
\end{array}
$$

设数 A 是被素数 B、C、D 量尽的最小数；

我说，除了 B、C、D 以外，任何其他素数都量不尽 A。

这是因为，如果可能，设素数 E 能量尽 A，且设 E 不同于 B、C、D 中的任何一个。

现在，由于 E 量尽 A，设 E 按照 F 量尽 A；

因此，E 乘 F 得 A。

且 A 被素数 B、C、D 量尽。

但若两数相乘得某数，且某素数量尽该乘积，则它也量尽原来两数之一； 　　　　　　　　　　　　　　　　　[VIII. 30]

因此，B、C、D 量尽数 E、F 中的一个。

现在，它们量不尽 E；

因为 E 是素数，且不同于数 B、C、D 中的任何一个。

因此，它们量尽 F，而 F 小于 A：

这是不可能的，因为根据假设，A 是被 B、C、D 量尽的最小数。

因此，除了 B、C、D 以外，没有素数量尽 A。

这就是所要证明的。

命题 15

若成连比例的三个数是那些与它们有相同比的数组中最小的，则它们中任何两个之和与其余那个数互素。

If three numbers in continued proportion be the least of those which have the same ratio with them, any two whatever added together will be prime to the remaining number.

设成连比例的三个数 A、B、C 是与它们有相同比的数组中最小的；

我说，数 A、B、C 中任何两个之和与其余那个数互素，即 A、B 之和与 C 互素；B、C 之和与 A 互素，以及 A、C 之和与 B 互素。

A ——　　　　　　B ——
C ——
E
D —┼— F

这是因为，设两数 DE、EF 是与 A、B、C 有相同比的数组中最小的。　　　　　　　　　　　　　　　　　[VIII. 2]

于是显然，DE 自乘得 A，DE 乘 EF 得 B，以及 EF 自乘得 C。　　　　　　　　　　　　　　　　　　　　　　[VIII. 2]

现在，由于 DE、EF 是最小的，

所以它们互素。　　　　　　　[VII. 22]

但若两数互素，则它们之和也与每一个互素；　　[VII. 28]

因此，DF 也与数 DE、EF 中的每一个互素。

但 DE 也与 EF 互素；

因此，DF、DE 与 EF 互素。

但若两数与某数互素，则它们的乘积也与该数互素；[VII. 24]

因此，FD、DE 的乘积与 EF 互素；

因此，FD、DE 的乘积也与 EF 的平方互素。[VII. 25]

但 FD、DE 的乘积是 DE 的平方与 DE、EF 的乘积之和；

[II. 3]

A ——————　　B ——————

C ————————

D —•— F

E

因此，DE 的平方与 DE、EF 的乘积之和与 EF 的平方互素。

又，DE 的平方是 A，

DE、EF 的乘积是 B，

而 EF 的平方是 C；

　　　　因此，A、B 之和与 C 互素。

类似地，可以证明，B、C 之和与 A 互素。

其次我说，A、C 之和也与 B 互素。

这是因为，由于 DF 与数 DE、EF 中的每一个互素，

　　　　因此，DF 的平方也与 DE、EF 的乘积互素。

　　　　　　　　　　　　　　　　　[VII. 24, 25]

但 DE、EF 的平方和加上 DE、EF 乘积的二倍等于 DF 的平方；　　　　　　　　　　　　　　　　[II. 4]

因此，DE、EF 的平方和加上 DE、EF 乘积的二倍与 DE、EF 的乘积互素。

取分比例，DE、EF 的平方和与 DE、EF 的乘积之和与 DE、EF 的乘积互素。

因此，再取分比例，DE、EF 的平方和与 DE、EF 的乘积互素。

又，DE 的平方是 A，

DE、EF 的乘积是 B，

且 EF 的平方是 C。

　　　　因此，A、C 之和与 B 互素。

这就是所要证明的。

命题 16

若两数互素，则第一数比第二数不如同第二数比任何其他数。

If two numbers be prime to one another, the second will not be to any other number as the first is to the second.

A ———
B ———
C ———

　　　　　　　　　设两数 A、B 互素。

　　　　　　　　　我说，A 比 B 不如同 B 比任何其他数。

　　　　　　　　　这是因为，如果可能，设 A 比 B 如同 B 比 C。

现在，A、B 互素，

而互素的数是与它们有相同比的数对中最小的，　　　[VII. 21]

且用有相同比的最小数对量那些有相同比的数对，较大数量尽较大数与较小数量尽较小数有相同的次数，即前项量尽前项与后项量尽后项有相同的次数；　　　　　　　[VII. 20]

　　　　　　　因此，作为前项量尽前项，A 量尽 B。

但它也量尽自身；

因此，A 量尽互素的 A、B：

这是荒谬的。

因此，A 比 B 不如同 B 比 C。

　　　　　　　　　　　　　　　　　这就是所要证明的。

命题 17

若有任意多个数成连比例，且它们的两端互素，则第一数比第二数不如同最后一数比任何其他数。

If there be as many numbers as we please in continued proportion, and the extremes of them be prime to one another, the last will not be to any other number as the first to the second.

A —— 　　B ——　　　　　设有任意多个数 A、B、C、D 成

C ———　　　　　　　　连比例，

D ———

E ————　　　　　　　　且设它们的两端 A、D 互素；

我说，A 比 B 不如同 D 比任何其他数。

这是因为，如果可能，设 A 比 B 如同 D 比 E。　　　　［VII. 13］

但 A、D 互素，

而互素的数是与它们有相同比的数对中最小的，　　［VII. 21］

且用有相同比的最小数对量尽那些有相同比的数对，较大数量尽较大数与较小数量尽较小数有相同的次数，即前项量尽前项与后项量尽后项有相同的次数；　　　　　　　　　　　［VII. 20］

因此，A 量尽 B。

又，A 比 B 如同 B 比 C。

因此，B 也量尽 C；

因此，A 也量尽 C。

又，由于 B 比 C 如同 C 比 D，

且 B 量尽 C,

　　　　　　　　因此, C 也量尽 D。

但 A 也量尽 C;

　　　　　　　　因此, A 也量尽 D。

但 A 也量尽 A 自身;

　　　　　　　　因此, A 量尽互素的 A、D:

这是不可能的。

因此, A 比 B 不如同 D 比任何其他数。

　　　　　　　　　　　　　　　　这就是所要证明的。

命题 18

给定两个数, 考察是否可能对它们求出第三比例数。

Given two numbers, to investigate whether it is possible to find a third proportional to them.

$$
\begin{array}{ll}
A\ \rule{2cm}{0.4pt} & D\ \rule{2cm}{0.4pt} \\
B\ \rule{2cm}{0.4pt} & C\ \rule{3cm}{0.4pt}
\end{array}
$$

　　设 A、B 是给定的两个数, 要求考察是否可能对它们求出第三比例数。

　　现在, A、B 要么互素, 要么不互素。

　　如果它们互素, 则已经证明, 不可能对它们求出第三比例数。

　　　　　　　　　　　　　　　　　　　　[IX. 16]

A ———   D ———
B ———   C ———————————

其次，设 A、B 不互素，

且设 B 自乘得 C。

于是，A 要么量尽 C，要么量不尽 C。

首先，设 A 按照 D 量尽 C；

因此，A 乘 D 得 C。

但 B 自乘也得 C；

因此，A、D 的乘积等于 B 的平方。

因此，A 比 B 如同 B 比 D；   [VII. 19]

这样就对 A、B 求出了第三比例数 D。

其次，设 A 量不尽 C；

我说，对 A、B 求出第三比例数是不可能的。

这是因为，如果可能，设已求出第三比例数 D。

因此，A、D 的乘积等于 B 的平方。

但 B 的平方是 C；

因此，A、D 的乘积等于 C。

因此，A 乘 D 得 C；

因此，A 按照 D 量尽 C。

但根据假设，A 也量不尽 C：

这是荒谬的。

因此，当 A 量不尽 C 时，对 A、B 不可能求出第三比例数。

这就是所要证明的。

命题 19

给定三个数，考察何时可能对它们求出第四比例数。

Given three numbers, to investigate when it is possible to find a fourth proportional to them.

设 A、B、C 是给定的三个数，要求考察何时可能对它们求出第四比例数。……①

命题 20

存在着比指定的任意多个素数更多的素数。

Prime numbers are more than any assigned multitude of prime numbers.

设 A、B、C 是指定的素数。

我说，存在着比 A、B、C 更多的素数。

这是因为，取被 A、B、C 量尽的最小数，　　　　　[VII. 36]

---

① 　根据希思的说法，该命题的希腊文本错误百出，且该证明的完整无缺的部分是错误的。然而，与命题 18 类似，A、B、C 的第四比例数存在的条件是：A 量尽 B 与 C 的乘积。——译者

A —
B — G ———
C ———
E ———————————————————$+F$
                                D

并设它为 DE；

再给 DE 加上单元 DF。

于是，EF 要么是素数，要么不是素数。

首先，设它是素数；

于是，已经找到了比 A、B、C 更多的素数 A、B、C、EF。

其次，设 EF 不是素数；

　　　　　因此，EF 被某个素数量尽：　　　　　[VII. 31]

设 EF 被素数 G 量尽。

我说，G 与数 A、B、C 中的任何一个都不同。

这是因为，如果可能，设 G 与数 A、B、C 中的某一个相同。

现在，A、B、C 量尽 DE；

　　　　　　因此，G 也量尽 DE。

但 G 也量尽 EF。

　　　　因此，G 作为一个数量尽余数，即单元 DF：

这是荒谬的。

因此，G 与数 A、B、C 中的任何一个都不同。

又根据假设，G 是素数。

因此，已经找到了素数 A、B、C、G，其个数多于指定的 A、B、C 的个数。

　　　　　　　　　　　　　　　这就是所要证明的。

命题 21

把任意多个偶数相加，总和是偶数。

If as many even numbers as we please be added together, the whole is even.

设把任意多个偶数 *AB*、*BC*、*CD*、*DE* 相加；

我说，总和 *AE* 是偶数。

这是因为，由于数 *AB*、*BC*、*CD*、*DE* 中的每一个都是偶数，所以它有半个部分；   ［Ⅶ. 定义 6］

因此，总和 *AE* 也有半个部分。

但偶数是能被分成两个相等部分的数；   ［Ⅶ. 定义 6］

因此，*AE* 是偶数。

这就是所要证明的。

命题 22

把任意多个奇数相加，且其个数是偶数，则总和是偶数。

If as many odd numbers as we please be added together, and their multitude be even, the whole will be even.

把任意多个偶数个奇数 AB、BC、CD、DE 相加；

我说，总和 AE 是偶数。

这是因为，由于数 AB、BC、CD、DE 中的每一个都是奇数，所以如果从每一个中减去一个单元，则每一个余数都是偶数；

[VII. 定义 7]

因此，它们的总和是偶数。 [IX. 21]

但单元的个数也是偶数。

因此，总和 AE 也是偶数。 [IX. 21]

这就是所要证明的。

命题 23

把任意多个奇数相加，且其个数是奇数，则总和也是奇数。

If as many odd numbers as we please be added together, and their multitude be odd, the whole will also be odd.

设任意多个奇数个奇数 AB、BC、CD 相加；

我说，总和 AD 是奇数。

设从 CD 中减去单元 DE；

因此，余数 CE 是偶数。 [VII. 定义 7]

但 *CA* 也是偶数;　　　　　　　　　　　［IX. 22］

因此，总和 *AE* 也是偶数。　　　　　　［IX. 21］

而 *DE* 是一个单元。

因此，*AD* 是奇数。　　　　　［VII. 定义 7］

这就是所要证明的。

命题 24

从偶数中减去偶数，余数是偶数。

If from an even number an even number be subtracted, the remainder will be even.

设从偶数 *AB* 中减去偶数 *BC*；

我说，余数 *CA* 是偶数。

这是因为，由于 *AB* 是偶数，所以它有半个部分。［VII. 定义 6］

同理，*BC* 也有半个部分;

因此，余数 *CA* 也有半个部分，因此 AC 也是偶数。

这就是所要证明的。

命题 25

从偶数中减去奇数，余数是奇数。

If from an even number an odd number be subtracted, the remainder will be odd.

设从偶数 AB 中减去奇数 BC；

我说，余数 CA 是奇数。

设从 BC 中减去单元 CD；

因此，DB 是偶数。　　　　［VII. 定义 7］

但 AB 也是偶数；

因此，余数 AD 也是偶数。　　　　［VIII. 24］

而 CD 是单元；

因此，CA 是奇数。　　　　［VII. 定义 7］

这就是所要证明的。

命题 26

从奇数中减去奇数，余数是偶数。

If from an odd number all, odd number be subtracted, the remainder will be even.

A　　　　C　D　B

设从奇数 AB 中减去奇数 BC；

我说，余数 CA 是偶数。

这是因为，由于 AB 是奇数，设从 AB 中减去单元 BD；

　　　　　因此，余数 AD 是偶数。　　　　［VII. 定义 7］

同理，CD 也是偶数；　　　　　　　　　　　　　［VII. 定义 7］

　　　　　因此，余数 CA 也是偶数。　　　　　　［IX. 24］

　　　　　　　　　　　　　　　这就是所要证明的。

命题 27

从奇数中减去偶数，余数是奇数。

If from an odd number an even number be subtracted, the remainder will be odd.

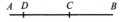

A　D　　C　　B

设从奇数 AB 中减去偶数 BC；

我说，余数 CA 是奇数。

设从奇数 AB 中减去单元 AD；

　　　　　因此，DB 是偶数。　　　　　　　［VII. 定义 7］

但 BC 也是偶数；

　　　　　因此，余数 CD 是偶数。　　　　　　［IX. 24］

因此，CA 是奇数。　　　　　　　　　　　［VII. 定义 7］

　　　　　　　　　　　　　　　　这就是所要证明的。

命题 28

奇数乘偶数，乘积是偶数。

If an odd number by multiplying an even number make some number, the product will be even.

A ——
B ———
C ——————
　　　　　　　　设奇数 A 乘偶数 B 得 C；
　　　　　　　　我说，C 是偶数。

这是因为，由于 A 乘 B 得 C，

因此，A 中有多少单元，C 就由多少个等于 B 的数相加而成。

　　　　　　　　　　　　　　　　　　　　　［VII. 定义 15］

而 B 是偶数；

　　　　　因此，C 由若干偶数相加而成。

但把任意多个偶数相加，总和是偶数。　　　　　　［IX. 21］

因此，C 是偶数。

命题 29

奇数乘奇数，乘积是奇数。

If an odd number by multiplying an odd number make some

member, the product will be odd.

设奇数 A 乘奇数 B 得 C；

我说，C 是奇数。

这是因为，由于 A 乘 B 得 C，

因此，A 中有多少单元，C 就由多少个等于 B 的数相加而成。

[VII. 定义 15]

而数 A、B 中的每一个都是奇数；

因此，C 由奇数个奇数相加而成。

因此，C 是奇数。　　　　　　　[XI. 23]

这就是所要证明的。

命题 30

若一个奇数量尽一个偶数，则这个奇数也量尽这个偶数的
一半。

*If an odd number measure an even number, it will also measure
the half of it.*

设奇数 A 量尽偶数 B；

我说，A 也量尽 B 的一半。

A ——
B ————————
C ————

　　这是因为，由于 A 量尽 B，

　　设 A 按照 C 量尽 B；

　　我说，C 不是奇数。

这是因为，如果可能，设 C 是奇数。

于是，由于 A 按照 C 量尽 B，

　　　　　　因此，A 乘 C 得 B。

因此，B 由奇数个奇数相加而成。

　　　　　　因此，B 是奇数：　　　　　　[IX. 23]

这是荒谬的，因为根据假设 B 是偶数。

因此，C 不是奇数；

　　　　　　因此，C 是偶数。

因此，A 量尽 B 有偶数次。

因此，A 也量尽 B 的一半。

　　　　　　　　　　　　这就是所要证明的。

命题 31

若一个奇数与某数互素，则这个奇数与此数的二倍互素。

If an odd number be prime to any number, it will also be prime to the double of it.

A ————
B ————————
C ————————————
D ——

　　设奇数 A 与某数 B 互素，且设 C 是 B 的二倍；

我说，A 与 C 互素。

这是因为，如果它们不互素，则有某数量尽它们。

设这个数是 D。

现在，A 是奇数；

因此，D 也是奇数，

又，由于 D 是量尽 C 的奇数，

且 C 是偶数，

因此，D 也量尽 C 的一半。   [IX. 30]

但 B 是 C 的一半；

因此，D 量尽 B。

但 D 也量尽 A；

因此，D 量尽互素的 A、B：

这是不可能的。

因此，A 不能不与 C 互素。

因此，A、C 互素。

这就是所要证明的。

命题 32

从二开始连续二倍的每一个数仅是偶倍偶数。

Each of the numbers which are continually doubled beginning from a dyad is even-times even only.

A ——

B ———

C —————

D ———————

设二是 A，并设任意多个数 B、C、D 是从 A 开始的连续二倍的数；

我说，B、C、D 仅是偶倍偶数。

现在，数 B、C、D 中的每一个显然是偶倍偶数；这是因为它是从二开始加倍的。

我说，它也仅是偶倍偶数。

这是因为，设从一个单元开始。

于是，由于从单元开始的任意多个数成连比例，

且单元后面的数 A 是素数，

因此，除 A、B、C 以外，任何其他数都量不尽数 A、B、C、D 中最大的 D。   [IX. 13]

又，数 A、B、C 中的每一个都是偶数；

因此，D 仅是偶倍偶数。   [VII. 定义 8]

类似地，可以证明，数 B、C 中的每一个也仅是偶倍偶数。

这就是所要证明的。

命题 33

若一数的一半是奇数，则它仅是偶倍奇数。

If a number have its half odd, it is even-times odd only.

设数 A 的一半是奇数；

A ———————

我说，A 仅是偶倍奇数。

现在，它显然是偶倍奇数；这是因为，它的一半是奇数，且此奇数量尽它的次数为偶数。 ［Ⅶ. 定义 9］

其次我说，它也仅是偶倍奇数。

这是因为，如果 A 也是偶倍偶数，那么

它被一个偶数按照偶数量尽； ［Ⅶ. 定义 8］

于是，它的一半也被一个偶数量尽，尽管它的一半是奇数：这是荒谬的。

因此，A 仅是偶倍奇数。

这就是所要证明的。

命题 34

若一个数既不是从二开始连续二倍的数，它的一半也不是奇数，则它既是偶倍偶数又是偶倍奇数。

If a number neither be one of those which are continually doubled from a dyad, nor have its half odd, it is both even-times even and even-times odd.

设数 A 既不是从二开始连续二倍的

A ———————

数，它的一半也不是奇数；

我说，A 既是偶倍偶数又是偶倍奇数。

_____A_____ 　　　　　　现在，A 显然是偶倍偶数；

这是因为它的一半不是奇数。　　　　　　　　　[VII. 定义 8]

其次我说，它也是偶倍奇数。

这是因为，如果将 A 二等分，然后将它的一半二等分，以此类推，我们会遇到某个奇数，它按照一个偶数量尽 A。

这是因为，如果不是这样，我们会遇到二，

且 A 是从二开始连续二倍的那些数中的数：

这与假设矛盾。

于是，A 是偶倍奇数。

但已证明，它也是偶倍偶数。

因此，A 既是偶倍偶数又是偶倍奇数。

　　　　　　　　　　　　　　　　　　这就是所要证明的。

命题 35

若有任意多个数成连比例，又从第二数和最后一数中减去等于第一数的数，则从第二数得的余数比第一数如同从最后一数得的余数比最后一数以前各项之和。

If as many numbers as we please be in continued proportion, and there be subtracted from the second and the last numbers equal to the first, then, as the excess of the second is to the first, so will the excess of the last be to all those before it.

设从最小的 A 开始的
任意多个数 A、BC、D、
EF 成连比例，

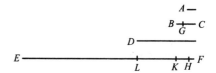

且设从 BC 和 EF 中减
去等于 A 的数 BG、FH；

我说，GC 比 A 如同 EH 比 A、BC、D 之和。

这是因为，设 FK 等于 BC，且 FL 等于 D。

于是，由于 FK 等于 BC，

且其中的部分 FH 等于部分 BG，

因此，余数 HK 等于余数 GC。

又，由于 EF 比 D 如同 D 比 BC，又如同 BC 比 A，

而 D 等于 FL，BC 等于 FK，A 等于 FH。

因此，EF 比 FL 如同 LF 比 FK，又如同 FK 比 FH。

取分比例，EL 比 LF 如同 LK 比 FK，又如同 KH 比 FH。

[VII. 11, 13]

因此也有，前项之一比后项之一如同所有前项之和比所有
后项之和；

[VII. 12]

因此，KH 比 FH 如同 EL、LK、KH 之和比 LF、FK、HF 之和。

但 KH 等于 CG，FH 等于 A，EL、LK、KH 之和等于 D、
BC、A 之和；

因此，CG 比 A 如同 EH 比 D、BC、A 之和。

因此，从第二数得的余数比第一数如同从最后一数得的余数
比最后一数以前各项之和。

这就是所要证明的。

命题 36

若从单元开始有任意多个数以二倍比成连比例, 且所有数之和是素数, 则这个和与最后一数的乘积是完全数。

If as many numbers as we please beginning from an unit be set out continuously in double proportion, until the sum of all becomes prime, and if the sum multiplied into the last make some number, the product will be perfect.

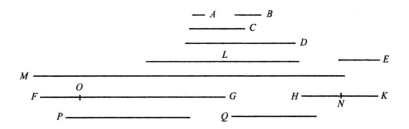

设从单元开始有任意多个数 A、B、C、D 以二倍比成连比例, 且所有数之和是素数,

设 E 等于其和, 且设 E 乘 D 得 FG;

我说, FG 是完全数。

这是因为, A、B、C、D 有多少个, 就设有多少个 E、HK、L、M 为从 E 开始的以二倍比成连比例的数;

于是, 取首末比例, A 比 D 如同 E 比 M。　　[VII. 14]

因此, E、D 的乘积等于 A、M 的乘积。　　[VII. 19]

而 E、D 的乘积是 FG；

因此，A、M 的乘积也是 FG。

因此，A 乘 M 得 FG；

因此，按照 A 中的单元数，M 量尽 FG。

而 A 是二；

因此，FG 是 M 的二倍。

但 M、L、HK、E 彼此连续二倍，

因此，E、HK、L、M、FG 以二倍比成连比例。

现在，设从第二数 HK 和最后一数 FG 中减去等于第一数 E 的数；

因此，从第二数得的余数比第一数如同从最后一数得的余数比最后一数以前各项之和。　　　　　　　　　　　　　　　[IX. 35]

因此，NK 比 E 如同 OG 比 M、L、HK、E 之和。

而 NK 等于 E；

因此，OG 也等于 M、L、HK、E 之和。

但 FO 也等于 E，

而 E 等于 A、B、C、D 与单元之和。

因此，整个 FG 等于 E、HK、L、M 与 A、B、C、D 以及单元之和；

且 FG 被它们量尽。

我还说，除 A、B、C、D、E、HK、L、M 和单元以外，任何其他数都量不尽 FG。

这是因为，如果可能，设某数 P 量尽 FG，

且设 P 不同于数 A、B、C、D、E、HK、L、M 中的任何一个。

又，P 量尽 FG 有多少次，就设 Q 中有多少单元；

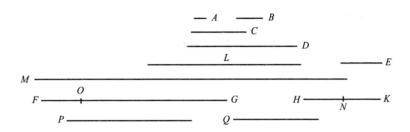

因此，Q 乘 P 得 FG。

但 E 乘 D 也得 FG；

因此，E 比 Q 如同 P 比 D。　　　　［VII. 19］

又，由于 A、B、C、D 从单元开始成连比例，

　　因此，除 A、B、C 以外，任何其他数都量不尽 D。

　　　　　　　　　　　　　　　　　　［IX. 13］

又，根据假设，P 不同于数 A、B、C 中的任何一个；

因此，P 量不尽 D。

但 P 比 D 如同 E 比 Q；

因此，E 也量不尽 Q。　　　　［VII. 定义 20］

而 E 是素数；

且任一素数与它量不尽的任一数互素。　　　　［VII. 29］

因此，E、Q 互素。

但互素的数是与它们有相同比的数对中最小的，　　［VII. 21］

且用有相同比的数对中最小的数对量那些有相同比的数对，较大数量尽较大数与较小数量尽较小数有相同的次数，也就是说，前项量尽前项与后项量尽后项有相同的次数；　　　　［VII. 20］

又，E 比 Q 如同 P 比 D；

因此，E 量尽 P 与 Q 量尽 D 有相同的次数。

但除 A、B、C 以外，任何其他数都量不尽 D；

因此，Q 与 A、B、C 中的一个相同。

设它与 B 相同。

又，B、C、D 有多少个，就从 E 开始取多少个 E、HK、L。

现在，E、HK、L 与 B、C、D 有相同的比；

因此，取首末比例，B 比 D 如同 E 比 L。 ［VII. 14］

因此，B、L 的乘积等于 D、E 的乘积。 ［VII. 19］

但 D、E 的乘积等于 Q、P 的乘积；

因此，Q、P 的乘积也等于 B、L 的乘积。

因此，Q 比 B 如同 L 比 P。 ［VII. 19］

而 Q 与 B 相同；

因此，L 也与 P 相同：

这是不可能的，这是因为，根据假设，P 不同于给定的任何数。

因此，除 A、B、C、D、E、HK、L、M 和单元以外，没有数量尽 FG。

又，已经证明，FG 等于 A、B、C、D、E、HK、L、M 以及单元之和。

且完全数是等于其自身所有部分之和的数； ［VII. 定义 22］

因此，FG 是完全数。

这就是所要证明的。

汉译世界学术名著丛书

几何原本

下 册

〔古希腊〕欧几里得 著

张卜天 译

商务印书馆
The Commercial Press
创于1897

第十卷

定义 I

1. 能被同一量量尽的那些量叫做**可公度量**，不能被同一量量尽的那些量叫做**不可公度量**。

Those magnitudes are said to be *commensurable* which are measured by the same measure, and those *incommensurable* which cannot have any common measure.

2. 当直线上的正方形能被同一面量尽时，这些**直线**叫做**正方可公度**；当直线上的正方形不能被同一面量尽时，这些直线叫做**正方不可公度**。

Straight lines are *commensurable in square* when the squares on them are measured by the same area, and *incommensurable in square* when the squares on them cannot possibly have any area as a common measure.

3. 由这些假设可以证明，分别存在着无穷多条与指定的直线可

公度和不可公度的直线，一些仅是长度可公度和不可公度，另
一些则也是正方可公度和不可公度。于是，把指定的直线称为
有理直线，把那些与之可公度的直线，无论是长度可公度和正
方可公度，还是仅正方可公度，称为**有理**直线，而把那些与之
不可公度的直线称为**无理**直线。

With these hypotheses, it is proved that there exist straight
lines infinite in multitude which are commensurable and
incommensurable respectively, some in length only, and others in
square also, with an assigned straight line. Let then the assigned
straight line be called *rational*, and those straight lines which
are commensurable with it, whether in length and in square or in
square only, *rational*, but those which are incommensurable with
it *irrational*.

4. 并把指定直线上的正方形称为**有理的**，把与该正方可公度的面
   称为**有理的**，而把与该正方不可公度的面称为**无理的**，把产生
   这些无理面的直线称为**无理的**，也就是说，当这些面为正方形
   时，这些直线即指边本身，而当这些面为任何其他直线形时，
   这些直线则指与面相等的正方形的边。

And let the square on the assigned straight line be called *rational*
and those areas which are commensurable with it *rational*, but
those which are incommensurable with it *irrational*, and the
straight lines which produce them *irrational*, that is, in case the
areas are squares, the sides themselves, but in case they are any

other rectilineal figures, the straight lines on which are described squares equal to them.

命题 1

给定两个不等的量，从较大量中减去一个大于它的一半的量，再从余量中减去大于该余量一半的量，这样继续作下去，则会得到某个小于较小量的余量。

Two unequal magnitudes being set out, if from the greater there be subtracted a magnitude greater than its half, and from that which is left a magnitude greater than its half, and if this process be repeated continually, there will be left some magnitude which will be less than the lesser magnitude set out.

设 *AB*、*C* 是两个不等的量，其中 *AB* 较大：

我说，从 *AB* 中减去一个大于它的一半的量，再从余量中减去大于该余量一半的量，这样继续作下去，则会得到某个小于量 *C* 的余量。

这是因为，*C* 的若干倍总会大于 *AB*。　　　[参见 V. 定义 4]

设 *DE* 是 *C* 的若干倍，且 *DE* 大于 *AB*；

将 *DE* 分成等于 *C* 的几部分 *DF*、*FG*、*GE*，

从 *AB* 中减去大于它的一半的 *BH*，

又从 *AH* 中减去大于它的一半的 *HK*，

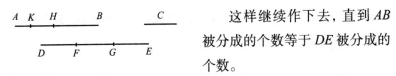

这样继续作下去, 直到 AB 被分成的个数等于 DE 被分成的个数。

然后, 设被分成的 AK、KH、HB 的个数等于 DF、FG、GE 的个数。

现在, 由于 DE 大于 AB,

又从 DE 中减去小于它的一半的 EG,

又从 AB 中减去大于它的一半的 BH,

　　　　因此, 余量 GD 大于余量 HA。

又, 由于 GD 大于 HA,

又从 DG 中减去它的一半 GF,

又从 HA 中减去大于它的一半的 HK,

　　　　因此, 余量 DF 大于余量 AK。

但 DF 等于 C;

　　　　　　因此, C 也大于 AK。

因此, AK 小于 C。

因此, 量 AB 的余量 AK 小于给定的较小量 C。

　　　　　　　　这就是所要证明的。

推论 即使减去的部分是一半, 也可类似地证明此命题。

命题 2

从两个不等量的较大量中不断减去较小量，直到余量小于较小量，再从较小量中不断减去余量，直到余量小于前一余量，轮流重复这个过程，若得到的余量总是量不尽它前面的量，则原有的两个量不可公度。

If, when the less of two unequal magnitudes is continually subtracted in turn from the greater, that which is left never measures the one before it, the magnitudes will be incommensurable.

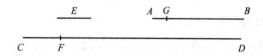

设有两个不等的量 *AB*、*CD*，且 *AB* 较小，从较大量中不断减去较小量，直到余量小于小量，再从较小量中不断减去余量，直到余量小于前一余量，轮流重复这个过程，设得到的余量总是量不尽它前面的量；

我说，两量 *AB*、*CD* 不可公度。

这是因为，如果它们可公度，则有某个量量尽它们。

设量尽它们的量是 *E*；

设 *AB* 量 *CD* 得 *FD*，在量 *FD* 时，余下的 *CF* 小于 *AB*。

又设 *CF* 量 *AB* 得 *BG*，在量 *BG* 时，余下的 *AG* 小于 *CF*，轮流重复这个过程，直到余下某量小于 *E*。

假设这样做下去，余量 *AG* 小于 *E*。

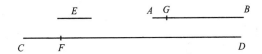

于是，由于 E 量尽 AB，

而 AB 量尽 DF，

因此，E 也量尽 FD。

但 E 也量尽整个 CD；

因此，E 也量尽余量 CF。

但 CF 量尽 BG；

因此，E 也量尽 BG。

但 E 也量尽整个 AB；

因此，E 也量尽余量 AG，较大的量尽较小的：

这是不可能的。

因此，没有量量尽 AB、CD；

因此，量 AB、CD 不可公度。　　　　[Ⅹ.定义 1]

这就是所要证明的。

命题 3

给定两个可公度量，求它们的最大公度量。

Given two commensurable magnitudes, to find their greatest common measure.

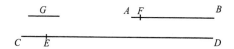

设两个给定的可公度量是 AB、CD，其中 AB 较小；

于是，要求找到 AB、CD 的最大公度量。

现在，量 AB 要么量尽 CD，要么量不尽 CD。

于是，如果 AB 量尽 CD（AB 也量尽它自身），则 AB 是 AB、CD 的公度量。

又，它显然也是最大的；

这是因为，大于 AB 的量量不尽 AB。

其次，设 AB 量不尽 CD。

于是，从两个不等量的较大量中不断减去较小量，直到余量小于较小量，再从较小量中不断减去余量，直到余量小于前一余量，轮流重复这个过程，则有一余量量尽它前面的量，这是因为 AB、CD 并非不可公度。　　　　　　　　　　　　　　［参见 X.2］

设 AB 量 CD 得 ED，在量 ED 时，余下的 EC 小于 AB；

又设 EC 量 AB 得 FB，在量 FB 时，余下的 AF 小于 CE；

且设 AF 量尽 CE。

于是，由于 AF 量尽 CE，

而 CE 量尽 FB，

因此，AF 也量尽 FB。

但 AF 也量尽它自身；

因此，AF 也量尽整个 AB。

但 AB 量尽 DE；

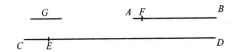

因此，*AF* 也量尽 *ED*。

但 *AF* 也量尽 *CE*；

因此，*AF* 也量尽整个 *CD*。

因此，*AF* 是 *AB*、*CD* 的公度量。

其次我说，*AF* 也是最大的。

这是因为，如果不是这样，则有某个大于 *AF* 的量量尽 *AB*、*CD*。

设它是 *G*。

于是，由于 *G* 量尽 *AB*，

而 *AB* 量尽 *ED*，

因此，*G* 也量尽 *ED*。

但 *G* 也量尽整个 *CD*；

因此，*G* 也量尽余量 *CE*。

但 *CE* 量尽 *FB*；

因此，*G* 也量尽 *FB*。

但 *G* 也量尽整个 *AB*，

因此，它也量尽余量 *AF*，较大的量尽较小的：

这是不可能的。

因此，没有大于 *AF* 的量量尽 *AB*、*CD*；

因此，*AF* 是 *AB*、*CD* 的最大公度量。

这样便找到了两个给定可公度量 AB、CD 的最大公度量。

这就是所要证明的。

推论 由此显然可得, 若一个量量尽两个量, 则它也量尽它们的最大公度量。

命题 4

给定三个可公度量, 求它们的最大公度量。

Given three commensurable magnitudes, to find their greatest common measure.

设 A、B、C 是三个给定的可公度量, 于是, 要求找到 A、B、C 的最大公度量。

取两量 A、B 的最大公度量, 设它是 D ;　　[X. 3]

于是, D 要么量尽 C, 要么量不尽 C。

首先, 设它量尽 C。

于是, 由于 D 量尽 C,

而 D 也量尽 A、B ;

因此, D 是 A、B、C 的公度量。

显然, D 也是最大的 ;

这是因为, 大于 D 的量量不尽 A、B。

A —————————————— 其次，设 D 量不尽 C。

B ———————— 首先我说，C、D 可公度。

C —————— 这是因为，由于 A、B、C 可公度，

D —— E — F—— 所以

有某个量量尽它们，

当然它也量尽 A、B；

因此，它也量尽 A、B 的最大公度量 D。[X.3，推论]

但它也量尽 C；

因此，所说的量量尽 C、D；

因此，C、D 可公度。

现在，取 C、D 的最大公度量，设它是 E。　　　　[X.3]

于是，由于 E 量尽 D，

而 D 量尽 A、B，

因此，E 也量尽 A、B。

但 E 也量尽 C；

因此，E 量尽 A、B、C；

因此，E 是 A、B、C 的公度量。

其次我说，E 也是最大的。

这是因为，如果可能，设有某个大于 E 的量 F 量尽 A、B、C。

于是，由于 F 量尽 A、B、C，所以

F 也量尽 A、B，

并量尽 A、B 的最大公度量。　　[X.3，推论]

但 A、B 的最大公度量是 D；

因此，F 量尽 D。

但 F 也量尽 C;

因此, F 量尽 C、D;

因此, F 也量尽 C、D 的最大公度量。[X.3,推论]

但 C、D 的最大公度量是 E;

因此, F 量尽 E, 较大的量尽较小的:

这是不可能的。

因此, 没有大于 E 的量量尽 A、B、C;

因此, 如果 D 量不尽 C, 则 E 就是 A、B、C 的最大公度量,

而若 D 量尽 C, 则 D 本身就是最大公度量。

这样便求出了给定三个可公度量的最大公度量。

推论 由此显然可得, 若一个量量尽三个量, 则它也量尽它们的最大公度量。

类似地, 也可以求出更多可公度量的最大公度量, 该推论可以拓展。

这就是所要证明的。

命题 5

可公度量之比如同一个数比一个数。

Commensurable magnitudes have to one another the ratio which a number has to a number.

$$\begin{array}{ccc} \underline{\qquad\quad A \qquad\quad} & \underline{\quad B \quad} & \underline{\ C\ } \\ \underline{\quad D \quad} & & \\ \underline{\quad E \quad} & & \end{array}$$

设 A、B 是可公度量；

我说，A 比 B 如同一个数比一个数。

这是因为，由于 A、B 可公度，所以有某个量量尽它们。

设这个量是 C。

且 C 量尽 A 有多少次，就设 D 中有多少单元；

以及 C 量尽 B 有多少次，就设 E 中有多少单元。

于是，由于按照 D 中的单元数，C 量尽 A，

而按照 D 中的单元数，单元也量尽 D，

因此，单元量尽数 D 与量 C 量尽 A 有相同的次数；

　　　　　因此，C 比 A 如同单元比 D；　　　　　［VII. 15］

　　　　因此，取反比例，A 比 C 如同 D 比单元。

　　　　　　　　　　　　　　　　　　　　　［参见 V. 7，推论］

又，由于按照 E 中的单元数，C 量尽 B，

而按照 E 中的单元数，单元也量尽 E，

　　　　因此，单元量尽 E 与 C 量尽 B 有相同的次数；

　　　　　因此，C 比 B 如同单元比 E。

但已证明，

　　　　　A 比 C 如同 D 比单元；

因此，取首末比例，

　　　　　A 比 B 如同数 D 比 E。　　　　　［V. 22］

因此，可公度量 A 比 B 如同数 D 比数 E。

这就是所要证明的。

命题 6

若两个量之比如同一个数比一个数，则这两个量可公度。

If two magnitudes have to one another the ratio which a number has to a number, the magnitudes will be commensurable.

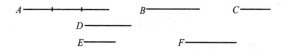

设两个量 A 比 B 如同数 D 比数 E；

我说，A、B 可公度。

设 D 中有多少单元，就把 A 分成多少相等的部分，

且设 C 等于其中一个部分；

且设 E 中有多少单元，F 就由多少等于 C 的量所构成。

于是，由于 D 中有多少单元，A 中就有多少等于 C 的量，所以

单元是 D 的怎样一部分，C 也是 A 的同样一部分；

因此，C 比 A 如同单元比 D。 ［VII. 定义 20］

但单元量尽数 D；

因此，C 也量尽 A。

又，由于 C 比 A 如同单元比 D，

因此，取反比例，A 比 C 如同数 D 比单元。

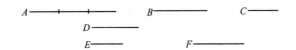

［参见 V. 7，推论］

又，由于 E 中有多少单元，F 中就有多少等于 C 的量，

因此，C 比 F 如同单元比 E。 ［VII. 定义 20］

但也已证明，

A 比 C 如同 D 比单元；

因此，取首末比例，

A 比 F 如同 D 比 E。 ［V. 22］

但 D 比 E 如同 A 比 B；

因此也有，A 比 B 如同 A 比 F。 ［V. 11］

因此，A 与量 B、F 中的每一个有相同的比；

因此，B 等于 F。 ［V. 9］

但 C 量尽 F；

因此，C 也量尽 B。

此外，它也量尽 A；

因此，C 量尽 A、B。

因此，A 与 B 可公度。

这就是所要证明的。

推论 由此显然可得，若有两数 D、E 和一直线 A，则可作一直线 [F]，使给定直线 A 比它如同数 D 比数 E。

而且，如果取 A、F 的比例中项为 B，

则 A 比 F 如同 A 上的正方形比 B 上的正方形，即第一条直线比第三条直线如同在第一条直线上所作的图形比在第二条直线上所作的与之相似且有相似位置的图形。　　　［VI. 19，推论］

但 A 比 F 如同数 D 比数 E；

因此已经做到，数 D 比数 E 也如同直线 A 上的图形比直线 B 上的图形。

命题 7

不可公度量之比不如同一个数比一个数。

Incommensurable magnitudes have not to one another the ratio which a number has to a number.

设 A、B 是不可公度量；

我说，A 比 B 不如同一个数比一个数。

这是因为，如果 A 比 B 如同一个数比一个数，

则 A 与 B 可公度。　　　　　　　　　　　　　　　［X. 6］

但 A 与 B 不可公度；

因此，A 比 B 不如同一个数比一个数。

这就是所要证明的。

命题 8

若两个量之比不如同于一个数比一个数，则这两个量不可公度。

If two magnitudes have not to one another the ratio which a number has to a number, the magnitudes will be incommensurable.

—— A ——
—— B ——

设两个量 A 比 B 不如同一个数比一个数；

我说，量 A、B 不可公度。

这是因为，若它们可公度，则 A 比 B 如同一个数比一个数。

[X. 5]

但 A 比 B 不如同一个数比一个数；

因此，量 A、B 不可公度。

这就是所要证明的。

命题 9

长度可公度的直线上的正方形之比如同一个平方数比一个平方数；若正方形之比如同一个平方数比一个平方数，则正方形的边也是长度可公度的。但长度不可公度的直线上的正方形之比不如同一个平方数比一个平方数；若正方形之比不如同一个平方数比一个平方数，则它们的边也不是长度可公度的。

The squares on straight lines commensurable in length have to one another the ratio which a square number has to a square number; and squares which have to one another the ratio which a square number has to a square number will also have their sides commensurable in length. But the squares on straight lines incommensurable in length have not to one another the ratio which a square number has to a square number; and squares which have not to one another the ratio which a square number has to a square number will not have their sides commensurable in length either.

设 A、B 长度可公度；

我说，A 上的正方形比 B 上的正方形如同一个平方数比一个平方数。

这是因为，由于 A 与 B 是长度可公度的，

　　因此，A 比 B 如同一个数比一个数。　　　　［X. 5］

设这两个数之比是 C 比 D。

于是，由于 A 比 B 如同 C 比 D，

而 A 上的正方形比 B 上的正方形是 A 比 B 的二倍比，

这是因为相似图形彼此之比是其对应边之比的二倍比；

　　　　　　　　　　　　　　　　　　　［VI. 20，推论］

且 C 的平方比 D 的平方是 C 比 D 的二倍比，

这是因为两个平方数之间有一个比例中项数，且平方数比平

$$\underline{A} \qquad \underline{B}$$
$$\underline{C}$$
$$\underline{D}$$

方数是边比边的二倍比；   ［VIII. 11］

因此也有，A 上的正方形比 B 上的正方形如同 C 的平方比 D 的平方。

其次，设 A 上的正方形比 B 上的正方形如同 C 的平方比 D 的平方。

我说，A 与 B 是长度可公度的。

这是因为，由于 A 上的正方形比 B 上的正方形如同 C 的平方比 D 的平方，

而 A 上的正方形比 B 上的正方形是 A 比 B 的二倍比，

且 C 的平方比 D 的平方是 C 比 D 的二倍比，

因此也有，A 比 B 如同 C 比 D。

因此，A 比 B 如同数 C 比数 D；

因此，A 与 B 是长度可公度的。   ［X. 6］

其次，设 A 与 B 长度不可公度。

我说，A 上的正方形比 B 上的正方形不如同一个平方数比一个平方数。

这是因为，如果 A 上的正方形比 B 上的正方形如同一个平方数比一个平方数，则 A 与 B 可公度。

但 A 与 B 不可公度；

因此，A 上的正方形比 B 上的正方形不如同一个平方数比一个平方数。

又，设 A 上的正方形比 B 上的正方形不如同一个平方数比一个平方数。

我说，A 与 B 长度不可公度。

这是因为，如果 A 与 B 可公度，则 A 上的正方形比 B 上的正方形如同一个平方数比一个平方数。

但 A 上的正方形比 B 上的正方形不如同一个平方数比一个平方数；

因此，A 与 B 不是长度可公度的。

这就是所要证明的。

推论 由以上证明显然可得，长度可公度的直线也总是正方可公度的，但正方可公度的直线并不总是长度可公度的。

< **引理（Lemma）** 在算术书中已经证明，相似面数之比如同一个平方数比一个平方数，   ［VIII. 26］

而且，若两数之比如同一个平方数比一个平方数，则它们是相似面数。   ［VIII. 26 的逆命题］

由这些命题显然可得，不是相似面数的数，即它们的边不成比例的那些数，它们之比不如同一个平方数比一个平方数。

这是因为，如果它们有这样的比，则它们是相似面数：这与假设矛盾。

因此，不是相似面数的数之比不如同一个平方数比一个平方

数。>①

< 命题 10

找到与一指定直线不可公度的两条直线，一条仅长度不可公度，另一条也正方不可公度。

To find two straight lines incommensurable, the one in length only, and the other in square also, with an assigned straight line.

A ——————　　　　　设 A 是指定的直线；
D ——————
E ——————　　　　　于是，要求找到与 A 不可公度的两条直线，
B ————
C ————　　　一条仅长度不可公度，另一条也正方不可公度。

设两数 B 比 C 不如同一个平方数比一个平方数，即它们不是相似面数；

且设法做出，B 比 C 如同 A 上的正方形比 D 上的正方形——

因为我们知道如何做到这一点——　　　　　[X.6，推论]

因此，A 上的正方形与 D 上的正方形可公度。　[X.6]

又，由于 B 比 C 不如同一个平方数比一个平方数，

因此，A 上的正方形比 D 上的正方形也不如同一个平方数比一个平方数；

---

① 希思评论说，该命题的一段注释"断言，其中证明的定理是泰阿泰德（Theaetetus）的发现"。然而，该引理被认为是添写；因为它提到了下一个命题 X.10，而且"存在着如此众多对 X.10 的反驳，以致很难认为它是真的"。——译者

因此，A 与 D 长度不可公度。　　　　　［X. 9］

设 E 是 A、D 的比例中项；

因此，A 比 D 如同 A 上的正方形比 E 上的正方形。

　　　　　　　　　　　　　　　［V. 定义 9］

但 A 与 D 长度不可公度，

因此，A 上的正方形与 E 上的正方形也不可公度；

　　　　　　　　　　　　　　　［X. 11］

因此，A 与 E 正方不可公度。

这样便找到了与指定直线 A 不可公度的两条直线 D、E，D 仅长度不可公度，E 是长度不可公度和正方不可公度。

这就是所要证明的。>

命题 11

若四个量成比例，且第一个量与第二个量可公度，则第三个量与第四个量也可公度；又，若第一个量与第二个量不可公度，则第三个量与第四个量也不可公度。

If four magnitudes be proportional, and the first be commensurable with the second, the third will also be commensurable with the fourth; and, if the first be incommensurable with the second, the third will also be incommensurable with the fourth.

设 A、B、C、D 是四个成比例的量，因此 A 比 B 如同 C 比 D，且设 A 与 B 可公度；

我说，C 与 D 也可公度。

这是因为，由于 A 与 B 可公度，因此 A 比 B 如同一个数比一个数。　　　　　　　　　　　　　　　　　　[X. 5]

又，A 比 B 如同 C 比 D；

　　　　因此，C 比 D 如同一个数比一个数；

　　　　　　因此，C 与 D 可公度。　　　　　[X. 6]

其次，设 A 与 B 不可公度；

我说，C 与 D 也不可公度。

这是因为，由于 A 与 B 不可公度，

　　　　因此，A 比 B 不如同一个数比另一个数。　　[X. 7]

又，A 比 B 如同 C 比 D；

　　　　因此，C 比 D 也不如同一个数比一个数，

　　　　　　因此，C 与 D 不可公度。　　　　　[X. 8]

　　　　　　　　　　　　　　　　　这就是所要证明的。

命题 12

与同一个量可公度的若干量，彼此也可公度。

Magnitudes commensurable with the same magnitude are

commensurable with one another also.

设量 A、B 中的每一个与 C 可公度；

我说，A 与 B 也可公度。

这是因为，由于 A 与 C 可公度，

因此，A 比 C 如同一个数比一个数。   [X. 5]

设这个比是 D 比 E。

又，由于 C 与 B 可公度，

因此，C 比 B 如同一个数比一个数，   [X. 5]

设这个比是 F 比 G。

又，给定任意多个比，即 D 比 E 和 F 比 G，

以给定的比连续取数 H、K、L；   [参见 VIII. 4]

因此，D 比 E 如同 H 比 K，

以及 F 比 G 如同 K 比 L。

于是，由于 A 比 C 如同 D 比 E，

而 D 比 E 如同 H 比 K，

因此也有，A 比 C 如同 H 比 K。   [V. 11]

又，由于 C 比 B 如同 F 比 G，

而 F 比 G 如同 K 比 L，

因此也有，C 比 B 如同 K 比 L。   [V. 11]

但也有，A 比 C 如同 H 比 K；

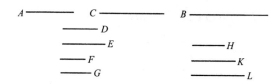

因此，取首末比例，

$$A \text{ 比 } B \text{ 如同 } H \text{ 比 } L。 \qquad [\text{V. } 22]$$

因此，A 比 B 如同一个数比一个数；

$$因此，A \text{ 与 } B \text{ 可公度。} \qquad [\text{X. } 6]$$

这就是所要证明的。

命题 13

若两个量可公度，且其中一量与某量不可公度，则另一量与此量也不可公度。

If two magnitudes be commensurable, and the one of them be incommensurable with any magnitude, the remaining one will also be incommensurable with the same.

　　　　　　　　　　　设 A、B 是两个可公度量，且其中一量 A 与另一量 C 不可公度；

　　　　　　　　　　　我说，其余那个量 B 与 C 也不可公度。

这是因为，如果 B 与 C 可公度，

而 A 与 B 也可公度，则

A 与 C 也可公度。　　　　　　　［X. 12］

但 A 与 C 也不可公度：

这是不可能的。

因此，B 与 C 并非可公度；

因此，B 与 C 不可公度。

这就是所要证明的。

引理　给定两条不等直线，求较大直线上的正方形比较小直线上的正方形大怎样一个正方形。

Given two unequal straight lines, to find by what square the square on the greater is greater than the square on the less.

设 AB、C 是给定的两条不等直线，且其中 AB 较大；

于是，要求找到 AB 上的正方形比 C 上的正方形大怎样一个正方形。

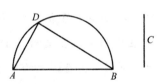

在 AB 上作半圆 ADB，

在半圆内作 AD 等于 C；　　　　　　　　　　［IV. 1］

连接 DB。

于是显然，角 ADB 是直角，　　　　［III. 31］

且 AB 上的正方形比 AD 即 C 上的正方形大 DB 上的正方形。

［I. 47］

类似地也有，如果给定两条直线，则以同样方法可求出一条

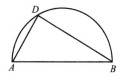

直线，使该直线上的正方形等于两条给定直线上的正方形之和。

设 *AD*、*BD* 是两条给定直线，求一直线，使它之上的正方形等于 *AD*、*BD* 上的正方形之和。

用 *AD*、*DB* 组成一个直角；

连接 *AB*。

显然，直线 *AB* 上的正方形等于 *AD*、*DB* 上的正方形之和。

[I. 47]

这就是所要证明的。

命题 14

若四条直线成比例，第一条直线上的正方形比第二条直线上的正方形大一条直线上的正方形，且该直线与第一条直线可公度，则第三条直线上的正方形也比第四条直线上的正方形大一条直线上的正方形，该直线与第三条直线可公度。

又，若第一条直线上的正方形比第二条直线上的正方形大一条直线上的正方形，且该直线与第一条直线不可公度，则第三条直线上的正方形也比第四条直线上的正方形大一条直线上的正方形，该直线与第三条直线不可公度。

If four straight lines be proportional, and the square on the first be greater than the square on the second by the square on a straight line commensurable with the first, the square on the third will also be greater than the square on the fourth by the square on a straight line commensurable with the third.

And, if the square on the first be greater than the square on the second by the square on a straight line incommensurable with the first, the square on the third will also be greater than the square on the fourth by the square on a straight line incommensurable with the third.

设 A、B、C、D 是四条成比例的直线，

因此，A 比 B 如同 C 比 D；

且设 A 上的正方形与 B 上的正方形大 E 上的正方形，

又设 C 上的正方形与 D 上的正方形大 F 上的正方形；

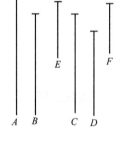

我说，若 A 与 E 可公度，则 C 与 F 也可公度，

若 A 与 E 不可公度，则 C 与 F 也不可公度。

这是因为，由于 A 比 B 如同 C 比 D，

因此也有，A 上的正方形比 B 上的正方形如同 C 上的正方形比 D 上的正方形。　　　　　　　　　　　　　　　　[VI. 22]

但 E、B 上的正方形之和等于 A 上的正方形，

且 D、F 上的正方形之和等于 C 上的正方形。

因此，E、B 上的正方形之和比 B 上的正方形如同 D、F 上的正方形之和比 D 上的正方形；

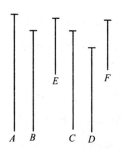

因此，取分比例，E 上的正方形比 B 上的正方形如同 F 上的正方形比 D 上的正方形；　　　　　　　　　　　[V. 17]

因此也有，E 比 B 如同 F 比 D；

　　　　　　　　　　　[VI. 22]

因此，取反比例，B 比 E 如同 D 比 F。

但 A 比 B 如同 C 比 D；

因此，取首末比例，A 比 E 如同 C 比 F。　　[V. 22]

因此，若 A 与 E 可公度，则 C 与 F 也可公度；又，若 A 与 E 不可公度，则 C 与 F 也不可公度。　　　　　　　　[X. 11]

这就是所要证明的。

命题 15

若两个可公度量相加，则它们的和也与这两个量中的每一个可公度；又，若两个量之和与两个量之一可公度，则这两个量也可公度。

If two commensurable magnitudes be added together, the whole will also be commensurable with each of them; and, if the whole be commensurable with one of them, the original magnitudes will also be commensurable.

把两个可公度量 AB、BC 相加；

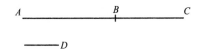

我说，整个 AC 也与 AB、BC 中的每一个可公度。

这是因为，由于 AB、BC 可公度，所以有某个量量尽它们。

设 D 量尽它们。

于是，由于 D 量尽 AB、BC，所以 D 也量尽整个 AC。

但 D 也量尽 AB、BC；

　　　　因此，D 量尽 AB、BC、AC；

　　　因此，AC 与量 AB、BC 中的每一个可公度。

　　　　　　　　　　　　　　　　　　［X.定义1］

其次，设 AC 与 AB 可公度；

　　　　我说，AB、BC 也可公度。

这是因为，由于 AC、AB 可公度，所以有某个量量尽它们。

设 D 量尽它们。

于是，由于 D 量尽 CA、AB，所以 D 也量尽余量 BC。

但 D 也量尽 AB；

　　　　因此，D 也量尽 AB、BC；

　　　　因此，AB、BC 可公度。　　　［X.定义1］

　　　　　　　　　　　　　　这就是所要证明的。

命题 16

若把两个不可公度量相加，则它们的和也与这两个量中的每一个不可公度；又，若两个量之和与两个量之一不可公度，则这两个量也不可公度。

If two incommensurable magnitudes be added together, the whole will also be incommensurable with each of them; and, if the whole be incommensurable with one of them, the original magnitudes will also be incommensurable.

把两个不可公度量 *AB*、*BC* 相加。

我说，整个 *AC* 也与 *AB*、*BC* 中的每一个不可公度。

这是因为，如果 *CA*、*AB* 并非不可公度，则有某个量量尽它们。

如果可能，设 *D* 量尽它们。

于是，由于 *D* 量尽 *CA*、*AB*，

因此，*D* 也量尽余量 *BC*。

但 *D* 也量尽 *AB*；

因此，*D* 量尽 *AB*、*BC*。

因此，*AB*、*BC* 可公度。

但根据假设，*AB*、*BC* 也不可公度：

这是不可能的。

因此，没有量量尽 *CA*、*AB*；

　　　　因此，CA、AB 不可公度。　　　　[X. 定义 1]

类似地，可以证明，AC、CB 也不可公度。

　　　　因此，AC 与 AB、BC 中的每一个不可公度。

其次，设 AC 与量 AB、BC 之一不可公度。

首先，设 AC 与 AB 不可公度；

我说，AB、BC 也不可公度。

这是因为，如果它们可公度，则有某个量量尽它们。

设 D 量尽它们。

于是，由于 D 量尽 AB、BC，

　　　　　　因此，D 也量尽整个 AC。

但 D 也量尽 AB；

　　　　　　因此，D 量尽 CA、AB。

因此，CA、AB 可公度；

但根据假设，它们也不可公度：

这是不可能的。

因此，没有量量尽 AB、BC；

　　　　　　因此，AB、BC 不可公度。　　　　[X. 定义 1]

　　　　　　　　　　　　　　　　这就是所要证明的。

　　引理　如果对某直线贴合出一个亏缺正方形的平行四边形，则
这个平行四边形等于因贴合出而产生的两直线段所围成的矩形。

　　*If to any straight line there be applied a parallelogram
deficient by a square figure, the applied parallelogram is equal to*

the rectangle contained by the segments of the straight line resulting
from the application.

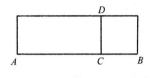

设对直线 AB 贴合出一个亏缺正方
形 DB 的平行四边形 AD ;

我说, AD 等于 AC、CB 所围成的
矩形。

事实上, 这是显然的;

这是因为, 由于 DB 是正方形, 所以

DC 等于 CB ;

且 AD 是矩形 AC、CD, 即矩形 AC、CB。

这就是所要证明的。

命题 17

如果有两条不等的直线, 对较大直线贴合出一个等于较小直
线上的正方形的四分之一且亏缺一个正方形的平行四边形, 若把
较大直线分成长度可公度的两部分, 则较大直线上的正方形比较
小直线上的正方形大一个与较大直线可公度的直线上的正方形。

又, 若较大直线上的正方形比较小直线上的正方形大一个与
较大直线可公度的直线上的正方形, 且对较大直线贴合出一个等
于较小直线上的正方形的四分之一且亏缺一个正方形的平行四
边形, 则较大直线被分成长度可公度的两部分。

If there be two unequal straight lines, and to the greater there be applied a parallelogram equal to the fourth part of the square on the less and deficient by a square figure, and if it divide it into parts which are commensurable in length, then the square on the greater will be greater than the square on the less by the square on a straight line commensurable with the greater.

And, if the square on the greater be grater than the square on the less by the square on a straight line commensurable with the greater, and if there be applied to the greater a parallelogram equal to the fourth part of the square on the less and deficient by a square figure, it will divide it into parts which are commensurable in length.

设 A、BC 是两条不等的直线，其中 BC 较大，

对 BC 贴合出一个平行四边形等于较小的 A 上的正方形的四分之一，即等于 A 的一半上的正方形，且亏缺一个正方形。

设它就是矩形 BD、DC，　　　　　　　　[参见引理]

且设 BD 与 DC 长度可公度；

我说，BC 上的正方形比 A 上的正方形大一个与 BC 可公度的直线上的正方形。

这是因为，将 BC 二等分于点 E，

取 EF 等于 DE。

因此，余量 DC 等于 BF。

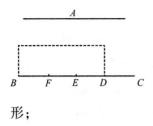

又，由于直线 *BC* 在 *E* 被分成相等的两部分，在 *D* 被分成不相等的两部分，

因此，*BD*、*DC* 所围成的矩形与 *ED* 上的正方形之和等于 *EC* 上的正方形；

[II. 5]

将它们四倍后也是正确的；

因此，四倍的矩形 *BD*、*DC* 与四倍的 *DE* 上的正方形之和等于四倍的 *EC* 上的正方形。

但 *A* 上的正方形等于四倍的矩形 *BD*、*CD*；

且 *DF* 上的正方形等于四倍的 *DE* 上的正方形，这是因为 *DF* 是 *DE* 的二倍。

且 *BC* 上的正方形等于四倍的 *EC* 上的正方形，这同样因为 *BC* 是 *CE* 的二倍。

因此，*A*、*DF* 上的正方形之和等于 *BC* 上的正方形，

因此，*BC* 上的正方形比 *A* 上的正方形大一个 *DF* 上的正方形。

需要证明，*BC* 与 *DF* 也可公度。

由于 *BD* 与 *DC* 长度可公度，

因此，*BC* 与 *CD* 也长度可公度。　　　[X. 15]

但 *CD* 与 *CD*、*BF* 之和长度可公度，这是因为 *CD* 等于 *BF*。

[X. 6]

因此，*BC* 与 *BF*、*CD* 之和也长度可公度，　　　[X. 12]

因此，*BC* 与余量 *FD* 也长度可公度；　　　[X. 15]

因此，*BC* 上的正方形比 *A* 上的正方形大一个与 *BC* 可公度的直线上的正方形。

其次，设 BC 上的正方形比 A 上的正方形大一个与 BC 可公度的直线上的正方形，

对直线 BC 贴合出一个平行四边形等于 A 上的正方形的四分之一且亏缺一个正方形，设它是矩形 BD、DC。

需要证明，BD 与 DC 长度可公度。

用同样的作图，可以类似地证明，BC 上的正方形比 A 上的正方形大一个 FD 上的正方形。

但 BC 上的正方形比 A 上的正方形大一个与 BC 可公度的直线上的正方形。

因此，BC 与 FD 长度可公度，

因此，BC 与余量即 BF、DC 之和也长度可公度。　　　[X.15]

但 BF、DC 之和与 DC 可公度，　　　　　　　　　　　[X.6]

　　　　因此，BC 与 CD 也长度可公度；　　　　　　　[X.12]

　　　　因此，根据分比例，BD 与 DC 长度可公度。　　[X.15]

　　　　　　　　　　　　　　　　　　　这就是所要证明的。

命题 18

如果有两条不等的直线，对较大直线贴合出一个等于较小直线上的正方形的四分之一且亏缺一个正方形的平行四边形，若把较大直线分成长度不可公度的两部分，则较大直线上的正方形比较小直线上的正方形大一个与较大直线不可公度的直线上的正方形。

又，若较大直线上的正方形比小直线上的正方形大一个与

较大直线不可公度的直线上的正方形，且对较大直线贴合出一个
等于较小直线上的正方形的四分之一且亏缺一个正方形的平行
四边形，则较大直线被分成不可公度的两部分。

If there be two unequal straight lines, and to the greater there be applied a parallelogram equal to the fourth part of the square on the less and deficient by a square figure, and if it divide it into parts which are incommensurable, the square on the greater will be greater than the square on the less by the square on a straight line incommensurable with the grater.

And, if the square on the greater be greater than the square on the less by the square on a straight line incommensurable with the greater, and if there be applied to the greater a parallelogram equal to the fourth pad of the square on the less and deficient by a square figure, it divides it into parts which are incommensurable.

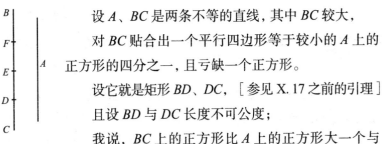

设 A、BC 是两条不等的直线，其中 BC 较大，

对 BC 贴合出一个平行四边形等于较小的 A 上的
正方形的四分之一，且亏缺一个正方形。

设它就是矩形 BD、DC，［参见 X. 17 之前的引理］

且设 BD 与 DC 长度不可公度；

我说，BC 上的正方形比 A 上的正方形大一个与
BC 不可公度的直线上的正方形。

这是因为，利用前面的作图，可以类似证明，BC 上的正方
形比 A 上的正方形大一个 FD 上的正方形。

需要证明, BC 与 DF 长度不可公度。

由于 BD 与 DC 长度不可公度,

因此, BC 与 CD 也长度不可公度。   [X. 16]

但 DC 与 BF、DC 之和可公度;   [X. 6]

因此, BC 与 BF、DC 之和也不可公度;   [X. 13]

因此, BC 与余量 FD 也长度不可公度。   [X. 16]

而 BC 上的正方形比 A 上的正方形大一个 FD 上的正方形;

因此, BC 上的正方形比 A 上的正方形大一个与 BC 不可公度的直线上的正方形。

又, 设 BC 上的正方形比 A 上的正方形大一个与 BC 不可公度的直线上的正方形,

且对 BC 贴合出一个等于 A 上的正方形的四分之一且亏缺一个正方形的平行四边形。

设它就是矩形 BD、DC。

需要证明, BD 与 DC 长度不可公度。

这是因为, 用同样的作图, 可以类似地证明, BC 上的正方形比 A 上的正方形大一个 FD 上的正方形。

但 BC 上的正方形比 A 上的正方形大一个与 BC 不可公度的直线上的正方形;

因此, BC 与 FD 长度不可公度,

因此, BC 与余量即 BF、DC 之和不可公度。 [X. 16]

但 BF、DC 之和与 DC 长度可公度;   [X. 6]

因此, BC 与 DC 也长度可公度,   [X. 13]

因此, 取分比例, BD 与 DC 也长度不可公度。[X. 16]

这就是所要证明的。

<引理 既已证明长度可公度的直线也总是正方可公度，而正方可公度的直线则并不总是长度可公度，而是必然要么长度可公度，要么长度不可公度，因此显然，如果某直线与一条给定的有理直线长度可公度，则称它为有理的，且与另一条直线不仅长度可公度而且正方可公度，因为长度可公度的直线也总是正方可公度。

但如果某直线与给定的有理直线正方可公度，那么如果它们也长度可公度，则在这种情况下也称它为有理的，而且与给定的有理直线长度可公度和正方可公度；但如果某直线与给定的有理直线正方可公度而长度不可公度，那么在这种情况下也称它为有理的，但仅正方可公度。>

命题 19

由长度可公度的有理直线围成的矩形是有理的。

The rectangle contained by rational straight lines commensurable in length is rational.

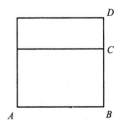

设矩形 *AC* 是由长度可公度的有理直线 *AB*、*BC* 围成的；

我说，*AC* 是有理的。

这是因为，在 *AB* 上作正方形 *AD*；

因此，*AD* 是有理的。　　［X. 定义 4］

又, 由于 AB 与 BC 长度可公度,

而 AB 等于 BD,

　　　　因此, BD 与 BC 长度可公度。

又, BD 比 BC 如同 DA 比 AC。　　　　　　[Ⅵ. 1]

　　　　因此, DA 与 AC 可公度。　　　　[Ⅹ. 11]

但 DA 是有理的;

　　　　因此, AC 也是有理的。　　　　[Ⅹ. 定义 4]

　　　　　　　　　　这就是所要证明的。

命题 20

　　若对一有理直线贴合出一个有理面, 则它所产生的作为宽的
直线是有理的, 且与原直线长度可公度。

　　*If a rational area be applied to a rational straight line, it
produces as breadth a straight line rational and commensurable in
length with the straight line to which it is applied.*

　　用前述方法对有理直线 AB 贴合出有理面
AC, 产生作为宽的 BC;

　　我说, BC 是有理的, 且与 BA 长度可公度。

　　这是因为, 在 AB 上作正方形 AD;

　　　　因此, AD 是有理的。

　　　　[Ⅹ. 定义 4]

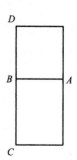

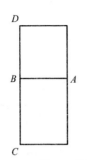

但 *AC* 也是有理的；

　　因此，*DA* 与 *AC* 可公度。

又，*DA* 比 *AC* 如同 *DB* 比 *BC*。　　[VI. 1]

　　因此，*DB* 与 *BC* 也可公度；　　[X. 11]

而 *DB* 等于 *BA*；

　　因此，*AB* 与 *BC* 也可公度。

但 *AB* 是有理的；

因此，*BC* 也是有理的，且与 *AB* 长度可公度。

　　　　　　　　　　　　　　　　这就是所要证明的。

命题 21

　　由仅是正方可公度的有理直线围成的矩形是无理的，且与该矩形相等的正方形的边也是无理的。称后者为**中项线**。

　　The rectangle contained by rational straight lines commensurable in square only is irrational, and the side of the square equal to it is irrational. Let the latter be called **medial**.

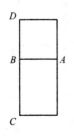

　　设矩形 *AC* 是由仅是正方可公度的有理直线 *AB*、*BC* 围成的；

　　我说，矩形 *AC* 是无理的，且与 *AC* 相等的正方形的边也是无理的；

　　且称后者为**中项线**。

这是因为，在 *AB* 上作正方形 *AD*；

    因此，*AD* 是有理的。   [X. 定义 4]

又，由于 *AB* 与 *BC* 长度不可公度，

这是因为，根据假设，它们仅正方可公度，

而 *AB* 等于 *BD*，

   因此，*DB* 与 *BC* 也长度不可公度。

又，*DB* 比 *BC* 如同 *AD* 比 *AC*；   [VI. 1]

    因此，*DA* 与 *AC* 不可公度。 [X. 11]

但 *DA* 是有理的；

     因此，*AC* 是无理的，

   因此，等于 *AC* 的正方形的边也是无理的。[X. 定义 4]

且称后者为**中项线**。

       这就是所要证明的。

 引理 若有两条直线，则第一直线比第二直线如同第一直线上的正方形比这两条直线所围成的矩形。

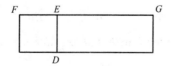

设 *FE*、*EG* 是两条直线。

我说，*FE* 比 *EG* 如同 *FE* 上的正方形比矩形 *FE*、*EG*。

这是因为，在 *FE* 上作正方形 *DF*，

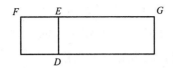

且作矩形 *GD*。

于是，由于 *FE* 比 *EG* 如同 *FD* 比 *DG*，   ［Ⅵ. 1］

且 *FD* 是 *FE* 上的正方形，

且 *DG* 是矩形 *DE*、*EG*，即矩形 *FE*、*EG*，

因此，*FE* 比 *EG* 如同 *FE* 上的正方形比矩形 *FE*、*EG*。

类似地也有，矩形 *GE*、*EF* 比 *EF* 上的正方形，即 *GD* 比
FD，如同 *GE* 比 *EF*。

这就是所要证明的。

命题 22

若对一有理直线贴合出一个矩形等于中项线上的正方形，则
产生的作为宽的直线是有理的，且与原有理直线长度不可公度。

*The square on a medial straight line, if applied to a rational
straight line, produces as breadth a straight line rational and
incommensurable in length with that to which it is applied.*

设 *A* 是中项线，*CB* 是有理直线，

且对 *BC* 贴合出一个矩形面 *BD* 等于 *A* 上的正方形，产生作
为宽的 *CD*；

我说，CD 是有理的，且与 CB 长度不可公度。

这是因为，由于 A 是中项线，所以 A 上的正方形等于仅正方可公度的有理直线所围成的矩形。

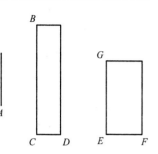

〔X. 21〕

设 A 上的正方形等于 GF。

但 A 上的正方形也等于 BD；

因此，BD 等于 GF。

但 BD 与 GF 也是等角的，

而在相等且等角的平行四边形中，夹等角的边成互反比例；

〔VI. 14〕

因此有比例，BC 比 EG 如同 EF 比 CD。

因此也有，BC 上的正方形比 EG 上的正方形如同 EF 上的正方形比 CD 上的正方形。   〔VI. 22〕

但 CB 上的正方形与 EG 上的正方形可公度，这是因为直线 CB、EG 中的每一个都是有理的；

因此，EF 上的正方形与 CD 上的正方形也可公度。   〔X. 11〕

但 EF 上的正方形是有理的；

因此，CD 上的正方形也是有理的； 〔X. 定义 4〕

因此，CD 是有理的。

又，由于 EF 与 FG 长度不可公度，

这是因为它们仅正方可公度，

又，EF 比 EG 如同 EF 上的正方形比矩形 FE、EG，   〔引理〕

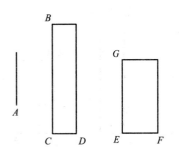

因此，*EF* 上的正方形与矩形 *FE*、*EG* 不可公度。　　［X. 11］

但 *CD* 上的正方形与 *EF* 上的正方形可公度，这是因为这些直线在正方形上是有理的；

且 矩 形 *DC*、*CB* 与 矩 形 *FE*、*EG* 可公度，这是因为它们都等于 *A* 上的正方形；

因此，*CD* 上的正方形与矩形 *DC*、*CB* 也不可公度。［X. 13］

但 *CD* 上的正方形比矩形 *DC*、*CB* 如同 *DC* 比 *CB*；　　［引理］

因此，*DC* 与 *CB* 长度不可公度。　　　　　　［X. 11］

因此，*CD* 是有理的，且与 *CB* 长度不可公度。

这就是所要证明的。

命题 23

与中项线可公度的直线也是中项线。

A straight line commensurable with a medial straight line is medial.

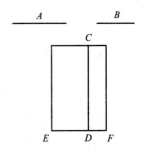

设 *A* 是中项线，且设 *B* 与 *A* 可公度；我说，*B* 也是中项线。

这是因为，设 *CD* 是一条有理直线，对 *CD* 贴合出一个矩形面 *CE* 等于 *A* 上的正方形，产生作为宽的 *ED*；

因此，ED 是有理的，且与 CD 长度不可公度。 ［X. 22］

又，对 CD 贴合出一个矩形面 CF 等于 B 上的正方形，产生作为宽的 DF。

于是，由于 A 与 B 可公度，所以

A 上的正方形与 B 上的正方形也可公度。

但 EC 等于 A 上的正方形，

且 CF 等于 B 上的正方形；

因此，EC 与 CF 可公度。

又，EC 比 CF 如同 ED 比 DF； ［VI. 1］

因此，ED 与 DF 长度可公度。 ［X. 11］

但 ED 是有理的，且与 DC 长度不可公度；

因此，DF 也是有理的， ［X. 定义 3］

且与 DC 长度不可公度。 ［X. 13］

因此，CD、DF 是有理的，且仅正方可公度。

但若一直线上的正方形等于由仅正方可公度的有理直线围成的矩形，则此直线是中项线； ［X. 21］

因此，与矩形 CD、DF 相等的正方形的边是中项线。

而 B 是与矩形 CD、DF 相等的正方形的边；

因此，B 是中项线。

这就是所要证明的。

推论 由此显然可得，与中项面可公度的面是中项面。

又，用在有理情况下所解释的方法［X. 18 后的引理］可以推出, 关于中项线, 与一中项线长度可公度的直线被称为**中项线**, 且与之不仅长度可公度而且也正方可公度, 这是因为一般而言, 长度可公度的直线也总是正方可公度。

但如果某直线与一中项线正方可公度, 那么如果它们也长度可公度, 则称这些直线为长度可公度且正方可公度的的中项线, 但如果仅正方可公度, 则称它们为仅正方可公度的中项线。

命题 24

由长度可公度的中项线围成的矩形是中项面。

The rectangle contained by medial straight lines commensurable in length is medial.

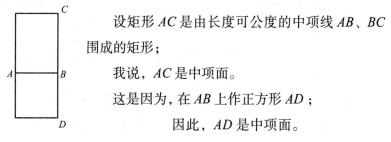

设矩形 AC 是由长度可公度的中项线 AB、BC 围成的矩形;

我说, AC 是中项面。

这是因为, 在 AB 上作正方形 AD;

因此, AD 是中项面。

又, 由于 AB 与 BC 长度可公度,

而 AB 等于 BD,

因此, DB 与 BC 也长度可公度,

因此, DA 与 AC 也可公度。 [VI. 1, X. 11]

但 DA 是中项面,

因此，*AC* 也是中项面。 ［Ⅹ.23，推论］

这就是所要证明的。

命题 25

由仅正方可公度的中项线围成的矩形要么是有理面，要么是中项面。

The rectangle contained by medial straight lines commensurable in square only is either rational or medial.

设矩形 *AC* 是由仅正方可公度的中项线 *AB*、*BC* 围成的矩形；

我说，*AC* 要么是有理面，要么是中项面。

这是因为，在 *AB*、*BC* 上作正方形 *AD*、*BE*；

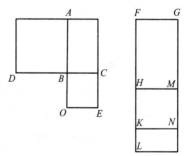

因此，正方形 *AD*、*BE* 中的每一个都是中项面。

给定一条有理直线 *FG*，

对 *FG* 贴合出矩形 *GH* 等于 *AD*，产生作为宽的 *FH*，

对 *HM* 贴合出矩形 *MK* 等于 *AC*，产生出作为宽的 *HK*；

再对 *KN* 贴合出矩形 *NL* 等于 *BE*，产生出作为宽的 *KL*；

因此，*FH*、*HK*、*KL* 在同一直线上。

于是，由于正方形 *AD*、*BE* 中的每一个都是中项面，

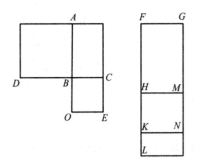

且 *AD* 等于 *GH*，

且 *BE* 等于 *NL*，

因此，矩形 *GH*、*NL* 中的每一个都是中项面。

又，它们都是对有理直线 *FG* 贴合出的；

因此，直线 *FH*、*KL* 中的每一个都是有理的，且与 *FG* 长度不可公度。　　　　[X. 22]

又，由于 *AD* 与 *BE* 可公度，

因此，*GH* 与 *NL* 也可公度。

又，*GH* 比 *NL* 如同 *FH* 比 *KL*；　　　　[VI. 1]

因此，*FH* 与 *KL* 长度可公度。　　　　[X. 11]

因此，*FH*、*KL* 是长度可公度的有理直线；

因此，矩形 *FH*、*KL* 是有理的。　　　　[X. 19]

又，由于 *DB* 等于 *BA*，且 *OB* 等于 *BC*，

因此，*DB* 比 *BC* 如同 *AB* 比 *BO*。

但 *DB* 比 *BC* 如同 *DA* 比 *AC*，　　　　[VI. 1]

且 *AB* 比 *BO* 如同 *AC* 比 *CO*；　　　　[VI. 1]

因此，*DA* 比 *AC* 如同 *AC* 比 *CO*。

但 *AD* 等于 *GH*，*AC* 等于 *MK*，以及 *CO* 等于 *NL*；

因此，*GH* 比 *MK* 如同 *MK* 比 *NL*；

因此也有，*FH* 比 *HK* 如同 *HK* 比 *KL*；

[VI. 1，V. 11]

因此，矩形 *FH*、*KL* 等于 *HK* 上的正方形。　　　　[VI. 17]

　　但矩形 *FH*、*KL* 是有理的；

　　　　　　因此，*HK* 上的正方形也是有理的。

　　因此，*HK* 是有理的。

　　又，如果 *HK* 与 *FG* 长度可公度，

　　　　　　则 *HN* 是有理的；　　　　　　[X. 19]

　　但如果 *HK* 与 *FG* 长度不可公度，

　　　　　则 *KH*、*HM* 是仅正方可公度的有理直线，

　　　　　　　因此，*HN* 是中项面。　　　　[X. 21]

　　因此，*HN* 要么是有理面，要么是中项面。

　　但 *HN* 等于 *AC* ；

　　　　　因此，*AC* 是有理面，要么是中项面。

　　　　　　　　　　　　　　这就是所要证明的。

命题 26

中项面不会比中项面超出一个有理面。

A medial area does not exceed a medial area by a rational area.

　　这是因为，如果可能，设中项面 *AB* 比中项面 *AC* 超出一个有理面 *DB*，

　　且设对有理直线 *EF* 贴合出

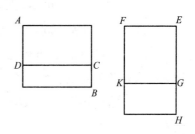

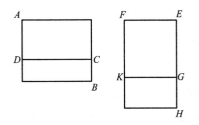

一个矩形 FH 等于 AB, 产生作为宽的 EH,

　　且减去等于 AC 的矩形 FG ;

　　因此, 余量 BD 等于余量 KH。

但 DB 是有理的;

　　　　因此, KH 也是有理的。

于是, 由于矩形 AB、AC 中的每一个都是中项面,

且 AB 等于 FH, AC 等于 FG,

　　因此, 矩形 FH、FG 中的每一个也都是中项面。

又, 它们都是对有理直线 EF 贴合出的;

　　因此, 直线 HE、EG 中的每一条都是有理的, 且与 EF 长度不可公度。　　　　　　　　　　　　　　　　　　　　　[X. 22]

又, 由于[DB 是有理的且等于 KH, 因此]KH[也]是有理的;

且它是对有理直线 EF 贴合出的;

　　　　因此, GH 是有理的, 且与 EF 长度可公度。　[X. 20]

但 EG 也是有理的, 且它与 EF 长度不可公度,

　　　　因此, EG 与 GH 长度不可公度。　　　　　[X. 13]

又, EG 比 GH 如同 EG 上的正方形比矩形 EG、GH ;

因此, EG 上的正方形与矩形 EG、GH 不可公度。　[X. 11]

但 EG、GH 上的正方形之和与 EG 上的正方形可公度, 这是因为两者都是有理的;

　　又, 二倍的矩形 EG、GH 与矩形 EG、GH 可公度, 这是因为它是它的二倍;　　　　　　　　　　　　　　　　　　　　　[X. 6]

因此，EG、GH 上的正方形与二倍的矩形 EG、GH 不可公度；

[X. 13]

因此，EG、GH 上的正方形之和加二倍的矩形 EG、GH，即 EH 上的正方形[II. 4]，与 EG、GH 上的正方形不可公度。

[X. 16]

但 EG、GH 上的正方形是有理的；

因此，EH 上的正方形是无理的。   [X. 定义 4]

因此，EH 是无理的。

但 EH 也是有理的：这是不可能的。

这就是所要证明的。

命题 27

求围成一个有理矩形的仅正方可公度的中项线。

To find medial straight lines commensurable in square only which contain a rational rectangle.

给定仅正方可公度的两有理直线 A、B；

取 C 为 A、B 的比例中项，   [VI. 13]

且作 A 比 B 如同 C 比 D。   [VI. 12]

于是，由于 A、B 是仅正方可公度的有理直线，所以矩形 A、B，即 C 上的正方形[VI. 17]，是中项面。   [X. 21]

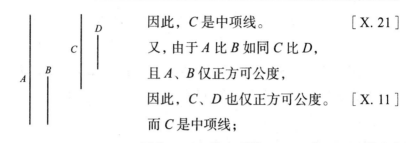

因此，C 是中项线。　　　　　　[X.21]

又，由于 A 比 B 如同 C 比 D，

且 A、B 仅正方可公度，

因此，C、D 也仅正方可公度。　　[X.11]

而 C 是中项线；

因此，D 也是中项线。　　　[X.23，附注]

因此，C、D 是仅正方可公度的中项线。

我说，它们也围成一个有理矩形。

这是因为，由于 A 比 B 如同 C 比 D，

因此，取更比例，A 比 C 如同 B 比 D。　　[V.16]

但 A 比 C 如同 C 比 B；

因此也有，C 比 B 如同 B 比 D；

因此，矩形 C、D 等于 B 上的正方形。

但 B 上的正方形是有理的；

因此，矩形 C、D 也是有理的。

这样便求出了围成一个有理矩形的仅正方可公度的中项线。

这就是所要证明的。

命题 28

求围成一个中项矩形的仅正方可公度的中项线。

To find medial straight lines commensurable in square only which contain a medial rectangle.

给定仅正方可公度的有理直线 A、B、C；

取 D 为 A、B 的比例中项，   [VI. 13]

且作 B 比 C 如同 D 比 E。   [VI. 12]

由于 A、B 是仅正方可公度的有理直线，

因此，矩形 A、B，即 D 上的正方形 [VI. 17]，是中项面。

[X. 21]

因此，D 是中项线。

又，由于 B、C 仅正方可公度，

且 B 比 C 如同 D 比 E，

因此，D、E 也仅正方可公度。   [X. 11]

但 D 是中项线；

因此，E 也是中项线。   [X. 23，附注]

因此，D、E 是仅正方可公度的中项线。

其次我说，它们也围成一个中项矩形。

这是因为，由于 B 比 C 如同 D 比 E，

因此，取更比例，B 比 D 如同 C 比 E。   [V. 16]

但 B 比 D 如同 D 比 A；

因此也有，D 比 A 如同 C 比 E；

因此，矩形 A、C 等于矩形 D、E。   [V. 16]

但矩形 A、C 是中项面；   [X. 21]

因此，矩形 D、E 也是中项面。

这样便求出了围成矩形为中项面的仅正方可公度的中项线。

这就是所要证明的。

引理 1 求两平方数，使其和也是平方数。

To find two square numbers such that their sum is also square.

给定两数 AB、BC，设它们要么都是偶数，要么都是奇数。

于是，由于无论是偶数减偶数还是奇数减奇数，余数都是偶数，　　　　　　　　　　　　　　　　　　　　[IX. 24, 26]

因此，余数 AC 是偶数。

设 AC 被二等分于 D。

再设 AB、BC 要么都是相似面数，要么都是本身也是相似面数的平方数。

现在，AB、BC 的乘积加 CD 的平方等于 BD 的平方。

[II. 6]

且 AB、BC 的乘积是平方数，因为已经证明，两相似面数的乘积是平方数。　　　　　　　　　　　　　　　[IX. 1]

这样便求出了两个平方数，即 AB、BC 的乘积和 CD 的平方，它们相加得到 BD 的平方。

显然，又求出了两个平方数，即 BD 的平方和 CD 的平方，它们之差即 AB、BC 的乘积是一个平方数，只要 AB、BC 是相似面数。

但是当 AB、BC 不是相似面数时，已经求出的两个平方数，即 BD 的平方和 DC 的平方，它们之差即 AB、BC 的乘积不是平方数。

这就是所要证明的。

引理 2 求两平方数，使其和不是平方数。

To find two square numbers such that their sum is not square.

设 AB、BC 的乘积如前所述是平方数，

且 CA 是偶数，

又设 CA 被 D 二等分。

于是显然，AB、BC 的乘积加 CD 的平方等于 BD 的平方。

[见引理 1]

减去单元 DE；

因此，AB、BC 的乘积加 CE 的平方小于 BD 的平方。

于是我说，AB、BC 的乘积加 CE 的平方不是平方数。

这是因为，如果它是平方数，则它要么等于 BE 的平方，要么小于 BE 的平方，但不可能大于 BE 的平方，除非单元被再分。

首先，如果可能，设 AB、BC 的乘积加 CE 的平方等于 BE 的平方，

又设 GA 是单元 DE 的二倍。

于是，由于整个 AC 是整个 CD 的二倍，

且其中 AG 是 DE 的二倍，

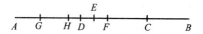

因此，余数 GC 也是余数 EC 的二倍；

因此，GC 被 E 二等分。

因此，GB、BC 的乘积加 CE 的平方等于 BE 的平方。[Ⅱ.6]

但根据假设，AB、BC 的乘积加 CE 的平方也等于 BE 的平方；

因此，GB、BC 的乘积加 CE 的平方等于 AB、BC 的乘积加 CE 的平方。

又，如果减去共同的 CE 的平方，

则得到 AB 等于 GB：

这是荒谬的。

因此，AB、BC 的乘积加 CE 的平方不等于 BE 的平方。

其次我说，它也不小于 BE 的平方。

这是因为，如果可能，设它等于 BF 的平方，

又设 HA 是 DF 的二倍。

现在又会得到，HG 是 CF 的二倍；

因此，CH 也被 F 二等分，

因此，HB、BC 的乘积加 FC 的平方等于 BF 的平方。[Ⅱ.6]

但根据假设，AB、BC 的乘积加 CE 的平方也等于 BF 的平方。

于是，HB、BC 的乘积加 CF 的平方也等于 AB、BC 的乘积加 CE 的平方：

这是荒谬的。

因此，AB、BC 的乘积加 CE 的平方不小于 BE 的平方。

而已经证明，它也不等于 BE 的平方。

因此，*AB*、*BC* 的乘积加 *CE* 的平方不是平方数。

这就是所要证明的。

命题 29

　　求仅正方可公度的两条有理直线，使较大直线上的正方形比较小直线上的正方形大一个与较大直线长度可公度的直线上的正方形。

To find two rational straight lines commensurable in square only and such that the square on the greater is greater than the square on the less by the square on a straight line commensurable in length with the greater.

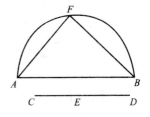

　　给定某条有理直线 *AB* 以及两个平方数 *CD*、*DE*，使它们之差 *CE* 不是平方数；　　　　　　　　〔引理 1〕

在 *AB* 上作半圆 *AFB*，

且作 *DC* 比 *CE* 如同 *BA* 上的正方形比 *AF* 上的正方形。

〔X. 6，推论〕

连接 *FB*。

由于 *BA* 上的正方形比 *AF* 上的正方形如同 *DC* 比 *CE*，

因此，*BA* 上的正方形比 *AF* 上的正方形如同数 *DC* 比数 *CE*；

　　因此，*BA* 上的正方形与 *AF* 上的正方形可公度。

〔X. 6〕

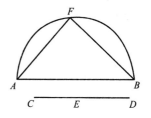

但 *AB* 上的正方形是有理的；

[X. 定义 4]

因此，*AF* 上的正方形也是有理的；

[X. 定义 4]

因此，*AF* 也是有理的。

[X. 定义 4]

又，由于 *DC* 比 *CE* 不如同一个平方数比一个平方数，

因此，*BA* 上的正方形比 *AF* 上的正方形也不如同一个平方数比一个平方数；

因此，*AB* 与 *AF* 长度不可公度。　　　[X. 9]

因此，*BA*、*AF* 是仅正方可公度的有理直线。

又，由于 *DC* 比 *CE* 如同 *BA* 上的正方形比 *AF* 上的正方形，

因此，取换比例，

CD 比 *DE* 如同 *AB* 上的正方形比 *BF* 上的正方形。

[V. 19，推论，III. 31，I. 47]

但 *CD* 比 *DE* 如同一个平方数比一个平方数：

因此也有，*AB* 上的正方形比 *BF* 上的正方形如同一个平方数比一个平方数；

因此，*AB* 与 *BF* 长度可公度。　　　[X. 9]

而 *AB* 上的正方形等于 *AF*、*FB* 上的正方形之和；

因此，*AB* 上的正方形比 *AF* 上的正方形大一个与 *AB* 可公度的直线 *BF* 上的正方形。

这样便求出了仅正方可公度的两条有理直线 *BA*、*AF*，使较大直线 *AB* 上的正方形比较小直线 *AF* 上的正方形大一个与 *AB*

长度可公度的 *BF* 上的正方形。

这就是所要证明的。

命题 30

求仅正方可公度的两条有理直线，使较大直线上的正方形比较小直线上的正方形大一个与较大直线长度不可公度的直线上的正方形。

To find two rational straight lines commensurable in square only and such that the square on the greater is greater than the square on the less by the square on a straight line incommensurable in length with the greater.

给定某条有理直线 *AB* 以及两个平方数 *CD*、*ED*，使它们之和 *CD* 不是平方数；

[引理 2]

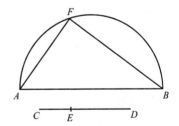

在 *AB* 上作半圆 *AFB*，

且作 *DC* 比 *CE* 如同 *BA* 上的正方形比 *AF* 上的正方形。

[X. 6，推论]

连接 *FB*。

于是，以与之前类似的方法可以证明，*BA*、*AF* 是仅正方可公度的有理直线。

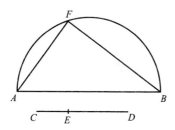

又，由于 DC 比 CE 如同 BA 上的正方形比 AF 上的正方形，

因此，取换比例，

CD 比 DE 如同 AB 上的正方形比 BF 上的正方形。

[V. 19，推论，III. 31，I. 47]

但 CD 比 D 不如同一个平方数比一个平方数；

因此，AB 上的正方形比 BF 上的正方形也不如同一个平方数比一个平方数；

因此，AB 与 BF 长度不可公度。　　[X. 9]

而 AB 上的正方形比 AF 上的正方形大一个与 AB 不可公度的 FB 上的正方形。

因此，AB、AF 是仅正方可公度的有理直线，且 AB 上的正方形比 AF 上的正方形大一个与 AB 不可公度的 FB 上的正方形。

这就是所要证明的。

命题 31

求围成一个有理矩形的仅正方可公度的两中项线，使较大直线上的正方形比较小直线上的正方形大一个与较大直线长度可公度的直线上的正方形。

To find two medial straight lines commensurable in square only, containing a rational rectangle, and such that the square on

the greater is greater than the square on the less by the square on a
straight line commensurable in length with the greater.

给定仅正方可公度的两条有理直线 A、B，使
较大直线 A 上的正方形比较小直线 B 上的正方形
大一个与 A 长度可公度的直线上的正方形。
［X. 29］

A　B　C　D

且设 C 上的正方形等于矩形 A、B。

现在，矩形 A、B 是中项面；　　　　　　　　　［X. 21］

因此，C 上的正方形也是中项面；

因此，C 也是中项线。　　　　　　　　　［X. 21］

设矩形 C、D 等于 B 上的正方形。

现在，B 上的正方形是有理的；

因此，矩形 C、D 也是有理的。

又，由于 A 比 B 如同矩形 A、B 比 B 上的正方形，

而 C 上的正方形等于矩形 A、B，

且矩形 C、D 等于 B 上的正方形，

因此，A 比 B 如同 C 上的正方形比矩形 C、D。

但 C 上的正方形比矩形 C、D 如同 C 比 D；

因此也有，A 比 B 如同 C 比 D。

但 A 与 B 仅正方可公度；

因此，C 与 D 也仅正方可公度。　　　　　　　［X. 11］

而 C 是中项线；

因此，D 也是中项线。　　　　　　　［X. 23，附注］

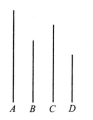

又，由于 A 比 B 如同 C 比 D，

且 A 上的正方形比 B 上的正方形大一个与 A 可公度的直线上的正方形。

因此也有，C 上的正方形比 D 上的正方形大一个与 C 可公度的直线上的正方形。　　［X. 14］

这样便求出了围成一个有理矩形的仅正方可公度的两中项线 C、D，使 C 上的正方形比 D 上的正方形大一个与 C 长度可公度的直线上的正方形。

类似地，还可以证明，当 A 上的正方形比 B 上的正方形大一个与 A 不可公度的直线上的正方形时，C 上的正方形比 D 上的正方形大一个与 C 也不可公度的直线上的正方形。　　［X. 30］

这就是所要证明的。

命题 32

求围成一个中项矩形的仅正方可公度的两中项线，使较大直线上的正方形比较小直线上的正方形大一个与较大直线可公度的直线上的正方形。

To find two medial straight lines commensurable in square only, containing a medial rectangle, and such that the square on the greater is greater than the square on the less by the square on a straight line commensurable with the greater.

给定仅正方可公度 A ——————
的三条有理直线 A、B、 D ——————
                B —————— E ——————
C，使 A 上的正方形比 C C ——————

上的正方形大一个与 A 可公度的直线上的正方形，   [X. 29]

且设 D 上的正方形等于矩形 A、B。

因此，D 上的正方形是中项面；

因此，D 也是中项线。   [X. 21]

设矩形 D、E 等于矩形 B、C。

于是，由于矩形 A、B 比矩形 B、C 如同 A 比 C；

而 D 上的正方形等于矩形 A、B，

且矩形 D、E 等于矩形 B、C，

因此，A 比 C 如同 D 上的正方形比矩形 D、E。

但 D 上的正方形比矩形 D、E 如同 D 比 E；

因此也有，A 比 C 如同 D 比 E。

但 A 与 C 仅正方可公度；

因此，D 与 E 也仅正方可公度。   [X. 11]

但 D 是中项线；

因此，E 也是中项线。   [X. 23，附注]

又，由于 A 比 C 如同 D 比 E，

而 A 上的正方形比 C 上的正方形大一个与 A 可公度的直线上的正方形，

因此也有，D 上的正方形比 E 上的正方形大一个与 D 可公度的直线上的正方形。   [X. 14]

其次我说，矩形 D、E 也是中项面。

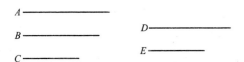

这是因为，由于矩形 B、C 等于矩形 D、E，而矩形 B、C 是中项面，   ［X. 21］

因此，矩形 D、E 也是中项面。

这样便求出了围成一个中项矩形的仅正方可公度的两中项线 D、E，使较大直线上的正方形比较小直线上的正方形大一个与较大直线可公度的直线上的正方形。

类似地，还可以证明，当 A 上的正方形比 C 上的正方形大一个与 A 不可公度的直线上的正方形时，D 上的正方形比 E 上的正方形大一个与 D 也不可公度的直线上的正方形。   ［X. 30］

这就是所要证明的。

引理 设 ABC 是一个直角三角形，A 是直角，且所作垂线 AD；

我说，矩形 CB、BD 等于 BA 上的正方形，

矩形 BC、CD 等于 CA 上的正方形，

矩形 BD、DC 等于 AD 上的正方形，

以及矩形 BC、AD 等于矩形 BA、AC。

首先，矩形 CB、BD 等于 BA 上的正方形。

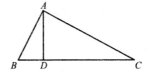

这是因为，由于在直角三角形中，AD 是从直角向底所作的垂线，

因此，三角形 ABD、ADC 都相似

于整个三角形 *ABC* 并且彼此相似。　　　　　　　［VI. 8］

又，由于三角形 *ABC* 相似于三角形 *ABD*，

因此，*CB* 比 *BA* 如同 *BA* 比 *BD*；　　　［VI. 4］

因此，矩形 *CB*、*BD* 等于 *AB* 上的正方形。［VI. 17］

同理，矩形 *BC*、*CD* 也等于 *AC* 上的正方形。

又，由于如果在一个直角三角形中从直角向底作一垂线，则该直线是底上两段的比例中项，　　　　　［VI. 8，推论］

因此，*BD* 比 *DA* 如同 *AD* 比 *DC*；

因此，矩形 *BD*、*DC* 等于 *AD* 上的正方形。［VI. 17］

我说，矩形 *BC*、*AD* 也等于矩形 *BA*、*AC*。

这是因为，如我们所说，由于 *ABC* 相似于 *ABD*，

因此，*BC* 比 *CA* 如同 *BA* 比 *AD*。　　　［VI. 4］

因此，矩形 *BC*、*AD* 等于矩形 *BA*、*AC*。　［VI. 16］

这就是所要证明的。

命题 33

求正方不可公度的两直线，使其上的正方形之和是有理的，但它们围成的矩形是中项面。

To find two straight lines incommensurable in square which make the sum of the squares on them rational but the rectangle contained by them medial.

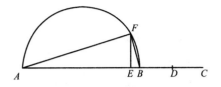

给定仅正方可公度的两
有理直线 AB、BC，使较大
直线 AB 上的正方形比较小
直线 BC 上的正方形大一个
与 AB 不可公度的直线上的正方形，　　　　　　[X. 30]

设 BC 被二等分于 D，

对 AB 贴合出一个平行四边形，它等于 BD、DC 之一，且亏缺一个正方形，

设它是矩形 AE、EB；　　　　　　　　　　　　　[VI. 28]

在 AB 上作半圆 AFB，

作 EF 与 AB 成直角，

连结 AF、FB。

于是，由于 AB、BC 是不等的直线，

且 AB 上的正方形比 BC 上的正方形大一个与 AB 不可公度的直线上的正方形，

而已经对 AB 贴合出一个等于 BC 上的正方形的四分之一，即 AB 一半上的正方形，且亏缺一个正方形的平行四边形，即矩形 AE、EB，

因此，AE 与 EB 不可公度。　　　　　　[X. 18]

又，AE 比 EB 如同矩形 BA、AE 比矩形 AB、BE，

而矩形 BA、AE 等于 AF 上的正方形，

且矩形 AB、BE 等于 BF 上的正方形；

因此，AF 上的正方形与 FB 上的正方形不可公度；

因此，AF、FB 正方不可公度。

又，由于 *AB* 是有理的，

因此，*AB* 上的正方形也是有理的；

因此，*AF*、*FB* 上的正方形之和也是有理的。　［I. 47］

又，由于矩形 *AE*、*EB* 等于 *EF* 上的正方形，

且根据假设，矩形 *AE*、*EB* 也等于 *BD* 上的正方形，

因此，*FE* 等于 *BD*；

因此，*BC* 是 *FE* 的二倍，

因此，矩形 *AB*、*BC* 与矩形 *AB*、*EF* 也可公度。

但矩形 *AB*、*BC* 是中项面；　　　　　　　　　　［X. 21］

因此，矩形 *AB*、*EF* 也是中项面。［X. 23，推论］

但矩形 *AB*、*EF* 等于矩形 *AF*、*FB*；　　　　　　　［引理］

因此，矩形 *AF*、*FB* 也是中项面。

但已证明，这些直线上的正方形之和是有理的。

这样便求出了正方不可公度的两直线 *AF*、*FB*，使其上的正方形之和是有理的，但它们围成的矩形是中项面。

这就是所要证明的。

命题 34

求正方不可公度的两直线，使其上的正方形之和是中项面，但它们围成的矩形是有理面。

To find two straight lines incommensurable in square which make the sum of the squares on them medial but the rectangle contained by them rational.

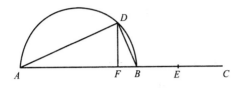

給定僅正方可公度的两中項线 *AB*、*BC*，使它们围成的矩形是有理的，且 *AB* 上的正方形比 *BC* 上的正方形大一个与 *AB* 不可公度的直线上的正方形；

[X. 31，最後]

在 *AB* 上作半圆 *ADB*，

设 *BC* 在 *E* 被二等分，

对 *AB* 贴合出一个等于 *BE* 上的正方形且亏缺一个正方形的平行四边形，即矩形 *AF*、*FB*；　　　　　　[VI. 28]

因此，*AF* 与 *FB* 长度不可公度。　　　　[X. 18]

从 *F* 作 *FD* 与 *AB* 成直角，

连结 *AD*、*DB*。

由于 *AF* 与 *FB* 长度不可公度，

因此，矩形 *BA*、*AF* 与矩形 *AB*、*BF* 也不可公度。

[X. 11]

但矩形 *AB*、*AF* 等于 *AD* 上的正方形，且矩形 *AB*、*BF* 等于 *DB* 上的正方形；

因此，*AD* 上的正方形与 *DB* 上的正方形也不可公度。

又，由于 *AB* 上的正方形是中项面，

因此，*AD*、*DB* 上的正方形之和也是中项面。

[III. 31，I. 47]

又，由于 BC 是 DF 的二倍，

　　因此，矩形 AB、BC 也是矩形 AB、FD 的二倍。

但矩形 AB、BC 是有理的；

　　　　因此，矩形 AB、FD 也是有理的。　　　　［X. 6］

但矩形 AB、FD 等于矩形 AD、DB；　　　　　　［引理］

　　　　因此，矩形 AD、DB 也是有理的。

这样便求出了正方不可公度的两直线 AD、DB，使其上的正方形之和是中项面，但它们围成的矩形是有理面。

　　　　　　　　　　　　　　　这就是所要证明的。

命题 35

求正方不可公度的两直线，使其上的正方形之和是中项面，它们围成的矩形是中项面，且该矩形与两正方形之和不可公度。

To find two straight lines incommensurable in square which make the sum of the squares on them medial and the rectangle contained by them medial and moreover incommensurable with the sum of the squares on them.

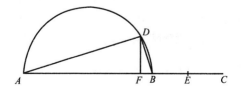

给定仅正方可公度的围成一个中项矩形的两中项线 AB、

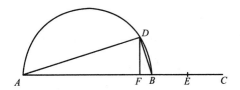

BC, 使 AB 上的正方形比 BC 上的正方形大一个与 AB 不可公度
的直线上的正方形; 　　　　　　　　　　　　　　　　[X. 32, 最后]

在 AB 上作半圆 ADB,

且如前作出图的其余部分。

于是, 由于 AF 与 FB 长度不可公度, 　　　　　　　[X. 18]

　　　　因此, AD 与 DB 也正方不可公度。 　　　　[X. 11]

又, 由于 AB 上的正方形是中项面,

　　　因此, AD、DB 上的正方形之和也是中项面。

　　　　　　　　　　　　　　　　　　　[III. 31, I. 47]

又, 由于矩形 AF、FB 等于直线 BE、DF 中的每一个上的正方形,

　　　　　　　因此, BE 等于 DF;

　　　　　　　因此, BC 是 FD 的二倍,

因此, 矩形 AB、BC 也是矩形 AB、FD 的二倍。

但矩形 AB、BC 是中项面;

　　　　　　因此, 矩形 AB、FD 也是中项面。[X. 23, 推论]

又, 它等于矩形 AD、DB; 　　　　　　　[X. 32 后的引理]

　　　　　　因此, 矩形 AD、DB 也是中项面。

又, 由于 AB 与 BC 长度不可公度,

而 CB 与 BE 可公度,

　　　　　　因此, AB 与 BE 也长度不可公度, 　　　[X. 13]

因此，*AB* 上的正方形与矩形 *AB*、*BE* 也不可公度。

[X. 11]

但 *AD*、*DB* 上的正方形之和等于 *AB* 上的正方形，　[I. 47]

而矩形 *AB*、*FD*，即矩形 *AD*、*DB*，等于矩形 *AB*、*BE*；

因此，*AD*、*DB* 上的正方形之和与矩形 *AD*、*DB* 不可公度。

这样便求出了正方不可公度的两直线 *AD*、*DB*，使其上的正方形之和是中项面，它们围成的矩形是中项面，且该矩形与两正方形之和不可公度。

这就是所要证明的。

命题 36

仅正方可公度的两有理线段之和是无理的；且称之为**二项线**。

If two rational straight lines commensurable in square only be added together, the whole is irrational; and let it be called **binomial**.

将仅正方可公度的两有理直线 *AB*、*BC* 相加；

我说，整个 *AC* 是无理的。

这是因为，由于 *AB* 与 *BC* 长度不可公度——

这是因为它们仅正方可公度——

且 *AB* 比 *BC* 如同矩形 *AB*、*BC* 比 *BC* 上的正方形，

因此，矩形 AB、BC 与 BC 上的正方形不可公度。

[X. 11]

但二倍的矩形 AB、BC 与矩形 AB、BC 可公度，　　　[X. 6]

且 AB、BC 上的正方形之和与 BC 上的正方形可公度——

这是因为，AB、BC 是仅正方可公度的两有理直线。

[X. 15]

因此，二倍的矩形 AB、BC 与 AB、BC 上的正方形之和不可公度。　　　[X. 13]

又，取合比例，二倍的矩形 AB、BC 与 AB、BC 上的正方形相加，即 AC 上的正方形 [II. 4]，与 AB、BC 上的正方形之和不可公度。

[X. 16]

但 AB、BC 上的正方形之和是有理的；

因此，AC 上的正方形是无理的，

因此，AC 也是无理的。　　　[X. 定义 4]

且称之为**二项线**。

这就是所要证明的。

命题 37

围成一个有理矩形的仅正方可公度的两中项线之和是无理的；且称之为**第一双中项线**。

If two medial straight lines commensurable in square only

and containing a rational rectangle be added together, the whole is irrational; and let it be called a **first bimedial** *straight line.*

将围成一个有理矩形的仅正方可公度的两中项线 AB、BC 相加；我说，整个 AC 是无理的。

这是因为，由于 AB 与 BC 长度不可公度，

因此，AB、BC 上的正方形之和与二倍的矩形 AB、BC 也不可公度；　　　　　　　　　　　　　　　　　　［参见 X.36］

又，取合比例，AB、BC 上的正方形与二倍的矩形 AB、BC 之和，即 AC 上的正方形［II.4］，与矩形 AB、BC 不可公度。　　［X.16］

但矩形 AB、BC 是有理的，这是因为根据假设，AB、BC 是围成一个有理矩形的直线，

　　　　因此，AC 上的正方形是无理的；

　　　　因此，AC 是无理的。　　　　［X.定义4］

且称之为**第一双中项线**。

　　　　　　　　　　　　　　　　这就是所要证明的。

命题 38

围成一个中项矩形的仅正方可公度的两中项线之和是无理的；且称之为**第二双中项线**。

If two medial straight lines commensurable in square only

*and containing a medial rectangle be added together, the whole is irrational; and let it be called a **second bimedial** straight line.*

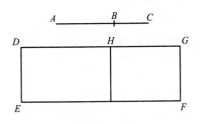

将围成一个中项矩形的仅正方可公度的两中项线 AB、BC 相加；

我说，整个 AC 是无理的。

这是因为，给定一条有理直线 DE，对 DE 贴合出一个等于 AC 上的正方形的平行四边形 DF，产生作为宽的 DG。　　　　　　　　　　[I. 44]

于是，由于 AC 上的正方形等于 AB、BC 上的正方形之和与二倍的矩形 AB、BC 之和，　　　　　　　　　　[II. 4]

设对 DE 贴合出 EH 等于 AB、BC 上的正方形之和；

因此，余量 HF 等于二倍的矩形 AB、BC。

又，由于直线 AB、BC 中的每一条都是中项线，

因此，AB、BC 上的正方形之和也是中项面。

但根据假设，二倍的矩形 AB、BC 也是中项面。

且 EH 等于 AB、BC 上的正方形之和，

而 FH 等于二倍的矩形 AB、BC；

因此，矩形 EH、HF 中的每一个都是中项面。

又，它们都是对有理直线 DE 贴合出的；

因此，直线 DH、HG 中的每一条都是有理的，且与 DE 长度不可公度。　　　　　　　　　　[X. 22]

于是，由于 AB 与 BC 长度不可公度，

且 *AB* 比 *BC* 如同 *AB* 上的正方形比矩形 *AB*、*BC*，

　因此，*AB* 上的正方形与矩形 *AB*、*BC* 不可公度。

　　　　　　　　　　　　　　　　　　［X. 11］

但 *AB*、*BC* 上的正方形之和与 *AB* 上的正方形可公度，［X. 15］

且二倍的矩形 *AB*、*BC* 与矩形 *AB*、*BC* 可公度。　　［X. 6］

　因此，*AB*、*BC* 上的正方形之和与二倍的矩形 *AB*、*BC* 不可
公度。　　　　　　　　　　　　　　　　　　［X. 13］

但 *EH* 等于 *AB*、*BC* 上的正方形之和，

且 *HF* 等于二倍的矩形 *AB*、*BC*。

因此，*EH* 与 *HF* 不可公度，

　　　　因此，*DH* 与 *HG* 也长度不可公度。［VI. 1，X. 11］

因此，*DH*、*HG* 是仅正方可公度的有理直线；

　　　　　因此，*DG* 是无理的。　　　　［X. 36］

但 *DE* 是有理的；

而由一条无理直线和一条有理直线围成的矩形是无理面；

　　　　　　　　　　　　　　　　［参见 X. 20］

　　　　因此，面 *DF* 是无理的，

　　　且与 *DF* 相等的正方形的边是无理的，［X. 定义 4］

但 *AC* 是等于 *DF* 的正方形的边；

　　　　　因此，*AC* 是无理的。

且称之为**第二双中项线**。

　　　　　　　　　　　　　　　　这就是所要证明的。

命题 39

　　若正方不可公度的两直线上的正方形之和是有理的，但它们围成的矩形是中项面，则它们相加所得到的整条直线是无理的；且称之为**主线**。

If two straight lines incommensurable in square which make the sum of the squares on them rational, but the rectangle contained by them medial, be added together, the whole straight line is irrational; and let it be called **major**.

　　设 AB、BC 是正方不可公度的直线，且满足给定的条件［X. 33］，将两直线相加；

　　我说，AC 是无理的。

　　这是因为，由于矩形 AB、BC 是中项面，所以

　　　　二倍的矩形 AB、BC 也是中项面。

　　　　　　　　　　　　　　　　　　　　　　　　［X. 6 和 23，推论］

　　但 AB、BC 上的正方形之和是有理的；

　　因此，二倍的矩形 AB、BC 与 AB、AC 上的正方形之和不可公度，

　　因此，AB、BC 上的正方形之和与二倍的矩形 AB、BC 相加，即 AC 上的正方形，与 AB、BC 上的正方形之和也不可公度；

　　　　　　　　　　　　　　　　　　　　　　　　　　　　　［X. 16］

　　因此，AC 上的正方形是无理的，

　　　　　因此，*AC* 也是无理的。　　　　　［X. 定义 4］
且称之为**主线**。

　　　　　　　　　　　　　　　这就是所要证明的。

命题 40

　　若正方不可公度的两直线上的正方形之和是中项面，但它们
围成的矩形是有理的，则它们相加所得到的整条直线是无理的；
且称之为**有理中项面的边**。

*If two straight lines incommensurable in square which make
the sum of the squares on them medial, but the rectangle contained
by them rational, be added together, the whole straight line is
irrational; and let it be called the* **side of a rational plus a medial
area**.

　　设 *AB*、*BC* 是正方不可公度的直线，且
满足给定的条件［X. 34］，将两直线相加。
　　我说，*AC* 是无理的。
　　这是因为，由于 *AB*、*BC* 上的正方形之和是中项面，而二倍
的矩形 *AB*、*BC* 是有理的，
　　因此，*AB*、*BC* 上的正方形之和与二倍的矩形 *AB*、*BC* 不可公度；
　　因此，*AC* 上的正方形与二倍的矩形 *AB*、*BC* 也不可公度。
　　　　　　　　　　　　　　　　　　　　　　　　［X. 16］

但二倍的矩形 *AB*、*AC* 是有理的；

因此，*AC* 上的正方形是无理的。

因此，*AC* 是无理的。　　　　　　[X. 定义 4]

且称之为**有理中项面的边**。

这就是所要证明的。

命题 41

若正方不可公度的两直线上的正方形之和是中项面，它们围成的矩形也是中项面，且与两直线上的正方形之和不可公度，则这两直线之和是无理的；且称之为**两中项面之和的边**。

*If two straight lines incommensurable in square which make the sum of the squares on them medial, and the rectangle contained by them medial and also incommensurable with the sum of the squares on them, be added together, the whole straight line is irrational; and let it be called the **side of the sum of two medial areas**.*

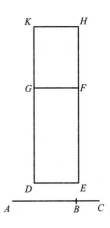

设 *AB*、*BC* 是正方不可公度的直线，且满足给定的条件 [X. 35]，将两直线相加；

我说，*AC* 是无理的。

给定一有理直线 *DE*，对 *DE* 贴合出矩形 *DF* 等于 *AB*、*BC* 上的正方形之和，再设矩

形 *GH* 等于二倍的矩形 *AB*、*BC*；

因此，整个 *DH* 等于 *AC* 上的正方形。　　　［II. 4］

现在，由于 *AB*、*BC* 上的正方形之和是中项面，

且等于 *DF*，

因此，*DF* 也是中项面。

又，它是对有理直线 *DE* 贴合出的；

因此，*DG* 是有理的，且与 *DE* 长度不可公度。　　　［X. 22］

同理，*GK* 也是有理的，且与 *GF* 即 *DE* 长度不可公度。

又，由于 *AB*、*BC* 上的正方形之和与二倍的矩形 *AB*、*BC* 不可公度，所以

DF 与 *GH* 不可公度；

因此，*DG* 与 *GK* 也不可公度。［VI. 1，X. 11］

且它们是有理的；

因此，*DG*、*GK* 是仅正方可公度的两有理直线。

因此，*DK* 是无理的且被称为二项线。　　　［X. 36］

但 *DE* 是有理的；

因此，*DH* 是无理的，且与它相等的正方形的边是无理的。

［X. 定义 4］

但 *AC* 是等于 *HD* 的正方形的边；

因此，*AC* 是无理的。

且称之为**两中项面之和的边**。

这就是所要证明的。

引理 前述无理直线只以一种方式被分成产生相关类型的两条直线，我们现在将在假定了如下引理之后进行证明。

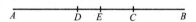

给定直线 AB，在点 C、D 中的每一点将整个 AB 分成不等的两部分，

且设 AC 大于 DB；

我说，AC、CB 上的正方形之和大于 AD、DB 上的正方形之和。

这是因为，设 AB 被二等分于 E。

于是，由于 AC 大于 DB，

从它们中分别减去 DC；

因此，余量 AD 大于余量 CB。

但 AE 等于 EB；

因此，DE 小于 EC；

因此，点 C、D 与平分点并不等距。

又，由于矩形 AC、CD 与 EC 上的正方形之和等于 EB 上的正方形，　　　　　　　　　　　　　　　　[II.5]

且矩形 AD、DB 与 DE 上的正方形之和等于 EB 上的正方形，　　　　　　　　　　　　　　　　[II.5]

因此，矩形 AC、CB 与 EC 上的正方形之和等于矩形 AD、DB 与 DE 上的正方形之和。

且其中 DE 上的正方形小于 EC 上的正方形；

因此，余量，即矩形 AC、CB，也小于矩形 AD、DB，

因此，二倍的矩形 AC、CB 小于二倍的矩形 AD、DB。

因此也有, 余量, 即 *AC*、*CB* 上的正方形之和, 大于 *AD*、*DB* 上的正方形之和。

这就是所要证明的。

命题 42

一条二项线仅在一点被分成它的两段。

A binomial straight line is divided into its terms at one point only.

设 *AB* 是一条二项线, 在 *C* 点被分成它的两段;

因此, *AC*、*CB* 是仅正方可公度的两有理直线。

我说, *AB* 在另一点不被分成仅正方可公度的两有理直线。

这是因为, 如果可能, 设它也在 *D* 点被分成它的两段, 因此 *AD*、*DB* 也是仅正方可公度的两有理直线。

于是显然, *AC* 与 *DB* 不同。

这是因为, 如果可能, 设 *AC* 与 *DB* 相同。

于是, *AD* 也与 *CB* 相同,

且 *AC* 比 *CB* 如同 *BD* 比 *DA* ;

于是, *D* 分 *AB* 的方式与 *C* 分 *AB* 的方式相同:

这与假设相反。

因此, *AC* 与 *DB* 不同。

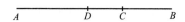

因此也有，点 C、D 与平分点并不等距。

因此，AC、CB 上的正方形之和与 AD、DB 上的正方形之和之差也是二倍的矩形 AD、DB 与二倍的矩形 AC、CB 之差，

这是因为，AC、CB 上的正方形之和加二倍的矩形 AC、CB，与 AD、DB 上的正方形之和加二倍的矩形 AD、DB，都等于 AB 上的正方形。　　　　　　　　　　　　　　　　［II. 4］

但 AC、CB 上的正方形之和与 AD、DB 上的正方形之和之差是一个有理面，这是因为两者都是有理的；

因此，二倍的矩形 AD、DB 与二倍的矩形 AC、CB 之差也是一个有理面，尽管它们是中项面：　　　　　　　［X. 21］

这是荒谬的，因为中项面不会比中项面超出一个有理面。

　　　　　　　　　　　　　　　　　　　　　　　　［X. 26］

因此，一条二项线不在不同点被分成它的两段；

　　　　因此，它仅在一点被分成它的两段。

　　　　　　　　　　　　　　　　　　　　这就是所要证明的。

命题 43

一条第一双中项线仅在一点被分成它的两段。

A first bimedial straight line is divided at one point only.

设 AB 是在 C 被分成两段的一条第一双中项线，使 AC、CB 是围成一个有理矩形的仅正方可公度的两中项线；   [X.37]

我说，AB 在另一点分不成这样两段。

这是因为，如果可能，设 AB 在 D 也被分成两段，使 AD、DB 也是围成一个有理矩形的仅正方可公度的两中项线。

于是，由于二倍的矩形 AD、DB 与二倍的矩形 AC、CB 之差等于 AC、CB 上的正方形之和与 AD、DB 上的正方形之和之差，

而二倍的矩形 AD、DB 与二倍的矩形 AC、CB 之差是一个有理面——因为两者都是有理的——

因此，AC、BC 上的正方形之和与 AD、DB 上的正方形之和之差也是一个有理面，尽管它们是中项面：

这是荒谬的。   [X.26]

因此，一条第一双中项线不在不同点被分成它的两段；

因此，它仅在一点被分成它的两段。

这就是所要证明的。

命题 44

一条第二双中项线仅在一点被分成它的两段。

A second bimedial straight line is divided at one point only.

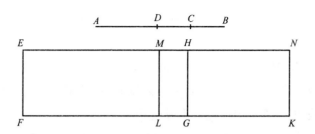

设 AB 是在 C 被分成两段的一条第二双中项线，使 AC、CB 是围成一个中项矩形的仅正方可公度的两中项线； [X.38]

于是，C 显然不在二等分点，因为两段并非长度可公度。

我说，AB 在另一点分不成这样两段。

这是因为，如果可能，设 AB 在 D 也被分成两段，使 AC 与 DB 不同，但假设 AC 较大；

于是很清楚，如前面已经证明的［引理］，AD、DB 上的正方形之和小于 AC、CB 上的正方形之和；

且假设 AD、DB 是围成一个中项矩形的仅正方可公度的两中项线。

现在，给定一条有理直线 EF，

对 EF 贴合出矩形 EK 等于 AB 上的正方形，

且减去等于 AC、CB 上的正方形之和的 EG；

因此，余量 HK 等于二倍的矩形 AC、CB。

[II.4]

又，减去等于 AD、DB 上的正方形之和的 EL，已经证明它小于 AC、CB 上的正方形之和； ［引理］

因此，余量 MK 也等于二倍的矩形 AD、DB。

现在，由于 *AC*、*CB* 上的正方形之和是中项面，

因此，*EG* 是中项面。

而它是对有理直线 *EF* 贴合出的；

因此，*EH* 是有理直线且与 *EF* 长度不可公度。 [X. 22]

同理，

HN 也是有理直线且与 *EF* 长度不可公度。

又，由于 *AC*、*CB* 是仅正方可公度的中项线，

因此，*AC* 与 *CB* 长度不可公度。

但 *AC* 比 *CB* 如同 *AC* 上的正方形比矩形 *AC*、*CB*；

因此，*AC* 上的正方形与矩形 *AC*、*CB* 不可公度。

[X. 11]

但 *AC*、*CB* 上的正方形之和与 *AC* 上的正方形可公度；这是
因为 *AC*、*CB* 正方可公度。   [X. 15]

而二倍的矩形 *AC*、*CB* 与矩形 *AC*、*CB* 可公度。   [X. 6]

因此，*AC*、*CB* 上的正方形之和与二倍的矩形 *AC*、*CB* 也
不可公度。   [X. 13]

但 *EG* 等于 *AC*、*CB* 上的正方形之和；

而 *HK* 等于二倍的矩形 *AC*、*CB*；

因此，*EG* 与 *HK* 不可公度，

因此，*EH* 与 *HN* 也长度不可公度。   [VI. 1，X. 11]

而它们是有理的，

因此，*EH*、*HN* 是仅正方可公度的有理直线。

但仅正方可公度的两有理直线之和是被称为二项线的无理
直线。   [X. 36]

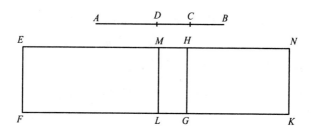

因此，*EN* 是在 *H* 被分成两段的二项线。

用同样的方法可以证明，*EM*、*MN* 也是仅正方可公度的两有理直线；

且 *EN* 是在不同的点 *H* 和 *M* 被分成两段的二项线。

又，*EH* 与 *MN* 不同。

这是因为，*AC*、*CB* 上的正方形之和大于 *AD*、*DB* 上的正方形之和。

但 *AD*、*DB* 上的正方形之和大于二倍的矩形 *AD*、*DB*；

因此也有，*AC*、*CB* 上的正方形之和，即 *EG*，更大于二倍的矩形 *AD*、*DB*，即 *MK*，

于是，*EH* 也大于 *MN*。

因此，*EH* 与 *MN* 不同。

这就是所要证明的。

命题 45

一条主线仅在一点被分成它的两段。

A major straight line is divided at one and the same point only.

设 *AB* 是在 *C* 被分成两段的一条主线，使 *AC*、*CB* 正方不可公度，且 *AC*、*CB* 上的正方形之和是有理面，但矩形 *AC*、*CB* 是中项面；

我说，*AB* 在另一点分不成这样两段。

这是因为，如果可能，设 *AB* 在 *D* 也被分成两段，使 *AD*、*DB* 也正方不可公度，且 *AD*、*DB* 上的正方形之和是有理面，但它们围成的矩形是中项面。

于是，由于 *AC*、*CB* 上的正方形之和与 *AD*、*DB* 上的正方形之和之差也等于二倍的矩形 *AD*、*DB* 与二倍的矩形 *AC*、*CB* 之差，

而 *AC*、*CB* 上的正方形之和比 *AD*、*DB* 上的正方形之和超出一个有理面——这是因为二者都是有理的——

因此，二倍的矩形 *AD*、*DB* 也比二倍的矩形 *AC*、*CB* 超出一个有理面，尽管它们是中项面：

这是不可能的。　　　　　　　　　　　　［X. 26］

因此，一条主线不在不同点被分成它的两段；

因此，它仅在一点被分成它的两段。

这就是所要证明的。

命题 46

一个有理中项面的边仅在一点被分成它的两段。

The side of a rational plus a medial area is divided at one point only.

设 *AB* 是在 *C* 被分成两段的一个有理中项面的边，使 *AC*、*CB* 正方不可公度，且 *AC*、*CB* 上的正方形之和是中项面，但二倍的矩形 *AC*、*CB* 是有理的；　　　　　　　　　　[X.40]

我说，*AB* 在另一点分不成这样两段。

这是因为，如果可能，设 *AB* 在 *D* 也被分成两段，使 *AD*、*DB* 也正方不可公度，且 *AD*、*DB* 上的正方形之和是中项面，但二倍的矩形 *AD*、*DB* 是有理的。

于是，由于二倍的矩形 *AC*、*CB* 与二倍的矩形 *AD*、*DB* 之差也等于 *AD*、*DB* 上的正方形之和与 *AC*、*CB* 上的正方形之和之差，

而二倍的矩形 *AC*、*CB* 比二倍的矩形 *AD*、*DB* 超出一个有理面，

因此，*AD*、*DB* 上的正方形之和也比 *AC*、*CB* 上的正方形之和超出一个有理面，尽管它们是中项面：

这是不可能的。　　　　　　　　　　　　　　　[X.26]

因此，一个有理中项面的边不在不同点被分成它的两段；

因此，它仅在一点被分成它的两段。

这就是所要证明的。

命题 47

两中项面之和的边仅在一点被分成它的两段。

The side of the sum of two medial areas is divided at one point only.

设 *AB* 在 *C* 被分成两段，使 *AC*、*CB* 正方不可公度，*AC*、*CB* 上的正方形之和是中项面，矩形 *AC*、*CB* 是中项面，且与 *AC*、*CB* 上的正方形之和也不可公度；

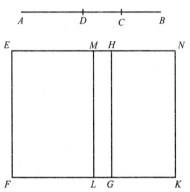

我说，*AB* 在另一点分不成满足给定条件的这样两段。

这是因为，如果可能，设 *AB* 在 *D* 也被分成两段，使 *AC* 不同于 *BD*，但设 *AC* 较大；

给定一条有理直线 *EF*，

对 *EF* 贴合出矩形 *EG* 等于 *AC*、*CB* 上的正方形之和，

且作矩形 *HK* 等于二倍的矩形 *AC*、*CB* ；

因此，整个 *EK* 等于 *AB* 上的正方形。   [II.4]

再对 *EF* 贴合出 *EL* 等于 *AD*、*DB* 上的正方形之和；

因此，余量，即二倍的矩形 *AD*、*DB*，等于余量 *MK*。

又，根据假设，由于 *AC*、*CB* 上的正方形之和是中项面，

因此，*EG* 也是中项面。

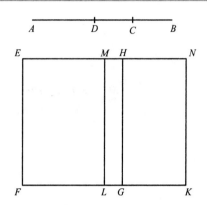

而它是对有理直线 *EF* 贴合出的；

因此，*HE* 是有理的，且与 *EF* 长度不可公度。［X. 22］
同理，

HN 也是有理的，且与 *EF* 长度不可公度。

又，由于 *AC*、*CB* 上的正方形之和与二倍的矩形 *AC*、*CB* 不可公度，

因此，*EG* 与 *GN* 也不可公度，

因此，*EH* 与 *HN* 也不可公度。［VI. 1，X. 11］
而它们是有理的；

因此，*EH*、*HN* 是仅正方可公度的有理直线，

因此，*EN* 是在 *H* 被分成两段的二项线。　［X. 36］
类似地，可以证明，*EN* 也在 *M* 被分成两段。

而 *EH* 不同于 *MN*；

因此，一条二项线在不同的点被分成两段：

这是荒谬的。　　　　　　　　　　　　　　　　　　　［X. 42］
因此，两中项面之和的边不在不同点被分成它的两段；

因此，它仅在一点被分成它的两段。

这就是所要证明的。

定义 II

1. 给定一条有理直线和一条二项线，并把二项线被分成它的两段，使较大直线上的正方形比较小直线上的正方形大一个与较大直线长度可公度的直线上的正方形，于是，若较大直线与给定的有理直线长度可公度，则把原二项线称为**第一二项线**；
   Given a rational straight line and a binomial, divided into its terms, such that the square on the greater term is greater than the square on the lesser by the square on a straight line commensurable in length with the greater, then, if the greater term be commensurable in length with the rational straight line set out, let the whole be called a *first binomial* straight line;

2. 但若较小直线与给定的有理直线长度可公度，则称原二项线为**第二二项线**；
   but if the lesser term be commensurable in length with the rational straight line set out, let the whole be called a *second binomial*;

3. 若较大直线和较小直线与给定的有理直线都不长度可公度，则称原二项线为**第三二项线**；

and if neither of the terms be commensurable in length with the rational straight line set out, let the whole be called a *third binomial*.

4. 又，如果较大直线上的正方形比较小直线上的正方形大一个与较大直线长度不可公度的直线上的正方形，那么，若较大直线与给定的有理直线长度可公度，则称原二项线为**第四二项线**；

Again, if the square on the greater term be greater than the square on the lesser by the square on a straight line incommensurable in length with the greater, then, if the greater term be commensurable in length with the rational straight line set out, let the whole be called a *fourth binomial*;

5. 若较小直线与给定的有理直线长度可公度，则称原二项线为**第五二项线**；

if the lesser, a *fifth binomial*;

6. 若较大直线和较小直线与给定的有理直线都不长度可公度，则称原二项线为**第六二项线**。

and if neither, a *sixth binomial*.

命题 48

求第一二项线。

To find the first binomial straight line.

给定两数 *AC*、*CB*，使它们之和 *AB* 比 *BC* 如同一个平方数

比一个平方数，但 AB 比 AC 不如同
一个平方数比一个平方数；

[X.28 后的引理 1]

给定某有理直线 D，且设 EF 与 D 长度可公度。

因此，EF 也是有理的。

设法使数 BA 比 AC 如同 EF 上的正方形比 FG 上的正方形。

[X.6，推论]

但 AB 比 AC 如同一个数比一个数；

因此，EF 上的正方形比 FG 上的正方形也如同一个数比一个数，

因此，EF 上的正方形与 FG 上的正方形可公度。

[X.6]

而 EF 是有理的；

因此，FG 也是有理的。

又，由于 BA 比 AC 不如同一个平方数比一个平方数，

因此，EF 上的正方形比 FG 上的正方形也不如同一个平方数比一个平方数；

因此，EF 与 FG 长度不可公度。   [X.9]

因此，EF、FG 是仅正方可公度的有理直线；

因此，EG 是二项线。   [X.36]

我说，EG 也是第一二项线。

这是因为，由于数 BA 比 AC 如同 EF 上的正方形比 FG 上的正方形，

而 BA 大于 AC，

因此，EF 上的正方形也大于 FG 上的正方形。

于是，设 FG、H 上的正方形之和等于 EF 上的正方形。

现在，由于 BA 比 AC 如同 EF 上的正方形比 FG 上的正方形，因此，取换比例，

AB 比 BC 如同 EF 上的正方形比 H 上的正方形。

[V. 19，推论]

但 AB 比 BC 如同一个平方数比一个平方数；

因此，EF 上的正方形比 H 上的正方形也如同一个平方数比一个平方数。

因此，EF 与 H 长度可公度；　　　　[X. 9]

因此，EF 上的正方形比 FG 上的正方形大一个与 EF 可公度的直线上的正方形。

而 EF、FG 都是有理的，且 EF 与 D 长度可公度。

因此，EG 是第一二项线。

这就是所要证明的。

命题 49

求第二二项线。

To find the second binomial straight line.

给定两数 AC、CB，使它们之和 AB 比 BC 如同一个平方数比一个平方数，但 AB 比 AC 不如同一个平方数比一个平方数；

给定一条有理直线 D，且设 EF 与 D 长度可公度；

因此，EF 是有理的。

设法使数 CA 比 AB 如同 EF 上的正方形比 FG 上的正方形；

[X. 6, 推论]

因此，EF 上的正方形与 FG 上的正方形可公度。

[X. 6]

因此，FG 也是有理的。

现在，由于数 CA 比 AB 不如同一个平方数比一个平方数，所以 EF 上的正方形比 FG 上的正方形也不如同一个平方数比一个平方数。

因此，EF 与 FG 长度不可公度；　　　　　　　　　[X. 9]

因此，EF、FG 是仅正方可公度的有理直线；

因此，EG 是二项线。　　　　[X. 36]

其次要证明，它也是第二二项线。

这是因为，取反比例，数 BA 比 AC 如同 GF 上的正方形比 FE 上的正方形，

而 BA 大于 AC，

因此，GF 上的正方形大于 FE 上的正方形。

设 EF、H 上的正方形之和等于 GF 上的正方形；

因此，取换比例，AB 比 BC 如同 FG 上的正方形比 H 上的正方形。　　　　　　　　　　　　　　　　　[V. 19, 推论]

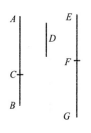

但 AB 比 BC 如同一个平方数比一个平方数；

因此，FG 上的正方形比 H 上的正方形如同一个平方数比一个平方数。

因此，FG 与 H 长度可公度；　　［X.9］

于是，FG 上的正方形比 FE 上的正方形大一个与 FG 可公度的直线上的正方形。

而 FG、FE 是仅正方可公度的有理直线，且较小直线 EF 与给定的有理直线 D 长度可公度。

因此，EG 是第二二项线。

这就是所要证明的。

命题 50

求第三二项线。

To find the third binomial straight line.

$$E \text{———} \quad \overline{} K \quad A \text{——} C\ B$$

$$F \text{————} G H \quad D \text{——}$$

给定两数 AC、CB，使它们之和 AB 比 BC 如同一个平方数比一个平方数，但 AB 比 AC 不如同一个平方数比一个平方数。

又给定另一非平方数 D，且设 D 比数 BA、AC 中的每一个都不如同一个平方数比一个平方数。

给定某一有理直线 E，

设法使 D 比 AB 如同 E 上的正方形比 FG 上的正方形；

[X. 6, 推论]

因此，E 上的正方形与 FG 上的正方形可公度。[X. 6]
而 E 是有理的；

因此，FG 也是有理的。

又，由于 D 比 AB 不如同一个平方数比一个平方数，所以
E 上的正方形比 FG 上的正方形也不如同一个平方数比一个平方数；

因此，E 与 FG 长度不可公度。　　　[X. 9]

其次，设法使数 BA 比 AC 如同 FG 上的正方形比 GH 上的正方形；　　　　　　　　　　　　　　　　　[X. 6, 推论]

因此，FG 上的正方形与 GH 上的正方形可公度。

[X. 6]

但 FG 是有理的；

因此，GH 也是有理的。

又，由于 BA 比 AC 不如同一个平方数比一个平方数，所以
FG 上的正方形比 HG 上的正方形也不如同一个平方数比一个平方数；

因此，FG 与 GH 长度不可公度。　　[X. 9]

因此，FG、GH 是仅正方可公度的有理直线；

因此，FH 是二项线。　　　[X. 36]

其次我说，它也是第三二项线。

这是因为，由于 D 比 AB 如同 E 上的正方形比 FG 上的正方形，
而 BA 比 AC 如同 FG 上的正方形比 GH 上的正方形，
因此，取首末比例，

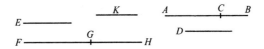

D 比 AC 如同 E 上的正方形比 GH 上的正方形。

[V. 22]

但 D 比 AC 不如同一个平方数比一个平方数；

因此，E 上的正方形比 GH 上的正方形也不如同一个平方数比一个平方数；

因此，E 与 GH 长度不可公度。 [X. 9]

又，由于 BA 比 AC 如同 FG 上的正方形比 GH 上的正方形，

因此，FG 上的正方形大于 GH 上的正方形。

于是，设 GH、K 上的正方形之和等于 FG 上的正方形；

因此，取换比例，

AB 比 BC 如同 FG 上的正方形比 K 上的正方形。

[V. 19，推论]

但 AB 比 BC 如同一个平方数比一个平方数；

因此，FG 上的正方形比 K 上的正方形也如同一个平方数比一个平方数；

因此，FG 与 K 长度可公度。 [X. 9]

因此，FG 上的正方形比 GH 上的正方形大一个与 FG 可公度的直线上的正方形。

又，FG、GH 是仅正方可公度的有理直线，且它们中的每一个都不与 E 长度可公度。

因此，FH 是第三二项线。

这就是所要证明的。

命题 51

求第四二项线。

To find the fourth binomial straight line.

给定两数 *AC*、*CB*，使它们之和 *AB* 比 *BC* 和 *AB* 比 *AC* 都不如同一个平方数比一个平方数。

给定一条有理直线 *D*，

且设 *EF* 与 *D* 长度可公度；

因此，*EF* 也是有理的。

设法使数 *BA* 比 *AC* 如同 *EF* 上的正方形比 *FG* 上的正方形；

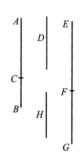

［X. 6，推论］

因此，*EF* 上的正方形与 *FG* 上的正方形可公度；［X. 6］

因此，*FG* 也是有理的。

现在，由于 *BA* 比 *AC* 不如同一个平方数比一个平方数，所以 *EF* 上的正方形比 *FG* 上的正方形也不如同一个平方数比一个平方数；

因此，*EF* 与 *FG* 长度不可公度。　　　［X. 9］

因此，*EF*、*FG* 是仅正方可公度的有理直线；

因此，*EG* 是二项线。

其次我说，*EG* 也是第四二项线。

这是因为，由于 *BA* 比 *AC* 如同 *EF* 上的正方形比 *FG* 上的正

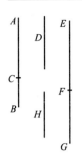

方形，

因此，EF 上的正方形大于 FG 上的正方形。

于是，设 FG、H 上的正方形之和等于 EF 上的正方形；

因此，取换比例，

数 AB 比 BC 如同 EF 上的正方形比 H 上的正方形。

[V. 19，推论]

但 AB 比 BC 不如同一个平方数比一个平方数，

因此，EF 上的正方形比 H 上的正方形也不如同一个平方数比一个平方数。

因此，EF 与 H 长度不可公度；　　　　[X. 9]

因此，EF 上的正方形比 GF 上的正方形大一个与 EF 不可公度的直线上的正方形。

而 EF、FG 是仅正方可公度的有理直线，且 EF 与 D 长度可公度。

因此，EG 是第四二项线。

这就是所要证明的。

命题 52

求第五二项线。

To find the fifth binomial straight line.

给定两数 AC、CB，使 AB 比 AC 和 AB 比 CB 都不如同一个平方数比一个平方数；

给定某一有理直线 D，

且设 EF 与 D 可公度；

因此，EF 是有理的。

设法使 CA 比 AB 如同 EF 上的正方形比 FG 上的正方形；

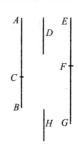

［Ⅹ. 6，推论］

但 CA 比 AB 不如同一个平方数比一个平方数；

因此，EF 上的正方形比 FG 上的正方形也不如同一个平方数比一个平方数。

因此，EF、FG 是仅正方可公度的有理直线；　　　［Ⅹ. 9］

因此，EG 是二项线。　　　［Ⅹ. 36］

其次我说，EG 也是第五二项线。

这是因为，由于 CA 比 AB 如同 EF 上的正方形比 FG 上的正方形，

取反比例，BA 比 AC 如同 FG 上的正方形比 FE 上的正方形；

因此，GF 上的正方形大于 FE 上的正方形。

于是，设 EF、H 上的正方形之和等于 GF 上的正方形；

因此，取换比例，

数 AB 比 BC 如同 GF 上的正方形比 H 上的正方形。

［Ⅴ. 19，推论］

但 AB 比 BC 不如同一个平方数比一个平方数；

因此，FG 上的正方形比 H 上的正方形也不如同一个平方数

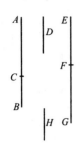

比一个平方数。

因此，FG 与 H 长度不可公度； [X.9]

因此，FG 上的正方形比 FE 上的正方形大一个与 FG 不可公度的直线上的正方形。

而 GF、FE 是仅正方可公度的有理直线，且较小直线 EF 与给定的有理直线 D 长度可公度。

因此，EG 是第五二项线。

这就是所要证明的。

命题 53

求第六二项线。

To find the sixth binomial straight line.

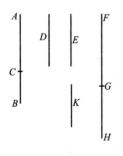

给定两数 AC、CB，使 AB 比 AC 和 AB 比 CB 都不如同一个平方数比一个平方数；

又给定另一非平方数 D，且 D 比数 BA、AC 中的每一个都不如同一个平方数比一个平方数；

给定某一有理直线 E，

设法使 D 比 AB 如同 E 上的正方形比 FG 上的正方形； [X.6，推论]

因此，E 上的正方形与 FG 上的正方形可公度。 [X.6]

而 *E* 是有理的；

因此，*FG* 也是有理的。

现在，由于 *D* 比 *AB* 不如同一个平方数比一个平方数，所以 *E* 上的正方形比 *FG* 上的正方形也不如同一个平方数比一个平方数；

因此，*E* 与 *FG* 长度不可公度。   [X. 9]

又，设法使 *BA* 比 *AC* 如同 *FG* 上的正方形比 *GH* 上的正方形。   [X. 6，推论]

因此，*FG* 上的正方形与 *HG* 上的正方形可公度。

[X. 6]

因此，*HG* 上的正方形是有理的；

因此，*HG* 是有理的。

又，由于 *BA* 比 *AC* 不如同一个平方数比一个平方数，所以 *FG* 上的正方形比 *GH* 上的正方形也不如同一个平方数比一个平方数；

因此，*FG* 与 *GH* 长度不可公度。   [X. 9]

因此，*FG*、*GH* 是仅正方可公度的有理直线；

因此，*FH* 是二项线。   [X. 36]

其次要证明，*FH* 也是第六二项线。

这是因为，由于 *D* 比 *AB* 如同 *E* 上的正方形比 *FG* 上的正方形，

且 *BA* 比 *AC* 如同 *FG* 上的正方形比 *GH* 上的正方形，

因此，取首末比例，

D 比 *AC* 如同 *E* 上的正方形比 *GH* 上的正方形。[V. 22]

但 *D* 比 *AC* 不如同一个平方数比一个平方数，

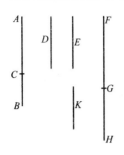

因此, E 上的正方形比 GH 上的正方形也不如同一个平方数比一个平方数,

因此, E 与 GH 长度不可公度。 [X. 9]

但已证明, E 与 FG 不可公度;

因此, 直线 FG、GH 中的每一个与 E 长度不可公度。

又, 由于 BA 比 AC 如同 FG 上的正方形比 GH 上的正方形,

因此, FG 上的正方形大于 GH 上的正方形。

于是, 设 GH、K 上的正方形之和等于 FG 上的正方形;

因此, 取换比例,

AB 比 BC 如同 FG 上的正方形比 K 上的正方形。

[V. 19, 推论]

但 AB 比 BC 不如同一个平方数比一个平方数;

因此, FG 上的正方形比 K 上的正方形也不如同一个平方数比一个平方数。

因此, FG 与 K 长度不可公度;　　　[X. 9]

因此, FG 上的正方形比 GH 上的正方形大于一个与 FG 不可公度的直线上的正方形。

而 FG、GH 是仅正方可公度的有理直线, 且它们中的每一个与给定的有理直线 E 都长度不可公度。

因此, FH 是第六二项线。

这就是所要证明的。

引理 设有两个正方形 *AB*、*BC*, 使 *DB* 与 *BE* 在同一直线上; 因此, *FB* 与 *BG* 也在同一直线上。

将平行四边形 *AC* 补充完整;

我说, *AC* 是正方形, *DC* 是 *AC*、*BC* 的比例中项, 且 *DC* 是 *AC*、*CB* 的比例中项。

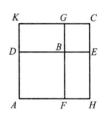

这是因为, 由于 *DB* 等于 *BF*, 且 *BE* 等于 *BG*,

因此, 整个 *DE* 等于整个 *FG*。

但 *DE* 等于直线 *AH*、*KC* 中的每一个,

且 *FG* 等于直线 *AK*、*HC* 中的每一个;   [I. 34]

因此, 直线 *AH*、*KC* 中的每一个也等于直线 *AK*、*HC* 中的每一个。

因此, 平行四边形 *AC* 是等边的。

而它也是直角的;

因此, *AC* 是正方形。

又, 由于 *FB* 比 *BG* 如同 *DB* 比 *BE*,

而 *FB* 比 *BG* 如同 *AB* 比 *DG*,

且 *DB* 比 *BE* 如同 *DG* 比 *BC*,   [VI. 1]

因此也有, *AB* 比 *DG* 如同 *DG* 比 *BC*。   [V. 11]

因此, *DG* 是 *AB*、*BC* 的比例中项。

其次我说, *DC* 也是 *AC*、*CB* 的比例中项。

这是因为, 由于 *AD* 比 *DK* 如同 *KG* 比 *GC*——

这是因为它们分别相等——

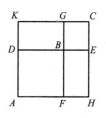

且取合比例，

AK 比 KD 如同 KC 比 CG，　　　　　［V. 18］

而 AK 比 KD 如同 AC 比 CD，

且 KC 比 CG 如同 DC 比 CB，　　　　［VI. 1］

因此也有，AC 比 DC 如同 DC 比 BC。

　　　　　　　　　　　　　　　　　　　［V. 11］

因此，DC 是 AC、CB 的比例中项。

这就是所要证明的。

命题 54

　　若一有理直线与第一二项线围成一个面，则此面的"边"① 是被称为二项线的无理直线。

　　If an area be contained by a rational straight line and the first binomial, the "side" of the area is the irrational straight line which is called binomial.

　　设有理直线 AB 与第一二项线 AD 围成一个面 AC；

　　我说，面 AC 的"边"是被称为二项线的无理直线。

　　这是因为，由于 AD 是第一二项线，设它在点 E 被分成它的两段，且设 AE 较大。

---

① 所谓"边"是指"与之相等的正方形的边"。——译者

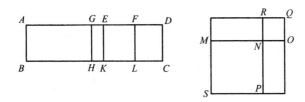

于是显然，AE、ED 是仅正方可公度的有理直线，

AE 上的正方形比 ED 上的正方形大一个与 AE 可公度的直线上的正方形，

且 AE 与给定的有理直线 AB 长度可公度。　　　［X. 定义 II. 1］

设 ED 在点 F 被二等分。

于是，由于 AE 上的正方形比 ED 上的正方形大一个与 AE 可公度的直线上的正方形，

因此，如果对较大直线 AE 贴合出一个平行四边形等于较小直线 ED 上的正方形的四分之一，即等于 EF 上的正方形，且亏缺一个正方形，则 AE 被分成可度的两部分。　　　［X. 17］

于是，对 AE 贴合出矩形 AG、GE 等于 EF 上的正方形；

因此，AG 与 EG 长度可公度。

从 G、E、F 分别作 GH、EK、FL 平行于直线 AB、CD 之一；

作正方形 SN 等于平行四边形 AH，以及正方形 NQ 等于 GK，

　　　　　　　　　　　　　　　　　　　　　［II. 14］

并且使 MN 与 NO 在同一直线上；

因此，RN 与 NP 也在同一直线上。

将平行四边形 SQ 补充完整；

因此，SQ 是正方形。　　　　　　　　　　　［引理］

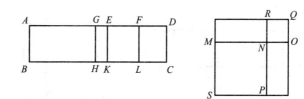

现在，由于矩形 *AG*、*GE* 等于 *EF* 上的正方形，

　　　　因此，*AG* 比 *EF* 如同 *FE* 比 *EG*；　　　　[Ⅵ. 17]

　　　　因此也有，*AH* 比 *EL* 如同 *EL* 比 *KG*；　　[Ⅵ. 1]

　　　　因此，*EL* 是 *AH*、*GK* 的比例中项。

但 *AH* 等于 *SN*，且 *GK* 等于 *NQ*；

　　　　因此，*EL* 是 *SN*、*NQ* 的比例中项。

但 *MR* 也是相同的 *SN*、*NQ* 的比例中项；　　　　[引理]

　　　　　　因此，*EL* 等于 *MR*，

　　　　　　因此，*EL* 也等于 *PO*。

但 *AH*、*GK* 也等于 *SN*、*NQ*；

因此，整个 *AC* 等于整个 *SQ*，即等于 *MO* 上的正方形；

　　　　　　因此，*MO* 是 *AC* 的"边"。

其次我说，*MO* 是二项线。

这是因为，由于 *AG* 与 *GE* 可公度，

　　因此，*AE* 与直线 *AG*、*GE* 中的每一个也可公度。

　　　　　　　　　　　　　　　　　　　　[Ⅹ. 15]

但根据假设，*AE* 与 *AB* 也可公度；

　　　　因此，*AG*、*GE* 与 *AB* 也可公度。　　　[Ⅹ. 12]

而 *AB* 是有理的；

因此，直线 *AG*、*GE* 中的每一个也是有理的；

因此，矩形 *AH*、*GK* 中的每一个都是有理的，［X. 19］

且 *AH* 与 *GK* 可公度。

但 *AH* 等于 *SN*，且 *GK* 等于 *NQ*；

因此，*SN*、*NQ*，即 *MN*、*NO* 上的正方形，是有理的且可公度。

又，由于 *AE* 与 *ED* 长度不可公度，

而 *AE* 与 *AG* 可公度，且 *DE* 与 *EF* 可公度，

因此，*AG* 与 *EF* 也不可公度，   ［X. 13］

因此，*AH* 与 *EL* 也不可公度。 ［VI. 1，X. 11］

但 *AH* 等于 *SN*，且 *EL* 等于 *MR*；

因此，*SN* 与 *MR* 也不可公度。

但 *SN* 比 *MR* 如同 *PN* 比 *NR*；   ［VI. 1］

因此，*PN* 与 *NR* 不可公度。   ［X. 11］

但 *PN* 等于 *MN*，且 *NR* 等于 *NO*；

因此，*MN* 与 *NO* 不可公度。

而 *MN* 上的正方形与 *NO* 上的正方形可公度，

且每一个都是有理的；

因此，*MN*、*NO* 是仅正方可公度的有理直线。

因此，*MO* 是二项线［X. 36］，且是 AC 的"边"。

这就是所要证明的。

命题 55

若一有理直线与第二二项线围成一个面，则此面的"边"是被称为第一双中项线的无理直线。

If an area be contained by a rational straight line and the second binomial, the "side" of the area is the irrational straight line which is called a first bimedial.

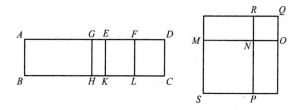

设有理直线 AB 与第二二项线 AD 围成面 $ABCD$；

我说，面 AC 的"边"是第一双中项线。

这是因为，由于 AD 是第二二项线，设它在点 E 被分成它的两段，且 AE 较大；

因此，AE、ED 是仅正方可公度的有理直线，

AE 上的正方形比 ED 上的正方形大一个与 AE 可公度的直线上的正方形，

且较小直线 ED 与 AB 长度可公度。　　　　［X. 定义 II. 2］

设 ED 在点 F 被二等分。

且对 AE 贴合出矩形 AG、GE 等于 EF 上的正方形且亏缺一个正方形；

因此，AG 与 GE 长度不可公度。   ［X. 17］

过 G、E、F 作 GH、EK、FL 平行于 AB、CD，

作正方形 SN 等于平行四边形 AH，正方形 NQ 等于 GK，

且使 MN 与 NO 在同一直线上；

因此，RN 与 NP 也在同一直线上。

将正方形 SQ 补充完整。

于是，从前面的证明显然可得，MR 是 SN、NQ 的比例中项，且等于 EL，而且 MO 是面 AC 的"边"。

现在需要证明，MO 是第一双中项线。

由于 AE 与 ED 长度不可公度，

而 ED 与 AB 可公度，

因此，AE 与 AB 不可公度。   ［X. 13］

又，由于 AG 与 EG 可公度，所以

AE 与直线 AG、GE 中的每一个也可公度。   ［X. 15］

但 AE 与 AB 长度不可公度；

因此，AG、GE 与 AB 也不可公度。   ［X. 13］

因此，BA、AG 和 BA、GE 是两对仅正方可公度的有理直线；

因此，矩形 AH、GK 中的每一个都是中项面。［X. 21］

因此，正方形 SN、NQ 中的每一个都是中项面。

因此，MN、NO 都是中项线。

又，由于 AG 与 GE 长度可公度，所以

AH 与 GK 也可公度，   ［VI. 1，X. 11］

即 SN 与 NQ 可公度，

即 MN 上的正方形与 NO 上的正方形可公度。

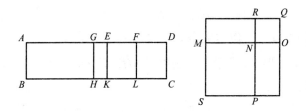

又，由于 *AE* 与 *ED* 长度不可公度，

而 *AE* 与 *AG* 可公度，

且 *ED* 与 *EF* 可公度，

　　因此，*AG* 与 *EF* 不可公度；　　　　［X. 13］

　　　　因此，*AH* 与 *EL* 也不可公度，

即 *SN* 与 *MR* 不可公度，

　　　　　即 *PN* 与 *NR* 不可公度，　　［VI. 1，X. 11］

　　　　　即 *MN* 与 *NO* 长度不可公度。

但已证明，*MN*、*NO* 是中项线且正方可公度；

　　因此，*MN*、*NO* 是仅正方可公度的中项线。

其次我说，*MN*、*NO* 也围成一个有理矩形。

这是因为，根据假设，*DE* 与直线 *AB*、*EF* 中的每一个可公度，

　　　　因此，*EF* 与 *EK* 也可公度。　　　［X. 12］

而它们都是有理的；

　　　　因此，*EL* 即 *MR* 是有理的，　　　［X. 19］

且 *MR* 是矩形 *MN*、*NO*。

但围成一个有理矩形的仅正方可公度的两中项线之和是无理的，且称之为第一双中项线。　　　　　　　　　　［X. 37］

因此，*MO* 是第一双中项线。

这就是所要证明的。

命题 56

若一有理直线与第三二项线围成一个面，则此面的"边"是被称为第二双中项线的无理直线。

If an area be contained by a rational straight line and the third binomial, the "side" of the area is the irrational straight line called a second bimedial.

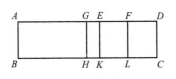
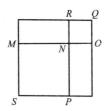

设有理直线 *AB* 与第三二项线 *AD* 围成面 *ABCD*，*AD* 在 *E* 被分成它的两段，且 *AE* 较大；

我说，面 *AC* 的"边"是被称为第二双中项线的无理直线。

作和以前一样的图。

现在，由于 *AD* 是第三二项线，

因此，*AE*、*ED* 是仅正方可公度的有理直线，

AE 上的正方形比 *ED* 上的正方形大一个与 *AE* 可公度的直线上的正方形，

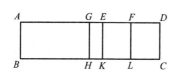 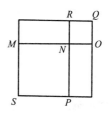

且 *AE*、*ED* 中的每一个都与 *AB* 长度不可公度。［X. 定义 II. 3］

于是，按照与前面类似的方法可以证明，*MO* 是面 *AC* 的"边"，

且 *MN*、*NO* 是仅正方可公度的中项线；

因此，*MO* 是双中项线。

其次需要证明，*MO* 也是第二双中项线。

由于 *DE* 与 *AB* 即 *EK* 长度不可公度，

且 *DE* 与 *EF* 可公度，

因此，*EF* 与 *EK* 长度不可公度。　　　　［X. 13］

而它们都是有理的；

因此，*FE*、*EK* 是仅正方可公度的有理直线，

因此，*EL* 即 *MR* 是中项面。　　　［X. 21］

而它是由 *MN*、*NO* 围成的；

因此，矩形 *MN*、*NO* 是中项面。

因此，*MO* 是第二双中项线。　　　　　　［X. 38］

这就是所要证明的。

命题 57

若一有理直线与第四二项线围成一个面，则此面的"边"是被称为主线的无理直线。

If an area be contained by a rational straight line and the fourth binomial, the "side" of the area is the irrational straight line called major.

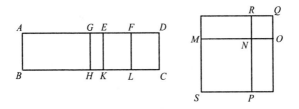

设有理直线 AB 与第四二项线 AD 围成面 AC，AD 在 E 被分成它的两段，且 AE 较大；

我说，面 AC 的"边"是被称为主线的无理直线。

这是因为，由于 AD 是第四二项线，

因此，AE、ED 是仅正方可公度的有理直线，

AE 上的正方形比 ED 上的正方形大一个与 AE 不可公度的直线上的正方形，

且 AE 与 AB 长度可公度。   [X. 定义 II. 4]

设 DE 在 F 被二等分，

对 AE 贴合出矩形 AG、GE 等于 EF 上的正方形；

因此，AG 与 GE 长度不可公度。   [X. 18]

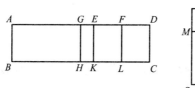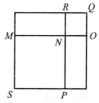

作 GH、EK、FL 平行于 AB，

其余作图如前；

　　　　于是显然，MO 是面 AC 的"边"。

其次需要证明，MO 是被称为主线的无理直线。

由于 AG 与 EG 不可公度，所以

　　AH 与 GK 也不可公度，即 SN 与 NQ 不可公度；

　　　　　　　　　　　　　　　　［Ⅵ. 1，Ⅹ. 11］

　　　　因此，MN、NO 正方不可公度。

又，由于 AE 与 AB 可公度，所以

　　　　　　AK 是有理的；　　　　　　　［Ⅹ. 19］

而它等于 MN、NO 上的正方形之和；

　　　　因此，MN、NO 上的正方形之和也是有理的。

又，由于 DE 与 AB 即 EK 长度不可公度，

而 DE 与 EF 可公度，

　　　　　因此，EF 与 EK 长度不可公度。　　［Ⅹ. 13］

因此，EK、EF 是仅正方不可公度的有理直线；

　　　　　因此，LE 即 MR 是中项面。　　　［Ⅹ. 21］

又，它是由 MN、NO 围成的；

　　　　　因此，矩形 MN、NO 是中项面。

MN、*NO* 上的正方形之和是有理的，

　　　　且 *MN*、*NO* 正方不可公度。

但如果正方不可公度的两直线上的正方形之和是有理的，但它们围成的矩形是中项面，则它们相加所得到的整条直线是无理的，且称之为主线。　　　　　　　　　　　　　　　[X. 39]

因此，*MO* 是被称为主线的无理直线，且是面 *AC* 的"边"。

　　　　　　　　　　　　　　　　　这就是所要证明的。

命题 58

若一有理直线与第五二项线围成一个面，则此面的"边"是被称为有理中项面的边的无理直线。

If an area be contained by a rational straight line and the fifth binomial, the "side" of the area is the irrational straight line called the side of a rational plus a medial area.

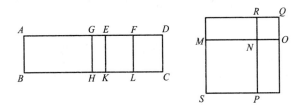

设有理直线 *AB* 与第五二项线 *AD* 围成面 *AC*，*AD* 在 *E* 被分成它的两段，且 *AE* 较大；

我说，面 *AC* 的"边"是被称为有理中项面的边的无理直线。

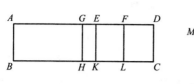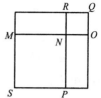

作和以前一样的图；

　　　　　于是显然，*MO* 是面 *AC* 的 "边"。

于是，需要证明，*MO* 是一个有理中项面的边。

这是因为，由于 *AG* 与 *GE* 不可公度，　　　　　　　［X. 18］

　　　　　因此，*AH* 与 *HE* 也不可公度，［VI. 1，X. 11］

即 *MN* 上的正方形与 *NO* 上的正方形不可公度；

　　　　　因此，*MN*、*NO* 正方不可公度。

又，由于 *AD* 是第五二项线，且 *ED* 较小，

　　　　　因此，*ED* 与 *AB* 长度可公度。　［X. 定义 II. 5］

但 *AE* 与 *ED* 不可公度；

　　　　　因此，*AB* 与 *AE* 也长度不可公度。　　　　［X. 13］

因此，*AK*，即 *MN*、*NO* 上的正方形之和，是中项面。

　　　　　　　　　　　　　　　　　　　　　　　［X. 21］

又，由于 *DE* 与 *AB*，即与 *EK*，长度不可公度，

而 *DE* 与 *EF* 可公度，

　　　　　因此，*EF* 与 *EK* 也可公度。　　　　［X. 12］

而 *EK* 是有理的；

因此，*EL*，即 *MR*，即矩形 *MN*、*NO*，也是有理的。　［X. 19］

因此，*MN*、*NO* 是正方不可公度的直线，且它们上的正方形之和是中项面，但由它们围成的矩形是有理面。

因此，*MO* 是一个有理中项面的边［X. 40］，且是面 *AC* 的"边"。

这就是所要证明的。

命题 59

若一有理直线与第六二项线围成一个面，则此面的"边"是被称为两中项面之和的边的无理直线。

If an area be contained by a rational straight line and the sixth binomial, the "side" of the area is the irrational straight line called the side of the sum of two medial areas.

设有理直线 *AB* 与第六二项线 *AD* 围成面 *ABCD*，*AD* 在 *E*

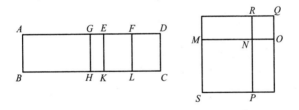

被分成它的两段，且 *AE* 较大；

我说，面 *AC* 的"边"是两中项面之和的边。

作和以前一样的图。

于是显然，*MO* 是 *AC* 的"边"，且 *MN* 与 *NO* 正方不可公度。

现在，由于 *EA* 与 *AB* 长度不可公度，

　　因此，*EA*、*AB* 是仅正方可公度的有理直线；

因此，*AK*，即 *MN*、*NO* 上的正方形之和，是中项面。

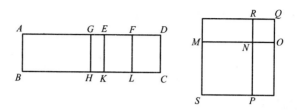

$$[\,\text{X. 21}\,]$$

又，由于 ED 与 AB 长度不可公度，

因此，FE 与 EK 也不可公度； $\qquad[\,\text{X. 13}\,]$

因此，FE、EK 是仅正方可公度的有理直线；

因此，EL，即 MR，即矩形 MN、NO 是中项面。$[\,\text{X. 21}\,]$

又，由于 AE 与 EF 不可公度，所以

AK 与 EL 也不可公度。 $\qquad[\,\text{VI. 1，X. 11}\,]$

但 AK 是 MN、NO 上的正方形之和，

且 EL 是矩形 MN、NO；

因此，MN、NO 上的正方形之和与矩形 MN、NO 不可公度。

而它们都是中项面，且 MN、NO 正方不可公度。

因此，MO 是两中项面之和的边 $[\,\text{X. 41}\,]$，且是面 AC 的"边"。

这就是所要证明的。

< **引理** 若一直线被分成不相等的两段，则这两段上的正方形之和大于由这两段围成的矩形的二倍。

设 AB 是一直线，它在 C 被分成不相等的两段，且 AC 较大；

我说, AC、CB 上的正方形之和
大于二倍的矩形 AC、CB。

这是因为, 使 AB 在 D 被二等分。

于是, 由于一直线在 D 被分成相等的两段, 在 C 被分成不
相等的两段, 所以矩形 AC、CB 加 CD 上的正方形等于 AD 上的
正方形,   [II. 5]

因此, 矩形 AC、CB 小于 AD 上的正方形;

因此, 二倍的矩形 AC、CB 小于 AD 上的正方形的二倍。

但 AC、CB 上的正方形之和等于 AD、DC 上的正方形之和
的二倍;   [II. 9]

因此, AC、CB 上的正方形之和大于二倍的矩形 AC、CB。

这就是所要证明的。>

命题 60

对一有理直线贴合出的矩形等于二项线上的正方形, 则所产
生的宽是第一二项线。

*The square on the binomial straight line applied to a rational
straight line produces as breadth the
first binomial.*

设 AB 是二项线, 在 C 被分成
它的两段, 且 AC 较大;

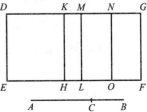

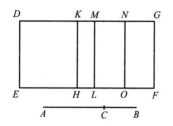

给定有理直线 DE，

　　对 DE 贴合出 DEFG 等于 AB 上的正方形，产生 DG 作为它的宽；

　　我说，DG 是第一二项线。

　　这是因为，对 DE 贴合出矩形 DH 等于 AC 上的正方形，且 KL 等于 BC 上的正方形；

　　　　因此，余量，即二倍的矩形 AC、CB，等于 MF。

设 MG 在 N 被二等分，且作 NO 平行于 ML 或 GF。

因此，矩形 MO、NF 中的每一个都等于矩形 AC、CB。

现在，由于 AB 是在 C 被分成它的两段的二项线，

　　　　因此，AC、CB 是仅正方可公度的有理直线；［X. 36］

因此，AC、CB 上的正方形都是有理的且彼此可公度，

　　　　因此，AC、CB 上的正方形之和也是有理的。［X. 15］

而这个和等于 DL；

　　　　　　　因此，DL 是有理的。

且它是对有理直线 DE 贴合出的；

　　　　因此，DM 是有理的，且与 DE 长度可公度。［X. 20］

又，由于 AC、CB 是仅正方可公度的有理直线，

　　　　因此，二倍的矩形 AC、CB，即 MF，是中项面。［X. 21］

而它是对有理直线 ML 贴合出的；

因此，MG 也是有理的，且与 ML 即 DE 长度不可公度。

　　　　　　　　　　　　　　　　　　［X. 22］

但 MD 也是有理的，且与 DE 长度可公度；

　　　　因此，DM 与 MG 长度不可公度。　　　　［X. 13］

而它们都是有理的；

因此，DM、MG 是仅正方可公度的有理直线；

因此，DG 是二项线。   [X. 36]

其次需要证明，DG 也是第一二项线。

由于矩形 AC、CB 是 AC、CB 上的两正方形的比例中项，

[参见 X. 53 后的引理]

因此，MO 也是 DH、KL 比例中项。

因此，DH 比 MO 如同 MO 比 KL，

即 DK 比 MN 如同 MN 比 MK ；   [VI. 1]

因此，矩形 DK、KM 等于 MN 上的正方形。 [VI. 17]

又，由于 AC 上的正方形与 CB 上的正方形可公度，所以

DH 与 KL 也可公度，

因此，DK 与 KM 也可公度。   [VI. 1，X. 11]

又，由于 AC、CB 上的正方形之和大于二倍的矩形 AC、CB，

[引理]

因此，DL 也大于 MF，

因此，DM 也大于 MG。   [VI. 1]

且矩形 DK、KM 等于 MN 上的正方形，即等于 MG 上的正方形的四分之一，

且 DK 与 KM 可公度。

但如果有两条不等的直线，对较大直线贴合出一个等于较小直线上的正方形的四分之一且亏缺一个正方形的平行四边形，若把较大直线分成长度可公度的两部分，则较大直线上的正方形比

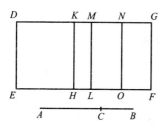

较小直线上的正方形大一个与较大直线可公度的直线上的正方形。

[X. 17]

因此，DM 上的正方形比 MG 上的正方形大一个与 DM 可公度的直线上的正方形。

而 DM、MG 都是有理的，

且较大直线 DM 与给定的有理直线 DE 长度可公度。

因此，DG 是第一二项线。 [X. 定义 II. 1]

这就是所要证明的。

命题 61

对一有理直线贴合出的矩形等于第一双中项线上的正方形，则所产生的宽是第二二项线。

The square on the first bimedial straight line applied to a rational straight line produces as breadth the second binomial.

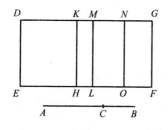

设 AB 是第一双中项线，在 C 被分成它的两段，且 AC 较大；

给定有理直线 DE，

对 DE 贴合出平行四边形 DF 等于 AB 上的正方形，产生 DG 作为它的宽；

我说，DG 是第二二项线。

作和以前一样的图。

于是，由于 AB 是在 C 被分成它的两段的第一双中项线，

因此，AC、CB 是围成一个有理矩形的仅正方可公度的中项

线， [X. 37]

因此，AC、CB 上的正方形之和也是中项面。 [X. 21]

因此，DL 是中项面。 [X. 15 和 23，推论]

而它是对有理直线 DE 贴合出的；

因此，MD 是有理的，且与 DE 长度不可公度。 [X. 22]

又，由于二倍的矩形 AC、CB 是有理的，所以 MF 也是有理的。

而它是对有理直线 ML 贴合出的；

因此，MG 也是有理的，且与 ML 即 DE 长度可公度；

[X. 20]

因此，DM 与 MG 长度不可公度。 [X. 13]

而它们是有理的；

因此，DM、MG 是仅正方可公度的有理直线；

因此，DG 是二项线。 [X. 36]

其次需要证明，DG 也是第二二项线。

这是因为，由于 AC、CB 上的正方形之和大于二倍的矩形

AC、CB，

因此，DL 也大于 MF，

因此，DM 也大于 MG。 [VI. 1]

又，由于 AC 上的正方形与 CB 上的正方形可公度，所以

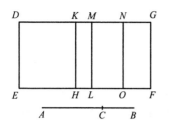

DH 与 KL 也可公度,

因此, DK 与 KM 也可公度。

[VI. 1, X. 11]

而矩形 DK、KM 等于 MN 上的正方形;

因此, DM 上的正方形比 MG 上的正方形大一个与 DM 可公度的直线上的正方形。 [X. 17]

而 MG 与 DE 长度可公度。

因此, DG 是第二二项线。 [X. 定义 II. 2]

这就是所要证明的。

命题 62

对一有理直线贴合出的矩形等于第二双中项线上的正方形, 则所产生的宽是第三二项线。

The square on the second bimedial straight line applied to a rational straight line produces as breadth the third binomial.

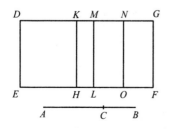

设 AB 是第二双中项线, 在 C 被分成它的两段, 且 AC 较大;

设 DE 是有理直线,

对 DE 贴合出平行四边形 DF 等于 AB 上的正方形, 产生 DG 作为它的宽；

　　我说，DG 是第三二项线。

　　作和以前一样的图。

　　于是，由于 AB 是在 C 被分成它的两段的第二双中项线，

　　因此，AC、CB 是围成一个中项矩形的仅正方可公度的中项
线，　　　　　　　　　　　　　　　　　　　　　　　　　[X.38]

　　因此，AC、CB 上的正方形之和也是中项面。[X.15 和 23 推论]

　　而它等于 DL；

　　　　　　　　　　因此，DL 也是中项面。

　　而它是对有理直线 DE 贴合出的；

　　　　　　因此，MD 也是有理的，且与 DE 长度不可公度。[X.22]

　　同理，

　　MG 也是有理的，且与 ML 即 DE 长度不可公度；

　　因此，直线 DM、MG 中的每一个都是有理的，且与 DE 长
度不可公度。

　　又，由于 AC 与 CB 长度不可公度，

　　且 AC 比 CB 如同 AC 上的正方形比矩形 AC、CB，

　　因此，AC 上的正方形与矩形 AC、CB 也不可公度。[X.11]

　　因此，AC、CB 上的正方形之和与二倍的矩形 AC、CB 不可公度，

　　　　　　也就是说，DL 与 MF 不可公度，

　　　　　　因此，DM 与 MG 也不可公度。[VI.1，X.11]

　　而它们是有理的；

　　　　　　　　　　因此，DG 是二项线。

　　需要证明，它也是第三二项线。

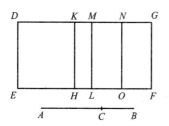

以和之前类似的方法可以断定，

DM 大于 *MG*，

且 *DK* 与 *KM* 可公度。

而矩形 *DK*、*KM* 等于 *MN* 上的正方形；

因此，*DM* 上的正方形比 *MG* 上的正方形大一个与 *DM* 可公度的直线上的正方形。

且直线 *DM*、*MG* 中的每一个都不与 *DE* 长度可公度。

因此，*DG* 是第三二项线。　　　　　　[X. 定义 II. 3]

　　　　　　　　　　　　　　　　这就是所要证明的。

命题 63

对一有理直线贴合出的矩形等于主线上的正方形，则所产生的宽是第四二项线。

The square on the major straight line applied to a rational straight line produces as breadth the fourth binomial.

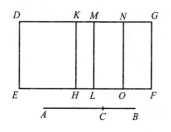

设 *AB* 是主线，在 *C* 被分成它的两段，且 *AC* 大于 *CB*；

设 *DE* 是有理直线，

对 *DE* 贴合出平行四边形 *DF* 等于 *AB* 上的正方形，产生 *DG* 作为它的宽；

我说，*DG* 是第四二项线。

作和以前一样的图。

于是，由于 *AB* 是在 *C* 被分成它的两段的主线，所以

AC、*CB* 是正方不可公度的直线，它们上的正方形之和是有理的，但由它们围成的矩形是中项面。　　　　　　　[X.39]

于是，由于 *AC*、*CB* 上的正方形之和是有理的，

因此，*DL* 是有理的；

因此，*DM* 也是有理的，且与 *DE* 长度可公度。[X.20]

又，由于二倍的矩形 *AC*、*CB*，即 *MF*，是中项面，

且它是对有理直线 *ML* 贴合出的，

因此，*MG* 也是有理的，且与 *DE* 长度不可公度；[X.22]

因此，*DM* 与 *MG* 长度不可公度。　　　[X.13]

因此，*DM*、*MG* 是仅正方可公度的有理直线；

因此，*DG* 是二项线。　　　　　[X.36]

需要证明，*DG* 也是第四二项线。

以和之前类似的方法可以证明，*DM* 大于 *MG*，且矩形 *DK*、*KM* 等于 *MN* 上的正方形。

于是，由于 *AC* 上的正方形与 *CB* 上的正方形不可公度，

因此，*DH* 与 *KL* 也不可公度，

因此，*DK* 与 *KM* 也不可公度。[VI.1，X.11]

但如果有两条不等的直线，对较大直线贴合出一个等于较小直线上的正方形的四分之一且亏缺一个正方形的平行四边形，若把较大直线分成长度不可公度的两部分，则较大直线上的正方形

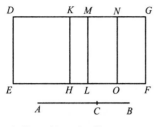

比较小直线上的正方形大一个与较大直线不可公度的直线上的正方形；

[X. 18]

因此，DM 上的正方形比 MG 上的正方形大一个与 DM 不可公度直线上的正方形。

而 DM、MG 是仅正方可公度的有理直线，

且 DM 与给定的有理直线 DE 可公度。

因此，DG 是第四二项线。　　　　　　[X. 定义 II. 4]

这就是所要证明的。

命题 64

对一有理直线贴合出的矩形等于有理中项面的边上的正方形，则所产生的宽是第五二项线。

The square on the side of a rational plus a medial area applied to a rational straight line produces as breadth the fifth binomial.

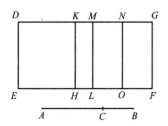

设 AB 是有理中项面的边，在 C 被分成它的两段，且 AC 较大；

给定有理直线 DE，

对 DE 贴合出平行四边形 DF 等于 AB 上的正方形，产生 DG 作为

它的宽；

我说，DG 是第五二项线。

作和以前一样的图。

于是，由于 AB 是在 C 被分成它的两段的有理中项面的边，

因此，AC、CB 是正方不可公度的直线，其上的正方形之和是中项面，但由它们围成的矩形是有理的。　　　　　［X. 40］

于是，由于 AC、CB 上的正方形之和是中项面，

因此，DL 是中项面，

因此，DM 是有理的，且与 DE 长度不可公度。［X. 22］

又，由于二倍的矩形 AC、CB，即 MF，是有理的。

因此，MG 是有理的，且与 DE 可公度。　　［X. 20］

因此，DM 与 MG 不可公度；　　　　　　［X. 13］

因此，DM、MG 是仅正方可公度的有理直线；

因此，DG 是二项线。　　　　［X. 36］

其次我说，DG 也是第五二项线。

这是因为，可以类似地证明，矩形 DK、KM 等于 MN 上的正方形，

且 DK 与 KM 长度不可公度；

因此，DM 上的正方形比 MG 上的正方形大一个与 DM 不可公度的直线上的正方形。　　　　　　　　　　［X. 18］

而 DM、MG 仅正方可公度，且较小直线 MG 与 DE 长度可公度。

因此，DG 是第五二项线。

这就是所要证明的。

命题 65

对一有理直线贴合出的矩形等于两中项面之和的边上的正方形，则所产生的宽是第六二项线。

The square on the side of the sum of two medial areas applied to a rational straight line produces as breadth the sixth binomial.

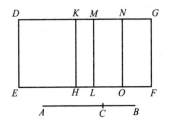

设 AB 是两中项面之和的边，在 C 被分成它的两段，

设 DE 是有理直线，

且对 DE 贴合出平行四边形 DF 等于 AB 上的正方形，产生 DG 作为它的宽；

我说，DG 是第六二项线。

作和以前一样的图。

于是，由于 AB 是在 C 被分成它的两段的两中项面之和的边，

因此，AC、CB 是正方不可公度的直线，其上的正方形之和是中项面，由它们围成的矩形是中项面，且其上的正方形之和与它们围成的矩形不可公度，　　　　　　　　[X. 41]

因此，按照以前的证明，矩形 DL、MF 中的每一个都是中项面。

而它们是对有理直线 DE 贴合出的；

因此，直线 DM、MG 中的每一个都是有理的，且与 DE 长度不可公度。　　　　　　　　[X. 22]

又，由于 *AC*、*CB* 上的正方形之和与二倍的矩形 *AC*、*CB* 不可公度，

因此，*DL* 与 *MF* 不可公度。

因此，*DM* 与 *MG* 也不可公度； [Ⅵ.1，X.11]

因此，*DM*、*MG* 是仅正方可公度的有理直线；

因此，*DG* 是二项线。 [X.36]

其次我说，*DG* 也是第六二项线。

类似地，还可以证明，矩形 *DK*、*KM* 等于 *MN* 上的正方形，

且 *DK* 与 *KM* 长度不可公度；

同理，*DM* 上的正方形比 *MG* 上的正方形大一个与 *DM* 长度不可公度直线上的正方形。

且直线 *DM*、*MG* 都不与给定的有理直线 *DE* 长度可公度。

因此，*DG* 是第六二项线。

这就是所要证明的。

命题 66

与二项线长度可公度的直线本身也是二项线，且是同级的。

A straight line commensurable in length with a binomial straight line is itself also binomial and the same in order.

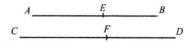

设 *AB* 是二项线，且设 *CD* 与 *AB* 长度可公度；

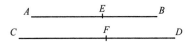

我说，CD 是二项线，且与 AB 同级。

这是因为，由于 AB 是二项线，设它在 E 被分成它的两段，且 AE 较大；

因此，AE、EB 是仅正方可公度的有理直线。　　　　　　　[X. 36]

设法使 AB 比 CD 如同 AE 比 CF；　　　　　　　　　　　[VI. 12]

　　因此也有，余量 EB 比余量 FD 如同 AB 比 CD。[V. 19]

但 AB 与 CD 长度可公度；

　　因此，AE 也与 CF 可公度，EB 也与 FD 可公度。[X. 11]

而 AE、EB 是有理的；

　　　　因此，CF、FD 也是有理的。

而 AE 比 CF 如同 EB 比 FD。　　　　　　　　　　　　　[V. 11]

　　因此，取更比例，AB 比 EB 如同 CF 比 FD。　　[V. 16]

但 AE、EB 仅正方可公度；

　　　　因此，CF、FD 也仅正方可公度。　　　　　[X. 11]

而它们是有理的；

　　　　　因此，CD 是二项线。　　　　　　　　[X. 36]

其次我说，它与 AB 同级。

这是因为，AE 上的正方形比 EB 上的正方形大一个与 AE 要么可公度要么不可公度的直线上的正方形。

于是，如果 AE 上的正方形比 EB 上的正方形大一个与 AE 可公度的直线上的正方形，则 CF 上的正方形也比 FD 上的正方

形大一个与 *CF* 可公度的直线上的正方形。　　　　［X. 14］

又，如果 *AE* 与给定的有理直线可公度，则 *CF* 也与给定的有理直线也可公度，　　　　　　　　　　　　　　　　［X. 12］

因此，直线 *AB*、*CD* 中的每一个都是第一二项线，即它们同级。　　　　　　　　　　　　　　　　　　　［X. 定义 II. 1］

但如果 *EB* 与给定的有理直线可公度，则 *FD* 与给定的有理直线也可公度。　　　　　　　　　　　　　　　　　　［X. 12］

因此，*CD* 与 *AB* 同级，

这是因为，它们都是第二二项线。　　　　　　　［X. 定义 II. 2］

但如果直线 *AE*、*EB* 中的每一个都不与给定的有理直线可公度，则直线 *CF*、*FD* 也都不与给定的有理直线可公度，　［X. 13］

因此，直线 *AB*、*CD* 中的每一个都是第三二项线。

　　　　　　　　　　　　　　　　　　　［X. 定义 II. 3］

但如果 *AE* 上的正方形比 *EB* 上的正方形大一个与 *AE* 不可公度的直线上的正方形，则 *CF* 上的正方形也比 *FD* 上的正方形大一个与 *CF* 不可公度的直线上的正方形。　　　　［X. 14］

又，如果 *AE* 与给定的有理直线可公度，则 *CF* 也与给定的有理直线可公度，

因此，直线 *AB*、*CD* 中的每一个都是第四二项线。

　　　　　　　　　　　　　　　　　　　［X. 定义 II. 4］

但如果 *EB* 与给定的有理直线可公度，则 *FD* 也与给定的有理直线可公度，

因此，直线 *AB*、*CD* 中的每一个都是第五二项线。

　　　　　　　　　　　　　　　　　　　［X. 定义 II. 5］

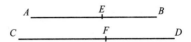

但如果直线 *AE*、*EB* 都不与给定的有理直线可公度，则直线 *CF*、*FD* 也都不与给定的有理直线可公度，

因此，直线 *AB*、*CD* 中的每一个都是第六二项线。

$$[\text{X. 定义 II. 6}]$$

因此，与二项线长度可公度的直线也是二项线，且是同级的。

这就是所要证明的。

命题 67

与双中项线长度可公度的直线本身也是双中项线，且是同级的。

A straight line commensurable in length with a bimedial straight line is itself also bimedial and the same in order.

设 *AB* 是双中项线，且设 *CD* 与 *AB* 长度可公度；

我说，*CD* 是双中项线，且与 *AB* 同级。

这是因为，由于 *AB* 是双中项线，设它在 *E* 被分成它的两段；

因此，*AE*、*EB* 是仅正方可公度的中项线。

$$[\text{X. 37, 38}]$$

设法使 AB 比 CD 如同 AE 比 CF ;

因此也有, 余量 EB 比余量 FD 如同 AB 比 CD。 [V. 19]

但 AB 与 CD 长度可公度;

因此, AE、EB 也分别与 CF、FD 可公度。 [X. 11]

但 AE、EB 是中项线;

因此, CF、FD 也是中项线。 [X. 23]

又, 由于 AE 比 EB 如同 CF 比 FD, [V. 11]

而 AE、EB 仅正方可公度,

因此, CF、FD 也仅正方可公度。 [X. 11]

但已证明, 它们是中项线;

因此, CD 是双中项线。

其次我说, CD 还与 AB 同级。

这是因为, AE 比 EB 如同 CF 比 FD,

因此也有, AE 上的正方形比矩形 AE、EB 如同 CF 上的正方形比矩形 CF、FD ;

因此, 取更比例, AE 上的正方形比 CF 上的正方形如同矩形 AE、EB 比矩形 CF、FD。 [V. 16]

但 AE 上的正方形与 CF 上的正方形可公度;

因此, 矩形 AE、EB 与矩形 CF、FD 也可公度。

因此, 如果矩形 AE、EB 是有理的, 则

矩形 CF、FD 也是有理的,

因此, CD 是第一双中项线; [X. 37]

但如果矩形 AE、EB 是中项面, 则矩形 CF、FD 也是中项面。

[X. 23, 推论]

因此，直线 *AB*、*CD* 中的每一个都是第二双中项线。　　　　　　[X. 38]

因此，*CD* 与 *AB* 同级。

这就是所要证明的。

命题 68

与主线可公度的直线本身也是主线。

A straight line commensurable with a major straight line is itself also major.

设 *AB* 是主线，且设 *CD* 与 *AB* 可公度；

我说，*CD* 是主线。

设 *AB* 在 *E* 被分成它的两段；

因此，*AE*、*EB* 是正方不可公度的直线，且其上的正方形之和是有理的，但由它们围成的矩形是中项面。 [X. 39]

作和以前一样的图。

于是，由于 *AB* 比 *CD* 如同 *AE* 比 *CF*，又如同 *EB* 比 *FD*，

因此也有，*AE* 比 *CF* 如同 *EB* 比 *FD*。　　　[V. 11]

但 *AB* 与 *CD* 可公度；

因此，*AE*、*EB* 也分别与 *CF*、*FD* 也可公度。[X. 11]

又，由于 *AE* 比 *CF* 如同 *EB* 比 *FD*，

取更比例，

　　　　　AE 比 *EB* 如同 *CF* 比 *FD*；　　　　　　　［V. 16］

取合比例，

　　　　　AB 比 *BE* 如同 *CD* 比 *DF*；　　　　　　　［V. 18］

　　因此也有，*AB* 上的正方形比 *BE* 上的正方形如同 *CD* 上的正方形比 *DF* 上的正方形。　　　　　　　　　　　　　［VI. 20］

　　类似地，可以证明，*AB* 上的正方形比 *AE* 上的正方形也如同 *CD* 上的正方形比 *CF* 上的正方形。

　　因此也有，*AB* 上的正方形比 *AE*、*EB* 上的正方形之和如同 *CD* 上的正方形比 *CF*、*FD* 上的正方形之和；

　　取更比例，*AB* 上的正方形比 *CD* 上的正方形如同 *AE*、*EB* 上的正方形之和比 *CF*、*FD* 上的正方形之和。　　　　［V. 16］

　　但 *AB* 上的正方形与 *CD* 上的正方形可公度；

　　因此，*AE*、*EB* 上的正方形之和与 *CF*、*FD* 上的正方形之和也可公度。

　　而 *AE*、*EB* 上的正方形之和是有理的；

　　　　因此，*CF*、*FD* 上的正方形之和是有理的。

　　类似地也有，二倍的矩形 *AE*、*EB* 与二倍的矩形 *CF*、*FD* 可公度。

　　而二倍的矩形 *AE*、*EB* 是中项面；

　　　　因此，二倍的矩形 *CF*、*FD* 也是中项面。

　　　　　　　　　　　　　　　　　　　　　　　　［X. 23, 推论］

　　因此，*CF*、*FD* 是正方不可公度的直线，且其上的正方形之和是有理的，但由它们围成的矩形是中项面；因此，整个 *CD* 是被称为主线的无理直线。　　　　　　　　　　　　　　　　　　［X. 39］

因此，与主线可公度的直线是主线。

这就是所要证明的。

命题 69

与有理中项面的边可公度的直线本身也是有理中项面的边。

A straight line commensurable with the side of a rational plus a medial area is itself also the side of a rational plus a medial area.

设 *AB* 是有理中项面的边，且设 *CD* 与 *AB* 可公度；需要证明，*CD* 也是有理中项面的边。

设 *AB* 在 *E* 被分成它的两段；

因此，*AE*、*EB* 是正方不可公度的直线，且其上的正方形之和是中项面，但由它们围成的矩形是有理的。

[X. 40]

作和以前一样的图。

于是，可以类似地证明，*CF*、*FD* 正方不可公度，

且 *AE*、*EB* 上的正方形之和与 *CF*、*FD* 上的正方形之和可公度，

且矩形 *AE*、*EB* 与矩形 *CF*、*FD* 可公度；

因此，*CF*、*FD* 上的正方形之和也是中项面，且矩形 *CF*、*FD* 是有理的。

因此，*CD* 是有理中项面的边。

这就是所要证明的。

命题 70

与两中项面之和的边可公度的直线本身也是两中项面之和的边。

A straight line commensurable with the side of the sum of two medial areas is the side of the sum of two medial areas.

设 AB 是两中项面之和的边, 且设 CD 与 AB 可公度;
需要证明, CD 也是两中项面之和的边。
这是因为, 由于 AB 是两中项面之和的边,
设它在 E 被分成它的两段;
因此, AE、EB 是正方不可公度的直线, 其上的正方形之和是中项面, 由它们围成的矩形是中项面, 且 AE、EB 上的正方形之和与矩形 AE、EB 不可公度。   [X. 41]
按照前面同样的作图
于是, 可以类似地证明, CF、FD 也正方不可公度,
且 AE、EB 上的正方形之和与 CF、FD 上的正方形之和可公度,
且矩形 AE、EB 与矩形 CF、FD 可公度;
     因此, CF、FD 上的正方形之和也是中项面,
          矩形 CF、FD 是中项面,
以及, CF、FD 上的正方形之和与矩形 CF、FD 不可公度。
因此, CD 是两中项面之和的边。

这就是所要证明的。

命题 71

若把有理面与中项面相加，则可产生四条无理直线，即二项线，或第一双中项线，或主线，或有理中项面的边。

If a rational and a medial area be added together, four irrational straight lines arise, namely a binomial or a first bimedial or a major or a side of a rational plus a medial area.

设 *AB* 是有理面，*CD* 是中项面；

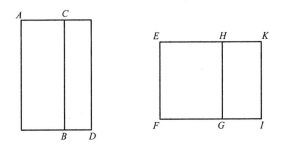

我说，面 *AD* 的"边"是二项线，或第一双中项线，或主线，或有理中项面的边。

这是因为，*AB* 要么大于要么小于 *CD*。

首先，设 *AB* 大于 *CD*；

给定一条有理直线 *EF*，

对 *EF* 贴合出矩形 *EG* 等于 *AB*，产生作为宽的 *EH*，

且对 *EF* 贴合出矩形 *HI* 等于 *DC*，产生作为宽的 *HK*。

于是，由于 *AB* 是有理面，且等于 *EG*，

因此，*EG* 也是有理面。

而它是对 *EF* 贴合出的，产生作为宽的 *EH*，

因此，*EH* 是有理的，且与 *EF* 长度可公度。　［X. 20］

又，由于 *CD* 是中项面，且等于 *HI*，

因此，*HI* 也是中项面。

而它是对有理直线 *EF* 贴合出的，产生作为宽的 *HK*；

因此，*HK* 是有理的，且与 *EF* 长度不可公度。［X. 22］

又，由于 *CD* 是中项面，

而 *AB* 是有理面，

因此，*AB* 与 *CD* 不可公度，

因此，*EG* 与 *HI* 也不可公度。

但 *EG* 比 *HI* 如同 *EH* 比 *HK*；　　　　　　　　　［VI. 1］

因此，*EH* 与 *HK* 也长度不可公度。　　　［X. 11］

而二者都是有理的；

因此，*EH*、*HK* 是仅正方可公度的有理直线，

因此，*EK* 是在 *H* 被分成两段的二项线。　　［X. 36］

又，由于 *AB* 大于 *CD*，

而 *AB* 等于 *EG*，且 *CD* 等于 *HI*，

因此，*EG* 也大于 *HI*；

因此，*EH* 也大于 *HK*。

于是，*EH* 上的正方形比 *HK* 上的正方形大一个与 *EH* 要么长度可公度要么长度不可公度的直线上的正方形。

首先，设 *EH* 上的正方形比 *HK* 上的正方形大一个与 *EH* 长度可公度的直线上的正方形。

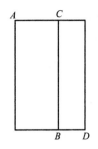
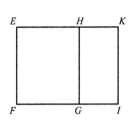

现在，较大直线 HE 与给定的有理直线 EF 长度可公度；

　　　　因此，EK 是第一二项线。　　　［X. 定义 II. 1］

但 EF 是有理的；

且若一有理直线与第一二项线围成一个面，则此面的"边"是二项线。　　　　　　　　　　　　　　　　　　　［X. 54］

因此，EI 的"边"是二项线；

　　　　因此，AD 的"边"也是二项线。

其次，设 EH 上的正方形比 HK 上的正方形大一个与 EH 不可公度的直线上的正方形。

现在，较大直线 EH 与给定的有理直线 EF 长度可公度；

　　　　因此，EK 是第四二项线。　　　［X. 定义 II. 4］

但 EF 是有理的；

且若一有理直线与第四二项线围成一个面，则此面的"边"是被称为主线的无理直线。　　　　　　　　　　　　　［X. 57］

因此，面 EI 的"边"是主线；

　　　　因此，面 AD 的"边"也是主线。

其次，设 AB 小于 CD；

　　　　因此，EG 也小于 HI，

因此，*EH* 也小于 *HK*。

现在，*HK* 上的正方形比 *EH* 上的正方形大一个与 *HK* 要么可公度要么不可公度的直线上的正方形。

首先，设 *HK* 上的正方形比 *EH* 上的正方形大一个与 *HK* 长度可公度的直线上的正方形。

现在，较小直线 *EH* 与给定的有理直线 *EF* 长度可公度；

因此，*EK* 是第二二项线。　　　　　　　［X. 定义 II. 2］

但 *EF* 是有理的，

且若一有理直线与第二二项线围成一个面，则此面的"边"是第一双中项线；　　　　　　　　　　　　　　　［X. 55］

因此，面 *EI* 的"边"是第一双中项线，

因此，面 *AD* 的"边"也是第一双中项线。

其次，设 *HK* 上的正方形比 *HE* 上的正方形大一个与 *HK* 不可公度的直线上的正方形。

现在，较小直线 *EH* 与给定的有理直线 *EF* 可公度；

因此，*EK* 是第五二项线。　　［X. 定义 II. 5］

但 *EF* 是有理的；

且若一有理直线与第五二项线围成一个面，则此面的"边"是有理中项面的边。　　　　　　　　　　　　　　　［X. 58］

因此，面 *EI* 的"边"是有理中项面的边，

因此，面 *AD* 的"边"也是有理中项面的边。

这就是所要证明的。

命题 72

若把两个彼此不可公度的中项面相加，则可产生其余两条无理直线，即要么是第二双中项线，要么是两中项面之和的边。

If two medial areas incommensurable with one another be added together, the remaining two irrational straight lines arise, namely either a second bimedial or a side of the sum of two medial areas.

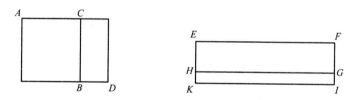

设把彼此不可公度的两中项面 *AB*、*CD* 相加；

我说，面 *AD* 的"边"要么是第二双中项线，要么是两中项面之和的边。

这是因为，*AB* 要么大于要么小于 *CD*。

首先，设 *AB* 大于 *CD*。

给定有理直线 *EF*，

对 *EF* 贴合出矩形 *EG* 等于 *AB*，产生作为宽的 *EH*，且矩形 *HI* 等于 *CD*，产生作为宽的 *HK*。

现在，由于面 *AB*、*CD* 中的每一个都是中项面，

因此，面 *EG*、*HI* 中的每一个也都是中项面。

而它们都是对有理直线 FE 贴合出的，产生作为宽的 EH、HK；

因此，直线 EH、HK 中的每一个都是有理的，且与 EF 长度不可公度。 　　　　　　　　　　　　　　　　　　　　[X. 22]

又，由于 AB 与 CD 不可公度，

且 AB 等于 EG，CD 等于 HI，

因此，EG 与 HI 也不可公度。

但 EG 比 HI 如同 EH 比 HK；　　　　　　　[VI. 1]

因此，EH 与 HK 长度不可公度。　　　[X. 11]

因此，EH、HK 是仅正方可公度的有理直线；

因此，EK 是二项线。　　　　　[X. 36]

但 EH 上的正方形比 HK 上的正方形大一个与 EH 要么可公度要么不可公度的直线上的正方形。

首先，设 EH 上的正方形比 HK 上的正方形大一个与 EH 长度可公度的直线上的正方形。

现在，直线 EH、HK 中的每一个都不与给定的有理直线 EF 长度可公度；

因此，EK 是第三二项线。　　[X. 定义 II. 3]

但 EF 是有理的；

且若一有理直线与第三二项线围成一个面，则此面的"边"是第二双中项线；　　　　　　　　　　　　　　　　[X. 56]

因此，EI 即 AD 的"边"是第二双中项线。

其次，设 EH 上的正方形比 HK 上的正方形大一个与 EH 不可度的直线上的正方形。

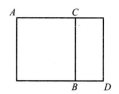
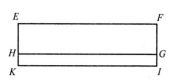

现在，直线 *EH*、*HK* 中的每一个都与 *EF* 长度不可公度；

因此，*EK* 是第六二项线。   ［X. 定义 II. 6］

但若一有理直线与第六二项线围成一个面，则此面的"边"
是两中项面之和的边；   ［X. 59］

因此，面 *AD* 的"边"也是两中项面之和的边。

这就是所要证明的。

二项线和它之后的无理直线既不同于中项线，又彼此不同。

*The binomial straight line and the irrational straight lines after
it are neither the same with the medial nor with one another.*

这是因为，如果对一有理直线贴合出一个矩形等于中项线上
的正方形，则产生的作为宽的直线是有理的，且与原有理直线长
度不可公度。   ［X. 22］

但是，对一有理直线贴合出的矩形等于二项线上的正方形，
则所产生的宽是第一二项线。   ［X. 60］

对一有理直线贴合出的矩形等于第一双中项线上的正方形，
则所产生的宽是第二二项线。   ［X. 61］

对一有理直线贴合出的矩形等于第二双中项线上的正方形，

则所产生的宽是第三二项线。   [X.62]

对一有理直线贴合出的矩形等于主线上的正方形，则所产生的宽是第四二项线。   [X.63]

对一有理直线贴合出的矩形等于有理中项面的边上的正方形，则所产生的宽是第五二项线。   [X.64]

对一有理直线贴合出的矩形等于两中项面之和的边上的正方形，则所产生的宽是第六二项线。   [X.65]

此外，上述那些作为宽的直线既与第一条有理直线不同，又彼此不同；与第一条有理直线不同是因为它是有理的，彼此不同则是因为它们不同级；

因此，这些无理直线本身也彼此不同。

命题 73

若从一有理直线中减去与之仅正方可公度的有理直线，则余量是无理的；且称之为**余线**。

*If from a rational straight line there be subtracted a rational straight line commensurable with the whole in square only, the remainder is irrational; and let it be called an **apotome**.*

从有理直线 AB 中减去与 AB 仅正方可公度的有理直线 BC；

我说，余量 AC 是被称为**余线**的无理直线。

这是因为，由于 AB 与 BC 长度不可公度

且 AB 比 BC 如同 AB 上的正方形比矩形 AB、BC，

因此，AB 上的正方形与矩形 AB、BC 不可公度。［X. 11］

但 AB、BC 上的正方形之和与 AB 上的正方形可公度，

［X. 15］

且二倍的短形 AB、BC 与矩形 AB、BC 可公度。　　［X. 6］

又，由于 AB、BC 上的正方形之和等于二倍的矩形 AB、BC 与 CA 上的正方形之和，　　　　　　　　　　　　［II. 7］

因此，AB、BC 上的正方形之和与余量 AC 上的正方形也不可公度。　　　　　　　　　　　　　　　　　　［X. 13,16］

但 AB、BC 上的正方形之和是有理的；

因此，AC 是无理的。　　［X. 定义 4］

且称之为**余线**。

这就是所要证明的。

命题 74

若从一中项线中减去与之仅正方可公度的中项线，且两线所围成的矩形是有理矩形，则余量是无理的；且称之为**中项线的第一余线**。

If from a medial straight line there be subtracted a medial straight line which is commensurable with the whole in square only, and which contains with the whole a rational rectangle, the remainder is irrational. And let it be called a **first apotome of a medial** *straight line.*

从中项线 AB 中减去与 AB 仅正方可公度的中项线 BC，且矩形 AB、BC是有理的；

$$A \qquad C \qquad\qquad\qquad B$$

我说，余量 AC 是无理的；且称之为**中项线的第一余线**。

这是因为，由于 AB、BC 是中项线，所以

AB、BC 上的正方形之和也是中项面。

但二倍的矩形 AB、BC 是有理的；

因此，AB、BC 上的正方形之和与二倍的矩形 AB、BC 不可公度；

因此，二倍的矩形 AB、BC 与余量 AC 上的正方形也不可公度，　　　　　　　　　　　　　　　　　　［参见 II. 7］

由于如果两个量之和与两个量之一不可公度，则这两个量也不可公度，　　　　　　　　　　　　　　　　　　　　　［X. 16］

但二倍的矩形 AB、BC 是有理的；

因此，AC 上的正方形是无理的；

因此，AC 是无理的。　　　［X. 定义 4］

且称之为**中项线的第一余线**。

这就是所要证明的。

命题 75

　　若从一中项线中减去与之仅正方可公度且与之围成中项矩形的中项线，则余量是无理的；且称之为**中项线的第二余线**。

*If from a medial straight line there be subtracted a medial straight line which is commensurable with the whole in square only, and which contains with the whole a medial rectangle, the remainder is irrational; and let it be called a **second apotome of a medial** straight line.*

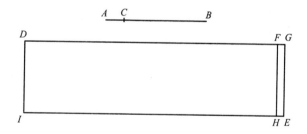

　　从中项线 *AB* 中减去与整个 *AB* 仅正方可公度的中项线 *CB*，且矩形 *AB*、*BC* 是中项面；　　　　　　　　　　　　［X. 28］

　　我说，余量 *AC* 是无理的；且称之为**中项线的第二余线**。

　　这是因为，给定有理直线 *DI*，

　　对 *DI* 贴合出矩形 *DE* 等于 *AB*、*BC* 上的正方形之和，产生作为宽的 *DG*，

　　且对 *DI* 贴合出 *DH* 等于二倍的矩形 *AB*、*BC*，产生作为宽的 *DF*；

因此，余量 FE 等于 AC 上的正方形。　　　［II. 7］

现在，由于 AB、BC 上的正方形都是中项面而且可公度，

因此，DE 也是中项面。［X. 15 和 23，推论］

而它是对有理直线 DI 贴合出的，产生作为宽的 DG；

因此，DG 是有理的，且与 DI 长度不可公度。　　　［X. 22］

又，由于矩形 AB、BC 是中项面，

因此，二倍的矩形 AB、BC 也是中项面。

［X. 23，推论］

而它等于 DH；

因此，DH 也是中项面。

而它是对有理直线 DI 贴合出的，产生作为宽的 DF；

因此，DF 是有理的，且与 DI 长度不可公度。［X. 22］

而由于 AB、BC 仅正方可公度，

因此，AB 与 BC 长度不可公度；

因此，AB 上的正方形与矩形 AB、BC 也不可公度。

［X. 11］

但 AB、BC 上的正方形之和与 AB 上的正方形可公度，

［X. 15］

且二倍的矩形 AB、BC 与矩形 AB、BC 可公度；　　　［X. 6］

因此，二倍的矩形 AB、BC 与 AB、BC 上的正方形之和不可公度。　　　［X. 13］

但 DE 等于 AB、BC 上的正方形之和，

且 DH 等于二倍的矩形 AB、BC；

因此，DE 与 DH 不可公度。

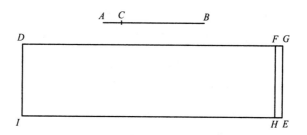

但 *DE* 比 *DH* 如同 *GD* 比 *DF* ；   [VI. 1]

因此，*GD* 与 *DF* 不可公度。   [X. 11]

而两者都是有理的；

因此，*GD*、*DF* 是仅正方可公度的有理直线；

因此，*FG* 是余线。   [X. 73]

但 *DI* 是有理的，

且有理直线与无理直线所围成的矩形是无理的，

[由 X. 20 推出]

且它的"边"是无理的。

而 *AC* 是 *FE* 的"边"；

因此，*AC* 是无理的。

且称之为**中项线的第二余线**。

这就是所要证明的。

命题 76

若从一直线中减去与之正方不可公度的直线，且两直线上的

正方形之和是有理的，但两直线所围成的矩形是中项面，则余量
是无理的；且称之为**次线**。

*If from a straight line there be subtracted a straight line which
is incommensurable in square with the whole and which with the
whole makes the squares on them added together rational, but the
rectangle contained by them medial, the remainder is irrational;
and let it be called* **minor.**

从直线 AB 中减去与 AB 正方不可
公度且满足给定条件的直线 BC。   [X. 33]

我说，余量 AC 是被称为**次线**的无理直线。

这是因为，由于 AB、BC 上的正方形之和是有理的，而二倍
的矩形 AB、BC 是中项面，

因此，AB、BC 上的正方形之和与二倍的矩形 AB、BC 不可公度；

取更比例，AB、BC 上的正方形之和与余量即 AC 上的正方
形不可公度。   [II. 7，X. 16]

但 AB、BC 上的正方形之和是有理的；

因此，AC 上的正方形是无理的；

因此，AC 是无理的。

且称之为**次线**。

这就是所要证明的。

命题 77

若从一直线中减去与之正方不可公度的直线，且两直线上的正方形之和是中项面，但两直线所围成矩形的二倍是有理的，则余量是无理的；且称之为**中项面与有理面之差的边**。

If from a straight line there be subtracted a straight line which is incommensurable in square with the whole, and which with the whole makes the sum of the squares on them medial, but twice the rectangle contained by them rational, the remainder is irrational: and let it be called **that which produces with a rational area a medial whole**.

从直线 AB 中减去与 AB 正方不可公度的直线 BC，且满足给定的条件；   [X. 34]

我说，余量 AC 是上述无理直线。

这是因为，由于 AB、BC 上的正方形之和是中项面，

而二倍的矩形 AB、BC 是有理的，

因此，AB、BC 上的正方形之和与二倍的矩形 AB、BC 不可公度；

因此，余量，即 AC 上的正方形，与二倍的矩形 AB、AC 也不可公度。   [II. 7，X. 16]

而两倍的矩形 AB、BC 是有理的；

因此，AC 上的正方形是无理的；

因此，AC 是无理的。

且称之为**中项面与有理面之差的边**。

这就是所要证明的。

命题 78

若从一直线中减去与之正方不可公度的直线，且两直线上的正方形之和是中项面，它们所围成矩形的二倍也是中项面，且两直线上的正方形之和与它们所围成矩形的二倍不可公度，则余量是无理的；且称之为**中项面与中项面之差的边**。

If from a straight line there be subtracted a straight line which is incommensurable in square with the whole and which with the whole makes the sum of the squares on them medial, twice the rectangle contained by them medial, and further the squares on them incommensurable with twice the rectangle contained by them, the remainder is irrational; and let it be called **that which produces with a medial area a medial whole**.

从直线 *AB* 中减去与 *AB* 正方不可公度的直线 *BC*，且满足给定的条件；　　　　　　　[X. 35]

我说，余量 *AC* 是被称为**中项面与中项面之差的边**的无理直线。

这是因为，给定有理直线 *DI*，

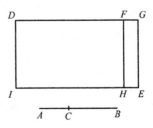

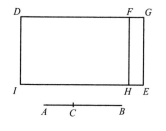

对 *DI* 贴合出 *DE* 等于 *AB*、*BC* 上的正方形之和，产生作为宽的 *DG*，

且矩形 *DH* 等于二倍的矩形 *AB*、*BC*。

因此，余量 *FE* 等于 *AC* 上的正方形，   [II. 7]

因此，*AC* 是 *EF* 的 "边"。

现在，由于 *AB*、*AC* 上的正方形之和是中项面且等于 *DE*，

因此，*DE* 是中项面。

而它是对有理直线 *DI* 贴合出的，产生作为宽的 *DG*；

因此，*DG* 是有理的，且与 *DI* 长度不可公度。[X. 22]

又，由于二倍的矩形 *AB*、*BC* 是中项面且等于 *DH*，

因此，*DH* 是中项面。

而它是对有理直线 *DI* 贴合出的，产生作为宽的 *DF*；

因此，*DF* 也是有理的，且与 *DI* 长度不可公度。   [X. 22]

又，由于 *AB*、*BC* 上的正方形之和与二倍的矩形 *AB*、*BC* 不可公度，

因此，*DE* 与 *DH* 也不可公度。

但 *DE* 比 *DH* 也如同 *DG* 比 *DF*；   [VI. 1]

因此，*DG* 与 *DF* 不可公度。   [X. 11]

而两者都是有理的；

因此，*GD*、*DF* 是仅正方可公度的有理直线。

因此，*FG* 是余线。   [X. 73]

且 *FH* 是有理的；

但有理直线和余线所围成的矩形是无理的，［由 X. 20 推出］且它的"边"是无理的。

而 *AC* 是 *FE* 的"边"；

因此，*AC* 是无理的。

且称之为**中项面与中项面之差的边**。

这就是所要证明的。

命题 79

只有一条有理直线可以附加在余线上，使该有理直线与整条直线仅正方可公度。

To an apotome only one rational straight line can be annexed which is commensurable with the whole in square only.

设 *AB* 是余线，且 *BC* 是附加在 *AB* 上的直线；

A————————B————————C D

因此，*AC*、*CB* 是仅正方可公度的有理直线。　　　　［X. 73］

我说，没有别的有理直线可以附加在 *AB* 上，使该有理直线与整条直线仅正方可公度。

如果可能，设 *BD* 是附加的直线；

因此，*AD*、*DB* 也是仅正方可公度的有理直线。　　　　［X. 73］

现在，由于 *AD*、*DB* 上的正方形之和比二倍的矩形 *AD*、*DB* 超出的量，也是 *AC*、*CB* 上的正方形之和比二倍的矩形 *AC*、

$$A \qquad B \qquad C \ D$$

CB 超出的量，

　　这是因为它们超出同一个量，即 AB 上的正方形，　　　[II. 7]

　　因此，AD、DB 上的正方形之和比 AC、CB 上的正方形之和超出的量，等于二倍的矩形 AD、DB 比二倍的矩形 AC、CB 超出的量。

　　但 AD、DB 上的正方形之和比 AC、CB 上的正方形之和超出一个有理面，

　　这是因为两者都是有理面；

　　因此，二倍的矩形 AD、DB 也比二倍的矩形 AC、CB 超出一个有理面：

　　这是不可能的，

　　因为两者都是中项面，　　　　　　　　　　　　　　　[X. 21]

　　而中项面不会比中项面超出一个有理面。　　　　　　　[X. 26]

　　因此，没有别的有理直线可以附加在 AB 上，使该有理直线与整条直线仅正方可公度。

　　因此，只有一条有理直线可以附加在一条余线上，使该有理直线与整条直线仅正方可公度。

　　　　　　　　　　　　　　　　　　　　　这就是所要证明的。

命题 80

　　只有一条中项线可以附加在中项线的第一余线上，使该中项

线与整条直线仅正方可公度，且它们所围成的矩形是有理面。

To a first apotome of a medial straight line only one medial straight line can be annexed which is commensurable with the whole in square only and which contains with the whole a rational rectangle.

设 *AB* 是中项线的第一余线，且 *BC* 是附加在 *AB* 上的直线；

因此，*AC*、*CB* 是仅正方可公度的中项线，且矩形 *AC*、*CB* 是有理的；   ［X. 74］

我说，没有别的中项线可以附加在 *AB* 上，使该中项线与整条直线仅正方可公度，且它们所围成的矩形是有理面。

这是因为，如果可能，设 *DB* 也被这样附加上去；

因此，*AD*、*DB* 是仅正方可公度的中项线，且矩形 *AD*、*DB* 是有理面。   ［X. 74］

现在，由于 *AD*、*DB* 上的正方形之和比二倍的矩形 *AD*、*DB* 超出的量，也是 *AC*、*CB* 上的正方形之和比二倍的矩形 *AC*、*CB* 超出的量，

这是因为它们超出同一个量，即 *AB* 上的正方形，   ［II. 7］

因此，*AD*、*DB* 上的正方形之和比 *AC*、*CB* 上的正方形之和超出的量，也是二倍的矩形 *AD*、*DB* 比二倍的矩形 *AC*、*CB* 超出的量。

但二倍的矩形 *AD*、*DB* 比二倍的矩形 *AC*、*CB* 超出一个有理面，这是因为两者都是有理面。

$$A \qquad B \qquad\qquad C\ D$$

因此，AD、DB 上的正方形之和比 AC、CB 上的正方形之和也超出一个有理面：

这是不可能的，

这是因为两者都是中项面，   [X. 15 和 23，推论]

且中项面不会比中项面超出一个有理面。   [X. 26]

这就是所要证明的。

命题 81

只有一条中项线可以附加在中项线的第二余线上，使该中项线与整条直线仅正方可公度，且它们所围成的矩形是中项面。

To a second apotome of a medial straight line only one medial straight line can be annexed which is commensurable with the whole in square only and which contains with the whole a medial rectangle.

设 AB 是中项线的第二余线，且 BC 是附加在 AB 上的直线；

因此，AC、CB 是仅正方可公度的中项线，且矩形 AC、CB 是中项面。   [X. 75]

我说，没有别的中项线可以附加在 AB 上，使该中项线与整条直线仅正方可公度，且它们所围成的矩形是中项面。

这是因为，如果可能，设 BD 也被这样附加上去；

因此，AD、DB 也是仅正方可公度的中项线，且矩形 AD、DB 是中项面。

[X. 75]

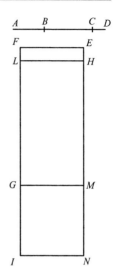

给定有理直线 EF，

对 EF 贴合出 EG 等于 AC、CB 上的正方形之和，产生作为宽的 EM，

并从中减去 HG 等于二倍的矩形 AC、CB，产生作为宽的 HM；

因此，余量 EL 等于 AB 上的正方形，

[II. 7]

因此，AB 是 EL 的"边"。

又，对 EF 贴合出 EI 等于 AD、DB 上的正方形之和，产生作为宽的 EN。

但 EL 也等于 AB 上的正方形；

因此，余量 HI 等于二倍的矩形 AD、DB。　　　　[II. 7]

现在，由于 AC、CB 都是中项线，

因此，AC、CB 上的正方形之和也是中项面。

而它们之和等于 EG；

因此，EG 也是中项面，[X. 15 和 23，推论]

而它是对有理直线 EF 贴合出的，产生作为宽的 EM；

因此，EM 是有理的，且与 EF 长度不可公度。　　　[X. 22]

又，由于矩形 AC、CB 是中项面，所以

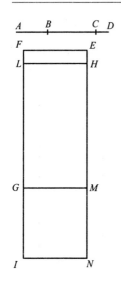

二倍的矩形 AC、CB 也是中项面。

[X. 23, 推论]

而它等于 HG；

因此，HG 也是中项面。

而它是对有理直线 EF 贴合出的，产生作为宽的 HM；

因此，HM 也是有理的，且与 EF 长度不可公度。　　　　　[X. 22]

又，由于 AC、CB 仅正方可公度，

因此，AC 与 CB 长度不可公度。

但 AC 比 CB 如同 AC 上的正方形比矩形 AC、CB；

因此，AC 上的正方形与矩形 AC、CB 不可公度。　　[X. 11]

但 AC、CB 上的正方形之和与 AC 上的正方形可公度，

而二倍的矩形 AC、CB 与矩形 AC、CB 可公度；　　　[X. 6]

因此，AC、CB 上的正方形之和与二倍的矩形 AC、CB 不可公度。　　　　　　　　　　[X. 13]

又，EG 等于 AC、CB 上的正方形之和，

而 GH 等于二倍的矩形 AC、CB；

因此，EG 与 HG 不可公度，

但 EG 比 HG 如同 EM 比 HM；　　　　　　　　[VI. 1]

因此，EM 与 MH 长度不可公度。　　　[X. 11]

而两者都是有理的；

因此，EM 与 MH 是仅正方可公度的有理直线；

因此，*EH* 是余线，*HM* 是附加在 *EH* 上的直线。［X. 73］

类似地，可以证明，*HN* 也是附加在 *EH* 上的直线；

因此，有不同的直线附加在一条余线上，且与整条直线仅正方可公度：

这是不可能的。　　　　　　　　　　　　　　　　［X. 79］

　　　　　　　　　　　　　　　　　　这就是所要证明的。

命题 82

只有一条直线可以附加在次线上，使该直线与整条直线正方不可公度，它们上的正方形之和是有理的，且它们所围成矩形的二倍是中项面。

To a minor straight line only one straight line can be annexed which is incommensurable in square with the whole and which makes, with the whole, the sum of the squares on them rational but twice the rectangle contained by them medial.

设 *AB* 是次线，且 *BC* 是附加在 *AB* 上的直线；

$$\overline{A \quad\quad B \quad\quad\quad\quad\quad C\ D}$$

因此，*AC*、*CB* 是正方不可公度的直线，且它们上的正方形之和是有理的，但它们所围成矩形的二倍是中项面。　　［X. 76］

我说，没有别的的直线可以附加在 *AB* 上，以满足同样的条件。

这是因为，如果可能，设 *BD* 是如此附加的直线；

A   B   C   D

因此，*AD*、*DB* 也是满足上述条件的正方不可公度的直线。

[X. 76]

现在，由于 *AD*、*DB* 上的正方形之和比 *AC*、*CB* 上的正方形之和超出的量也是二倍的矩形 *AD*、*DB* 比二倍的矩形 *AC*、*CB* 超出的量，

而 *AD*、*DB* 上的正方形之和比 *AC*、*CB* 上的正方形之和超出一个有理面，

这是因为两者都是有理面，

因此，二倍的矩形 *AD*、*DB* 也比二倍的矩形 *AC*、*CB* 的量超出一个有理面：

这是不可能的，这是因为两者都是中项面。   [X. 26]

因此，只有一条直线可以附加在一条次线上，使该直线与整条直线正方不可公度，它们上的正方形之和是有理的，且它们所围成矩形的二倍是中项面。

这就是所要证明的。

命题 83

只有一条直线可以附加在中项面与有理面之差的边上，使该直线与整条直线正方不可公度，且它们上的正方形之和是中项面，但它们所围成矩形的二倍是有理面。

To a straight line which produces with a rational area a medial whole only one straight line can be annexed which is incommensurable in square with the whole straight line and which with the whole straight line makes the sum of the squares on them medial, but twice the rectangle contained by them rational.

设 AB 是中项面与有理面之差的边，且 BC 是附加在 AB 上的直线；

$$A \qquad B \qquad\qquad C \quad D$$

因此，AC、CB 是满足上述条件的正方不可公度的直线。

[X. 77]

我说，没有别的的直线可以附加在 AB 上，以满足同样的条件。

这是因为，如果可能，设 BD 是如此附加的直线；

因此，AD、DB 也是满足上述条件的正方不可公度的直线。

[X. 77]

于是，由于和前面的情况一样，

AD、DB 上的正方形之和比 AC、CB 上的正方形之和超出的量也是二倍的矩形 AD、DB 比二倍的矩形 AC、CB 超出的量，

而二倍的矩形 AD、DB 比二倍的矩形 AC、CB 超出一个有理面，

这是因为两者都是有理的，

因此，AD、DB 上的正方形之和比 AC、CB 上的正方形之和也超出一个有理面：

这是不可能的，这是因为两者都是中项面。 [X. 26]

因此，没有别的直线可以附加在 AB 上，使该直线与整条直线正方不可公度，且与整条直线满足上述条件；

因此，只有一条直线可以这样附加上去。

这就是所要证明的。

命题 84

只有一条直线可以附加在中项面与中项面之差的边上，使该直线与整条直线正方不可公度，它们上的正方形之和是中项面，且它们所围成矩形的二倍既是中项面，又与它们上的正方形之和不可公度。

To a straight line which produces with a medial area a medial whole only one straight line can be annexed which is incommensurable in square with the whole straight line and which with the whole straight line makes the sum of the squares on them medial and twice the rectangle contained by them both medial and also incommensurable with the sum of the squares on them.

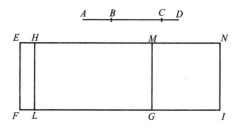

设 *AB* 是中项面与中项面之差的边，且 *BC* 是附加在 *AB* 上的直线；

因此，*AC*、*CB* 是满足上述条件的正方不可公度的直线。

[X. 78]

我说，没有别的的直线可以附加在 AB 上，以满足同样的条件。

这是因为，如果可能，设 BD 是如此附加的直线，

使得 AD、DB 也是正方不可公度的直线，且 AD、DB 上的正方形之和是中项面，二倍的矩形 AD、DB 是中项面，且 AD、DB 上的正方形之和与二倍的矩形 AD、DB 不可公度。   [X. 78]

给定有理直线 EF，

对 EF 贴合出 EG 等于 AC、CB 上的正方形之和，产生作为宽的 EM，

又对 EM 贴合出 HG 等于二倍的矩形 AC、CB，产生作为宽的 HM；

因此，余量，即 AB 上的正方形 [II. 7]，等于 FL；

因此，AB 是 EL 的"边"。

又，对 EF 贴合出 EI 等于 AD、DB 上的正方形之和，产生作为宽的 EN。

但 AB 上的正方形也等于 EL；

因此，余量，即二倍的矩形 AD、DB [II. 7]，等于 HI。

现在，由于 AC、CB 上的正方形之和是中项面且等于 EG，

因此，EG 也是中项面。

而它是对有理直线 EF 贴合出的，产生作为宽的 EM；

因此，EM 是有理的，且与 EF 长度不可公度。[X. 22]

又，由于二倍的矩形 AC、CB 是中项面，且等于 HG，

因此，HG 也是中项面。

而它是对有理直线 EF 贴合出的，产生作为宽的 HM；

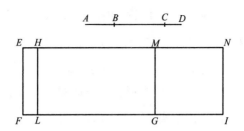

因此，*HM* 是有理的，且与 *EF* 长度不可公度。［X. 22］

又，由于 *AC*、*CB* 上的正方形之和与二倍的矩形 *AC*、*CB* 不可公度，所以

EG 与 *HG* 也不可公度；

因此，*EM* 与 *MH* 也长度不可公度。［VI. 1，X. 11］

而两者都是有理的；

因此，*EM*、*MH* 是仅正方可公度的有理直线；

因此，*EH* 是余线，且 *HM* 是附加在它上的直线。［X. 73］

类似地，可以证明，*EH* 也是余线，且 *HN* 是附加在它上的直线。

因此，有不同的有理直线附加在一条余线上，且与整条直线仅正方可公度：

已经证明这是不可能的，　　　　　　　　　　　　［X. 79］

因此，没有别的直线可以附加在 *AB* 上。

因此，只有一条直线可以附加在 *AB* 上，使该直线与整条直线正方不可公度，它们上的正方形之和是中项面，且它们所围成矩形的二倍既是中项面，又与它们上的正方形之和不可公度。

这就是所要证明的。

定义 III

1. 给定一条有理直线和一条余线，若整条直线上的正方形比附加直线上的正方形大一个与整条直线长度可公度的直线上的正方形，且整条直线与给定的有理直线长度可公度，则称此余线为**第一余线**。

   Given a rational straight line and an apotome, if the square on the whole be greater than the square on the annex by the square on a straight line commensurable in length with the whole, and the whole be commensurable in length with the rational straight line set out, let the apotome be called a *first apotome*.

2. 但若附加直线与给定的有理直线长度可公度，且整条直线上的正方形比附加直线上的正方形大一个与整条直线可公度的直线上的正方形，则称此余线为**第二余线**。

   But if the annex be commensurable in length with the rational straight line set out, and the square on the whole be greater than that on the annex by the square on a straight line commensurable with the whole, let the apotome be called a *second apotome*.

3. 但若整条直线和附加直线都与给定的有理直线长度不可公度，且整条直线上的正方形比附加直线上的正方形大一个与整条直线可公度的直线上的正方形，则称此余线为**第三余线**。

   But if neither be commensurable in length with the rational straight line set out, and the square on the whole be greater than the square on the annex by the square on a straight line commensurable with the whole, let the apotome be called a *third apotome*.

4. 又，若整条直线上的正方形比附加直线上的正方形大一个与整条直线不可公度的直线上的正方形，那么，若整条直线与给定的有理直线长度可公度，则称此余线为**第四余线**；

Again, if the square on the whole be greater than the square on the annex by the square on a straight line incommensurable with the whole, then, if the whole be commensurable in length with the rational straight line set out, let the apotome be called a *fourth apotome*;

5. 若附加直线与给定的有理直线长度可公度，则称此余线为**第五余线**。

if the annex be so commensurable, a *fifth*;

6. 若整条直线和附加直线都不与给定的有理直线长度可公度，则称此余线为**第六余线**。

and, if neither, *sixth*.

命题 85

求第一余线。

To find the first apotome.

给定有理直线 A，

且设 BG 与 A 长度可公度；

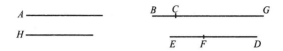

因此，BG 也是有理的。

给定两个平方数 DE、EF，且设它们之差 FD 不是平方数；

因此，ED 比 DF 也不如同一个平方数比一个平方数。

设法使 ED 比 DF 如同 BG 上的正方形比 GC 上的正方形；

[X.6，推论]

因此，BG 上的正方形与 GC 上的正方形可公度。　[X.6]

但 BG 上的正方形是有理的；

因此，GC 上的正方形也是有理的；

因此，GC 也是有理的。

又，由于 ED 比 DF 不如同一个平方数比一个平方数，

因此，BG 上的正方形比 GC 上的正方形也不如同一个平方数比一个平方数；

因此，BG 与 GC 长度不可公度。　　　[X.9]

而两者都是有理的；

因此，BG、GC 是仅正方可公度的有理直线；

因此，BC 是余线。　　　[X.73]

其次我说，它也是第一余线。

这是因为，设 H 上的正方形是 BG 上的正方形与 GC 上的正方形之差。

现在，由于 ED 比 FD 如同 BG 上的正方形比 GC 上的正方形，

因此，取换比例也有，　　　　[V.19，推论]

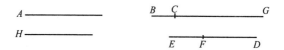

DE 与 EF 如同 GB 上的正方形比 H 上的正方形。

但 DE 比 EF 如同一个平方数比一个平方数，

这是因为它们每一个都是平方数；

因此，GB 上的正方形比 H 上的正方形也如同一个平方数比一个平方数；

因此，BG 与 H 长度可公度。　　　　　　　［X.9］

又，BG 上的正方形比 GC 上的正方形大 H 上的正方形；

因此，BG 上的正方形比 GC 上的正方形大一个与 BG 长度可公度的直线上的正方形。

而整条直线 BG 与给定的有理直线 A 长度可公度。

因此，BC 是第一余线。　　　　　　［X.定义 III.1］

这样便求出了第一余线 BC。

这就是所要求的。

命题 86

求第二余线。

To find the second apotome.

给定有理直线 A，且 GC 与 A 长度可公度；

因此，GC 是有理的。

给定两个平方数 DE、EF，且设它们之差 DF 不是平方数。

现在设法使 FD 比 DE 如同 CG 上的正方形比 GB 上的正方形。

[X. 6，推论]

因此，CG 上的正方形与 GB 上的正方形可公度。[X. 6]

但 CG 上的正方形是有理的；

因此，GB 上的正方形也是有理的；

因此，BG 是有理的。

又，由于 GC 上的正方形比 GB 上的正方形不如同一个平方数比一个平方数，所以

CG 与 GB 长度不可公度。   [X. 9]

而两者都是有理的；

因此，CG、GB 是仅正方可公度的有理直线，

因此，C 是余线。   [X. 73]

其次我说，它也是第二余线。

这是因为，设 BG 上的正方形比 GC 上的正方形大一个 H 上的正方形。

于是，由于 BG 上的正方形比 GC 上的正方形如同数 ED 比数 DF，

因此，取换比例，

BG 上的正方形比 H 上的正方形如同 DE 比 EF。

[V. 19，推论]

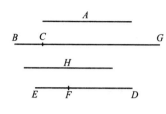

而数 *DE*、*EF* 中的每一个都是平方数；

因此，*BG* 上的正方形比 *H* 上的正方形如同一个平方数比一个平方数；

因此，*BG* 与 *H* 长度可公度。　　　　［X. 9］

而 *BG* 上的正方形比 *GC* 上的正方形大一个 *H* 上的正方形，

因此，*BG* 上的正方形比 *GC* 上的正方形大一个与 *BG* 长度可公度的直线上的正方形。

而附加直线 *CG* 与给定的有理直线 *A* 可公度。

因此，*BC* 是第二余线。　　　　　　　［X. 定义 III. 2］

这样便求出了第二余线 *BC*。

这就是所要证明的。

命题 87

求第二余线。

To find the third apotome.

给定有理直线 *A*，

设三数 *E*、*BC*、*CD* 彼此之比都不如同一个平方数比一个平方数，但 *CB* 比 *BD* 如同一个平方数比一个平方数。

设法使 *E* 比 *BC* 如同 *A* 上的正方形比 *FG* 上的正方形，

且使 *BC* 比 *CD* 如同 *FG* 上的正方形比 *GH* 上的正方形。

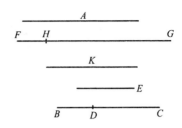

[X.6, 推论]

于是，由于 *E* 比 *BC* 如同 *A* 上的正方形比 *FG* 上的正方形，

因此，*A* 上的正方形与 *FG* 上的正方形可公度。　[X.6]

但 *A* 上的正方形是有理的；

因此，*FG* 上的正方形也是有理的；

因此，*FG* 是有理的。

又，由于 *E* 比 *BC* 不如同一个平方数比一个平方数，

因此，*A* 上的正方形比 *FG* 上的正方形也不如同一个平方数比一个平方数；

因此，*A* 与 *FG* 长度不可公度。　　　[X.9]

又，由于 *BC* 比 *CD* 如同 *FG* 上的正方形比 *GH* 上的正方形，

因此，*FG* 上的正方形与 *GH* 上的正方形可公度。[X.6]

但 *FG* 上的正方形是有理的；

因此，*GH* 上的正方形也是有理的；

因此，*GH* 是有理的。

又，由于 *BC* 比 *CD* 不如同一个平方数比一个平方数，

因此，*FG* 上的正方形比 *GH* 上的正方形也不如同一个平方数比一个平方数；

因此，*FG* 与 *GH* 长度不可公度。　　　[X.9]

而两者都是有理的；

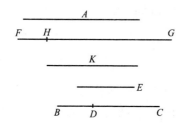

因此，FG、GH 是仅正方可公度的有理直线；

因此，FH 是余线。　　　　　[X. 73]

其次我说，它也是第三余线。

这是因为，由于 E 比 BC 如同 A 上的正方形比 FG 上的正方形，

且 BC 比 CD 如同 FG 上的正方形比 HG 上的正方形，

因此，取首末比例，E 比 CD 如同 A 上的正方形比 HG 上的正方形。　　　　　[V. 22]

但 E 比 CD 不如同一个平方数比一个平方数；

因此，A 上的正方形比 GH 上的正方形也不如同一个平方数比一个平方数；

因此，A 与 GH 长度不可公度。　　　　　[X. 9]

因此，直线 FG、GH 都不与给定的有理直线 A 长度可公度。

现在，设 FG 上的正方形比 GH 上的正方形大 一个 K 上的正方形。

于是，由于 BC 比 CD 如同 FG 上的正方形比 GH 上的正方形，

因此，取换比例，BC 比 BD 如同 FG 上的正方形比 K 上的正方形。　　　　　[V. 19, 推论]

但 BC 比 BD 如同一个平方数比一个平方数；

因此，*FG* 上的正方形比 *K* 上的正方形也如同一个平方数比一个平方数。

因此，*FG* 与 *K* 长度可公度，　　　　　［X. 9］

且 *FG* 上的正方形比 *GH* 上的正方形大一个与 *FG* 可公度的直线上的正方形。

而 *FG*、*GH* 都不与给定的有理直线 *A* 长度可公度；

因此，*FH* 是第三余线。　　［X. 定义 III. 3］

这样便求出了第三余线 *FH*。

这就是所要证明的。

命题 88

求第四余线。

To find the fourth apotome.

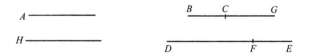

给定有理直线 *A*，且设 *BG* 与它长度可公度；

因此，*BG* 也是有理的。

给定两数 *DF*、*FE*，使整个 *DE* 比数 *DF*、*EF* 中的每一个都不如同一个平方数比一个平方数。

设法使 *DE* 比 *EF* 如同 *BG* 上的正方形比 *GC* 上的正方形；

　　　　　　　　　　　　　　　　［X. 6，推论］

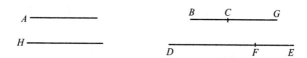

因此，BG 上的正方形与 GC 上的正方形可公度。   ［X. 6］

但 BG 上的正方形是有理的；

     因此，GC 上的正方形也是有理的；

     因此，GC 是有理的。

现在，由于 DE 比 EF 不如同一个平方数比一个平方数，

因此，BG 上的正方形比 GC 上的正方形也不如同一个平方数比一个平方数；

     因此，BG 与 GC 长度不可公度。   ［X. 9］

而两者都是有理的；

     因此，BG、GC 是仅正方可公度的有理直线；

     因此，BC 是余线。   ［X. 73］

现在，设 BG 上的正方形比 GC 上的正方形超出一个 H 上的正方形。

于是，由于 DE 比 EF 如同 BG 上的正方形比 GC 上的正方形，

因此，取换比例也有，

ED 比 DF 如同 GB 上的正方形比 H 上的正方形。

                       ［V. 19. 推论］

但 ED 比 DF 不如同一个平方数比一个平方数；

因此，GB 上的正方形比 H 上的正方形也不如同一个平方数比一个平方数；

     因此，BG 与 H 长度不可公度。   ［X. 9］

而 *BG* 上的正方形比 *GC* 上的正方形大一个 *H* 上的正方形，

因此，*BG* 上的正方形比 *GC* 上的正方形大一个与 *BG* 不可公度的直线上的正方形。

而整个 *BG* 与给定的有理直线 *A* 长度可公度。

因此，*BC* 是第四余线。　　　　　　　　　　　[X. 定义 III. 4]

这样便求出了第四余线 *BC*。

这就是所要证明的。

命题 89

求第五余线。

To find the fifth apotome.

给定有理直线 *A*，且设 *CG* 与 *A* 长度可公度；

因此，*CG* 是有理的。

给定两数 *DF*、*FE*，且使 *DE* 比直线 *DF*、*FE* 中的每一个都不如同一个平方数比一个平方数；

设法使 *FE* 比 *ED* 如同 *CG* 上的正方形比 *GB* 上的正方形。

因此，*GB* 上的正方形也是有理的；

因此，*BG* 也是有理的。　　　　　　　　　[X. 6]

现在，由于 *DE* 比 *EF* 如同 *BG* 上的正方形比 *GC* 上的正方形，

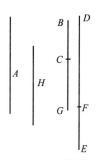

而 *DE* 比 *EF* 不如同一个平方数比一个平方数，

因此，*BG* 上的正方形比 *GC* 上的正方形也不如同一个平方数比一个平方数；

因此，*BG* 与 *GC* 长度不可公度。　[X. 9]

而两者都是有理的；

因此，*BG*、*GC* 是仅正方可公度的有理直线；

因此，*BC* 是余线。　　　　[X. 73]

其次我说，它也是第五余线。

这是因为，设 *BG* 上的正方形比 *GC* 上的正方形大一个 *H* 上的正方形。

于是，由于 *BG* 上的正方形比 *GC* 上的正方形如同 *DE* 比 *EF*，因此，取换比例，

ED 比 *DF* 如同 *BG* 上的正方形比 *H* 上的正方形。

[V. 19，推论]

但 *ED* 比 *DF* 不如同一个平方数比一个平方数；

因此，*BG* 上的正方形比 *H* 上的正方形也不如同一个平方数比一个平方数；

因此，*BG* 与 *H* 长度不可公度。　　[X. 9]

而 *BG* 上的正方形比 *GC* 上的正方形大一个 *H* 上的正方形，

因此，*GB* 上的正方形比 *GC* 上的正方形大一个与 *GB* 长度不可公度的直线上的正方形。

而附加直线 *CG* 与给定的有理直线 *A* 长度可公度；

因此，*BC* 是第五余线。　　[X. 定义 III. 5]

这样便求出了第五余线 *BC*。

这就是所要证明的。

命题 90

求第六余线。

To find the sixth apotome.

给定有理直线 *A*，设三数 *E*、*BC*、*CD* 彼此之比都不如同一个平方数比一个平方数；

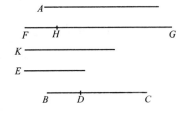

且设 *CB* 比 *BD* 也不同于一个平方数比一个平方数。

设法使 *E* 比 *BC* 如同 *A* 上的正方形比 *FG* 上的正方形，

且 *BC* 比 *CD* 如同 *FG* 上的正方形比 *GH* 上的正方形。

［X. 6，推论］

现在，由于 *E* 比 *BC* 如同 *A* 上的正方形比 *FG* 上的正方形，

因此，*A* 上的正方形与 *FG* 上的正方形可公度。［X. 6］

但 *A* 上的正方形是有理的；

因此，*FG* 上的正方形也是有理的；

因此，*FG* 也是有理的。

又，由于 *E* 比 *BC* 不如同一个平方数比一个平方数，

因此，*A* 上的正方形比 *FG* 上的正方形也不如同一个平方数

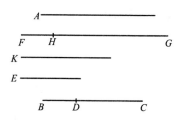

比一个平方数；

　　　　　　　　因此，*A* 与 *FG* 长度不可公度。　　　　［X. 9］

　　又，由于 *BC* 比 *CD* 如同 *FG* 上的正方形比 *GH* 上的正方形，

　　　因此，*FG* 上的正方形与 *GH* 上的正方形可公度。［X. 6］

　　但 *FG* 上的正方形是有理的；

　　　　　　因此，*GH* 上的正方形也是有理的；

　　　　　　　因此，*GH* 也是有理的。

　　又，由于 *BC* 比 *CD* 不如同一个平方数比一个平方数，

　　因此，*FG* 上的正方形比 *GH* 上的正方形不如同一个平方数

比一个平方数；

　　　　　　因此，*FG* 与 *GH* 长度不可公度。　　　　［X. 6］

　　而两者都是有理的、

　　　因此，*FG*、*GH* 是仅正方可公度的有理直线；

　　　　　　　因此，*FH* 是余线。　　　　　　　　［X. 73］

　　其次我说，它也是第六余线。

　　这是因为，*E* 比 *BC* 如同 *A* 上的正方形比 *FG* 上的正方形，

　　且 *BC* 比 *CD* 如同 *FG* 上的正方形比 *GH* 上的正方形，

　　因此，取首末比例，

　　　E 比 *CD* 如同 *A* 上的正方形比 *GH* 上的正方形。［V. 22］

但 *E* 比 *CD* 不如同一个平方数比一个平方数，

因此，*A* 上的正方形比 *GH* 上的正方形也不如同一个平方数比一个平方数；

因此，*A* 与 *GH* 长度不可公度；   [X. 9]

因此，直线 *FG*、*GH* 中的每一个都不与有理直线 *A* 长度可公度。

现在，设 *FG* 上的正方形比 *GH* 上的正方形超出一个 *K* 上的正方形。

于是，由于 *BC* 比 *CD* 如同 *FG* 上的正方形比 *GH* 上的正方形，

因此，取换比例，

CB 比 *BD* 如同 *FG* 上的正方形比 *K* 上的正方形。

[V. 19, 推论]

但 *CB* 比 *BD* 不如同一个平方数比一个平方数，

因此，*FG* 上的正方形比 *K* 上的正方形也不如同一个平方数比一个平方数；

因此，*FG* 与 *K* 长度不可公度。   [X. 9]

而 *FG* 上的正方形比 *GH* 上的正方形大一个 *K* 上的正方形；

因此，*FG* 上的正方形比 *GH* 上的正方形大一个与 *FG* 长度不可公度的直线上的正方形。

而直线 *FG*、*GH* 中的每一个都与给定的有理直线 *A* 不可公度。

因此，*FH* 是第六余线。   [X. 定义 III. 6]

这样便求出了第六余线 *FH*。

这就是所要证明的。

命题 91

若一个面由有理直线和第一余线所围成,则该面的"边"是余线。

If an area be contained by a rational straight line and a first apotome, the "side" of the area is an apotome.

设面 *AB* 由有理直线 *AC* 和第一余线 *AD* 所围成；

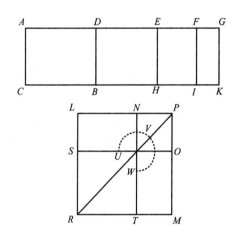

我说, 面 *AB* 的 "边" 是余线。

这是因为, 由于 *AD* 是第一余线, 设 *DG* 是它的附加直线；

因此, *AG*、*GD* 是仅正方可公度的有理直线。　　　[X. 73]

而整条直线 *AG* 与给定的有理直线 *AC* 可公度, 且 *AG* 上的正方形比 *GD* 上的正方形大一个与 *AG* 长度可公度的直线上的正方形；　　　　　　　　　　　　　　　[X. 定义 III. 1]

因此, 如果对 *AG* 贴合出一个等于 *DG* 上的正方形的四分之一且亏缺一个正方形的平行四边形，则它被分成可公度的两段。

[X. 17]

设 DG 在 E 被二等分，

对 AG 贴合出一个等于 EG 上的正方形且亏缺一个正方形的平行四边形，

设它是矩形 AF、FG；

因此，AF 与 FG 可公度。

又过点 E、F、G 作 EH、HI、GK 平行于 AC。

现在，由于 AF 与 FG 长度可公度，

因此，AG 与直线 AF、FG 中的每一个也长度可公度。

[X. 15]

但 AG 与 AC 可公度；

因此，直线 AF、FG 中的每一条都与 AC 长度可公度。

[X. 12]

而 AC 是有理的；

因此，直线 AF、FG 中的每一条也是有理的，

因此，矩形 AI、FK 中的每一个也是有理的。[X. 19]

现在，由于 DE 与 EG 长度可公度，

因此，DG 与直线 DE、EG 中的每一条也长度可公度。

[X. 15]

但 DG 是有理的，且与 AC 长度不可公度；

因此，直线 DE、EG 中的每一条也是有理的，且与 AC 长度不可公度；

[X. 13]

因此，矩形 DH、EK 中的每一个都是中项面。[X. 21]

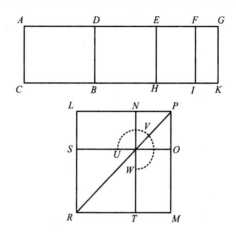

现在，作正方形 *LM* 等于 *AI*，并从中减去与它有共同角 *LPM* 且等于 *FK* 的正方形 *NO* ；

因此，正方形 *LM*、*NO* 有相同的对角线。   ［Ⅵ. 26］

设 *PR* 是它们的对角线，并作图。

于是，由于 *AF*、*FG* 所围成的矩形等于 *EG* 上的正方形，

因此，*AF* 比 *EG* 如同 *EG* 比 *FG*。   ［Ⅵ. 17］

但 *AF* 比 *EG* 如同 *AI* 比 *EK*，

且 *EG* 比 *FG* 如同 *EK* 比 *KF* ；   ［Ⅵ. 1］

因此，*EK* 是 *AI*、*KF* 的比例中项。   ［Ⅴ. 11］

但前已证明，*MN* 也是 *LM*、*NO* 的比例中项，

［Ⅹ. 53 后的引理］

且 *AI* 等于正方形 *LM*，*KF* 等于 *NO* ；

因此，*MN* 也等于 *EK*。

但 *EK* 等于 *DH*，且 *MN* 等于 *LO* ；

因此，*DK* 等于拐尺形 *UVW* 与 *NO* 之和。

但 *AK* 也等于正方形 *LM*、*NO* 之和；

因此，余量 *AB* 等于 *ST*。

但 *ST* 等于 *LN* 上的正方形；

因此，*LN* 上的正方形等于 *AB*；

因此，*LN* 是 *AB* 的"边"。

其次我说，*LN* 是余线。

这是因为，由于矩形 *AI*、*FK* 中的每一个都是有理的，

且它们分别等于 *LM*、*NO*，

因此，正方形 *LM*、*NO* 中的每一个，即分别是 *LP*、*PN* 上的正方形，也是有理的；

因此，直线 *LP*、*PN* 中的每一条也是有理的。

又，由于 *DH* 是中项面，且等于 *LO*，

因此，*LO* 也是中项面。

于是，由于 *LO* 是中项面，

而 *NO* 是有理的，

因此，*LO* 与 *NO* 不可公度，

但 *LO* 比 *NO* 如同 *LP* 比 *PN*；　　　　　　［Ⅵ. 1］

因此，*LP* 与 *PN* 长度不可公度。　　　　　［X. 11］

而两者都是有理的；

因此，*LP*、*PN* 是仅正方可公度的有理直线；

因此，*LN* 是余线。　　　　　　　　　　　［X. 73］

而它是面 *AB* 的"边"；

因此，面 *AB* 的"边"是余线。

这就是所要证明的。

命题 92

若一个面由有理直线和第二余线所围成，则该面的"边"是中项线的第一余线。

If an area be contained by a rational straight line and a second apotome, the "side" of the area is a first apotome of a medial straight line.

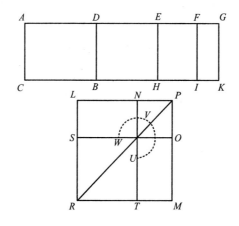

设面 *AB* 是有理直线 *AC* 和第二余线 *AD* 所围成的矩形。

我说，面 *AB* 的"边"是中项线的第一余线。

这是因为，设 *DG* 是 *AD* 上的附加直线；

因此，*AG*、*GD* 是仅正方可公度的有理直线，   [X. 73]

且附加直线 *DG* 与给定的有理直线 *AC* 可公度，

而整条直线 *AG* 上的正方形比附加直线 *GD* 上的正方形大一

个与 AG 长度可公度的直线上的正方形。   [X. 定义 III. 2]

于是，由于 AG 上的正方形比 GD 上的正方形大一个与 AG 可公度的直线上的正方形，

因此，如果对 AG 贴合出一个等于 GD 上的正方形的四分之一且亏缺一个正方形的平行四边形，则它把 AG 分成可公度的两段。

[X. 17]

设 DG 在 E 被二等分，

对 AG 贴合出一个等于 EG 上的正方形且亏缺一个正方形的平行四边形，

设它是矩形 AF、FG ；

因此，AF 与 FG 长度可公度，

因此，AG 与直线 AF、FG 中的每一条也长度可公度。

[X. 15]

但 AG 是有理的，且与 AC 长度不可公度；

因此，直线 AF、FG 中的每一条也是有理的，且与 AC 长度不可公度；   [X. 13]

因此，矩形 AI、FK 中的每一个都是中项面。 [X. 21]

又，由于 DE 与 EG 可公度，

因此，DG 与直线 DE、EG 中的每一条也可公度。[X. 15]

但 DG 与 AC 长度可公度。

因此，矩形 DH、EK 中的每一个都是有理的。 [X. 19]

于是，作正方形 LM 等于 AI，

再减去等于 FK 且与 LM 有同一个角 LPM 的正方形 NO ；

因此，正方形 LM、NO 相同的对角线。   [VI. 26]

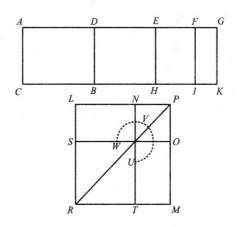

设 *PR* 是它们的对角线，并作图。

于是，由于 *AI*、*FK* 都是中项面，且分别等于 *LP*、*PN* 上的正方形，所以

   LP、*PN* 上的正方形也都是中项面；

   因此，*LP*、*PN* 也是仅正方可公度的中项线。

又，由于矩形 *AF*、*FG* 等于 *EG* 上的正方形，

   因此，*AF* 比 *EG* 如同 *EG* 比 *FG*， [VI. 17]

而 *AF* 比 *EG* 如同 *AI* 比 *EK*，

且 *EG* 比 *FG* 如同 *EK* 比 *FK*；   [VI. 1]

   因此，*EK* 是 *AI*、*FK* 的比例中项。 [V. 11]

但 *MN* 也是正方形 *LM*、*NO* 的比例中项，

且 *AI* 等于 *LM*，*FK* 等于 *NO*；

因此，*MN* 也等于 *EK*。

但 *DH* 等于 *EK*，

且 *LO* 等于 *MN*；

因此，整个 DK 等于拐尺形 UVW 与 NO 之和。

于是，由于整个 AK 等于 LM、NO 之和，

且 DK 等于拐尺形 UVW 与 NO 之和，

因此，余量 AB 等于 TS。

但 TS 是 LN 上的正方形；

因此，LN 上的正方形等于面 AB；

因此，LN 等于面 AB 的"边"。

我说，LN 是中项线的第一余线。

这是因为，由于 EK 是有理的，且等于 LO，

　　　　因此，LO，即矩形 LP、PN，是有理的。

但已证明，NO 是中项面；

　　　　　　因此，LO 与 NO 不可公度。

但 LO 比 NO 如同 LP 比 PN；　　　　　　　[VI. 1]

　　　　　　因此，LP、PN 长度不可公度。　　　[X. 11]

因此，LP、PN 是仅正方可公度的中项线，且围成一个有理矩形；

　　　　　　因此，LN 是中项线的第一余线。　　[X. 74]

而它是面 AB 的"边"。

因此，面 AB 的"边"是中项线的第一余线。

　　　　　　　　　　　　　　　　这就是所要证明的。

命题 93

若一个面由有理直线和第三余线所围成，则该面的"边"是

中项线的第二余线。

If an area be contained by a rational straight line and a third apotome, the "side" of the area is a second apotome of a medial straight line.

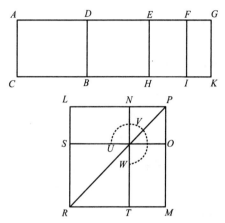

设面 *AB* 由有理直线 *AC* 和第三余线 *AD* 所围成；

我说，面 *AB* 的"边"是中项线的第二余线。

这是因为，设 *DG* 是 *AD* 上的附加直线；

因此，*AG*、*GD* 是仅正方可公度的有理直线，

且直线 *AG*、*GD* 中的每一条都不与给定的有理直线 *AC* 长度可公度，

而整条直线 *AG* 上的正方形比附加直线 *DG* 上的正方形大一个与 *AG* 可公度的直线上的正方形。　　　　　　［X. 定义 III. 3］

由于，于是 *AG* 上的正方形比 *GD* 上的正方形大一个与 *AG* 可公度的直线上的正方形，

因此，如果对 *AG* 贴合出一个等于 *DG* 上的正方形的四分之一

且亏缺一个正方形的平行四边形，则它把 *AG* 分成可公度的两段。

[X. 17]

于是，设 *DG* 在 *E* 被二等分，

对 *AG* 贴合出一个等于 *EG* 上的正方形且亏缺一个正方形的平行四边形，

设它是矩形 *AF*、*FG*。

过点 *E*、*F*、*G* 作 *EH*、*FI*、*GK* 平行于 *AC*。

因此，*AF*、*FG* 可公度，

因此，*AI* 与 *FK* 也可公度。　　[VI. 1，X. 11]

由于 *AF*、*FG* 长度可公度，

因此，*AG* 与直线 *AF*、*FG* 中的每一条也长度可公度。

[X. 15]

但 *DG* 是有理的，且与 *AC* 长度不可公度；

因此，*AF*、*FG* 也都是有理的，且与 *AC* 长度不可公度。

[X. 13]

因此，矩形 *AI*、*FK* 中的每一个都是中项面。[X. 21]

又，由于 *DE* 与 *EG* 长度可公度，

因此，*DG* 与直线 *DE*、*EG* 中的每一条也长度可公度。

[X. 15]

但 *GD* 是有理的，且与 *AC* 长度不可公度；

因此，直线 *DE*、*EG* 中的每一条也是有理的，且与 *AC* 长度不可公度；　　　　　　　　　　　　　　[X. 13]

因此，矩形 *DH*、*EK* 中的每一个都是中项面。[X. 21]

又，由于 *AG*、*GD* 仅正方可公度，

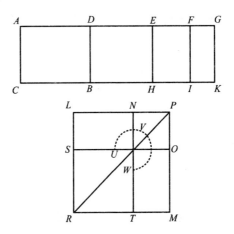

因此，*AG* 与 *GD* 长度不可公度。

但 *AG* 与 *AF* 长度可公度，且 *DG* 与 *EG* 长度可公度；

　　　　因此，*AF* 与 *EG* 长度不可公度。　　　　　［X. 13］

但 *AF* 比 *EG* 如同 *AI* 比 *EK*；　　　　　　　　　　［VI. 1］

　　　　　因此，*AI* 与 *EK* 不可公度。　　　　　　［X. 11］

现在，作正方形 *LM* 等于 *AI*，

从中减去等于 *FK* 且与 *LM* 有相同角的 *NO*；

　　　　因此，*LM*、*NO* 有相同的对角线。　　　［VI. 26］

设 *PR* 是它们的对角线，并作图。

现在，由于矩形 *AF*、*FG* 等于 *EG* 上的正方形，

　　　　因此，*AF* 比 *EG* 如同 *EG* 比 *FG*。　　　［VI. 17］

但 *AF* 比 *EG* 如同 *AI* 比 *EK*，

且 *EG* 比 *FG* 如同 *EK* 比 *FK*；　　　　　　　　　　［VI. 1］

　　　　因此也有，*AI* 比 *EK* 如同 *EK* 比 *FK*；　　［V. 11］

　　　　因此，*EK* 是 *AI*、*FK* 的比例中项。

但 *MN* 也是正方形 *LM*、*NO* 的比例中项，

且 *AI* 等于 *LM*，*FK* 等于 *NO*；

因此，*EK* 也等于 *MN*。

但 *MN* 等于 *LO*，

且 *EK* 等于 *DH*；

因此，整个 *DK* 也等于拐尺形 *UVW* 与 *NO* 之和。

但 *AK* 也等于 *LM*、*NO* 之和；

因此，余量 *AB* 等于 *ST*，即等于 *LN* 上的正方形；

因此，*LN* 是面 *AB* 的"边"。

我说，*LN* 是中项线的第二余线。

这是因为，由于已经证明 *AI*、*FK* 是中项面，且分别等于 *LP*、*PN* 上的正方形，

因此，正方形 *LP*、*PN* 中的每一个也都是中项面；

因此，直线 *LP*、*PN* 中的每一条都是中项线。

又，由于 *AI* 与 *FK* 可公度，   [VI. 1，X. 11]

因此，*LP* 上的正方形与 *PN* 上的正方形也可公度。

又，由于已经证明 *AI* 与 *EK* 不可公度，

因此，*LM* 与 *MN* 也不可公度，

即 *LP* 上的正方形与矩形 *LP*、*PN* 不可公度；

因此，*LP* 与 *PN* 也长度不可公度；   [VI. 1，X. 11]

因此，*LP*、*PN* 是仅正方可公度的中项线。

其次我说，它们也围成一个中项矩形。

这是因为，已经证明 *EK* 是中项面，且等于矩形 *LP*、*PN*，

因此，矩形 *LP*、*PN* 也是中项面，

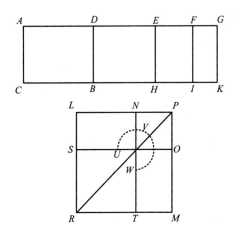

因此, LP、PN 是围成一个中项矩形的仅正方可公度的中项线。

因此, LN 是中项线的第二余线;   [X.75]

且它是面 AB 的"边"。

因此, 面 AB 的"边"是中项线的第二余线。

这就是所要证明的。

命题 94

若一个面由有理直线和第四余线所围成, 则该面的"边"是次线。

If an area be contained by a rational straight line and a fourth apotome, the "side" of the area is minor.

设面 AB 由有理直线 AC 和第四余线 AD 所围成;

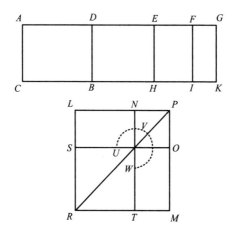

我说，面 *AB* 的"边"是次线。

这是因为，设 *DG* 是 *AD* 上的附加直线；

因此，*AG*、*GD* 是仅正方可公度的有理直线，

AG 与给定的有理直线 *AC* 长度可公度，

且整条直线 *AG* 上的正方形比附加直线 *DG* 上的正方形大一个与 *AG* 长度不可公度的直线上的正方形，　　　　[X. 定义 III. 4]

于是，由于 *AG* 上的正方形比 *GD* 上的正方形大一个与 *AG* 长度不可公度的直线上的正方形，

因此，如果对 *AG* 贴合出一个等于 *DG* 上的正方形的四分之一且亏缺一个正方形的平行四边形，则它把 *AG* 分成不可公度的两段。　　　　　　　　　　　　　　　　　　　[X. 18]

于是，设 *DG* 被 *E* 二等分，

对 *AG* 贴合出一个等于 *EG* 上的正方形且亏缺一个正方形的平行四边形，

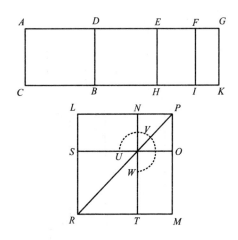

且设它是矩形 *AF*、*FG*；

因此，*AF* 与 *FG* 长度不可公度。

过 *E*、*F*、*G* 作 *EH*、*FI*、*GK* 平行于 *AC*、*BD*。

于是，由于 *AG* 是有理的，且与 *AC* 长度可公度，

　　　　　　因此，整个 *AK* 是有理的。　　　　　[X. 19]

又，由于 *DG* 与 *AC* 长度不可公度，且两者都是有理的，

　　　　　　因此，*DK* 是中项面。　　　　　　　[X. 21]

又，由于 *AF* 与 *FG* 长度不可公度，

　　　　　　因此，*AI* 与 *FK* 也不可公度。　[VI. 1，X. 11]

现在，作正方形 *LM* 等于 *AI*，

从中减去等于 *FK* 且与 *LM* 有相同的角 *LPM* 的正方形 *NO*。

　　　　　　因此，*LM*、*NO* 有相同的对角线。　　[VI. 26]

设 *PR* 是它们的对角线，并作图。

于是，由于矩形 *AF*、*FG* 等于 *EG* 上的正方形，

因此，按照比例，*AF* 比 *EG* 如同 *EG* 比 *FG*。［Ⅵ. 17］

但 *AF* 比 *EG* 如同 *AI* 比 *EK*，

且 *EG* 比 *FG* 如同 *EK* 比 *FK*；　　　　　　　　　［Ⅵ. 1］

因此，*EK* 是 *AI*、*FK* 的比例中项。　　　［Ⅴ. 11］

但 *MN* 也是正方形 *LM*、*NO* 的比例中项，

且 *AI* 等于 *LM*，*FK* 等于 *NO*；

因此，*EK* 也等于 *MN*。

但 *DH* 等于 *EK*，*LO* 等于 *MN*；

因此，整个 *DK* 等于拐尺形 *UVW* 与 *NO* 之和。

于是，由于整个 *AK* 等于正方形 *LM*、*NO* 之和，

且 *DK* 等于拐尺形 *UVW* 与正方形 *NO* 之和；

因此，余量 *AB* 等于 *ST*，即等于 *LN* 上的正方形；

因此，*LN* 是面 *AB* 的"边"。

我说，*LN* 是被称为次线的无理直线。

这是因为，由于 *AK* 是有理的，且等于 *LP*、*PN* 上的正方形之和，

因此，*LP*、*PN* 上的正方形之和是有理的。

又，由于 *DK* 是中项面，

且 *DK* 等于二倍的矩形 *LP*、*PN*，

因此，二倍的矩形 *LP*、*PN* 是中项面。

由于已经证明，*AI* 与 *FK* 不可公度，

因此，*LP* 上的正方形与 *PN* 上的正方形也不可公度。

因此，*LP*、*PN* 是正方不可公度的直线，且它们上的正方形之和是有理的，但它们所围成矩形的二倍是中项面。

因此，*LN* 是被称为次线的无理直线；　　　　　　　［Ⅹ. 76］

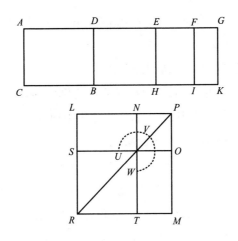

且它是面 *AB* 的"边"。

因此，面 *AB* 的"边"是次线。

这就是所要证明的。

命题 95

若一个面由有理直线和第五余线所围成，则该面的"边"是中项面与有理面之差的边。

If an area be contained by a rational straight line and a fifth apotome, the "side" of the area is a straight line which produces with a rational area a medial whole.

设面 *AB* 由有理直线 *AC* 和第五余线 *AD* 所围成；

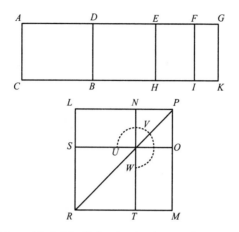

我说，面 AB 的"边"是中项面与有理面之差的边。

这是因为，设 DG 是 AD 上的附加直线；

因此，AG、GD 是仅正方可公度的有理直线，

附加直线 GD 与给定的有理直线 AC 长度可公度，

且整条直线 AG 上的正方形比附加直线 DG 上的正方形大一个与 AG 不可公度的直线上的正方形。　　　　［X. 定义 III. 5］

因此，如果对 AG 贴合出一个等于 DG 上的正方形的四分之一且亏缺一个正方形的平行四边形，则它把 AG 分成不可公度的两段。　　　　　　　　　　　　　　　　　　　［X. 18］

于是，设 DG 在 E 被二等分，

对 AG 贴合出一个等于 EG 上的正方形且亏缺一个正方形的平行四边形，设它是矩形 AF、FG；

因此，AF 与 FG 长度不可公度。

现在，由于 AG 与 CA 长度不可公度，且两者都是有理的，

因此，AK 是中项面。　　　　　　　　　　　　　　　［X. 21］

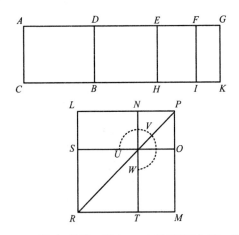

又, 由于 DG 是有理的, 且与 AC 长度可公度, 所以

        DK 是有理的。　　　　　　　　　[X. 19]

现在, 作正方形 LM 等于 AI, 且减去等于 FK 且有相同角
LPM 的正方形 NO;

        因此, 正方形 LM、NO 有相同的对角线。　[VI. 26]

设 PR 是它们的对角线, 并作图。

于是类似地, 可以证明, LN 是面 AB 的"边"。

我说, LN 是中项面与有理面之差的边。

这是因为, 由于已经证明, AK 是中项面且等于 LP、PN 上
的正方形之和,

        因此, LP、PN 上的正方形之和是中项面。

又, 由于 DK 是有理的且等于二倍的矩形 LP、PN, 所以

        后者也是有理的。

又, 由于 AI 与 FK 不可公度,

        因此, LP 上的正方形与 PN 上的正方形也不可公度;

因此，*LP*、*PN* 是正方不可公度的直线，且它们上的正方形之和是中项面，但它们所围成矩形的二倍是有理的。

因此，余量 *LN* 是被称为中项面与有理面之差的边的无理直线；　　　　　　　　　　　　　　　　　　　　　　　［X. 77］

且它是面 *AB* 的"边"。

因此，面 *AB* 的"边"是中项面与有理面之差的边。

这就是所要证明的。

命题 96

若一个面由有理直线和第六余线所围成，则该面的"边"是中项面与中项面之差的边。

If an area be contained by a rational straight line and a sixth apotome, the "side" of the area is a straight line which produces with a medial area a medial whole.

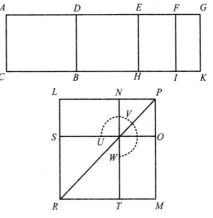

设面 *AB* 由有理直线 *AC* 和第六余线 *AD* 所围成；

我说，面 *AB* 的"边"是中项面与中项面之差的边。

这是因为，设 *DG* 是 *AD* 上的附加直线；

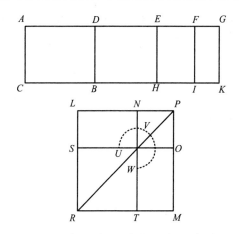

因此，*AG*、*GD* 是仅正方可公度的有理直线，

它们中的每一条都不与给定的有理直线 *AC* 长度可公度，

且整条直线 *AG* 上的正方形比附加直线 *DG* 上的正方形大一个与 *AG* 长度不可公度的直线上的正方形。　　　[X. 定义 III. 6]

于是，由于 *AG* 上的正方形比 *GD* 上的正方形大一个与 *AG* 长度不可公度的直线上的正方形，

因此，如果对 *AG* 贴合出一个等于 *DG* 上的正方形的四分之一且亏缺一个正方形的平行四边形，则它把 AG 分成不可公度的两段。　　　[X. 18]

于是，设 *DG* 在 *E* 被二等分，

对 *AG* 贴合出一个等于 *EG* 上的正方形且亏缺一个正方形的平行四边形，

且设它是矩形 *AF*、*FG*；

因此，*AF* 与 *FG* 长度不可公度。

但 *AF* 比 *FG* 如同 *AI* 比 *FK*；　　　　　　　　　　[VI. 1]

因此，AI 与 FK 不可公度。   ［X. 11］

又，由于 AG、AC 是仅正方可公度的有理直线，所以

AK 是中项面。   ［X. 21］

又，由于 AC、DG 是长度不可公度的有理直线，

因此，DK 也是中项面。   ［X. 21］

现在，由于 AG、GD 仅正方可公度，

因此，AG 与 GD 长度不可公度。

但 AG 比 GD 如同 AK 比 KD ；   ［VI. 1］

因此，AK 与 KD 不可公度。   ［X. 11］

现在，作正方形 LM 等于 AI，

且减去等于 FK 且有相同角的正方形 NO ；

因此，LM、NO 有相同的对角线。   ［VI. 26］

设 PR 是它们的对角线，并作图。

于是，按照和前面类似的方法可以证明，LN 是面 AB 的"边"。

我说，LN 是中项面与中项面之差的边。

这是因为，由于已经证明，AK 是中项面且等于 LP、PN 上的正方形之和，

因此，LP、PN 上的正方形之和是中项面。

又，由于已经证明，DK 是中项面且等于二倍的矩形 LP、PN，

因此，二倍的矩形 LP、PN 也是中项面。

又，由于已证明 AK 与 DK 不可公度，LP、PN 上的正方形之和与二倍的矩形 LP、PN 也不可公度。

又，由于 AI 与 FK 不可公度，

因此，LP 上的正方形与 PN 上的正方形也不可公度；

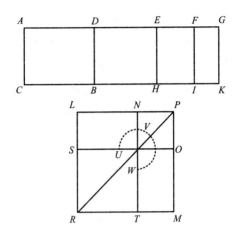

因此，LP、PN 是正方不可公度的直线，且它们上的正方形之和是中项面，它们所围成矩形的二倍是中项面，且它们上的正方形之和与它们所围成矩形的二倍不可公度。

因此，LN 是被称为中项面与中项面之差的边的无理直线；

[X. 78]

且它是面 AB 的"边"。

因此，面 AB 的"边"是中项面与中项面之差的边。

这就是所要证明的。

命题 97

对一有理直线贴合出一个矩形等于一条余线上的正方形，则产生的宽是第一余线。

The square on an apotome applied to a rational straight line produces as breadth a first apotome.

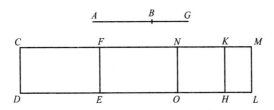

设 AB 是余线，CD 是有理直线，

对 CD 贴合出 CE 等于 AB 上的正方形，产生作为宽的 CF；

我说，CF 是第一余线。

这是因为，设 BG 是 AB 上的附加直线；

因此，AG、GB 是仅正方可公度的有理直线。　　［X. 73］

对 CD 贴合出 CH 等于 AG 上的正方形，又作 KL 等于 BG 上的正方形。

因此，整个 CL 等于 AG、GB 上的正方形之和，且 CE 等于 AB 上的正方形；

因此，余下的 FL 等于二倍的矩形 AG、GB。　　［II. 7］

设 FM 在点 N 被二等分，

且过 N 作 NO 平行于 CD；

因此，矩形 FO、LN 中的每一个都等于矩形 AG、GB。

现在，由于 AG、GB 上的正方形是有理的，

且 DM 等于 AG、GB 上的正方形之和，

因此，DM 是有理的。

而 DM 是对有理直线 CD 贴合出的，产生作为宽的 CM；

因此，CM 是有理的，且与 CD 长度可公度。［X. 20］

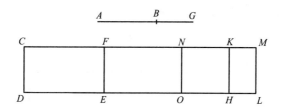

又，由于二倍的矩形 *AG*、*GB* 是中项面，且 *FL* 等于二倍的矩形 *AG*、*GB*，

因此，*FL* 是中项面。

而它是对有理直线 *CD* 贴合出的，产生作为宽的 *FM*；

因此，*FM* 是有理的，且与 *CD* 长度不可公度。［X. 22］

又，由于 *AG*、*GB* 上的正方形是有理的，

而二倍的矩形 *AG*、*GB* 是中项面，

因此，*AG*、*GB* 上的正方形之和与二倍的矩形 *AG*、*GB* 不可公度。

而 *CL* 等于 *AG*、*GB* 上的正方形之和，

且 *FL* 等于二倍的矩形 *AG*、*GB*，

因此，*DM* 与 *FL* 不可公度。

但 *DM* 比 *FL* 如同 *CM* 比 *FM*；　　　　　　　　　［VI. 1］

因此，*CM* 与 *FM* 长度不可公度。　　　　［X. 11］

而两者都是有理的；

因此，*CM*、*MF* 是仅正方可公度的有理直线；

因此，*CF* 是余线。　　　　　　　　　　　　［X. 73］

其次我说，*CF* 也是第一余线。

这是因为，由于矩形 *AG*、*GB* 是 *AG*、*GB* 上的正方形的比

例中项，

    且 *CH* 等于 *AG* 上的正方形，

    KL 等于 *BG* 上的正方形，

    且 *NL* 等于矩形 *AG*、*GB*，

        因此，*NL* 也是 *CH*、*KL* 的比例中项；

        因此，*CH* 比 *NL* 如同 *NL* 比 *KL*。

    但 *CH* 比 *NL* 如同 *CK* 比 *NM*，

    且 *NL* 比 *KL* 如同 *NM* 比 *KM*；   ［VI. 1］

    因此，矩形 *CK*、*KM* 等于 *NM* 上的正方形［VI. 17］，即等于 *FM* 上的正方形的四分之一。

    又，由于 *AG* 上的正方形与 *GB* 上的正方形可公度，所以

        CH 与 *KL* 也可公度。

    但 *CH* 比 *KL* 如同 *CK* 比 *KM*；   ［VI. 1］

        因此，*CK* 与 *KM* 可公度。   ［X. 11］

    于是，由于 *CM*、*MF* 是两条不等的直线，

    且对 *CM* 贴合出等于 *FM* 上的正方形的四分之一且亏缺一个正方形的矩形 *CK*、*KM*，

    而 *CK* 与 *KM* 可公度，

    因此，*CM* 上的正方形比 *MF* 上的正方形大一个与 *CM* 长度可公度的直线上的正方形。   ［X. 17］

    而 *CM* 与给定的有理直线 *CD* 长度可公度，

        因此，*CF* 是第一余线。   ［X. 定义 III. 1］

                    这就是所要证明的。

命题 98

对一有理直线贴合出一个矩形等于中项线的第一余线上的正方形，则产生的宽是第二余线。

The square on a first apotome of a medial straight line applied to a rational straight line produces as breadth a second apotome.

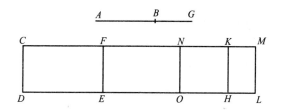

设 *AB* 是中项线的第一余线，*CD* 是有理直线，

对 *CD* 贴合出 *CE* 等于 *AB* 上的正方形，产生作为宽的 *CF*；

我说，*CF* 是第二余线。

这是因为，设 *BG* 是 *AB* 上的附加直线；

因此，*AG*、*GB* 是围成一个有理矩形的仅正方可公度的中项线。　　　　　　　　　　　　　　　　　　　　　　　　［X. 74］

对 *CD* 贴合出 *CII* 等于 *AG* 上的正方形，产生作为宽的 *CK*，以及贴合出 *KL* 等于 *GB* 上的正方形，产生作为宽的 *KM*；

因此，整个 *CL* 等于 *AG*、*GB* 上的正方形之和；

因此，*CL* 也是中项面。［X. 15 和 23，推论］

而它是对有理直线 *CD* 贴合出的，产生作为宽的 *CM*；

因此，*CM* 是有理的，且与 *CD* 长度不可公度。［X. 22］

现在, 由于 *CL* 等于 *AG*、*GB* 上的正方形之和,

且 *AB* 上的正方形等于 *CE*,

因此, 余下的二倍的矩形 *AG*、*GB* 等于 *FL*。   [II. 7]

但二倍的矩形 *AG*、*GB* 是有理的;

因此, *FL* 是有理的。

而它是对有理直线 *FE* 贴合出的, 产生作为宽的 *FM*;

因此, *FM* 也是有理的, 且与 *CD* 长度可公度。[X. 20]

现在, 由于 *AG*、*GB* 上的正方形之和, 即 *CL*, 是中项面, 而二倍的矩形 *AG*、*GB*, 即 *FL*, 是有理的,

因此, *CL* 与 *FL* 不可公度。

但 *CL* 比 *FL* 如同 *CM* 比 *FM*;   [VI. 1]

因此, *CM* 与 *FM* 长度不可公度。   [X. 11]

而两者都是有理的;

因此, *CM*、*MF* 是仅正方可公度的有理直线;

因此, *CF* 是余线。   [X. 73]

其次我说, *CF* 也是第二余线。

这是因为, 设 *FM* 在 *N* 被二等分,

且过 *N* 作 *NO* 平行于 *CD*;

因此, 矩形 *FO*、*NL* 中的每一个都等于矩形 *AG*、*GB*。

现在, 由于矩形 *AG*、*GB* 是 *AG*、*GB* 上的正方形的比例中项,

且 *AG* 上的正方形等于 *CH*,

矩形 *AG*、*GB* 等于 *NL*,

以及 *BG* 上的正方形等于 *KL*,

因此, *NL* 也是 *CH*、*KL* 的比例中项;

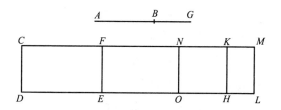

因此，*CH* 比 *NL* 如同 *NL* 比 *KL*。

但 *CH* 比 *NL* 如同 *CK* 比 *NM*，

且 *NL* 比 *KL* 如同 *NM* 比 *MK*；　　　　　　　　　［VI. 1］

　　　因此，*CK* 比 *NM* 如同 *NM* 比 *KM*；　　　［V. 11］

因此，矩形 *CK*、*KM* 等于 *NM* 上的正方形［VI. 17］，即等于 *FM* 上的正方形的四分之一。

于是，由于 *CM*、*FM* 是两条不等的直线，矩形 *CK*、*KM* 是对较大直线 *CM* 贴合出的，等于 *MF* 上的正方形的四分之一且亏缺一个正方形，并把 *CM* 分成可公度的两段，

因此，*CM* 上的正方形比 *MF* 上的正方形大一个与 *CM* 长度可公度的直线上的正方形。　　　　　　　　　　　　［X. 17］

而附加直线 *FM* 与给定的有理直线 *CD* 长度可公度；

　　　因此，*CF* 是第二余线。　　［X. 定义 III. 2］

　　　　　　　　　　　　　　　　　这就是所要证明的。

命题 99

对一有理直线贴合出一个矩形等于中项线的第二余线上的

正方形，则产生的宽是第三余线。

The square on a second apotome of a medial straight line applied to rational straight line produces as breadth a third apotome.

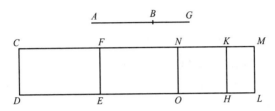

设 *AB* 是中项线的第二余线，*CD* 是有理直线，

且对 *CD* 贴合出 *CE* 等于 *AB* 上的正方形，产生作为宽的 *CF*。

我说，*CF* 是第三余线。

设 *BG* 是 *AB* 上的附加直线；

因此，*AG*、*GB* 是围成一个中项矩形的仅正方可公度的中项线。　　　　　　　　　　　　　　　　　　　　　　［X. 75］

设 *CH* 是对 *CD* 贴合出的且等于 *AG* 上的正方形，产生作为宽的 *CK*，

又设 *KL* 是对 *KH* 贴合出的且等于 *BG* 上的正方形，产生作为宽的 *KM*；

因此，整个 *CL* 等于 *AG*、*GB* 上的正方形之和；

因此，*CL* 也是中项面。［X. 15 和 23，推论］

而它是对有理直线 *CD* 贴合出的，产生作为宽的 *CM*；

因此，*CM* 是有理的，且与 *CD* 长度不可公度。［X. 22］

现在，由于 *CL* 等于 *AG*、*GB* 上的正方形之和，

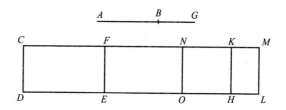

且 *CE* 等于 *AB* 上的正方形，

因此，余下的 *LF* 等于二倍的矩形 *AG*、*GB*。　　［II. 7］

于是，设 *FM* 在点 *N* 被二等分，

且作 *NO* 平行于 *CD*；

因此，矩形 *FO*、*NL* 中的每一个都等于矩形 *AG*、*GB*。

但矩形 *AG*、*GB* 是中项面；

因此，*FL* 也是中项面。

又，它是对有理直线 *EF* 贴合出的，产生作为宽的 *FM*；

因此，*FM* 也是有理的，且与 *CD* 长度不可公度。［X. 22］

又，由于 *AG*、*GB* 仅正方可公度，

因此，*AG* 与 *GB* 长度不可公度；

因此，*AG* 上的正方形与矩形 *AG*、*GB* 也不可公度。

［VI. 1，X. 11］

但 *AG*、*GB* 上的正方形之和与 *AG* 上的正方形可公度，

且二倍的矩形 *AG*、*GB* 与矩形 *AG*、*GB* 可公度；

因此，*AG*、*GB* 上的正方形之和与二倍的矩形 *AG*、*GB* 不可公度。　　　　　　　　　　　　　　　　　　［X. 13］

但 *CL* 等于 *AG*、*GB* 上的正方形之和，

且 *FL* 等于二倍的矩形 *AG*、*GB*；

因此，*CL* 与 *FL* 也不可公度。

但 *CL* 比 *FL* 如同 *CM* 比 *FM*；　　　　　　　［Ⅵ.1］

因此，*CM* 与 *FM* 长度不可公度。　　　　　　［Ⅹ.11］

而两者都是有理的；

　　　因此，*CM*、*MF* 是仅正方可公度的有理直线；

　　　　　　因此，*CF* 是余线。　　　　　　［Ⅹ.73］

其次我说，它也是第三余线。

这是因为，由于 *AG* 上的正方形与 *GB* 上的正方形可公度，

　　　　　因此，*CH* 与 *KL* 也可公度，

　　　　　因此，*CK* 与 *KM* 也可公度。　［Ⅵ.1，Ⅹ.11］

又，由于矩形 *AG*、*GB* 是 *AG*、*GB* 上的正方形的比例中项，

且 *CH* 等于 *AG* 上的正方形，

KL 等于 *GB* 上的正方形，

以及 *NL* 等于矩形 *AG*、*GB*；

　　　　因此，*NL* 也是 *CH*、*KL* 的比例中项；

　　　　因此，*CH* 比 *NL* 如同 *NL* 比 *KL*。

但 *CH* 比 *NL* 如同 *CK* 比 *NM*，

且 *NL* 比 *KL* 如同 *NM* 比 *KM*；　　　　　　［Ⅵ.1］

　　　　因此，*CK* 比 *MN* 如同 *MN* 比 *KM*；　　［Ⅴ.11］

因此，矩形 *CK*、*KM* 等于 <*MN* 上的正方形，即等于 >*FM* 上的正方形的四分之一。

于是，由于 *CM*、*MF* 是不等的两直线，且对 *CM* 贴合出一个等于 *FM* 上的正方形的四分之一且亏缺一个正方形的平行四边形，并把 *CM* 分成可公度的两段，

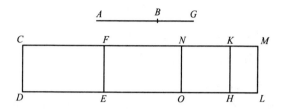

　　因此，*CM* 上的正方形比 *MF* 上的正方形大一个与 *CM* 可公度的直线上的正方形。　　　　　　　　　　　　　［X. 17］

　　而直线 *CM*、*MF* 都不与给定的有理直线 *CD* 长度可公度；

　　　　　　　因此，*CF* 是第三余线。　　　［X. 定义 III. 3］

　　　　　　　　　　　　　　　　　　　　　这就是所要证明的。

命题 100

　　对一有理直线贴合出一个矩形等于次线上的正方形，则产生的宽是第四余线。

The square on a minor straight line applied to a rational straight line produces as breadth a fourth apotome.

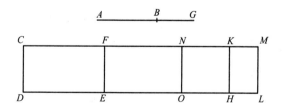

　　设 *AB* 是次线，*CD* 是有理直线，对有理直线 *CD* 贴合出 *CE*

等于 AB 上的正方形，产生作为宽的 CF；

我说，CF 是第四余线。

这是因为，设 BG 是 AB 上的附加直线；

因此，AG、GB 是正方不可公度的直线，使 AG、GB 上的正方形之和是有理的，但二倍的矩形 AG、GB 是中项面。 [X.76]

对 CD 贴合出 CH 等于 AG 上的正方形，产生作为宽的 CK，

以及贴合出 KL 等于 BG 上的正方形，产生作为宽的 KM；

因此，整个 CL 等于 AG、GB 上的正方形之和。

又，AG、GB 上的正方形之和是有理的；

因此，CL 也是有理的。

而它是对有理直线 CD 贴合出的，产生作为宽的 CM；

因此，CM 也是有理的，且与 CD 长度可公度。[X.20]

又，由于整个 CL 等于 AG、GB 上的正方形之和，且 CE 等于 AB 上的正方形，

因此，余下的 FL 等于二倍的矩形 AG、GB。 [II.7]

于是，设 FM 在点 N 被二等分，

且过点 N 作 NO 平行于直线 CD、ML；

因此，矩形 FO、NL 中的每一个都等于矩形 AG、GB。

又，由于二倍的矩形 AG、GB 是中项面且等于 FL，

因此，FL 也是中项面。

而它是对有理直线 FE 贴合出的，产生作为宽的 FM；

因此，FM 是有理的，且与 CD 长度不可公度。[X.22]

又，由于 AG、GB 上的正方形之和是有理的，

而二倍的矩形 AG、GB 是中项面，

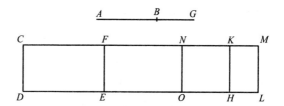

因此，AG、GB 上的正方形之和与二倍的矩形 AG、GB 不可公度。

但 CL 等于 AG、GB 上的正方形之和，

而 FL 等于二倍的矩形 AG、BG；

因此，CL 与 FL 不可公度。

但 CL 比 FL 如同 CM 比 MF；　　　　　　　　　　［Ⅵ.1］

因此，CM 与 MF 长度不可公度。　　　　　［Ⅹ.11］

而两者都是有理的；

因此，CM、MF 是仅正方可公度的有理直线；

因此，CF 是余线。　　　　　　　　　　［Ⅹ.73］

其次我说，CF 也是第四余线。

这是因为，由于 AG、GB 正方不可公度，

因此，AG 上的正方形与 GB 上的正方形也不可公度。

而 CH 等于 AG 上的正方形，

且 KL 等于 GB 上的正方形；

因此，CH 与 KL 不可公度。

但 CH 比 KL 如同 CK 比 KM；　　　　　　　　　　［Ⅵ.1］

因此，CK 与 KM 长度不可公度。　　　　　［Ⅹ.11］

又，由于矩形 AG、GB 是 AG、GB 上的正方形的比例中项，

且 *AG* 上的正方形等于 *CH*，

GB 上的正方形等于 *KL*，

以及矩形 *AG*、*GB* 等于 *NL*，

因此，*NL* 是 *CH*、*KL* 的比例中项；

因此，*CH* 比 *NL* 如同 *NL* 比 *KL*。

但 *CH* 比 *NL* 如同 *CK* 比 *NM*，

且 *NL* 比 *KL* 如同 *NM* 比 *KM*；   [Ⅵ.1]

因此，*CK* 比 *MN* 如同 *MN* 比 *KM*；   [Ⅴ.11]

因此，矩形 *CK*、*KM* 等于 *MN* 上的正方形[Ⅵ.17]，即等于 *FM* 上的正方形的四分之一。

于是，由于 *CM*、*MF* 是不等的两直线，矩形 *CK*、*KM* 是对 *CM* 贴合出的，等于 *MF* 上的正方形的四分之一且亏缺一个正方形，且把 *CM* 分成不可公度的两段，

因此，*CM* 上的正方形比 *MF* 上的正方形大一个与 *CM* 不可公度的直线上的正方形。   [Ⅹ.18]

而整条直线 *CM* 与给定的有理直线 *CD* 长度可公度；

因此，*CF* 是第四余线。   [Ⅹ.定义Ⅲ.4]

这就是所要证明的。

命题 101

对一有理直线贴合出一个矩形等于中项面与有理面之差的边上的正方形，则产生的宽是第五余线。

The square on the straight line which produces with a rational area a medial whole, if applied to a rational straight line, produces as breadth a fifth apotome.

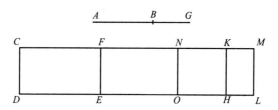

设 *AB* 是中项面与有理面之差的边，*CD* 是有理直线，且对 *CD* 贴合出 *CE* 等于 *AB* 上的正方形，产生作为宽的 *CF*；

我说，*CF* 是第五余线。

这是因为，设 *BG* 是 *AB* 上的附加直线；

因此，*AG*、*GB* 是正方不可公度的直线，使它们上的正方形之和是中项面，但二倍的矩形 *AG*、*GB* 是有理面。　　[X. 77]

对 *CD* 贴合出 *CH* 等于 *AG* 上的正方形，贴合出 *KL* 等于 *GB* 上的正方形；

因此，整个 *CL* 等于 *AG*、*GB* 上的正方形之和。

但 *AG*、*GB* 上的正方形之和是中项面；

因此，*CL* 是中项面。

而它是对有理直线 *CD* 贴合出的，产生作为宽的 *CM*，

因此，*CM* 是有理的，且与 *CD* 不可公度。　　[X. 22]

又，由于 *CL* 等于 *AG*、*GB* 上的正方形之和，

且 *CE* 等于 *AB* 上的正方形，

因此，余下的 *FL* 等于二倍的矩形 *AG*、*GB*。　　[II. 7]

设 FM 在 N 被二等分,

且过点 N 作 NO 平行于直线 CD 或 ML,

　　因此, 每一个矩形 FO, NL 等于矩形 AG、GB。

又, 由于二倍的矩形 AG、GB 是有理的且等于 FL,

　　　　因此, FL 是有理的。

而对有理直线 EF 贴合, 产生作为宽的 FM;

　　　　因此, FM 是有理的, 且与 CD 长度可公度。　　［X. 20］

现在, 由于 CL 是中项面, FL 是有理面,

　　　　因此, CL 与 FL 不可公度。

但 CL 比 FL 如同 CM 比 MF;　　　　　　　　［VI. 1］

　　　　因此, CM 与 MF 长度不可公度,　　　　［X. 11］

而两者都是有理的,

　　　因此, CM、MF 是仅正方可公度的有理直线,

　　　　　因此, CF 是余线。　　　　　　　　［X. 73］

其次我说, CF 也是第五余线。

这是因为, 类似地可以证明, 矩形 CK、KM 等于 NM 上的正方形, 即等于 FM 上的正方形的四分之一。

又, 由于 AG 上的正方形与 GB 上的正方形不可公度,

而 AG 上的正方形等于 CH,

且 GB 上的正方形等于 KL,

　　　　因此, CH 与 KL 不可公度。

但 CH 比 KL 如同 CK 比 KM;　　　　　　　　［VI. 1］

　　　　因此, CK 与 KM 长度不可公度。　　　　［X. 11］

于是, 由于 CM、MF 是不等的两直线,

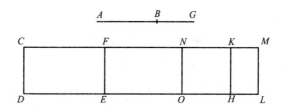

且对 *CM* 贴合出一个等于 *FM* 上的正方形的四分之一且亏缺一个正方形的平行四边形，

并把 *CM* 分成不可公度的两段，

因此，*CM* 上的正方形比 *MF* 上的正方形大一个与 *CM* 不可公度的直线上的正方形。   ［X. 18］

而附加直线 *FM* 与给定的有理直线 *CD* 可公度；

因此，*CF* 是第五余线。   ［X. 定义 III. 5］

这就是所要证明的。

命题 102

对一有理直线贴合出一个矩形等于中项面与中项面之差的边上的正方形，则产生的宽是第六余线。

The square on the straight line which produces with a medial area a medial whole, if applied to a rational straight line, produces as breadth a sixth apotome.

设 *AB* 是中项面与中项面之差的边，*CD* 是有理直线，

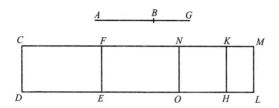

对 CD 贴合出 CE 等于 AB 上的正方形, 产生作为宽的 CF;
我说, CF 是第六余线。

这是因为, 设 BG 是 AB 上的附加直线;

因此, AG、GB 是正方不可公度的直线, 使它们上的正方形之和是中项面, 二倍的矩形 AG、GB 是中项面, 且 AG、GB 上的正方形之和与二倍的矩形 AG、GB 不可公度。   [X.78]

现在, 对 CD 贴合出 CH 等于 AG 上的正方形, 产生作为宽的 CK,

且 KL 等于 BG 上的正方形;

因此, 整个 CL 等于 AG、GB 上的正方形之和;

因此, CL 也是中项面。

而它是对有理直线 CD 贴合出的, 产生作为宽的 CM;

因此, CM 是有理的, 且与 CD 长度不可公度。[X.22]

现在, 由于 CL 等于 AG、GB 上的正方形之和,

而 CE 等于 AB 上的正方形,

因此, 余下的 FL 等于二倍的矩形 AG、GB。   [II.7]

而二倍的矩形 AG、GB 是中项面;

因此, FL 也是中项面。

而它是对有理直线 FE 贴合出的, 产生作为宽的 FM;

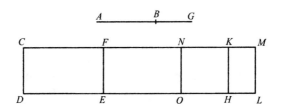

因此，FM 是有理的，且与 CD 长度不可公度。　　[X. 22]

又，由于 AG、GB 上的正方形之和与二倍的矩形 AG、GB 不可公度，

且 CL 等于 AG、GB 上的正方形之和，

FL 等于二倍的矩形 AG、GB，

因此，CL 与 FL 不可公度。

但 CL 比 FL 如同 CM 比 MF；　　　　　　　[VI. 1]

因此，CM 与 MF 长度不可公度。　　[X. 11]

而两者都是有理的。

因此，CM、MF 是仅正方可公度的有理直线；

因此，CF 是余线。　　[X. 73]

其次我说，CF 也是第六余线。

这是因为，由于 FL 等于二倍的矩形 AG、GB，

设 FM 在 N 被二等分，

且过点 N 作 NO 平行于 CD，

因此，矩形 FO、NL 中的每一个都等于矩形 AG、GB。

又，由于 AG、GB 正方不可公度，

因此，AG 上的正方形与 GB 上的正方形不可公度。

但 CH 等于 AG 上的正方形，

且 KL 等于 GB 上的正方形，

　　　因此，CH 与 KL 不可公度。

但 CH 比 KL 如同 CK 比 KM；　　　　　　　　[VI. 1]

　　　因此，CK 与 KM 不可公度。　　　[X. 11]

又，由于矩形 AG、GB 是 AG、GB 上的正方形的比例中项，

且 CH 等于 AG 上的正方形，

KL 等于 GB 上的正方形，

以及 NL 等于矩形 AG、GB，

　　　因此，NL 也是 CH、KL 的比例中项；

　　　因此，CH 比 NL 如同 NL 比 KL。

与前同理，CM 上的正方形比 MF 上的正方形大一个与 CM 不可公度的直线上的正方形。　　　　　　　[X. 18]

而它们都不与给定的有理直线 CD 可公度；

　　　因此，CF 是第六余线。　　[X. 定义 III. 6]

　　　　　　　　这就是所要证明的。

命题 103

与余线长度可公度的直线仍是余线，且同级。

A straight line commensurable in length with an apotome is an apotome and the same in order.

设 AB 是余线，

```
A        B     E
C           D      F
```

又设 CD 与 AB 长度可公度；

我说，CD 也是余线，且与 AB 同级。

这是因为，AB 是余线，设 BE 是它的附加直线；

因此，AE、EB 是仅正方可公度的有理直线。　［X. 73］

设法使 BE 比 DF 如同 AB 比 CD；　　　　　　［VI. 12］

因此也有，前项之一比后项之一如同所有前项之和比所有后项之和；　　　　　　　　　　　　　　　　　　　［V. 12］

因此也有，整个 AE 比整个 CF 如同 AB 比 CD。

但 AB 与 CD 长度可公度。

因此，AE 与 CF 也可公度，BE 与 DF 也可公度。　　［X. 11］

而 AE、EB 是仅正方可公度的有理直线，

因此，CF、FD 也是仅正方可公度的有理直线；　［X. 13］

现在，由于 AE 比 CF 如同 BE 比 DF，

因此，取更比例，AE 比 EB 如同 CF 比 FD。　［V. 16］

又，AE 上的正方形比 EB 上的正方形要么大一个与 AE 可公度的直线上的正方形，要么大一个与 AE 不可公度的直线上的正方形。

于是，如果 AE 上的正方形比 EB 上的正方形大一个与 AE 可公度的直线上的正方形，则 CF 上的正方形也比 FD 上的正方形大一个与 CF 可公度的直线上的正方形。　　　［X. 14］

又，如果 AE 与给定的有理直线长度可公度，则 CF 也与给定的有理直线长度可公度，　　　　　　　　　　　　［X. 12］

于是，如果 BE 与给定的有理直线长度可公度，则 DF 也与给定的有理直线长度可公度。　　　　　　　　　　　［X. 12］

如果直线 AE、EB 都不与给定的有理直线可公度，则直线

CF、FD 也都不与给定的有理直线可公度。　　　　[X. 13]

但如果 AE 上的正方形比 EB 上的正方形大一个与 AE 不可公度的直线上的正方形，

则 CF 上的正方形也比 FD 上的正方形大一个与 CF 不可公度的直线上的正方形。　　　　[X. 14]

又，如果 AE 与给定的有理直线长度可公度，则 CF 也与给定的有理直线长度可公度。

如果 BE 与给定的有理直线长度可公度，则 DF 也与给定的有理直线长度可公度。　　　　[X. 12]

如果直线 AE、EB 都不与给定的有理直线长度可公度，则直线 CF、FD 也都不与给定的有理直线长度可公度。　　　　[X. 13]

因此，CD 是余线，且与 AB 同级。

这就是所要证明的。

命题 104

与中项线的余线长度可公度的直线仍是中项线的余线，且同级。

A straight line commensurable with an apotome of a medial straight line is an apotome of a medial straight line and the same in order.

设 AB 是中项线的余线，

且设 *CD* 与 *AB* 长度可公度；

我说，*CD* 也是中项线的余线，且与 *AB* 同级。

这是因为，由于 *AB* 是中项线的余线，设 *EB* 是它的附加直线。

因此，*AE*、*EB* 是仅正方可公度的中项线。　　　[X. 74, 75]

设法使 *AB* 比 *CD* 如同 *BE* 比 *DF* ；　　　　　　[VI. 12]

因此，*AE* 与 *CF* 也可公度，*BE* 与 *DF* 也可公度。

[V. 12, X. 11]

但 *AE*、*EB* 是仅正方可公度的中项线；

因此，*CF*、*FD* 也是仅正方可公度的中项线；[X. 23, 13]

因此，*CD* 是中项线的余线。　　　[X. 74, 75]

其次我说，*CD* 也与 *AB* 同级。

由于 *AE* 比 *EB* 如同 *CF* 比 *FD*，

因此也有，*AE* 上的正方形比矩形 *AE*、*EB* 如同 *CF* 上的正方形比矩形 *CF*、*FD*。

但 *AE* 上的正方形与 *CF* 上的正方形可公度；

因此，矩形 *AE*、*EB* 与矩形 *CF*、*FD* 也可公度。

[V. 16, X. 11]

因此，如果矩形 *AE*、*EB* 是有理的，则矩形 *CF*、*FD* 也是有理的，　　　　　　　　[X. 定义 4]

又，如果矩形 *AE*、*EB* 是中项面，则矩形 *CF*、*FD* 也是中项面。　　　　　　　　[X. 23, 推论]

因此，*CD* 是中项线的余线，且与 *AB* 同级。　　[X. 74, 75]

这就是所要证明的。

命题 105

与次线可公度的直线仍是次线。

A straight line commensurable with a minor straight line is minor.

设 *AB* 是次线，且 *CD* 与 *AB* 可公度；

我说，*CD* 也是次线。

作图如前；

于是，由于 *AE*、*EB* 正方不可公度，　　　　　　　［X. 76］

因此，*CF*、*FD* 也正方不可公度。　　　　　　　　［X. 13］

现在，由于 *AE* 比 *EB* 如同 *CF* 比 *FD*，　　　　［V. 12，V. 16］

因此也有，*AE* 上的正方形比 *EB* 上的正方形如同 *CF* 上的正方形比 *FD* 上的正方形。　　　　　　　　　　　　　　［VI. 22］

因此，取合比例，*AE*、*EB* 上的正方形之和比 *EB* 上的正方形如同 *CF*、*FD* 上的正方形之和比 *FD* 上的正方形。　　［V. 18］

但 *BE* 上的正方形与 *DF* 上的正方形可公度；

因此，*AE*、*EB* 上的正方形之和与 *CF*、*FD* 上的正方形之和也可公度。　　　　　　　　　　　　　　　　　［V. 16，X. 11］

但 *AE*、*EB* 上的正方形之和是有理的；　　　　　　［X. 76］

A —————— B —— E

C ———————— D —— F

因此，CF、FD 上的正方形之和也是有理的。

[X. 定义 4]

又，由于 AE 上的正方形比矩形 AE、EB 如同 CF 上的正方形比矩形 CF、FD，

而 AE 上的正方形与 CF 上的正方形可公度，

因此，矩形 AE、EB 与矩形 CF、FD 也可公度。

但矩形 AE、EB 是中项面；   [X. 76]

因此，矩形 CF、FD 也是中项面；[X. 23，推论]

因此，CF、FD 是正方不可公度的直线，使其上的正方形之和是有理的，但它们所围成的矩形是中项面。

因此，CD 是次线。   [X. 76]

这就是所要证明的。

命题 106

与中项面与有理面之差的边可公度的直线仍是中项面与有理面之差的边。

A straight line commensurable with that which produces with a rational area a medial whole is a straight line which produces with a rational area a medial whole.

设 *AB* 是中项面与有理面之差的边，

且 *CD* 与 *AB* 可公度；

我说，*CD* 也是中项面与有理面之差的边。

这是因为，设 *BE* 是 *AB* 上的附加直线；

因此，*AE*、*EB* 是正方不可公度的直线，使 *AE*、*EB* 上的正方形之和是中项面，但它们所围成的矩形是有理面。   ［X.77］

作图如前。

于是，用和以前类似的方法可以证明，*CF* 比 *FD* 如同 *AE* 比 *EB*，

AE、*EB* 上的正方形之和与 *CF*、*FD* 上的正方形之和可公度，

且矩形 *AE*、*EB* 与矩形 *CF*、*FD* 可公度；

因此，*CF*、*FD* 是正方不可公度的直线，使 *CF*、*FD* 上的正方形之和是中项面，但它们所围成的矩形是有理面。

因此，*CD* 是中项面与有理面之差的边。   ［X.77］

这就是所要证明的。

命题 107

与中项面与中项面之差的边可公度的直线仍是中项面与中项面之差的边。

A straight line commensurable with that which produces with a medial area a medial whole is itself also a straight line which produces with a medial area a medial whole.

A ── B ── E
C ──── D ── F

设 *AB* 是中项面与中项面之差的边，

且设 *CD* 与 *AB* 可公度；

我说，*CD* 也是中项面与中项面之差的边。

设 *BE* 是 *AB* 上的附加直线，与以前作图相同，

因此，*AE*、*EB* 正方不可公度，且它们上的正方形之和是中项面，且从它们所围成的矩形是中项面，且有它们上的正方形之和与从它们围成的矩形不可公度。　　　　　[X. 78]

现在如前所证，*AE*、*EB* 分别与 *CF*、*FD* 可公度，可知 *AE*、*EB* 上的正方形之和与 *CF*、*FD* 上的正方形之和可公度，且矩形 *AE*、*EB* 与矩形 *CF*、*FD* 可公度。

因此，*CF*、*FD* 也正方不可公度，且它们上的正方形之和是中项面，且从它们所围成的矩形是中项面，且更有，它们上的正方形之和与从它们所围成的矩形不可公度。

因此，*CD* 是中项面与中项面之差的边。　　　　　[X. 78]

这就是所要证明的。

命题 108

若从有理面中减去中项面，则余面的"边"是两无理直线之

一, 要么是余线, 要么是次线。

If from a rational area a medial area be subtracted, the "side" of the remaining area becomes one of two irrational straight lines, either an apotome or a minor straight line.

设从有理面 BC 中减去中项面 BD;

我说, 余面 EC 的 "边" 是两无理直线之一, 要么是余线, 要么是次线。

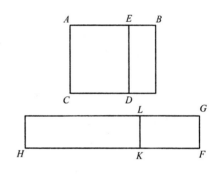

这是因为, 给定有理直线 FG,

对 FG 贴合出矩形 GH 等于 BC,

且作 GK 等于被减去的 DB;

因此, 余量 EC 等于 LH。

于是, 由于 BC 是有理面, BD 是中项面,

而 BC 等于 GH, 且 BD 等于 GK,

因此, GH 是有理面, GK 是中项面。

而它们是对有理直线 FG 贴合出的;

因此, FH 是有理的, 且与 FG 长度可公度, ［X. 20］

而 FK 是有理的, 且与 FG 长度不可公度; ［X. 22］

因此, FH 与 FK 长度不可公度。 ［X. 13］

因此, FH、FK 是仅正方可公度的有理直线;

因此, KH 是余线［X. 73］, 且 KF 是它的附加直线。

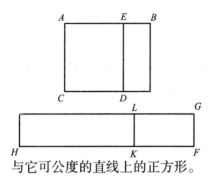

现在，HF 上的正方形比 FK 上的正方形大一个与 HF 要么可公度要么不可公度的直线上的正方形。

首先，设 HF 上的正方形比 FK 上的正方形大一个与它可公度的直线上的正方形。

现在，整个 HF 与给定的有理直线 FG 长度可公度；

因此，KH 是第一余线。　　[X. 定义 III. 1]

但有理直线和第一余线所围成矩形的"边"是余线。　　[X. 91]

因此，LH 的"边"，即 EC 的"边"，是余线。

但如果 HF 上的正方形比 FK 上的正方形大一个与 HF 不可公度的直线上的正方形，

而整个 FH 与给定的有理直线 FG 长度可公度，

则 KH 是第四余线。　　[X. 定义 III. 4]

但有理直线和第四余线所围成矩形的"边"是次线。　　[X. 94]

这就是所要证明的。

命题 109

若从中项面中减去有理面，则余面的"边"是两无理直线之一，要么是中项线的第一余线，要么是中项面与有理面之差的边。

If from a medial area a rational area be subtracted, there arise two other irrational straight lines, either a first apotome of a medial straight line or a straight line which produces with a rational area a medial whole.

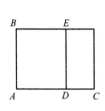
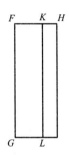

设从中项面 *BC* 中减去有理面 *BD*。

我说，余面 *EC* 的 "边" 是两无理直线之一，要么是中项线的第一余线，要么是中项面与有理面之差的边。

这是因为，给定有理直线 *FG*，

且类似地贴合出各面。

于是可得，*FH* 是有理的，且与 *FG* 长度不可公度，

而 *E* 是有理的，且与 *FG* 长度可公度；

因此，*FH*、*FK* 是仅正方可公度的有理直线；　[X. 13]

因此，*KH* 是余线，且 *FK* 是它的附加直线。　[X. 73]

现在，如果 *HF* 上的正方形比 *FK* 上的正方形大一个与 *HF* 要么可公度要么不可公度的直线上的正方形。

于是，如果 *HF* 上的正方形比 *FK* 上的正方形大一个与 *HF* 可公度的直线上的正方形，

而附加直线 *FK* 与给定的有理直线 *FG* 长度可公度，

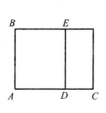

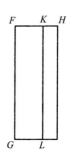

则 KH 是第二余线。　　　〔X. 定义 III. 2〕

但 FG 是有理的；

因此，LH 的"边"，即 EC 的"边"，是中项线的第一余线。

〔X. 92〕

但如果 HF 上的正方形比 FK 上的正方形大一个与 HF 不可公度的直线上的正方形，

而附加直线 FK 与给定的有理直线 FG 长度可公度，

则 HK 是第五余线；　　　〔X. 定义 III. 5〕

因此，EC 的"边"是中项面与有理面之差的边。　　〔X. 95〕

这就是所要证明的。

命题 110

若从中项面中减去与整个面不可公度的中项面，则余面的"边"是两无理直线之一，要么是中项线的第二余线，要么是中项面与中项面之差的边。

If from a medial area there be subtracted a medial area incommensurable with the whole, the two remaining irrational straight lines arise, either a second apotome of a medial straight line or a straight line which produces with a medial area a medial whole.

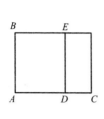 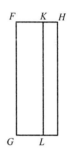

如前图，设从中项面 *BC* 中减去与整个面不可公度的中项面 *BD* ；

我说，*EC* 的 "边" 是两无理直线之一，要么是中项线的第二余线，要么是中项面与中项面之差的边。

这是因为，由于矩形 *BC*、*BD* 中的每一个都是中项面，

且 *BC* 与 *BD* 不可公度，

因此，直线 *FH*、*FK* 中的每一个都是有理的，且与 *FG* 不可公度。　　　　　　　　　　　　　　　　　　［X. 22］

又，由于 *BC* 与 *BD* 不可公度，

即 *GH* 与 *GK* 不可公度，所以

　　　　　HF 与 *FK* 也不可公度；　　　［VI. 1，X. 11］

因此，*FH*、*FK* 是仅正方可公度的有理直线；

　　　　　因此，*KH* 是余线。　　　　　　　　［X. 73］

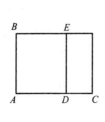

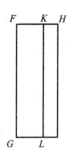

于是，如果 FH 上的正方形比 FK 上的正方形大一个与 FH 可公度的直线上的正方形，

而直线 FH、FK 中的每一个都不与给定的有理直线 FG 长度可公度，

　　　　　　　　则 KH 是第三余线。　　　［X. 定义 III. 3］

但 KL 是有理的，

而有理直线和第三余线所围成的矩形是无理的，

且它的"边"是无理的，被称为中项线的第二余线；　［X. 93］

因此，LH 的"边"，即 EC 的"边"，是中项线的第二余线。

但如果 FH 上的正方形比 FK 上的正方形大一个与 FH 不可公度的直线上的正方形，

而直线 HF、FK 中的每一个都不与 FG 长度可公度，

　　　　　　　　则 KH 是第六余线。　　　［X. 定义 III. 6］

但有理直线和第六余线所围成矩形的"边"是中项面与中项面之差的边。　　　　　　　　　　　　　　　　　　　　［X. 96］

因此，LH 的"边"，即 EC 的"边"，是中项面与中项面之差的边。

　　　　　　　　　　　　　　　　这就是所要证明的。

命题 111

余线与二项线不同。

The apotome is not the same with the binomial straight line.

设 *AB* 是余线。

我说，*AB* 与二项线不同。

这是因为，如果可能，设它与二项线相同；

给定有理直线 *DC*，对 *DC* 贴合出矩形 *CE* 等于 *AB* 上的正方形，产生作为宽的 *DE*。

于是，由于 *AB* 是余线，所以

　　　　DE 是第一余线。　　　　　［X. 97］

设 *EF* 是 *DE* 上的附加直线；

因此，*DF*、*FE* 是仅正方可公度的有理直线，

DF 上的正方形比 *FE* 上的正方形大一个与 *DF* 可公度的直线上的正方形，

且 *DF* 与给定的有理直线 *DC* 长度可公度。　　［X.定义 III. 1］

又，由于 *AB* 是二项线，

　　　　因此，*DE* 是第一二项线。　　　　［X. 60］

设 *DE* 在 *G* 被分成它的两段，且 *DG* 较大；

因此，*DG*、*GE* 是仅正方可公度的有理直线，

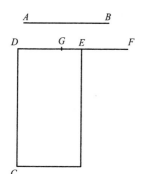

　　　　　　　　　　　　　　　　　　DG 上的正方形比 GE 上的正方形

大一个与 DG 可公度的直线上的正方形，

　　　且较大的 DG 与给定的有理直线

DC 长度可公度。　　　　［X. 定义 II. 1］

　　　因此，DF 与 DG 长度可公度；

　　　　　　　　　　　　　　　　　　　［X. 12］

　　　因此，余量 GF 与 DF 也长度可公度。

　　　　　　　　　　　　　　　　　　　　［X. 15］

但 DF 与 EF 长度不可公度；

　　　因此，FG 与 EF 也长度不可公度。　　　［X. 13］

因此，GF、FE 是仅正方可公度的有理直线；

　　　因此，EG 是余线。　　　　　　　　［X. 73］

但它也是有理的：

这是不可能的。

因此，余线与二项线不同。

　　　　　　　　　　　　　　　　　　这就是所要证明的。

————————————

余线以及它以后的无理直线既不同于中项线，又彼此不同。

The apotome and the irrational straight lines following it are neither the same with the medial straight line nor with one another.

这是因为，如果对一有理直线贴合出一个矩形等于中项线上的正方形，则产生的作为宽的直线是有理的，且与原有理直线长度不可公度。　　　　　　　　　　　　　　　　　　　［X. 22］

而对一有理直线贴合出一个矩形等于一条余线上的正方形，则产生的宽是第一余线，　　　　　　　　　　　　　　　［X. 97］

对一有理直线贴合出一个矩形等于中项线的第一余线上的正方形，则产生的宽是第二余线，　　　　　　　　　　　　　［X. 98］

对一有理直线贴合出一个矩形等于中项线的第二余线上的正方形，则产生的宽是第三余线，　　　　　　　　　　　　　［X. 99］

对一有理直线贴合出一个矩形等于次线上的正方形，则产生的宽是第四余线，　　　　　　　　　　　　　　　　　　［X. 100］

对一有理直线贴合出一个矩形等于中项面与有理面之差的边上的正方形，则产生的宽是第五余线，　　　　　　　　　　［X. 101］

对一有理直线贴合出一个矩形等于中项面与中项面之差的边上的正方形，则产生的宽是第六余线。　　　　　　　　　　［X. 102］

于是，由于所说的宽与第一条直线不同，且彼此不同，与第一条直线不同是因为它是有理的，彼此不同是因为它们不同级，

所以显然，这些无理直线本身也彼此不同。

又，由于已经证明，余线与二项线不同，　　　　　　　　［X. 111］

但如果对一有理直线贴合出一个矩形等于余线以后的直线上的正方形，则产生的宽依次为相应级的余线；如果对一有理直线贴合出一个矩形等于二项线以后的直线上的正方形，则产生的宽依次为相应级的二项线，

因此，余线以后的无理直线是不同的，二项线以后的无理直

线也是不同的，于是总共有十三种无理直线，依次为：

中项线，

二项线，

第一双中项线，

第二双中项线，

主线，

有理中项面的"边"，

两中项面之和的"边"，

余线，

中项线的第一余线，

中项线的第二余线，

次线，

中项面与有理面之差的边，

中项面与中项面之差的边。

命题 112

对二项线贴合出一个矩形等于一有理直线上的正方形，则产生的宽是余线，该余线的两段与二项线的两段可公度，而且有相同的比；此外，如此产生的余线与二项线同级。

The square on a rational straight line applied to the binomial straight line produces as breadth an apotome the terms of which are commensurable with the terms of the binomial and moreover in the same ratio; and further the apotome so arising will have the same order as the binomial straight line.

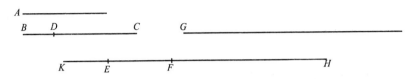

设 A 是有理直线，

设 BC 是二项线，且设 DC 是它较大的段；

设矩形 BC、EF 等于 A 上的正方形；

我说，EF 是余线，它的两段与 CD、DB 可公度，而且有相同的比，此外，EF 与 BC 同级。

这是因为，设矩形 BD、G 等于 A 上的正方形。

于是，由于矩形 BC、EF 等于矩形 BD、G，

　　　　因此，CB 比 BD 如同 G 比 EF。　　　　[VI. 16]

但 CB 大于 BD；

　　　　　　因此，G 也大于 EF。　　　[V. 16，V. 14]

设 EH 等于 G；

　　　　　　因此，CB 比 BD 如同 HE 比 EF；

　　　　因此，取分比例，CD 比 BD 如同 HF 比 FE。　[V. 17]

设法使 HF 比 EF 如同 FK 比 KE；

　　　　因此也有，整个 HK 比整个 KF 如同 FK 比 KE；

这是因为，前项之一比后项之一如同所有前项之和比所有后项之和。　　　　　　　　　　　　　　　　　　　　　[V. 12]

　　　　但 FK 比 KE 如同 CD 比 DB；　　　　　[V. 11]

　　　　　　因此也有，HK 比 KF 如同 CD 比 DB。　　[V. 11]

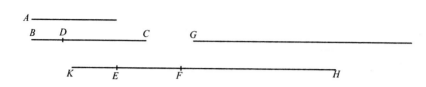

但 *CD* 上的正方形与 *DB* 上的正方形可公度；　　　［X. 36］

因此，*HK* 上的正方形与 *KF* 上的正方形也可公度。

［VI. 22，X. 11］

又，*HK* 上的正方形比 *KF* 上的正方形如同 *HK* 比 *KE*，这是因为三条直线 *HK*、*KF*、*KE* 成比例。　　　　［V. 定义 9］

因此，*HK* 与 *KE* 长度可公度，

因此，*HE* 与 *EK* 也长度可公度。　　　［X. 15］

现在，由于 *A* 上的正方形等于矩形 *EH*、*BD*，

而 *A* 上的正方形是有理的，

因此，矩形 *EH*、*BD* 也是有理的。

而它是对有理直线 *BD* 贴合出的；

因此，*EH* 是有理的，且与 *BD* 长度可公度；　［X. 20］

因此，与 *EH* 可公度的 *EK* 也是有理的，且与 *BD* 长度可公度。

于是，由于 *CD* 比 *DB* 如同 *FK* 比 *KE*，

而 *CD*、*DB* 是仅正方可公度的直线，

因此，*FK*、*KE* 也仅正方可公度。　　　　［X. 11］

但 *KE* 是有理的；

因此，*FK* 也是有理的。

因此，*FK*、*KE* 是仅正方可公度的有理直线；

因此，*EF* 是余线。　　　　　　［X. 73］

现在, CD 上的正方形比 DB 上的正方形大一个与 CD 要么可公度要么不可公度的直线上的正方形。

于是, 如果 CD 上的正方形比 DB 上的正方形大一个与 CD 可公度的直线上的正方形, 则 FK 上的正方形也比 KE 上的正方形大一个与 FK 可公度的直线上的正方形。   [X. 14]

又, 如果 CD 与给定的有理直线长度可公度,

则 FK 也与给定的有理直线长度可公度; [X. 11, 12]

如果 BD 与给定的有理直线长度可公度,

则 KE 也与给定的有理直线长度可公度;   [X. 12]

但如果直线 CD、DB 都不与给定的有理直线长度可公度,

则直线 FK、KE 也都不与给定的有理直线长度可公度。

但如果 CD 上的正方形比 DB 上的正方形大一个与 CD 不可公度的直线上的正方形,

则 FK 上的正方形也比 KE 上的正方形大一个与 FK 不可公度的直线上的正方形。   [X. 14]

又, 如果 CD 与给定的有理直线长度可公度,

则 FK 也与给定的有理直线长度可公度;

如果 BD 与给定的有理直线可公度,

则 KE 也与给定的有理直线长度可公度;

但如果直线 CD、DB 都不与给定的有理直线长度可公度,

则直线 FK、KE 也都不与给定的有理直线长度可公度;

因此, FE 是余线, 它的两段 FK、KE 与二项线的两段 CD、DB 可公度, 而且有相同的比, 且 FE 与 BC 同级。

这就是所要证明的。

命题 113

对一余线贴合出一个矩形等于一有理直线上的正方形，则产生的宽是二项线，该二项线的两段与余线的两段可公度，而且有相同的比；此外，如此产生的二项线与余线同级。

The square on a rational straight line, if applied to an apotome, produces as breadth the binomial straight line the terms of which are commensurable with the terms of the apotome and in the same ratio and further the binomial so arising has the same order as the apotome.

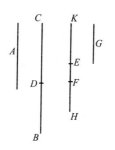

设 *A* 是有理直线，*BD* 是余线，且设对余线 *BD* 贴合出一个矩形等于有理直线 *A* 上的正方形，产生作为宽的 *KH*；

我说，*KH* 是二项线，它的两段与余线 *BD* 的两段可公度，而且有相同的比；此外，*KH* 与 *BD* 同级。

这是因为，设 *DC* 是 *BD* 上的附加直线；

因此，*BC*、*CD* 是仅正方可公度的有理直线。   [X. 73]

设矩形 *BC*、*G* 也等于 *A* 上的正方形。

但 *A* 上的正方形是有理的；

因此，矩形 *BC*、*G* 是有理的。

而它是对有理直线 *BC* 贴合出的；

因此，*G* 是有理的，且与 *BC* 长度可公度。　［X. 20］

现在，由于矩形 *BC*、*G* 等于矩形 *BD*、*KH*，

因此有比例，*CB* 比 *BD* 如同 *KH* 比 *G*。　［VI. 16］

但 *BC* 大于 *BD*；

因此，*KH* 也大于 *G*。　　［V. 16，V. 14］

设 *KE* 等于 *G*；

因此，*KE* 与 *BC* 长度可公度。

又，由于 *CB* 比 *BD* 如同 *HK* 比 *KE*，

因此，取换比例，*BC* 比 *CD* 如同 *KH* 比 *HE*。

［V. 19，推论］

设法使 *KH* 比 *HE* 如同 *HF* 比 *FE*；

因此也有，余量 *KF* 比 *FH* 如同 *KH* 比 *HE*，

即如同 *BC* 比 *CD*。　　　［V. 19］

但 *BC*、*CD* 仅正方可公度；

因此，*KF*、*FH* 也仅正方可公度。　　［X. 11］

又，由于 *KH* 比 *HE* 如同 *KF* 比 *FH*，

而 *KH* 比 *HE* 如同 *HF* 比 *FE*，

因此也有，*KF* 比 *FH* 如同 *HF* 比 *FE*，　　［V. 11］

因此，第一个比第三个如同第一个上的正方形比第二个上的正方形；　　　　　　　　　　　　　　　　　　　［V. 定义 9］

因此也有，*KF* 比 *FE* 如同 *KF* 上的正方形比 *FH* 上的正方形。

但 *KF* 上的正方形与 *FH* 上的正方形可公度，

这是因为 *KF*、*FH* 正方可公度；

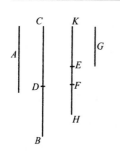

因此，KF 与 FE 也长度可公度，

　　　　　　　　　　　　　　　　　　[X. 11]

因此，KF 与 KE 也长度可公度。

　　　　　　　　　　　　　　　　　　[X. 15]

但 KE 是有理的，且与 BC 长度可公度；

因此，KF 也是有理的，且与 BC 长度可公度。

　　　　　　　　　　　　　　　　　　[X. 12]

又，由于 BC 比 CD 如同 KF 比 FH，所以

取更比例，BC 比 KF 如同 DC 比 FH。　　[V. 16]

但 BC 与 KF 可公度；

因此，FH 与 CD 也长度可公度。　　　[X. 11]

但 BC、CD 是仅正方可公度的有理直线；

因此，KF、FH 也是仅正方可公度的有理直线；[X. 定义 3]

因此，KH 是二项线。　　　　　　　[X. 36]

现在，如果 BC 上的正方形比 CD 上的正方形大一个与 BC 可公度的直线上的正方形，

则 KF 上的正方形也比 FH 上的正方形大一个与 KF 可公度的直线上的正方形。　　　　　　　　　　　　[X. 14]

又，如果 BC 与给定的有理直线长度可公度，

则 KF 也与给定的有理直线长度可公度；

如果 CD 与给定的有理直线长度可公度，

则 FH 也与给定的有理直线长度可公度；

但如果直线 BC、CD 都不与给定的有理直线长度可公度，

则直线 KF、FH 也都不与给定的有理直线长度可公度。

但如果 *BC* 上的正方形比 *CD* 上的正方形大一个与 *BC* 不可公度的直线上的正方形，

则 *KF* 上的正方形也比 *FH* 上的正方形大一个与 *KF* 不可公度的直线上的正方形。　　　　　　　　　　[X. 14]

又，如果 *BC* 与给定的有理直线长度可公度，

则 *KF* 也与给定的有理直线长度可公度；

如果 *CD* 与给定的有理直线长度可公度，

则 *FH* 也与给定的有理直线长度可公度；

但如果直线 *BC*、*CD* 都不与给定的有理直线长度可公度，

则直线 *KF*、*FH* 也都不与给定的有理直线长度可公度。

因此，*KH* 是二项线，它的两段 *KF*、*FH* 与余线的两段 *BC*、*CD* 可公度，而且有相同的比，

且 *KH* 与 *BD* 同级。

这就是所要证明的。

命题 114

若余线和二项线围成一个面，该余线的两段与该二项线的两段可公度，且有相同的比，则这个面的"边"是有理的。

If an area be contained by an apotome and the binomial straight line the terms of which are commensurable with the terms of the apotome and in the same ratio, the "side" of the area is rational.

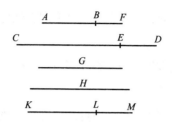

设余线 AB 和二项线 CD 围成一个面，即矩形 AB、CD，

且设 CE 是 CD 的较大的段；

设二项线的两段 CE、ED 与余线的两段 AF、FB 可公度，且有相同的比；

且设矩形 AB、CD 的"边"是 G。

我说，G 是有理的。

这是因为，给定有理直线 H，

且对 CD 贴合出一个矩形等于 H 上的正方形，产生作为宽的 KL。

因此，KL 是余线。

设它的两段 KM、ML 与二项线 CD 的两段 CE、ED 可公度，且有相同的比。　　　　　　　　　　　　　　　　　　　　［X. 112］

但 CE、ED 与 AF、FB 也可公度，且有相同的比；

因此，AF 比 FB 如同 KM 比 ML。

因此，取更比例，AF 比 KM 如同 BF 比 LM；

因此也有，余量 AB 比余量 KL 如同 AF 比 KM。［V. 19］

但 AF 与 KM 可公度；　　　　　　　　　　　　　　［X. 12］

因此，AB 与 KL 也可公度。　　　　　　　　　　　　［X. 11］

而 AB 比 KL 如同矩形 CD、AB 比矩形 CD、KL；　　　［VI. 1］

因此，矩形 CD、AB 与矩形 CD、KL 也可公度。　　［X.11］

但矩形 CD、KL 等于 H 上的正方形；

　　因此，矩形 CD、AB 与 H 上的正方形可公度。

但 G 上的正方形等于矩形 CD、AB；

　　因此，G 上的正方形与 H 上的正方形可公度。

但 H 上的正方形是有理的；

　　　　因此，G 上的正方形也是有理的；

　　　　因此，G 是有理的。

且它是矩形 CD、AB 的"边"。

　　　　　　　　　　　　　这就是所要证明的。

推论 由此显然可得，无理直线所围成的矩形也可能是有理面。

命题 115

由一中项线可以产生无数条无理直线，且没有一条与以前的任一条相同。

From a medial straight line there arise irrational straight lines infinite in number, and none of them is the same as any of the preceding.

A————————

B————————————

设 A 是中项线；

C————————————————

我说，由 A 可以产生无数

D————————————————————

A ————————

B ——————————————

C ————————————

D ——————————————

条无理直线，且没有一条与以前的任一条相同。

给定有理直线 B，且设 C 上的正方形等于矩形 B、A；

因此，C 是无理的；　　　　　　　［X. 定义 4］

这是因为，无理直线和有理直线所围成的矩形是无理的。

［由 X. 20 推出］

且它与以前的任一条不同；

这是因为，对一有理直线贴合出一个矩形等于以前任一条无理直线上的正方形，都不可能产生中项线作为宽。

又，设 D 上的正方形等于矩形 B、C；

因此，D 上的正方形是无理的。［由 X. 20 推出］

因此，D 是无理的；　　　　　　　［X. 定义 4］

且它与以前的任一条不同，这是因为，对一有理直线贴合出一个矩形等于以前任一条无理直线上的正方形，都不可能产生 C 作为宽。

类似地，如果将这种排列无限进行下去，那么显然，由一中项线可以产生无数条无理直线，且没有一条与以前的任一条相同。

这就是所要证明的。

第十一卷

定义

1. **体**是有长、宽和高的东西。

A *solid* is that which has length, breadth, and depth.

2. 体之端是面。

An extremity of a solid is a surface.

3. 当一直线与一平面上所有与它相交的直线都成直角时，**此直线与该平面成直角**。

A *straight line* is *at right angles to a plane*, when it makes right angles with all the straight lines which meet it and are in the plane.

4. 当在两个平面之一内所作的直线与两平面的交线成直角并且与另一平面成直角时，这**两个平面成直角**。

A *plane is at right angles to a plane* when the straight lines drawn, in one of the planes, at right angles to the common section of the planes are at right angles to the remaining plane

5. 从一直线在平面上方的端点向平面作垂线，该直线与连接垂足和直线在平面上端点的直线所成的角是该**直线与平面的倾角**。

The *inclination of a straight line to a plane* is, assuming a perpendicular drawn from the extremity of the straight line which is elevated above the plane to the plane, and a straight line joined from the point thus arising to the extremity of the straight line which is in the plane, the angle contained by the straight line so drawn and the straight line standing up.

6. 从两平面交线上的同一点在各自平面上所作交线的垂线所成的锐角是**两平面的倾角**。

The *inclination of a plane to a plane* is the acute angle contained by the straight lines drawn at right angles to the common section at the same point, one in each of the planes.

7. 当一对平面的倾角等于另外一对平面的倾角时，则称它们有**相似的倾角**。

A plane is said to be *similarly inclined* to a plane as another is to another when the said angles of the inclinations are equal to one another.

8. **平行平面**是不相交的平面。

Parallel planes are those which do not meet.

9. **相似立体形**是由个数相等的相似平面所围成的那些立体形。

Similar solid figures are those contained by similar planes equal in multitude.

10. **相等且相似的立体形**是由个数和大小相等的相似平面所围成的那些立体形。

Equal and similar solid figures are those contained by similar planes equal in multitude and in magnitude.

11. **立体角**是由彼此交于同一点且不在同一面内的两条以上的线所共同构成的倾角。

或者说：**立体角**是由不在同一平面上且在同一点构造的两个以上的平面角所围成的角。

A *solid angle* is the inclination constituted by more than two lines which meet one another and are not in the same surface, towards all the lines.

Otherwise: A *solid angle* is that which is contained by more than two plane angles which are not in the same plane and are constructed to one point.

12. **棱锥**是从一个平面到一个点所构成的各个平面所围成的立体形。

A *pyramid* is a solid figure, contained by planes, which is constructed from one plane to one point.

13. **棱柱**是由一些平面构成的立体形，其中两个相对的平面是相等、相似且平行的，其余各面则是平行四边形。

A *prism* is a solid figure contained by planes two of which, namely those which are opposite, are equal, similar and parallel, while the rest are parallelograms.

14. **球**是一个半圆的直径保持固定，旋转半圆到运动的初始位置所形成的图形。

When, the diameter of a semicircle remaining fixed, the semicircle is carried round and restored again to the same position from which it began to be moved, the figure so comprehended is a *sphere*.

15. **球的轴**是半圆绕之旋转的保持固定的直线。

The *axis of the sphere* is the straight line which remains fixed and about which the semicircle is turned.

16. **球心**与半圆的圆心相同。

The *centre of the sphere* is the same as that of the semicircle.

17. **球的直径**是过球心且沿两个方向终止于球面的任一直线。

A *diameter of the sphere* is any straight line drawn through the centre and terminated in both directions by the surface of the sphere.

18. 固定直角三角形的一条直角边，旋转直角三角形到运动的初始位置，所形成的图形是**圆锥**。

    又，若保持固定的直角边等于另一直角边，则所形成的圆锥是**直角圆锥**；若小于另一直角边，则是**钝角圆锥**；若大于另一直角边，则是**锐角圆锥**。

    When, one side of those about the right angle in a right-angled triangle remaining fixed, the triangle is carried round and restored again to the same position from which it began to be moved, the figure so comprehended is a *cone*.

    And, if the straight line which remains fixed be equal to the remaining side about the right angle which is carried round, the cone will be *right-angled*; if less, *obtuse-angled*; and if greater, *acute-angled*.

19. **圆锥的轴**是三角形旋转时保持固定的直线。

    The *axis of the cone* is the straight line which remains fixed and about which the triangle is turned.

20. **圆锥的底**是三角形旋转时被带着旋转的直线所描出的圆。

    And the *base* is the circle described by the straight line which is carried round.

21. 固定矩形的一边，旋转矩形到运动的初始位置时，所形成的图形是**圆柱**。

    When, one side of those about the right angle in a rectangular parallelogram remaining fixed, the parallelogram is carried round and restored again to the same position from which it began to be moved, the figure so comprehended is a *cylinder*.

22. **圆柱的轴**是矩形绕之旋转的保持固定的直线。

The *axis of the cylinder* is the straight line which remains fixed and about which the parallelogram is turned.

23. **圆柱的底**是被带着旋转的矩形的相对两边所描出的圆。

And the *bases* are the circles described by the two sides opposite to one another which are carried round.

24. **相似圆锥和相似圆柱**是轴与底的直径成比例的那些圆锥和圆柱。

Similar cones and cylinders are those in which the axes and the diameters of the bases are proportional.

25. **正立方体**是六个相等的正方形所围成的立体形。

A *cube* is a solid figure contained by six equal squares.

26. **正八面体**是八个相等的等边三角形所围成的立体形。

An *octahedron* is a solid figure contained by eight equal and equilateral triangles.

27. **正二十面体**是二十个相等的等边三角形所围成的立体形。

An *icosahedron* is a solid figure contained by twenty equal and equilateral triangles.

28. **正十二面体**是十二个相等的等边等角五边形所围成的立体形。

A *dodecahedron* is a solid figure contained by twelve equal, equilateral, and equiangular pentagons.

命题 1

一直线不可能一部分在所假定的平面上，一部分在更高的平面上。

A part of a straight line cannot be in the plane of reference and a part in a plane more elevated.

这是因为，如果可能，设直线 *ABC* 的一部分 *AB* 在所假定的平面上，一部分 *BC* 在更高的平面上。

于是，在所假定的平面上有某直线与 *AB* 连成同一直线。

设它为 *BD*；

因此，*AB* 是两直线 *ABC*、*ABD* 的共同部分：

这是不可能的，因为若以 *B* 为圆心、以 *AB* 为距离作圆，则直径截出不等的圆周。

因此，一直线不可能一部分在所假定的平面上，一部分在更高的平面上。

这就是所要证明的。

命题 2

若两直线相交，则它们在同一平面上，且每个三角形都在同一平面上。

If two straight lines cut one another, they are in one plane, and every triangle is in one plane.

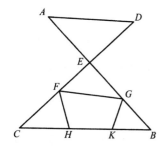

设两直线 AB、CD 交于点 E；

我说，AB、CD 在同一平面上，且每个三角形都在同一平面上。

这是因为，设在 EC、EB 上任取点 F、G，

连接 CB、FG，

引 FH、GK；

首先我说，三角形 ECB 在同一平面上。

这是因为，如果三角形 ECB 的一部分，即 FHC 或 GBK，在所假定的平面上，其余部分在另一个平面上，

则直线 EC、EB 之一的一部分也在所假定的平面上，一部分在另一平面上。

但如果三角形 ECB 的一部分 $FCBG$ 在所假定的平面上，其余部分在另一平面上，

则两直线 EC、EB 的一部分也在所假定的平面上，一部分在另一平面上：

已经证明这是荒谬的。　　　　　　　　　　　　　　[XI. 1]

因此，三角形 *ECB* 在同一平面上。

但无论三角形 *ECB* 在哪个平面上，直线 *EC*、*EB* 也都在那个平面上，

且无论直线 *EC*、*EB* 在哪个平面上，*AB*、*CD* 也在那个平面上。　　　　　　　　　　　　　　　　　　　[XI. 1]

因此，直线 *AB*、*CD* 在同一平面上，

且每个三角形都在同一平面上。

这就是所要证明的。

命题 3

若两平面相交，则它们的交线是一条直线。

If two planes cut one another, their common section is a straight line.

设两平面 *AB*、*BC* 相交，*DB* 是它们的交线；

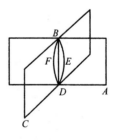

我说，线 *DB* 是一条直线。

这是因为，如果不是这样，那么从 *D* 到 *B* 在平面 *AB* 上连接直线 *DEB*，

且在平面 *BC* 上连接直线 *DFB*。

于是，两直线 *DEB*、*DFB* 有相同的端点，而且显然围成一个面：

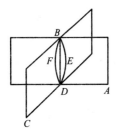

这是荒谬的。

因此，*DEB*、*DFB* 都不是直线。

类似地，可以证明，除平面 *AB*、*BC* 的交线 *DB* 以外，再没有任何其他直线从 *D* 连接到 *B*。

这就是所要证明的。

命题 4

若一直线在另外两条直线的交点处与它们成直角，则该直线与过两直线的平面也成直角。

If a straight line be set up at right angles to two straight lines which cut one another, at their common point of section, it will also be at right angles to the plane through them.

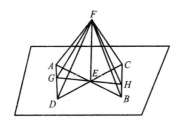

设直线 *EF* 在两条直线 *AB*、*CD* 的交点 *E* 与它们成直角；

我说，*EF* 也与过 *AB*、*CD* 的平面成直角。

这是因为，设 *AE*、*EB*、*CE*、*ED* 相交且彼此相等，

且过 *E* 任引一直线 *GEH*；

连接 *AD*、*CB*。

又 [在 EF 上] 任取点 F, 连接 FA、FG、FD、FC、FH、FB。

现在, 由于两直线 AE、ED 等于两直线 CE、EB, 且夹相等的角,   [I. 15]

因此, 底 AD 等于底 CB,

而三角形 AED 等于三角形 CEB,   [I. 4]

因此, 角 DAE 也等于角 EBC。

但角 AEG 也等于角 BEH ;   [I. 15]

因此, 三角形 AGE、BEH 分别有两角和一边相等, 即等角的夹边 AE、EB 相等;

因此, 其余的边也等于其余的边。   [I. 26]

因此, GE 等于 EH, 且 AG 等于 BH。

又, 由于 AE 等于 EB,

而 FE 是公共的, 且在直角处。

因此, 底 FA 等于底 FB。   [I. 4]

同理,

FC 也等 FD。

又, 由于 AD 等于 CB,

且 FA 等于 FB, 所以

两边 FA、AD 分别等于两边 FB、BC ;

而已经证明, 底 FD 等于底 FC ;

因此, 角 FAD 也等于角 FBC。   [I. 8]

又, 由于已经证明, AG 等于 BH,

且 FA 也等于 FB, 所以

两边 FA、AG 等于两边 FB、BH。

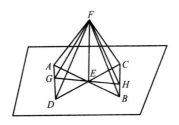

而已经证明，角 *FAG* 等于角 *FBH*；

因此，底 *FG* 等于底 *FH*。   [I. 4]

现在，由于已经证明，*GE* 等于 *EH*，

且 *EF* 公用，所以

两边 *GE*、*EF* 等于两边 *HE*、*EF*；

而底 *FG* 等于底 *FH*；

因此，角 *GEF* 等于角 *HEF*。   [I. 8]

因此，角 *GEF*、*HEF* 中的每一个都是直角。

因此，*FE* 与过 *E* 任作的直线 *GH* 成直角。

类似地，可以证明，*FE* 与所假定平面上与它相交的所有直线也成直角。

但是当一直线与一平面上所有与它相交的直线都成直角时，此直线与该平面成直角。   [XI. 定义 3]

因此，*FE* 与所假定的平面成直角。

但所假定的平面是过直线 *AB*、*CD* 的平面，

因此，*FE* 与过 *AB*、*CD* 的平面成直角。

这就是所要证明的。

命题 5

若一直线在三直线的交点处与三直线成直角，则此三直线在同一平面上。

If a straight line be set up at rigid angles to three straight lines which meet one another, at their common point of section, the three straight lines are in one plane.

设直线 *AB* 在三直线 *BC*、*BD*、*BE* 的交点 *B* 与它们成直角；

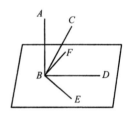

我说，*BC*、*BD*、*BE* 在同一平面上。

这是因为，假设它们不在同一平面上，但如果可能，设 *BD*、*BE* 在所假定的平面上，*BC* 在更高的平面上；

过 *AB*、*BC* 作平面；

于是，它与所假定平面的交线是一条直线。　　　　　[XI. 3]

设它是 *BF*。

因此，三直线 *AB*、*BC*、*BF* 在同一平面上，即过 *AB*、*BC* 的平面。

现在，由于 *AB* 与直线 *BD*、*BE* 中的每一条都成直角，

因此，*AB* 也与过 *BD*、*BE* 的平面成直角。　　　[XI. 4]

但过 *BD*、*BE* 的平面是所假定的平面；

　　　因此，*AB* 与所假定的平面成直角。

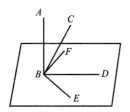

于是，AB 也和所假定的平面上与 AB

相交的所有直线成直角。　　[XI. 定义 3]

但所假定的平面上的 BF 与 AB 相交；

因此，角 ABF 是直角。

但根据假设，角 ABC 也是直角；

因此，角 ABF 等于角 ABC。

且它们在同一平面上：

这是不可能的。

因此，直线 BC 不在更高的平面上；

因此，三直线 BC、BD、BE 在同一平面上。

因此，如果一直线在三直线的交点与三直线成直角，则此三直线在同一平面上。

这就是所要证明的。

命题 6

若两直线与同一平面成直角，则这两直线平行。

If two straight lines be at right angles to the same plane, the straight lines will be parallel.

设两直线 AB、CD 与所假定的平面成直角；

我说，AB 平行于 CD。

这是因为，设它们与所假定的平面交于点 B、D，

连接直线 *BD*，

在所假定的平面上作 *DE* 与 *BD* 成

直角，

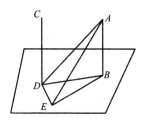

取 *DE* 等于 *AB*，

连接 *BE*、*AE*、*AD*。

现在，由于 *AB* 与所假定的平面成直角，所以它也和所假定的平面上与 *AB* 相交的所有直线成直角。 [XI. 定义 3]

但直线 *BD*、*BE* 中的每一个都在所假定的平面上，且与 *AB* 相交；

因此，角 *ABD*、*ABE* 中的每一个都是直角。

同理，

角 *CDB*、*CDE* 中的每一个也都是直角。

又，由于 *AB* 等于 *DE*，

且 *BD* 公用，所以

两边 *AB*、*BD* 等于两边 *ED*、*DB*；

而它们夹直角；

因此，底 *AD* 等于底 *BE*。 [I. 4]

又，由于 *AB* 等于 *DE*，

而 *AD* 也等于 *BE*，所以

两边 *AB*、*BE* 等于两边 *ED*、*DA*；

而 *AE* 是它们的公共底；

因此，角 *ABE* 等于角 *EDA*。 [I. 8]

但角 *ABE* 是直角；

因此，角 *EDA* 也是直角；

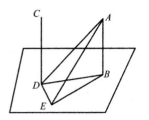

因此，*ED* 与 *DA* 成直角。

但它也与直线 *BD*、*DC* 中的每一条成直角；

因 此，*ED* 在 三 直 线 *BD*、*DA*、*DC* 的交点处与它们成直角；

因此，三直线 *BD*、*DA*、*DC* 在同一平面上。　　　［XI.5］

但无论 *DB*、*DA* 在哪个平面上，*AB* 也在这个平面上，

这是因为任何三角形都在同一平面上；　　　　　　　［XI.2］

因此，直线 *AB*、*BD*、*DC* 在同一平面上。

而角 *ABD*、*BDC* 中的每一个都是直角，

因此，*AB* 平行于 *CD*。　　　　　　　　　　［I.28］

这就是所要证明的。

命题 7

若两直线平行，在它们上各任取一点，则连接两点的直线与两平行直线在同一平面上。

If two straight lines be parallel and points be taken at random on each of them, the straight line joining the points is in the same plane with the parallel straight lines.

设 *AB*、*CD* 是两平行直线，

分别在它们上任取点 *E*、*F*；

我说，连接点 E、F 的直线与两平行直线在同一平面上。

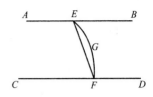

这是因为，假设不是这样，但如果可能，设直线 EGF 在更高的平面上，

过 EGF 作一平面；

于是，它与所假定的平面交于一条直线。 [XI. 3]

设它是 EF；

　　　　因此，两直线 EGF、EF 围成一个面；

这是不可能的

因此，连接 E 和 F 的直线不在更高的平面上；

因此，连接 E 和 F 的直线在过平行线 AB、CD 的平面上。

　　　　　　　　　　　　　这就是所要证明的。

命题 8

若两直线平行，其中一直线与某平面成直角，则另一直线也与同一平面成直角。

If two straight lines be parallel, and one of them be at right angles to any plane, the remaining one will also be at right angles to the same plane.

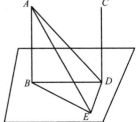

设 AB、CD 是两平行直线，

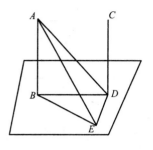

且其中的 *AB* 与所假定的平面成直角；

我说，另一直线 *CD* 也与同一平面成直角。

这是因为，设 *AB*、*CD* 与所假定的平面交于点 *B*、*D*。

连接 *BD*；

因此，*AB*、*CD*、*BD* 在同一平面上。　　　　［XI. 7］

在所假定的平面上作 *DE* 与 *BD* 成直角，

取 *DE* 等于 *AB*，

连接 *BE*、*AE*、*AD*。

现在，由于 *AB* 与所假定的平面成直角，因此，*AB* 与所假定的平面上与 *AB* 相交的所有直线都成直角；　　　　［XI. 定义 3］

因此，角 *ABD*、*ABE* 中的每一个都是直角。

又，由于直线 *BD* 与平行线 *AB*、*CD* 相交，

因此，角 *ABD*、*CDB* 之和等于两直角。　　　　［I. 29］

但角 *ABD* 是直角；

因此，角 *CDB* 也是直角；

因此，*CD* 与 *BD* 成直角。

又，由于 *AB* 等于 *DE*，

且 *BD* 公用，所以

两边 *AB*、*BD* 等于两边 *ED*、*DB*；

而角 *ABD* 等于角 *EDB*，

这是因为它们都是直角；

因此，底 AD 等于底 BE。

又，由于 AB 等于 DE，

且 BE 等于 AD，所以

两边 AB、BE 分别等于两边 ED、DA，

而 AE 是它们的公用底；

因此，角 ABE 等于角 EDA。

但角 ABE 是直角；

因此，角 EDA 也是直角；

因此，ED 与 AD 成直角。

但它也与 DB 成直角；

因此，ED 也与过 BD、DA 的平面成直角。   [XI. 4]

因此，ED 也和过 BD、DA 的平面上与 ED 相交的直线都成直角。

但 DC 在过 BD、DA 的平面上，这是因为 AB、BD 在过

BD、DA 的平面上，   [XI. 2]

而 DC 也在 AB、BD 所在的平面上。

因此，ED 与 DC 成直角，

因此，CD 也与 DE 成直角。

但 CD 也与 BD 成直角，

因此，CD 在两直线 DE、DB 的交点 D 与两直线成直角；

因此，CD 也与过 DE、DB 的平面成直角。   [XI. 4]

但过 DE、DB 的平面是所假定的平面；

因此，CD 与所假定的平面成直角。

这就是所要证明的。

命题 9

与同一直线平行且与之不在同一平面上的直线也彼此平行。

Straight lines which are parallel to the same straight line and are not in the same plane with it are also parallel to one another.

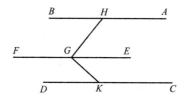

设直线 *AB*、*CD* 中的每一条都平行于与之不在同一平面上的直线 *EF*；

我说，*AB* 平行于 *CD*。

这是因为，在 *EF* 上任取一点 *G*，

从它在过 *EF*、*AB* 的平面上作 *GH* 与 *EF* 成直角，又在过 *FE*、*CD* 的平面上作 *GK* 与 *EF* 成直角。

现在，由于 *EF* 与直线 *GH*、*GK* 中的每一条都成直角，

因此，*EF* 也与过 *GH*、*GK* 的平面成直角。　　［XI. 4］

而 *EF* 平行于 *AB*；

因此，*AB* 也与过 *HG*、*GK* 的平面成直角。　　［XI. 8］

同理，

CD 也与过 *HG*、*GK* 的平面成直角；

因此，直线 *AB*、*CD* 中的每一条都与过 *HG*、*GK* 的平面成直角。

但若两条直线都与同一平面成直角, 则这两条直线平行。

[XI. 6]

因此, *AB* 平行于 *CD*。

这就是所要证明的。

命题 10

若两相交直线平行于不在同一平面上的两相交直线, 则它们夹相等的角。

If two straight lines meeting one another be parallel to two straight lines meeting one another not in the same plane, they will contain equal angles.

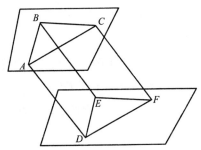

设彼此相交的两直线 *AB*、*BC* 平行于不在同一平面上的两相交直线 *DE*、*EF*;

我说, 角 *ABC* 等于角 *DEF*。

这是因为, 截取 *BA*、*BC*、*ED*、*EF* 彼此相等, 且连接 *AD*、*CF*、*BE*、*AC*、*DF*。

现在, 由于 *BA* 等于且平行于 *ED*,

因此, *AD* 也等于且平行于 *BE*。

[I. 33]

同理,

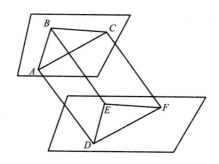

CF 也等于且平行于 BE。

因此，直线 AD、CF 中的每一条都等于且平行于 BE。

但与同一直线平行且与之不在同一平面上的直线也彼此平行；

[XI. 9]

因此，AD 平行且等于 CF。

而 AC、DF 连接着它们；

因此，AC 也等于且平行于 DF。　　　　[I. 33]

现在，由于两边 AB、BC 等于两边 DE、EF，

且底 AC 等于底 DF，

因此，角 ABC 等于角 DEF。　　　　[I. 8]

这就是所要证明的。

命题 11

从平面外给定一点作一直线垂直于给定的平面。

From a given elevated point to draw a straight line

perpendicular to a given plane.

设 *A* 是平面外给定的点，且所假定
的平面是给定的平面；

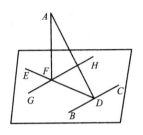

于是，要求从点 *A* 作一直线垂直于
所假定的平面。

在所假定的平面上任意作直线 *BC*，

且从点 *A* 作 *AD* 垂直于 *BC*。　　　　　　　［Ⅰ. 12］

于是，如果 *AD* 也垂直于所假定的平面，则所要求的直线已
作出。

但如果不是这样，则在所假定的平面上从点 *D* 作 *DE* 与 *BC*
成直角，　　　　　　　　　　　　　　　　　　　［Ⅰ. 11］

从 *A* 作 *AF* 垂直于 *DE*，　　　　　　　　　　　　［Ⅰ. 12］

且过点 *F* 作 *GH* 平行于 *BC*。　　　　　　　　　　［Ⅰ. 31］

现在，由于 *BC* 与直线 *DA*、*DE* 中的每一条都成直角，

因此，*BC* 也与过 *ED*、*DA* 的平面成直角。　　　［Ⅺ. 4］

且 *GH* 平行于它；

但如果两直线平行，其中一直线与某平面成直角，则另一直
线也与同一平面成直角；　　　　　　　　　　　　　［Ⅺ. 8］

因此，*GH* 也与过 *ED*、*DA* 的平面成直角。

因此，*GH* 也和过 *ED*、*DA* 的平面上与 *GH* 相交的所有直线
成直角。　　　　　　　　　　　　　　　　　　　［Ⅺ. 定义 3］

但 *AF* 与 *GH* 相交，且在过 *ED*、*DA* 的平面上；

因此，*GH* 与 *FA* 成直角，

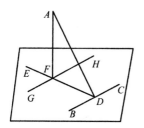

因此，*FA* 也与 *GH* 成直角。

但 *AF* 也与 *DE* 成直角；

因此，*AF* 与直线 *GH*、*DE* 中的每一条都成直角。

但如果一直线在另外两条直线的交点处与它们成直角，则该直线与过两直线的平面也成直角；[XI.4]

因此，*FA* 与过 *ED*、*GH* 的平面成直角。

但过 *ED*、*GH* 的平面是所假定的平面；

因此，*AF* 与所假定的平面成直角。

这样便从平面外的给定点 *A* 作出了直线 *AF* 垂直于所假定的平面。

这就是所要作的。

命题 12

在给定平面上一给定点作一直线与该平面成直角。

To set up a straight line at right angles to a given plane from a given point in it.

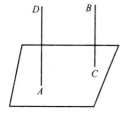

设所假定的平面就是给定的平面，*A* 是其上一点；

于是，要求从点 *A* 作一直线与该平面成直角。

设想 B 是平面外任一点，

从 B 作 BC 垂直于所假定的平面，　　　　　　　［XI. 11］

且过点 A 作 AD 平行于 BC。　　　　　　　　　［I. 31］

于是，由于 AD、CB 是两平行直线，而其中之一 BC 与所假定的平面成直角，

因此，其余一条 AD 也与所假定的平面成直角。　　［XI. 8］

这样便在给定平面上的点 A 作出了 AD 与该平面成直角。

这就是所要作的。

命题 13

从同一点在同侧不可能作两条直线与该平面成直角。

From the same point two straight lines cannot be set up at right angles to the same plane on the same side.

这是因为，如果可能，从同一点 A 在同侧作两条直线 AB、AC 与该平面成直角，

且过 BA、AC 作一平面；

于是，它与所假定的平面交成一条过 A 的直线。

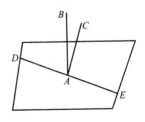

［XI. 3］

设此直线是 DAE；

因此，直线 AB、AC、DAE 在同一平面上。

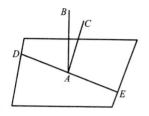

又，由于 CA 与所假定的平面成直角，所以 CA 与所假定的平面上所有与 CA 相交的直线都成直角。

[XI. 定义 3]

但 DAE 与 CA 相交，且在所假定的平面上；

因此，角 CAE 是直角。

同理，

角 BAE 也是直角；

因此，角 CAE 等于角 BAE。

而它们在同一平面上：

这是不可能的。

这就是所要证明的。

命题 14

与同一直线成直角的平面是平行的。

Planes to which the same straight line is at right angles will be parallel.

设某直线 AB 与平面 CD、EF 中的每一个都成直角；

我说，这两个平面是平行的。

这是因为，如果不是这样，则它们延长后会相交。

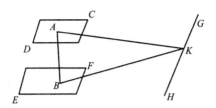

设它们相交;

于是它们交成一直线。 [XI. 3]

设它们交成 *GH*;

在 *GH* 上任取一点 *K*,

连接 *AK*、*BK*。

现在, 由于 *AB* 与平面 *EF* 成直角,

因此, *AB* 也与延长的平面 *EF* 上的直线 *BK* 成直角;

[XI. 定义 3]

因此, 角 *ABK* 是直角。

同理,

角 *BAK* 也是直角。

于是, 在三角形 *ABK* 中, 两个角 *ABK*、*BAK* 之和等于两直

角之和:

这是不可能的。 [I. 17]

因此, 平面 *CD*、*EF* 延长后不相交;

因此, 平面 *CD*、*EF* 是平行的。 [XI. 定义 8]

因此, 与同一直线成直角的平面是平行的。

这就是所要证明的。

命题 15

若两条相交直线平行于不在同一平面上的另外两条相交直线，则过两对直线的平面平行。

If two straight lines meeting one another be parallel to two straight lines meeting one another, not being in the same plane, the planes through them are parallel.

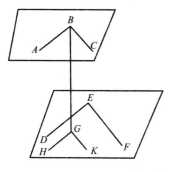

设两条相交直线 *AB*、*BC* 平行于不在同一平面上的另外两条相交直线 *DE*、*EF*；

我说，过 *AB*、*BC* 平面 与过 *DE*、*EF* 的平面延长后不相交。

这是因为，从点 *B* 作 *BG* 垂直于过 *DE*、*EF* 的平面，   [XI. 11]

设它与平面交于点 *G*；

过 *G* 作 *GH* 平行于 *ED*，且作 *GK* 平行于 *EF*。   [I. 31]

现在，由于 *BG* 与过 *DE*、*EF* 的平面成直角，

因此，*BG* 也和过 *DE*、*EF* 的平面上与 *BG* 相交的所有直线成直角。   [XI. 定义 3]

但直线 *GH*、*GK* 中的每一条都与 *BG* 相交，且在过 *DE*、*EF* 的平面上；

因此，角 *BGH*、*BGK* 中的每一个都是直角。

又，由于 *BA* 平行于 *GH*，　　　　　　　　　[XI. 9]

　　　　因此，角 *GBA*、*BGH* 之和等于两直角。　　[I. 29]

但角 *BGH* 是直角；

　　　　　　因此，角 *GBA* 也是直角；

　　　　　　因此，*GB* 与 *BA* 成直角。

同理，

　　　　　　GB 也与 *BC* 成直角。

于是，由于直线 *GB* 与相交的两直线 *BA*、*BC* 成直角，

因此，*GB* 也与过 *BA*、*BC* 的平面成直角。　　[XI. 4]

但与同一直线成直角的平面是平行的；　　　　　[XI. 14]

因此，过 *AB*、*BC* 的平面平行于过 *DE*、*EF* 的平面。

因此，若两条相交直线平行于不在同一平面上的另外两条相交直线，则过两对直线的平面平行。

　　　　　　　　　　　　　　　　这就是所要证明的。

命题 16

若两平行平面被某平面所截，则其交线平行。

If two parallel planes be cut by any plane, their common sections are parallel.

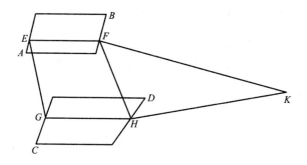

设两平行平面 AB、CD 被平面 EFHG 所截，

且设 EF、GH 是它们的交线；

我说，EF 平行于 GH。

这是因为，如果两直线不平行，则 EF、GH 延长后要么沿 F、H 方向要么沿 E、G 方向相交。

沿 F、H 方向延长它们，先设它们相交于 K。

现在，由于 EFK 在平面 AB 上，

　　　　因此，EFK 上的所有点也在平面 AB 上。　　［XI. 1］

但 K 是直线 EFK 上的一个点；

　　　　　　因此，K 在平面 AB 上。

同理，

　　　　　　K 也在平面 CD 上；

　　　　因此，平面 AB、CD 延长后相交。

但它们不相交，这是因为，根据假设它们是平行的；

因此，直线 EF、GH 沿 F、H 方向延长后不相交。

类似地，可以证明，直线 EF、GH 沿 E、G 方向延长后也不相交。

但沿哪个方向延长都不相交的直线是平行的。［I. 定义 23］

因此，*EF* 平行于 *GH*。

这就是所要证明的。

命题 17

若两直线被平行平面所截，则截得的直线有相同的比。

If two straight lines be cut by parallel planes, they will be cut in the same ratios.

设两直线 *AB*、*CD* 被平行平面 *GH*、*KL*、*MN* 所截，其截点为 *A*、*E*、*B* 和 *C*、*F*、*D*；

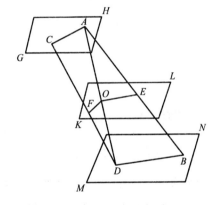

我说，直线 *AE* 比 *EB* 如同 *CF* 比 *FD*。

这是因为，连接 *AC*、*BD*、*AD*，

设 *AD* 与平面 *KL* 交于点 *O*，

连接 *EO*、*OF*。

现在，由于两平行平面 *KL*、*MN* 被平面 *EBDO* 所截，所以
　　它们的交线 *EO*、*BD* 是平行的。　　　　　[XI. 16]

同理，由于两平行平面 *GH*、*KL* 被平面 *AOFC* 所截，所以
　　它们的交线 *AC*、*OF* 是平行的。　　　　　[XI. 16]

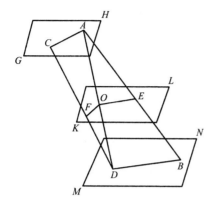

又，由于直线 *EO* 平行于三角形 *ABD* 的一边 *BD*，

因此有比例，*AE* 比 *EB* 如同 *AO* 比 *OD*。　　　［Ⅵ.2］

又，由于直线 *OF* 平行于三角形 *ADC* 的一边 *AC*，

因此有比例，*AO* 比 *OD* 如同 *CF* 比 *FD*。　　　［Ⅵ.2］

但已证明，*AO* 比 *OD* 如同 *AE* 比 *EB*；

因此也有，*AE* 比 *EB* 如同 *CF* 比 *FD*。　　　［Ⅴ.11］

这就是所要证明的。

命题 18

若一直线与某平面成直角，则过此直线的所有平面都与该平面成直角。

If a straight line be at right angles to any plane, all the planes through it will also be at right angles to the same plane.

设某直线 *AB* 与所假定的平面成直角；

我说，过 *AB* 的所有平面都与所假定的平面成直角。

这是因为，作过 *AB* 的平面 *DE*，

设 *CE* 是平面 *DE* 与所假定的
平面的交线，

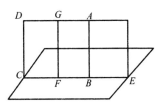

在 *CE* 上任取一点 *F*，

在平面 *DE* 上从 *F* 作 *FG* 与
CE 成直角。 [I. 11]

现在，由于 *AB* 与所假定的平面成直角，所以 *AB* 也和所假
定的平面上与 *AB* 相交的所有直线成直角； [IX. 定义 3]

因此，*AB* 也与 *CE* 成直角；

因此，角 *ABF* 是直角。

但角 *GFB* 也是直角；

因此，*AB* 平行于 *FG*。 [I. 28]

但 *AB* 与所假定的平面成直角；

因此，*FG* 也与所假定的平面成直角。 [XI. 8]

现在，当在两个平面之一内所作的直线与两平面的交线成直
角并且与另一平面成直角时，这两个平面成直角。 [XI. 定义 4]

且已经证明，与平面的交线 *CE* 成直角的平面 *DE* 上的 *FG*
与所假定的平面成直角；

平面 *DE* 与所假定的平面成直角。

类似地，也可以证明，过 AB 的所有平面都与所假定的平面
成直角。

这就是所要证明的。

命题 19

若两相交平面与某平面成直角，则它们的交线也与该平面成直角。

If two planes which cut one another be at right angles to any plane, their common section will also be at right angles to the same plane.

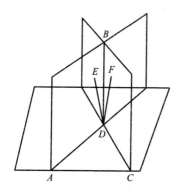

设两平面 AB、BC 与所假定的平面成直角，

且设 ED 是它们的交线；

我说，BD 与所假定的平面成直角。

这是因为，假设不是这样，那么在平面 AB 上从 D 作 DE 与直线 AD 成直角，

且在平面 BC 上作 DF 与 CD 成直角。

现在，由于平面 AB 与所假定的平面成直角，

且在平面 AB 上已作 DE 与它们的交线 AD 成直角，

　　　因此，DE 与所假定的平面成直角。 ［XI. 定义 4］

类似地，可以证明，

　　　DF 也与所假定的平面成直角。

因此，从同一点 D 在所假定的平面同侧有两条直线与该平面成直角：

这是不可能的。　　　　　　　　　　　　　　　[XI. 13]

因此，除平面 AB、BC 的交线 DB 以外，从点 D 再作不出直线与所假定的平面成直角。

这就是所要证明的。

命题 20

若三个平面角围成一个立体角，则任意两个平面角之和大于第三个平面角。

If a solid angle be contained by three plane angles, any two, taken together in any manner, are greater that the remaining one.

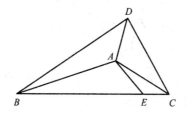

设三个平面角 BAC、CAD、DAB 围成 A 处的立体角；

我说，角 BAC、CAD、DAB 中的任意两角之和大于第三个角。

现在，如果角 BAC、CAD、DAB 彼此相等，那么显然，任意两角之和大于第三个角。 但如果不是这样，设角 BAC 较大，

在过 BA、AC 的平面上，在直线 AB 上的点 A 处作角 BAE 等

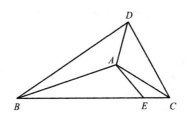

于角 *DAB*；

取 *AE* 等于 *AD*，

且过点 *E* 作 *BEC* 与直线 *AB*、*AC* 交于点 *B*、*C*；

连接 *DB*、*DC*。

现在，由于 *AD* 等于 *AE*，

且 *AB* 公用，所以

两边等于两边；

而角 *DAB* 等于角 *BAE*；

因此，底 *DB* 等于底 *BE*。　　　　　　　［I.4］

又，由于两边 *BD*、*DC* 之和大于 *BC*，　　　　　［I.20］

且已经证明，其中 *DB* 等于 *BE*，

因此，余下的 *DC* 大于余下的 *EC*。

现在，由于 *DA* 等于 *AE*，

AC 公用，

且底 *DC* 大于底 *EC*，

因此，角 *DAC* 大于角 *EAC*。　　　　　　　　　［I.25］

但已取角 *DAB* 等于角 *BAE*；

因此，角 *DAB*、*DAC* 之和大于角 *BAC*。

类似地，可以证明，其余的角也是这样，任意两个平面角之

和大于第三个平面角。

　　　　　　　　　　　　　　　　这就是所要证明的。

命题 21

任何立体角都由其和小于四直角的平面角所围成。

Any solid angle is contained by plane angles less than four right angles.

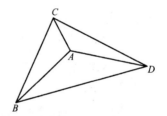

　　设 A 处 的 角 是 平 面 角 *BAC*、
CAD、*DAB* 所围成的立体角；

　　我说，角 *BAC*、*CAD*、*DAB* 之
和小于四直角。

　　这 是 因 为，在 直 线 *AB*、*AC*、
AD 上分别取点 *B*、*C*、*D*，

　　连接 *BC*、*CD*、*DB*。

　　现在，由于 *B* 处的立体角是由三个平面角 *CBA*、*ABD*、
CBD 所围成的，所以

　　　　其中任意两角之和大于第三个角；　　　[XI. 20]

　　　　　因此，角 *CBA*、*ABD* 之和大于角 *CBD*。

　　同理，

　　　　角 *BCA*、*ACD* 之和大于角 *BCD*，

　　　　且角 *CDA*、*ADB* 之和大于角 *CDB*；

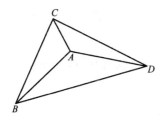

因此，六个角 *CBA*、*ABD*、*BCA*、*ACD*、*CDA*、*ADB* 之和大于三个角 *CBD*、*BCD*、*CDB* 之和。

但三个角 *CBD*、*BDC*、*BCD* 之和等于两直角；　　　　　　[I.32]

因此，六个角 *CBA*、*ABD*、*BCA*、*ACD*、*CDA*、*ADB* 之和大于两直角。

又，由于三角形 *ABC*、*ACD*、*ADB* 中每一个的三个角之和等于两直角，

因此，这三个三角形的九个角，即角 *CBA*、*ACB*、*BAC*、*ACD*、*CDA*、*CAD*、*ADB*、*DBA*、*BAD* 之和等于六直角；

而其中六个角 *ABC*、*BCA*、*ACD*、*CDA*、*ADB*、*DBA* 之和大于两直角；

因此，围成这个立体角的其余三个角 *BAC*、*CAD*、*DAB* 之和小于四直角。

这就是所要证明的。

命题 22

若有三个平面角，其中任意两角之和大于第三个角，且由相等的直线所夹，则连接这些相等直线端点的三条直线可以构成一个三角形。

If there be three plane angles of which two, taken together, in any manner, are greater than the remaining one, and they are contained by equal straight lines, it is possible to construct a triangle out of the straight lines joining the extremities of the equal straight lines.

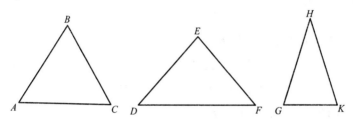

设有三个平面角 *ABC*、*DEF*、*GHK*，其中任意两角之和大于第三个角，即

角 *ABC*、*DEF* 之和大于角 *GHK*，

角 *DEF*、*GHK* 之和大于角 *ABC*，

且角 *GHK*、*ABC* 之和大于角 *DEF*；

设直线 *AB*、*BC*、*DE*、*EF*、*GH*、*HK* 相等，

连接 *AC*、*DF*、*GK*；

我说，由等于 *AC*、*DF*、*GK* 的直线可以构成一个三角形，也就是说，直线 *AC*、*DF*、*GK* 中的任意两条之和大于第三条。

现在，如果角 *ABC*、*DEF*、*GHK* 彼此相等，那么显然，如果 *AC*、*DF*、*GK* 也相等，则由等于 *AC*、*DF*、*GK* 的直线三角形可以构成一个三角形。

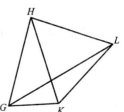

但如果不是这样，设它们不等，

在直线 *HK* 上的点 *H* 作角 *KHL* 等于角 *ABC*；

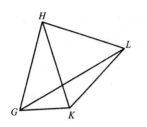

取 *HL* 等于直线 *AB*、*BC*、*DE*、*EF*、
GH、*HK* 中的一条，

连接 *KL*、*GL*。

现在，由于两边 *AB*、*BC* 等于两边
KH、*HL*，

且 *B* 处的角等于角 *KHL*，

因此，底 *AC* 等于底 *KL*。　　　　　　[I. 4]

又，由于角 *ABC*、*GHK* 之和大于角 *DEF*，

而角 *ABC* 等于角 *KHL*，

因此，角 *GHL* 大于角 *DEF*。

又，由于两边 *GH*、*HL* 等于两边 *DE*、*EF*，

且角 *GHL* 大于角 *DEF*，

因此，底 *GL* 大于底 *DF*。　　　　　　[I. 24]

但 *GK*、*KL* 之和大于 *GL*。

因此，*GK*、*KL* 之和更大于 *DF*。

但 *KL* 等于 *AC*；

因此，*AC*、*GK* 之和大于其余的直线 *DF*。

类似地，可以证明，

AC、*DF* 之和大于 *GK*，

以及 *DF*、*GK* 之和大于 *AC*。

因此，由等于 *AC*、*DF*、*GK* 的直线可以构成一个三角形。

这就是所要证明的。

命题 23

在三个平面角中，任意两角之和大于第三个角，从而这三个角之和必定小于四直角：由这三个平面角构成一个立体角。

To construct a solid angle out of three plane angles two of which, taken together in any manner, are greater than the remaining one: thus the three angles must be less than four right angles.

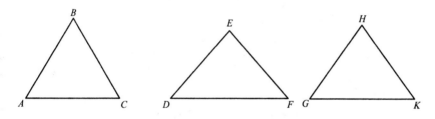

设角 *ABC*、*DEF*、*GHK* 是三个给定的平面角，且设其中任意两角之和大于第三个角，而三个角之和小于四直角；

于是，要求由等于角 *ABC*、*DEF*、*GHK* 的角作一个立体角。

截取 *AB*、*BC*、*DE*、*EF*、*GH*、*HK* 彼此相等，

连接 *AC*、*DF*、*GK*；

因此，可以由等于 *AC*、*DF*、*GK* 的直线作一个三角形。   [XI. 22]

这样作出三角形 *LMN*，使 *AC* 等于 *LM*，*DF* 等于 *MN*，以及 *GK* 等于 *NL*，

作三角形 *LMN* 的外接圆 *LMN*，

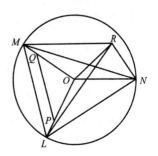

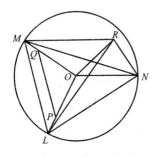

设它的圆心是 O ；

连接 LO 、 MO 、 NO ；

我说， AB 大于 LO 。

这是因为，如果不是这样，则 AB 要么等于 LO ，要么小于 LO 。

首先，设 AB 等于 LO 。

于是，由于 AB 等于 LO ，

而 AB 等于 BC ，且 OL 等于 OM ，所以

　　　两边 AB 、 BC 分别等于两边 LO ， OM ；

而根据假设，底 AC 等于底 LM ；

　　　　　因此，角 ABC 等于角 LOM 。　　　　　　［Ⅰ. 8］

同理，

　　　　　角 DEF 也等于角 MON ，

　　　　　以及角 GHK 等于角 NOL ；

因此，三个角 ABC 、 DEF 、 GHK 之和等于三个角 LOM 、 MON 、 NOL 之和。

但三个角 LOM 、 MON 、 NOL 之和等于四直角；

　　　　　因此，角 ABC 、 DEF 、 GHK 之和等于四直角。

但根据假设，它们又小于四直角：

这是荒谬的。

因此， AB 不等于 LO 。

其次我说， AB 也不小于 LO 。

这是因为，如果可能，设 AB 小于 LO ，

且作 OP 等于 AB ， OQ 等于 BC ，

连接 PQ。

于是，由于 AB 等于 BC，所以

$$OP \text{ 也等于 } OQ,$$

因此，余量 LP 等于 QM。

因此，LM 平行于 PQ，   [VI. 2]

而 LMO 与 PQO 是等角的；   [I. 29]

因此，OL 比 LM 如同 OP 比 PQ；   [VI. 4]

取更比例，得 LO 比 OP 如同 LM 比 PQ。   [V. 16]

但 LO 大于 OP；

因此，LM 也大于 PQ。

但取 LM 等于 AC；

因此，AC 也大于 PQ。

于是，由于两边 AB、BC 等于两边 PO、OQ，

且底 AC 大于底 PQ，

因此，角 ABC 大于角 POQ。   [I. 25]

类似地，可以证明，

角 DEF 也大于角 MON，

且角 GHK 大于角 NOL。

因此，三个角 ABC、DEF、GHK 之和大于三个角 LOM、MON、NOL 之和。

但根据假设，角 ABC、DEF、GHK 之和小于四直角；

因此，角 LOM、MON、NOL 之和更小于四直角。

但它们之和也等于四直角：

这是荒谬的。

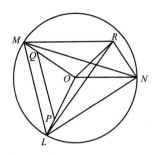

因此，*AB* 不小于 *LO*。

而已经证明，*AB* 也不等于 *LO*；

因此，*AB* 大于 *LO*。

然后，从点 *O* 作 *OR* 与圆 *LMN* 的平面成直角，　　　　　［XI. 12］

且使 *AB* 上的正方形比 *LO* 上的正方形大一个 *OR* 上的正方形；

［引理］

连接 *RL*、*RM*、*RN*。

于是，由于 *RO* 与圆 *LMN* 的平面成直角，

因此，*RO* 也与直线 *LO*、*MO*、*NO* 中的每一条成直角。

又，由于 *LO* 等于 *OM*，

而 *OR* 公用且成直角，

因此，底 *RL* 等于底 *RM*。　　　　　　　　［I. 4］

同理，

RN 也等于直线 *RL*、*RM* 中的每一条；

因此，三直线 *RL*、*RM*、*RN* 彼此相等。

其次，由于根据假设，*AB* 上的正方形比 *LO* 上的正方形大一个 *OR* 上的正方形，

因此，*AB* 上的正方形等于 *LO*、*OR* 上的正方形之和。

但 *LR* 上的正方形等于 *LO*、*OR* 上的正方形之和，这是因为角 *LOR* 是直角；　　　　　　　　［I. 47］

因此，*AB* 上的正方形等于 *RL* 上的正方形；

因此，*AB* 等于 *RL*。

但直线 *BC*、*DE*、*EF*、*GH*、*HK* 中的每一条都等于 *AB*，

而直线 *RM*、*RN* 中的每一条都等于 *RL*；

因此，直线 *AB*、*BC*、*DE*、*EF*、*GH*、*HK* 中的每一条都等于直线 *RL*、*RM*、*RN* 中的每一条。

又，由于两边 *LR*、*RM* 等于两边 *AB*、*BC*，

且根据假设，底 *LM* 等于底 *AC*，

因此，角 *LRM* 等于角 *ABC*。　　　[I. 8]

同理，

角 *MRN* 也等于角 *DEF*，

且角 *LRN* 等于角 *GHK*。

这样便由等于三个给定角 *ABC*、*DEF*、*GHK* 的三个平面角 *LRM*、*MRN*、*LRN* 作出了 *R* 处的立体角，该立体角由角 *LRM*、*MRN*、*LRN* 所围成。

这就是所要作的。

引理 但如何才能作出 *OR* 上的正方形，使它等于 *AB* 上的正方形与 *LO* 上的正方形之差呢？作法如下：

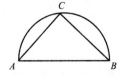

给定直线 *AB*、*LO*，

且设 *AB* 较大；

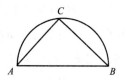

在 *AB* 上作半圆 *ABC*,

将等于直线 *LO* 的 *AC* 纳入半圆 *ABC*, 而 *LO* 不大于直径 *AB*;

[IV. 1]

连接 *CB*。

于是, 由于角 *ACE* 是半圆 *ABC* 上的角,

因此, 角 *ACE* 是直角。   [III. 31]

因此, *AB* 上的正方形等于 *AC*、*CB* 上的正方形之和。

[I. 47]

因此, *AB* 上的正方形比 *AC* 上的正方形大一个 *CB* 上的正方形。

但 *AC* 等于 *LO*。

因此, *AB* 上的正方形比 *LO* 上的正方形大一个 *CB* 上的正方形。

于是, 如果截取 *OR* 等于 *BC*, 则 *AB* 上的正方形比 *LO* 上的正方形大一个 *OR* 上的正方形。

这就是所要作的。

命题 24

如果若干平行平面围成一个立体, 则其相对的面相等且为平行四边形。

If a solid be contained by parallel planes, the opposite planes in it are equal and parallelogrammic.

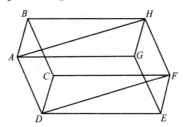

设平行平面 *AC*、*GF*、*AH*、*DF*、*BF*、*AE* 围成一个立体 *CDHG*。

我说，其相对的面相等且为平行四边形。

这是因为，由于两平行平面 *BG*、*CE* 被平面 *AC* 所截，所以

它们的交线平行。　　　　　　　　　　　［XI. 16］

因此，*AB* 平行于 *DC*。

又，由于两平行平面 *BF*、*AE* 被平面 *AC* 所截，所以

它们的交线平行。　　　　　　　　　　　［XI. 16］

因此，*BC* 平行于 *AD*。

但已证明，*AB* 平行于 *DC*；

因此，*AC* 是平行四边形。

类似地，可以证明，平面 *DF*、*FG*、*GB*、*BF*、*AE* 中的每一个都是平行四边形。

连接 *AH*、*DF*。

于是，由于 *AB* 平行于 *DC*，且 *BH* 平行于 *CF*，所以

两相交直线 *AB*、*BH* 平行于不在同一平面上的两相交直线 *DC*、*CF*；

因此，它们夹相等的角。　　　　　　　　［XI. 10］

因此，角 *ABH* 等于角 *DCF*。

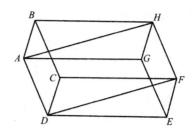

又，由于两边 *AB*、*BH* 等于两边 *DC*、*CF*，　　　　　[I. 34]

且角 *ABH* 等于角 *DCF*，

　　　　因此，底 *AH* 等于底 *DF*，

　　　　且三角形 *ABH* 等于三角形 *DCF*。　　　　[I. 4]

而平行四边形 *BG* 是三角形 *ABH* 的二倍，且平行四边形 *CE*

是三角形 *DCF* 的二倍；　　　　　　　　　　　[I. 34]

　　　　因此，平行四边形 *BG* 等于平行四边形 *CE*。

类似地，可以证明，

　　　　　　AC 也等于 *GF*，

　　　　　　且 *AE* 等于 *BF*。

　　　　　　　　　　　　　　　　　这就是所要证明的。

命题 25

　　若一个平行六面体被一个平行于相对平面的平面所截，则底

比底如同立体比立体。

　　If a parallelepipedal solid be cut by a plane which is parallel to

the opposite planes, then, as the base is to the base, so will the solid
be to the solid.

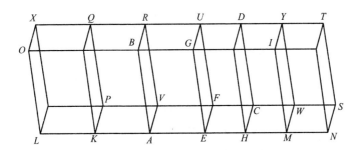

设平行六面体 *ABCD* 被平行于相对平面 *RA*、*DH* 的平面 *FG* 所截；

我说，底 *AEFV* 比底 *EHCF* 如同立体 *ABFU* 比立体 *EGCD*。

这是因为，沿每一个方向延长 *AH*，

取任意数量的直线 *AK*、*KL* 等于 *AE*，

又取任意数量的直线 *HM*、*MN* 等于 *EH*；

并将平行四边形 *LP*、*KV*、*HW*、*MS* 和立体 *LQ*、*KR*、*DM*、*MT* 补充完整。

于是，由于直线 *LK*、*KA*、*AE* 彼此相等，所以

平行四边形 *LP*、*KV*、*AF* 也彼此相等，

且平行四边形 *KO*、*KB*、*AG* 彼此相等，

以及 *LX*、*KQ*、*AR* 彼此相等，因为它们是相对的面。

[XI. 24]

同理，

平行四边形 *EC*、*HW*、*MS* 也彼此相等，

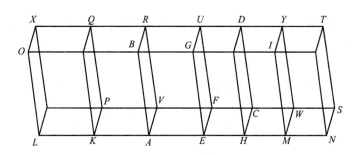

HG、*HI*、*IN* 彼此相等，

以及 *DH*、*MY*、*NT* 彼此相等。

因此，在立体 *LQ*、*KR*、*AU* 中，各有三个平面相等。

但三个平面等于三个相对的平面；

因此，三个立体 *LQ*、*KR*、*AU* 彼此相等。

[XI. 定义 10]

同理，

三个立体 *ED*、*DM*、*MT* 也彼此相等。

因此，底 *LF* 是底 *AF* 的多少倍，立体 *LU* 也是立体 *AU* 的多少倍。

同理，

底 *NF* 是底 *FH* 的多少倍，立体 *NU* 也是立体 *HU* 的同样多少倍。

又，如果底 *LF* 等于底 *NF*，则立体 *LU* 也等于立体 *NU*；

如果底 *LF* 大于底 *NF*，则立体 *LU* 也大于立体 *NU*；

如果底 *LF* 小于底 *NF*，则立体 *LU* 也小于立体 *NU*。

因此，有四个量，两个底 *AF*、*FH*，和两个立体 *AU*、*UH*，

已取底 *AF* 和立体 *AU* 的等倍量，即底 *LF* 和立体 *LU*，

以及底 HF 和立体 HU 的等倍量，即底 NF 和立体 NU，

且已证明，如果底 LF 大于底 FN，则立体 LU 也大于立体 NU，

如果底 LF 等于底 FN，则立体 LU 也等于立体 NU，

如果底 LF 小于底 FN，则立体 LU 也小于立体 NU。

因此，底 AF 比底 FH 如同立体 AU 比立体 UH。［V. 定义 5］

这就是所要证明的。

命题 26

在给定直线上的给定一点作一个立体角等于给定的立体角。

On a given straight line, and at a given point on it, to construct a solid angle equal to a given solid angle.

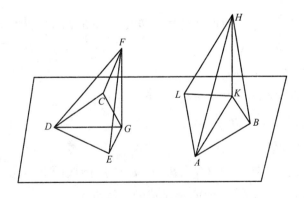

设 AB 是给定的直线，A 是其上的给定点，D 处的角是由角 EDC、EDF、FDC 所围成的给定的立体角；

于是，要求在直线 AB 上的点 A 作一个立体角等于 D 处的

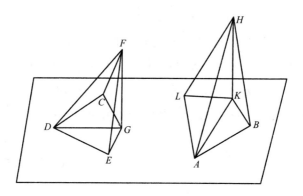

立体角。

在 DF 上任取一点 F，

从 F 作 FG 垂直于过 ED、DC 的平面，设它和平面交于 G，

[XI. 11]

连接 DG，

在直线 AB 上的点 A 处作角 BAL 等于角 EDC，以及角 BAK 等于角 EDG，   [I. 23]

取 AK 等于 DG，

从点 K 作 KH 与过 BA、AL 的平面成直角，   [XI. 12]

取 KH 等于 GF，

连接 HA；

我说，A 处由角 BAL、BAH、HAL 所围成的立体角等于 D 处由角 EDC、EDF、FDC 所围成的立体角。

这是因为，设 AB、DE 彼此相等，

连接 HB、KB、FE、GE。

于是，由于 FG 与所假定的平面成直角，所以 FG 和所假定

的平面上与 FG 相交的所有直线都成直角；　　　　[XI. 定义 3]

因此，角 FGD、FGE 中的每一个都是直角。

同理，

角 HKA、HKB 中的每一个也都是直角。

又，由于两边 KA、AB 分别等于两边 GD、DE，

且它们夹相等的角，

因此，底 KB 等于底 GE。　　　　　　　[I. 4]

但 KH 也等于 GF，

而它们夹直角；

因此，HB 也等于 FE。　　　　　　　[I. 4]

又，由于为两边 AK、KH 分别等于 DG、GF，

而它们夹直角；

因此，底 AH 等于底 FD。　　　　　　[I. 4]

但 AB 也等于 DE，

因此，两边 HA、AB 等于两边 DF、DE。

又，底 HB 等于 FE；

因此，角 BAH 等于角 EDF。　　　　　[I. 8]

同理，

角 HAL 也等于角 FDC。

而角 BAL 也等于角 EDC。

这样便在直线 AB 上的点 A 处作出了一个立体角等于给定点 D 处给定的立体角。

这就是所要作的。

命题 27

在给定直线上作一个与给定的平行六面体相似且有相似位置的平行六面体。

On a given straight line to describe a parallelepipedal solid similar and similarly situated to a given parallelepipedal solid.

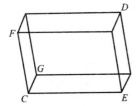 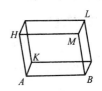

设 *AB* 是给定直线，*CD* 是给定的平行六面体；于是，要求在给定直线 *AB* 上作一个与给定的平行六面体 *CD* 相似且有相似位置的平行六面体。

在直线 *AB* 上的点 *A* 处作一个由角 *BAH*、*HAK*、*KAB* 围成的立体角等于 *C* 处的立体角，因此角 *BAH* 等于角 *ECF*，角 *BAK* 等于角 *ECG*，角 *KAH* 等于角 *GCF*；

并设法使 *EC* 比 *CG* 如同 *BA* 比 *AK*，

且 *GC* 比 *CF* 如同 *KA* 比 *AH*。　　　　　　　［Ⅵ. 12］

因此也有，取首末比例，

　　　　　　EC 比 *CF* 如同 *BA* 比 *AH*。　　　　　［Ⅴ. 22］

将平行四边形 *HB* 和立体 *AL* 补充完整。

现在，由于 *EC* 比 *CG* 如同 *BA* 比 *AK*，

于是夹相等角 ECG、BAK 的边成比例，

因此，平行四边形 GE 相似于平行四边形 KB。

同理，

平行四边形 KH 也相似于平行四边形 GF，

以及 FE 相似于 IIB；

因此，立体 CD 的三个平行四边形相似于立体 AL 的三个平行四边形。

但前面三个平行四边形与三个对面的平行四边形相等且相似，

且后面三个平行四边形与三个对面的平行四边形相等且相似；

因此，整个立体 CD 相似于整个立体 AL。　　［XI. 定义 9］

这样便在给定直线 AB 上作出了与给定的平行六面体 CD 相似且有相似位置的立体 AL。

这就是所要作的。

命题 28

若平行六面体被一个过相对的面的对角线的平面所截，则该立体被这个平面二等分。

If a parallelepipedal solid be cut by a plane through the diagonals of the opposite planes, the solid will be bisected by the plane.

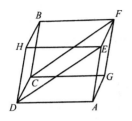

设平行六面体 *AB* 被过相对的面的对角线 *CF*、*DE* 的平面 *CDEF* 所截；

我说，立体 *AB* 被平面 *CDEF* 二等分。

这是因为，由于三角形 *CGF* 等于三角 *CFB*，　　　　　　　　　　　　［I. 34］

且 *ADE* 等于 *DEH*，

而平行四边形 *CA* 也等于平行四边形 *EB*，这是因为它们是相对的面，

且 *GE* 等于 *CH*，

因此，由两个三角形 *CGF*、*ADE* 和三个平行四边形 *GE*、*AC*、*CE* 所围成的棱柱也等于由两个三角形 *CFB*、*DEH* 和三个平行四边形 *CH*、*BE*、*CE* 所围成的棱柱；

这是因为，这两个棱柱是由大小和数量相等的平面所围成的。

［XI. 定义 10］

因此，整个立体 AB 被平面 CDEF 二等分。

这就是所要证明的。

命题 29

同底同高且侧棱端点在相同直线上的平行六面体彼此相等。

Parallelepipedal solids which are on the same base and of the same height, and in which the extremities of the sides which stand up are on the same straight lines, are equal to one another.

设 CM、CN 是 同 底 AB 且同高的两个平行六面体，

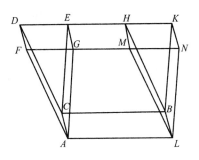

且设其侧棱 AG、AF、LM、LN、CD、CE、BH、BK 的端点在相同直线 FN、DK 上；

我说，立体 CM 等于立体 CN。

这是因为，由于图形 CH、CK 中的每一个都是平行四边形，CB 等于直线 DH、EK 中的每一条，　　　　　　　[I.34]

因此，DH 也等于 EK。

从它们中各减去 EH；

因此，余量 DE 等于余量 HK。

因此，三角形 DCE 也等于三角形 HBK，　　　　[I.8,4]

且平行四边形 DG 等于平行四边形 HN。　　　[I.36]

同理，

三角形 AFG 也等于三角形 MLN。

但平行四边形 CF 等于平行四边形 BM，且 CG 等于 BN，这是因为它们是相对的面；

因此，由两个三角形 AFG、DCE 和三个平行四边形 AD、DG、CG 所围成的棱柱等于由两个三角形 MLN、HBK 和三个平行四边形 BM、HN、BN 所围成的棱柱。

给它们分别加上以平行四边形 AB 为底、其相对的面是 GEHM 的立体；

因此，整个平行六面体 *CM* 等于整个平行六面体 *CN*。

这就是所要证明的。

命题 30

同底同高且侧棱端点不在相同直线上的平行六面体彼此相等。

Parallelepipedal solids which are on the same base and of the same height, and in which the extremities of the sides which stand up are not on the same straight lines, are equal to one another.

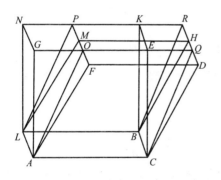

设 *CM*、*CN* 是同底 *AB* 且同高的两个平行六面体，

且设其侧棱 *AF*、*AG*、*LM*、*LN*、*CD*、*CE*、*BH*、*BK* 的端点不在相同直线上；

我说，立体 *CM* 等于立体 *CN*。

这是因为，延长 *NK*、*DH*，它们交于 *R*，

又延长 *FM*、*GE* 至 *P*、*Q*；

连接 *AO*、*LP*、*CQ*、*BR*。

于是，以平行四边形 *ACBL* 为底、以 *FDHM* 为其相对的面的立体 *CM* 等于以平行四边形 *ACBL* 为底、以 *OQRP* 为其相对的面的立体 *CP*；

这是因为，它们同底 *ACBL* 且同高，且其侧棱 *AF*、*AO*、*LM*、*LP*、*CD*、*CQ*、*BH*、*BR* 的端点在相同直线 *FP*、*DR* 上。[XI. 29]

但以平行四边形 *ACBL* 为底、以 *OQRP* 为其相对的面的立体 *CP* 等于以平行四边形 *ACBL* 为底、以 *GEKN* 为其相对的面的立体 *CN*；

这是因为，它们同底 *ACBL* 且同高，且其侧棱 *AG*、*AO*、*CE*、*CQ*、*LN*、*LP*、*BK*、*BR* 的端点在相同直线 *GQ*、*NR* 上。

因此，立体 *CM* 也等于立体 *CN*。

这就是所要证明的。

命题 31

等底同高的平行六面体彼此相等。

Parallelepipedal solids which are on equal bases and of the same height are equal to one another.

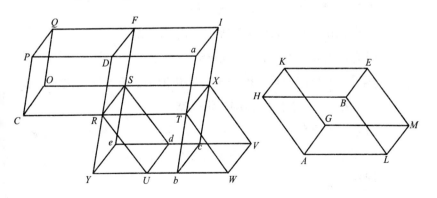

设平行六面体 *AE*、*CF* 同高且有相等的底 *AB*、*CD*。

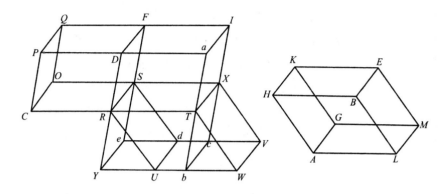

我说，立体 *AE* 等于立体 *CF*。

首先，设侧棱 *HK*、*BE*、*AG*、*LM*、*PQ*、*DF*、*CO*、*RS* 与底 *AB*、*CD* 成直角；

延长直线 *CR* 成直线 *RT*；

在直线 *RT* 上的点 *R* 作角 *TRU* 等于角 *ALB*，   [I. 23]

取 *RT* 等于 *AL*，且 *RU* 等于 *LB*，

并将底 *RW* 和立体 *XU* 补充完整。

现在，由于两边 *TR*、*RU* 等于两边 *AL*、*LB*，

且它们夹相等的角，

因此，平行四边形 *RW* 与平行四边形 *HL* 相等且相似。

又，由于 *AL* 等于 *RT*，*LM* 等于 *RS*，

且它们夹直角，

因此，平行四边形 *RX* 等于且相似于平行四边形 *AM*。

同理，

        LE 也等于且相似于 *SU*；

因此，立体 *AE* 的三个平行四边形相等且相似于立体 *XU* 的

三个平行四边形。

　　但前面三个平行四边形相等且相似于三个相对的平行四边形，后面三个平行四边形相等且相似于三个相对的平行四边形；

[XI. 24]

　　因此，整个平行六面体 AE 等于整个平行六面体 XU。

[XI. 定义 10]

　　延长 DR、WU 交于 Y，

　　过 T 作 aTb 平行于 DY，

　　延长 PD 至 a，

　　并将立体 YX、RI 补充完整。

　　于是，以平行四边形 RX 为底、以 Ye 为其相对的面的立体 XY 等于以平行四边形 RX 为底、以 UV 为其相对的面的立体 XU，

　　这是因为，它们同底 RX 且同高，且侧棱 RY、RU、Tb、TW、Se、Sd、Xc、XV 的端点在相同直线 YW、eV 上。　　[XI. 29]

　　但立体 XU 等于立体 AE；

因此，立体 XY 也等于立体 AE。

　　又，由于平行四边形 $RUWT$ 等于平行四边形 YT，

　　这是因为它们同底 RT 且在相同的平行线 RT、YW 之间，

[I. 35]

　　而平行四边形 $RUWT$ 等于平行四边形 CD，因为它也等于 AB，

因此，平行四边形 YT 也等于 CD。

　　但 DT 是另一个平行四边形；

因此，CD 比 DT 如同 YT 比 DT。　　[V. 7]

　　又，由于平行六面体 CI 被与相对平面平行的平面 RF 所截，

所以

> 底 CD 比底 DT 如同立体 CF 比立体 RI。　　［XI. 25］

同理，

由于平行六面体 YI 被与相对平面平行的平面 RX 所截，所以

> 底 YT 比底 TD 如同立体 YX 比立体 RI。　　［XI. 25］

但底 CD 比 DT 如同 YT 比 DT；

因此也有，立体 CF 比立体 RI 如同立体 YX 比立体 RI。

> ［V. 11］

因此，立体 CF、YX 中的每一个与 RI 都有相同的比；

> 因此，立体 CF 等于立体 YX。　　［V. 9］

但已证明，立体 YX 等于 AE；

> 因此，AE 也等于 CF。

其次，设侧棱 AG、HK、BE、LM、CN、PQ、DF、RS 与底 AB、CD 不成直角；

则我又说，立体 AE 等于立体 CF。

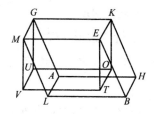
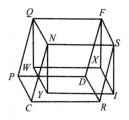

这是因为，从点 K、E、G、M、Q、F、N、S 作 KO、ET、GU、MV、QW、FX、NY、SI 垂直于所假定的平面，且与该平面交于点 O、T、U、V、W、X、Y、I，

连接 OT、OU、UV、TV、WX、WY、YI、IX。

于是，立体 KV 等于立体 QI，

这是因为它们等底 KM、QS 且同高，且它们的侧棱与它们的底成直角。　　　　　　　　　　　［本命题第一部分］

但立体 KV 等于立体 AE，

且 QI 等于 CF ；

这是因为它们同底同高，且侧棱的端点不在相同直线上。

［XI. 30］

因此，立体 AE 也等于立体 CF。

这就是所要证明的。

命题 32

等高的平行六面体之比如同其底之比。

Parallelepipedal solids which are of the same height are to one another as their bases.

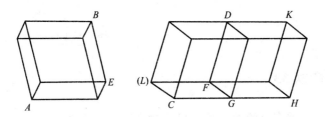

设 AB、CD 是等高的平行六面体；

我说，平行六面体 AB、CD 之比如同其底之比，即底 AE 比底 CF 如同立体 AB 比立体 CD。

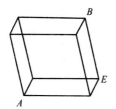 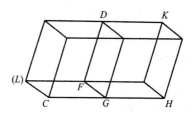

这是因为，对 *FG* 贴合出 *FH* 等于 *AE*，　　　　　　　[I. 45]

且以 *FH* 为底、以 *CD* 的高为高，将平行六面体 *GK* 补充完整。

于是，立体 *AB* 等于立体 *GK*；

这是因为它们等底 *AE*、*FH* 且同高。　　　　　[XI. 31]

又，由于平行六面体 *CK* 被与相对平面平行的平面 *DG* 所截，

　　因此，底 *CF* 比底 *FH* 如同立体 *CD* 比立体 *DH*。

　　　　　　　　　　　　　　　　　　　　　　　[XI. 25]

但底 *FH* 等于底 *AE*，

且立体 *GK* 等于立体 *AB*；

因此也有，底 *AE* 比底 *CF* 如同立体 *AB* 比立体 *CD*。

　　　　　　　　　　　　　　　　　　这就是所要证明的。

命题 33

相似平行六面体之比如同其对应边的三倍比。

Similar parallelepipedal solids are to one another in the triplicate ratio of their corresponding sides.

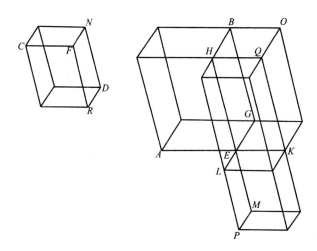

设 *AB*、*CD* 是相似平行六面体，

且设 *AE* 是与 *CF* 对应的边；

我说，立体 *AB* 比立体 *CD* 是 *AE* 比 *CF* 的三倍比。

这是因为，把 *AE*、*GE*、*HE* 延长至 *EK*、*EL*、*EM*，

取 *EK* 等于 *CF*，*EL* 等于 *FN*，以及 *EM* 等于 *FR*，

并将平行四边形 *KL* 和立体 *KP* 补充完整。

现在，由于两边 *KE*、*EL* 等于两边 *CF*、*FN*，

而角 *KEL* 也等于角 *CFN*，因为角 *AEG* 也等于角 *CFN*，这是因为立体 *AB*、*CD* 相似，

因此，平行四边形 *KL* 相等 < 且相似 > 于平行四边形 *CN*。

同理，

平行四边形 *KM* 也等于且相似于 *CR*，

以及 *EP* 相等且相似于 *DF*；

因此，立体 *KP* 的三个平行四边形相等且相似于立体 *CD* 的

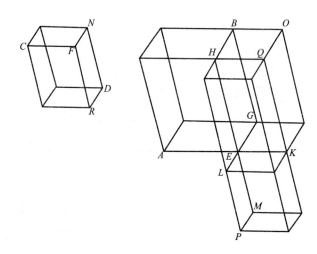

三个平行四边形。

但前面三个平行四边形相等且相似于与它们相对的三个平行四边形，后面三个平行四边形相等且相似于与它们相对的三个平行四边形；   [XI. 24]

因此，整个立体 KP 相等且相似于整个立体 CD。

[XI. 定义 10]

将平行四边形 GK 补充完整，

且以平行四边形 GK、KL 为底、以 AB 的高为高，将立体 EO、LQ 补充完整。

于是，由于立体 AB、CD 相似，所以

AE 比 CF 如同 EG 比 FN，又如同 EH 比 FR，

而 CF 等于 EK，FN 等于 EL，且 FR 等于 EM，

因此，AE 比 EK 如同 GE 比 EL，也如同 HE 比 EM。

但 AE 比 EK 如同 AG 比平行四边形 GK，

GE 比 EL 如同 GK 比 KL,

且 HE 比 EM 如同 QE 比 KM ;   [VI. 1]

因此也有，平行四边形 AG 比 GK 如同 GK 比 KL, 也如同 QE 比 KM。

但 AG 比 GK 如同立体 AB 比立体 EO,

GK 比 KL 如同立体 OE 比立体 QL,

且 QE 比 KM 如同立体 QL 比立体 KP ;   [XI. 32]

因此也有，立体 AB 比 EO 如同 EO 比 QL, 也如同 QL 比 KP。

但如果四个量成连比例，则第一个量比第四个量是第一个量比第二个量的三倍比；   [V. 定义 10]

因此，立体 AB 比 KP 是 AB 比 EO 的三倍比。

但 AB 比 EO 如同平行四边形 AG 比 GK, 也如同直线 AE 比 EK ;   [VI. 1]

因此，立体 AB 比 KP 也是 AE 比 EK 的三倍比。

但立体 KP 等于立体 CD,

且直线 EK 等于 CF ;

因此，立体 AB 比立体 CD 也是其对应边 AE 比其对应边 CF 的三倍比。

这就是所要证明的。

推论 由此显然可得，如果四条直线成[连]比例，则第一条比第四条如同第一条上的平行六面体比第二条上与之相似且有相似位置的平行六面体，这是因为第一条比第四条是第一条比第二条的三倍比。

命题 34

相等平行六面体的底与高成互反比例；底与高成互反比例的平行六面体相等。

In equal parallelepipedal solids the bases are reciprocal proportional to the heights; and those parallelepipedal solids in which the bases are reciprocally proportional to the heights are equal.

设 *AB*、*CD* 是相等的平行六面体；

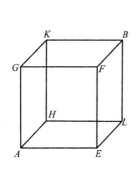
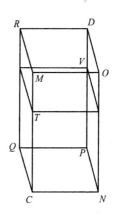

我说，在平行六面体 *AB*、*CD* 中，底与高成互反比例，

即底 *EH* 比底 *NQ* 如同立体 *CD* 的高比立体 *AB* 的高。

首先，设侧棱 *AG*、*EF*、*LB*、*HK*、*CM*、*NO*、*PD*、*QR* 与它们的底成直角；

我说，底 *EH* 比底 *NQ* 如同 *CM* 比 *AG*。

现在, 如果底 EH 等于底 NQ,

而立体 AB 也等于立体 CD,

　　　　　　　则 CM 也等于 AG。

这是因为, 等高的平行六面体之比如同其底之比; 　［XI. 32］

且底 EH 比 NQ 如同 CM 比 AG,

显然, 在平行六面体 AB、CD 中, 底与高成互反比例。

其次, 设底 EH 不等于底 NQ,

但设 EH 较大。

现在, 由于立体 AB 等于立体 CD ;

　　　　　　因此, CM 也大于 AG。

于是, 取 CT 等于 AG,

且以 NQ 为底、以 CT 为高, 将平行六面体 VG 补充完整。

现在, 由于立体 AB 等于立体 CD,

且 CV 在它们之外,

而等量比同一个量, 其比相同, 　　　　　　　　　　　［V. 7］

　因此, 立体 AB 比立体 CV 如同立体 CD 比立体 CV。

但立体 AB 比立体 CV 如同底 EH 比底 NQ,

这是因为立体 AB、CV 等高; 　　　　　　　　　　［XI. 32］

又, 立体 CD 比立体 CV 如同底 MQ 比底 TQ, 　　［XI. 25］

也如同 CM 比 CT ; 　　　　　　　　　　　　　　　［VI. 1］

　　　　因此也有, 底 EH 比底 NQ 如同 MC 比 CT。

但 CT 等于 AG ;

　　　　因此也有, 底 EH 比底 NQ 如同 MC 比 AG。

因此, 在平行六面体 AB、CD 中, 它们的底与高成互反比例。

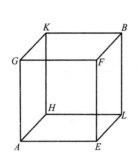

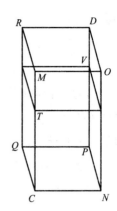

又，在平行六面体 AB、CD 中，设它们的底与高成互反比例，即底 EH 比底 NQ 如同立体 CD 的高比立体 AB 的高；

我说，立体 AB 等于立体 CD。

设侧棱与底成直角。

现在，如果底 EH 等于底 NQ，

且底 EH 比 NQ 如同立体 CD 的高比立体 AB 的高，

　　因此，立体 CD 的高也等于立体 AB 的高。

但等底同高的平行六面体彼此相等；　　　　　　　　　[XI. 31]

　　　　因此，立体 AB 等于立体 CD。

其次，设底 EH 不等于底 NQ，

但设 EH 较大；

因此，立体 CD 的高也大于立体 AB 的高，

　　　　　即 CM 大于 AG。

再取 CT 等于 AG，

且类似地将 CV 补充完整。

由于底 *EH* 比底 *NQ* 如同 *MC* 比 *AG*，

而 *AG* 等于 *CT*，

因此，底 *EH* 比底 *NQ* 如同 *CM* 比 *CT*。

但底 *EH* 比底 *NQ* 如同立体 *AB* 比立体 *CV*，

这是因为立体 *AB*、*CV* 等高；   ［XI. 32］

且 *CM* 比 *CT* 如同底 *MQ* 比底 *QT*，   ［VI. 1］

也如同立体 *CD* 比立体 *CV*。   ［XI. 25］

因此也有，立体 *AB* 比立体 *CV* 如同立体 *CD* 比立体 *CV*；

因此，立体 *AB*、*CD* 中的每一个与 *CV* 都有相同的比。

因此，立体 *AB* 等于立体 *CD*。   ［V. 9］

现在，设侧棱 *FE*、*BL*、*GA*、*HK*、*ON*、*DP*、*MC*、*RQ* 与它们的底不成直角；

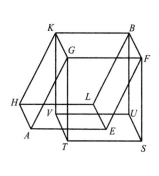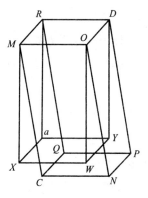

从点 *F*、*G*、*B*、*K*、*O*、*M*、*D*、*R* 向过 *EH*、*NQ* 的平面作垂线，

且设它们与平面交于 *S*、*T*、*U*、*V*、*W*、*X*、*Y*、*a*，

将立体 *FV*、*Oa* 补充完整；

我说，在这种情况下，如果立体 *AB*、*CD* 相等，则它们的底

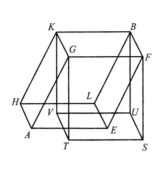 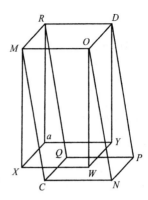

与高也成互反比例，即底 *EH* 比底 *NQ* 如同立体 *CD* 的高比立体 *AB* 的高。

由于立体 *AB* 等于立体 *CD*，

而 *AB* 等于 *BT*，

这是因为它们同底 *FK* 且等高；　　　　　　　　　　［XI. 29, 30］

而立体 *CD* 等于 *DX*，

这是因为它们同底 *RO* 且等高；　　　　　　　　　　［XI. 29, 30］

　　　　因此，立体 *BT* 也等于立体 *DX*。

因此，底 *FK* 比底 *OR* 如同立体 *DX* 的高比立体 *BT* 的高。

　　　　　　　　　　　　　　　　　　　　　　　　　［部分 I］

但底 *FK* 等于底 *EH*，

且底 *OR* 等于底 *NQ*；

因此，底 *EH* 比底 *NQ* 如同立体 *DX* 的高比立体 *BT* 的高。

但立体 *DX*、*BT* 分别与立体 *DC*、*BA* 同高；

因此，底 *EH* 比底 *NQ* 如同立体 *DC* 的高比立体 *AB* 的高。

因此，在平行六面体 *AB*、*CD* 中，底与高成互反比例。

又，在平行六面体 AB、CD 中，设底与高成互反比例，

即底 EH 比底 NQ 如同立体 CD 的高比立体 AB 的高；

我说，立体 AB 等于立体 CD。

这是因为，用同样的作图，

由于底 EH 比底 NQ 如同立体 CD 的高比立体 AB 的高，

而底 EH 等于底 FK，

且 NQ 等于 OR，

因此，底 FK 比底 OR 如同立体 CD 的高比立体 AB 的高。

但立体 AB、CD 分别与立体 BT、DX 同高；

因此，底 FK 比底 OR 如同立体 DX 的高比立体 BT 的高。

因此，在平行六面体 BT、DX 中，底与高成互反比例；

因此，立体 BT 等于立体 DX。　　　　　[部分 I]

但 BT 等于 BA，

这是因为它们同底 FK 且等高；　　　　　[XI. 29, 30]

而立体 DX 等于立体 DC。　　　　　[XI. 29, 30]

因此，立体 AB 也等于立体 CD。

　　　　　　　　　　　　　　　　这就是所要证明的。

命题 35

如果有两个相等的平面角，在其顶点作面外直线分别与原直线夹等角，若在面外直线上任取一点，并从该点向原来的角所在平面作垂线，则连接垂足与原来角顶点的直线与面外直线夹等角。

If there be two equal plane angles, and on their vertices then be set up elevated straight lines containing equal angles with the original straight lines respectively, if on the elevated straight lines points be taken at random and perpendiculars be drawn from them to the planes in which the original angles are, and if from the points so arising in the planes straight lines be joined to the vertices of the original angles, they will contain, with the elevated straight lines, equal angles.

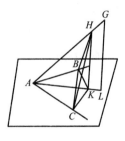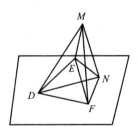

设 *BAC*、*EDF* 是两个相等的直线角，从点 *A*、*D* 作面外直线 *AG*、*DM*，它们分别与原直线夹等角，即角 *MDE* 等于角 *GAB*，角 *MDF* 等于角 *GAC*，

在 *AG*、*DM* 上任取点 *G*、*M*，

从点 *G*、*M* 作 *GL*、*MN* 垂直于过 *BA*、*AC* 的平面和过 *ED*、*DF* 的平面，设它们与两平面交于 *L*、*N*，

连接 *LA*、*ND*；

我说，角 *GAL* 等于角 *MDN*。

取 *AH* 等于 *DM*，

过点 *H* 作 *HK* 平行于 *GL*。

但 *GL* 垂直于过 *BA*、*AC* 的平面；

因此，*HK* 也垂直于过 *BA*、*AC* 的平面。   [XI. 8]

从点 *K*、*N* 作 *KC*、*NF*、*KB*、*NE* 垂直于直线 *AC*、*DF*、*AB*、*DE*，

连接 *HC*、*CB*、*MF*、*FE*。

由于 *HA* 上的正方形等于 *HK*、*KA* 上的正方形之和，

且 *KC*、*CA* 上的正方形之和等于 *KA* 上的正方形，   [I. 47]

因此，*HA* 上的正方形也等于 *HK*、*KC*、*CA* 上的正方形之和。

但 *HG* 上的正方形等于 *HK*、*KC* 上的正方形之和；   [I. 47]

因此，*HA* 上的正方形等于 *HC*、*CA* 上的正方形之和。

因此，角 *HCA* 是直角。   [I. 48]

同理，

角 *DFM* 也是直角。

因此，角 *ACH* 等于角 *DFM*。

但角 *HAC* 也等于角 *MDF*。

因此，三角形 *MDF*、*HAC* 有两个角分别等于两个角，一边等于一边，即等角的对边 *HA* 等于 *MD*；

因此，它们其余的边也等于其余的边。   [I. 26]

因此，*AC* 等于 *DF*。

类似地，可以证明，*AB* 也等于 *DE*。

于是，由于 *AC* 等于 *DF*，且 *AB* 等于 *DE*，所以

两边 *CA*、*AB* 等于两边 *FD*、*DE*。

但角 *CAB* 也等于角 *FDE*；

因此，底 *BC* 等于底 *EF*，三角形等于三角形，其余的角等于

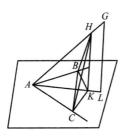 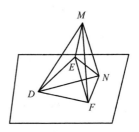

其余的角；   [I. 4]

因此，角 *ACB* 等于角 *DFE*。

但直角 *ACK* 也等于直角 *DFN*；

因此，其余的角 *BCK* 也等于其余的角 *EFN*。

同理，

角 *CBK* 也等于角 *FEN*。

因此，三角形 *BCK*、*EFN* 有两个角分别等于两个角，一边等于一边，即等角的夹边 *BC* 等于 *EF*；

因此，它们其余的边也等于其余的边。   [I. 26]

因此，*CK* 等于 *FN*。

但 *AC* 也等于 *DF*；

因此，两边 *AC*、*CK* 等于两边 *DF*、*FN*；

且它们都夹直角。

因此，底 *AK* 等于底 *DN*。   [I. 4]

又，由于 *AH* 等于 *DM*，所以

AH 上的正方形也等于 *DM* 上的正方形。

但 *AK*、*KH* 上的正方形之和等于 *AH* 上的正方形，

这是因为角 *AKH* 是直角；   [I. 47]

且 DN、NM 上的正方形之和等于 DM 上的正方形，

这是因为角 DNM 是直角；　　　　　　　　　　[I.47]

因此，AK、KH 上的正方形之和等于 DN、NM 上的正方形之和；

且其中 AK 上的正方形等于 DN 上的正方形；

　因此，其余的 KH 上的正方形等于 NM 上的正方形；

　　　　　因此，HK 等于 MN。

又，由于两边 HA、AK 分别等于两边 MD、DN，

且已证明，底 HK 等于底 MN，

　　　　因此，角 HAK 等于角 MDN。　　　　[I.8]

　　　　　　　　　　　　这就是所要证明的。

推论　由此显然可得，如果有两个相等的平面角，在这两个角上作相等的面外直线，且面外直线分别与原直线夹相等的角，则从面外直线端点向原角所在平面所作的垂线相等。

命题 36

若三条直线成比例，则由这三条直线构成的平行六面体等于在中项上作出的等边且与前一立体等角的平行六面体。

If three straight lines be proportional, the parallelepipedal solid formed out of the three is equal to the parallelepipedal solid on the mean which is equilateral, but equiangular with the aforesaid solid.

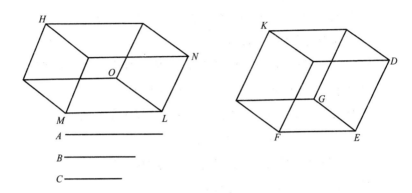

设 *A*、*B*、*C* 是成比例的三条直线，即 *A* 比 *B* 如同 *B* 比 *C*；

我说，由 *A*、*B*、*C* 所构成的立体等于在 *B* 上作出的等边且与前一立体等角的立体。

在 *E* 处作出由三个角 *DEG*、*GEF*、*FED* 所围成的立体角，

取直线 *DE*、*GE*、*EF* 中的每一条等于 *B*，

并将平行六面体 *EK* 补充完整，

取 *LM* 等于 *A*，

在直线 *LM* 上的点 *L* 处作一个立体角等于 *E* 处的立体角，即由 *NLO*、*OLM*、*MLN* 所围成的立体角；

取 *LO* 等于 *B*，*LN* 等于 *C*。

现在，由于 *A* 比 *B* 如同 *B* 比 *C*，

而 *A* 等于 *LM*，*B* 等于直线 *LO*、*ED* 中的每一条，以及 *C* 等于 *LN*，

因此，*LM* 比 *EF* 如同 *DE* 比 *LN*。

于是，夹等角 *NLM*、*DEF* 的边成互反比例；

因此，平行四边形 *MN* 等于平行四边形 *DF*。［VI. 14］

又，由于角 *DEF*、*NLM* 是两个平面直线角，在其顶点所作的面外直线 *LO*、*EG* 彼此相等，且分别与原直线夹等角，

因此，从点 *G*、*O* 向过 *NL*、*LM* 和 *DE*、*EF* 的平面所作的垂线相等；　　　　　　　　　　　　　　　[XI. 35, 推论]

因此，立体 *LH*、*EK* 同高。

但等底同高的平行六面体彼此相等；　　　　　　　[XI. 31]

因此，立体 *HL* 等于立体 *EK*。

而 *LH* 是由 *A*、*B*、*C* 所构成的立体，*EK* 是在 *B* 上作出的立体；

因此，由 *A*、*B*、*C* 所构成的平行六面体等于在 *B* 上作出的等边且与前一立体等角的立体。

这就是所要证明的。

命题 37

若四条直线成比例，则在它们上作的相似且有相似位置的平行六面体也成比例；又，若在它们上作的相似且有相似位置的平行六面体成比例，则这四条直线本身也成比例。

If four straight lines be proportional, the parallelepipedal solids on them which are similar and similarly described will also be proportional; and, if the parallelepipedal solids on them which are similar and similarly described be proportional, the straight lines will themselves also be proportional.

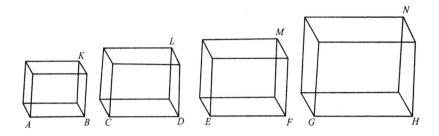

设 AB、CD、EF、GH 是成比例的四条直线，即 AB 比 CD 如同 EF 比 GH；

且在 AB、CD、EF、GH 上作相似且有相似位置的平行六面体 KA、LC、ME、NG；

我说，KA 比 LC 如同 ME 比 NG。

这是因为，由于平行六面体 KA 与 LC 相似，

因此，KA 比 LC 是 AB 比 CD 的三倍比。　　[XI. 33]

同理，

ME 比 NG 也是 EF 比 GH 的三倍比。　　[XI. 33]

而 AB 比 CD 如同 EF 比 GH。

因此也有，AK 比 LC 如同 ME 比 NG。

其次，设立体 ME 比立体 NG 如同立体 AK 比立体 LC；

我说，直线 AB 比 CD 如同 EF 比 GH。

这是因为，由于 KA 比 LC 是 AB 比 CD 的三倍比，[XI. 33]

且 ME 比 NG 也是 EF 比 GH 的三倍比，　　　[XI. 33]

且 KA 比 LC 如同 ME 比 NG，

因此也有，AB 比 CD 如同 EF 比 GH。

这就是所要证明的。

命题 38

若一个立方体相对的面的边被二等分，且过分点作平面，则这些平面的交线与立方体的对角线彼此二等分。

If the sides of the opposite planes of a cube be bisected, and planes be carried through the points of section, the common section of the planes and the diameter of the cube bisect one another.

设立方体 AF 相对的面 CF、AH 的各边在点 K、L、M、N、O、Q、P、R 被二等分，且过分点作平面 KN、OR；

设 US 是平面的交线，且 DG 是立方体 AF 的对角线。

我说，UT 等于 TS，DT 等于 TG。

这是因为，连接 DU、UE、BS、SG。

于是，由于 DO 平行于 PE，所以内错角 DOU、UPE 彼此相等。　　　　　　　[I. 29]

又，由于 DO 等于 PE，OU 等于 UP，

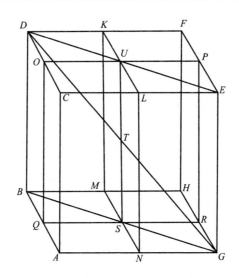

且它们夹相等的角，

因此，底 *DU* 等于底 *UE*，

三角形 *DOU* 等于三角形 *PUE*，

且其余的角等于其余的角；　　　　　　　　　　[I. 4]

因此，角 *OUD* 等于角 *PUE*。

因此，*DUE* 是一条直线。　　　　　　　　　[I. 14]

同理，*BSG* 也是一条直线，

且 *BS* 等于 *SG*。

现在，由于 *CA* 等于且平行于 *DB*，

而 *CA* 也等于且平行于 *EG*，

因此，*DB* 也等于且平行于 *EG*。　　　　　[XI. 9]

而直线 *DE*、*BG* 连接它们端点；

因此，*DE* 平行于 *BG*。　　　　　　　　　[I. 33]

因此, 角 EDT 等于角 BGT,

这是因为它们是内错角;　　　　　　　　　　[I.29]

　　　　　且角 DTU 等于角 GTS。　　　　　　[I.15]

因此, 三角形 DTU、GTS 有两角等于两角, 一边等于一边, 即等角所对的一边, 即 DU 等于 GS,

这是因为它们是 DE、BG 的一半;

　　　　　因此, 其余的边也等于其余的边。　　[I.26]

因此, DT 等于 TG, UT 等于 TS。

　　　　　　　　　　　　　　这就是所要证明的。

命题 39

若有两个等高的棱柱, 一个以平行四边形为底, 另一个以三角形为底, 且平行四边形是三角形的二倍, 则两棱柱相等。

If there be two prisms of equal height, and one have a parallelogram as base and the other a triangle, and if the parallelogram be double of the triangle, the prisms will be equal.

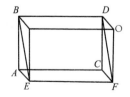
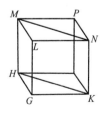

设 ABCDEF、GHKLMN 是两个等高的棱柱,

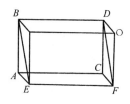 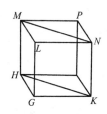

一个以平行四边形 *AF* 为底，另一个以三角形 *GHK* 为底，

且平行四边形 *AF* 是三角形 *GHK* 的二倍；

我说，棱柱 *ABCDEF* 等于棱柱 *GHKLMN*。

将立体 *AO*、*GP* 补充完整。

由于平行四边形 *AF* 是三角形 *GHK* 的二倍，

而平行四边形 *HK* 也是三角形 *GHK* 的二倍，　　　　　　　　[I. 34]

　　　因此，平行四边形 *AF* 等于平行四边形 *HK*。

但等底同高的平行六面体彼此相等；　　　　　　　　　　[XI. 31]

　　　　　因此，立体 *AO* 等于立体 *GP*。

而棱柱 *ABCDEF* 是立体 *AO* 一半，

且棱柱 *GHKLMN* 是立体 *GP* 的一半；　　　　　　　　　[XI. 28]

　　　　　因此，棱柱 *ABCDEF* 等于棱柱 *GHKLMN*。

　　　　　　　　　　　　　　　这就是所要证明的。

第十二卷

命题 1

圆内接相似多边形之比如同直径上的正方形之比。

Similar polygons inscribed in circles are to one another as the squares on the diameters.

设 *ABC*、*FGH* 是圆,

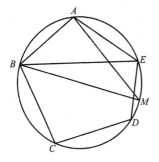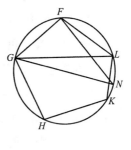

ABCDE、*FGHKL* 是内接于它们的相似多边形,且 *BM*、*GN* 是圆的直径;

我说,*BM* 上的正方形比 *GN* 上的正方形如同多边形 *ABCDE* 比多边形 *FGHKL*。

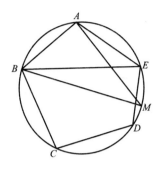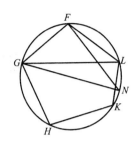

连接 *BE*、*AM*、*GL*、*FN*。

现在，由于多边形 *ABCDE* 相似于多边形 *FGHKL*，所以

角 *BAE* 等于角 *GFL*，

且 *BA* 比 *AE* 如同 *GF* 比 *FL*。　　　[VI. 定义 1]

于是，两个三角形 *BAE*、*GFL* 有一个角等于一个角，即角

BAE 等于角 *GFL*，且夹等角的边成比例；

因此，三角形 *ABE* 与三角形 *FGL* 是等角的。　[VI. 6]

因此，角 *AEB* 等于角 *FLG*。

但角 *AEB* 等于角 *AMB*，

这是因为它们在同一圆周上；　　　　　　　　　[III. 27]

且角 *FLG* 等于角 *FNG*；

因此，角 *AMB* 也等于角 *FNG*。

但直角 *BAM* 也等于直角 *GFN*；　　　　　　 [III. 31]

因此，其余的角等于其余的角。　　　　　　　　[I. 32]

因此，三角形 *ABM* 与三角形 *FGN* 是等角的。

因此有比例，*BM* 比 *GN* 如同 *BA* 比 *GF*。　[VI. 4]

但 *BM* 上的正方形比 *GN* 上的正方形是 *BM* 比 *GN* 的二倍比，

且多边形 *ABCDE* 比多边形 *FGHKL* 是 *BA* 比 *GF* 的二倍比；

[VI. 20]

因此也有，*BM* 上的正方形比 *GN* 上的正方形如同多边形 *ABCDE* 比多边形 *FGHKL*.

这就是所要证明的。

命题 2

圆与圆之比如同直径上的正方形之比。

Circles are to one another as the squares on the diameters.

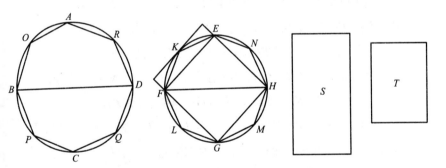

设 *ABCD*、*EFGH* 是圆，*BD*、*FH* 是它们的直径；

我说，圆 *ABCD* 比圆 *EFGH* 如同 *BD* 上的正方形比 *FH* 上的正方形。

这是因为，如果 *BD* 上的正方形比 *FH* 上的正方形不如同圆 *ABCD* 比圆 *EFGH*，

那么 *BD* 上的正方形比 *FH* 上的正方形如同圆 *ABCD* 比某个

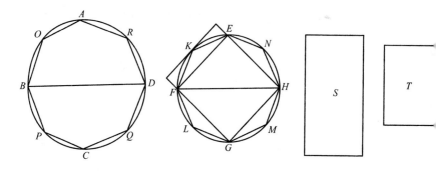

小于圆 *EFGH* 的面积或某个大于圆 *EFGH* 的面积。

首先，设成比例的是一个小于圆 *EFGH* 的面积 *S*。

设正方形 *EFGH* 内接于圆 *EFGH*；于是，这个内接正方形大于圆 *EFGH* 的一半，因为如果过点 *E*、*F*、*G*、*H* 作圆的切线，则正方形 *EFGH* 是圆外切正方形的一半，而圆小于外切正方形；

因此，内接正方形 *EFGH* 大于圆 *EFGH* 的一半。

设圆周 *EF*、*FG*、*GH*、*HE* 在点 *K*、*L*、*M*、*N* 被二等分，

且连接 *EK*、*KF*、*FL*、*LG*、*GM*、*MH*、*HN*、*NE*；

因此，三角形 *EKF*、*FLG*、*GMH*、*HNE* 中的每一个也大于包含该三角形的弓形的一半，因为如果过点 *K*、*L*、*M*、*N* 作圆的切线，且在直线 *EF*、*FG*、*GH*、*HE* 上将平行四边形补充完整，则三角形 *EKF*、*FLG*、*GMH*、*HNE* 中的每一个都是包含它的平行四边形的一半，

而包含它的弓形小于包含它的平行四边形；

因此，三角形 *EKF*、*FLG*、*GMH*、*HNE* 中的每一个都大于包含它的弓形的一半。

于是，将其余的圆周二等分并连接直线，这样继续作下去，

可使余下的弓形之和小于圆 $EFGH$ 超出面积 S 的部分。

这是因为，在第十卷的命题 1 中已经证明，给定两个不等的量，从较大量中减去一个大于它的一半的量，再从余量中减去大于该余量一半的量，这样继续作下去，则会得到某个小于较小量的余量。

这样做余下的弓形，设圆 $EFGH$ 在 EK、KF、FL、LG、GM、MH、HN、NE 上的弓形之和小于圆 $EFGH$ 超出面积 S 的部分。

因此，余量即多边形 $EKFLGMHN$ 大于面积 S。

设圆 $ABCD$ 的内接多边形 $AOBPCQDR$ 也相似于多边形 $EKFLGMHN$；

因此，BD 上的正方形比 FH 上的正方形如同多边形 $AOBPCQDR$ 比多边形 $EKFLGMHN$。　　　　　　　　　　［XII. 1］

但 BD 上的正方形比 FH 上的正方形也如同圆 $ABCD$ 比面积 S；

因此也有，圆 $ABCD$ 比面积 S 如同多边形 $AOBPCQDR$ 比多边形 $EKFLGMHN$；　　　　　　　　　　　　　　　　　　［V. 11］

因此，取更比例，圆 $ABCD$ 比它的内接多边形如同面积 S 比多边形 $EKFLGMHN$。　　　　　　　　　　　　　　　　　　［V. 16］

但圆 $ABCD$ 大于它的内接多边形；

因此，面积 S 也大于多边形 $EKFLGMHN$。

但它也小于多边形 $EKFLGMHN$：

这是不可能的。

因此，BD 上的正方形比 FH 上的正方形不如同圆 $ABCD$ 比某个小于圆 $EFGH$ 的面积。

类似地，可以证明，圆 $EFGH$ 比某个小于圆 $ABCD$ 的面积也不如同 FH 上的正方形比 BD 上的正方形。

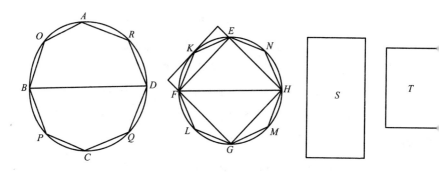

其次我说，圆 *ABCD* 比某个大于圆 *EFGH* 的面积也不如同
BD 上的正方形比 *FH* 上的正方比。

这是因为，如果可能，设成比例的是一个大于圆 *EFGH* 的面
积 *S*。

因此，取反比例，*FH* 上的正方形比 *DB* 上的正方形如同面
积 *S* 比圆 *ABCD*。

但面积 *S* 比圆 *ABCD* 如同圆 *EFGH* 比某个小于圆 *ABCD* 的
面积；

因此也有，*FH* 上的正方形比 *BD* 上的正方形如同圆 *EFGH*
比某个小于圆 *ABCD* 的面积： 　　　　　　　　　　[V. 11]
已经证明这是不可能的。

因此，*BD* 上的正方形比 *FH* 上的正方形不如同圆 *ABCD* 比
某个大于圆 *EFGH* 的面积。

而已经证明，成比例的也不是某个小于圆 *EFGH* 的面积；

因此，*BD* 上的正方形比 *FH* 上的正方形如同圆 *ABCD* 比圆
EFGH。

这就是所要证明的。

引理 我说，若面积 S 大于圆 $EFGH$，则面积 S 比圆 $ABCD$ 如同圆 $EFGH$ 比某个小于圆 $ABCD$ 的面积。

设法使面积 S 比圆 $ABCD$ 如同圆 $EFGH$ 比面积 T。

我说，面积 T 小于圆 $ABCD$。

这是因为，由于面积 S 比圆 $ABCD$ 如同圆 $EFGH$ 比面积 T，因此，取更比例，面积 S 比 $EFGH$ 等于圆 $ABCD$ 比面积 T。

[V. 16]

但面积 S 大于圆 $EFGH$ ；

因此，圆 $ABCD$ 大于面积 T。

因此，面积 S 比圆 $ABCD$ 如同圆 $EFGH$ 比某个小于圆 $ABCD$ 的面积。

这就是所要证明的。

命题 3

任一以三角形为底的棱锥可被分成两个相等的、与整个棱锥相似且以三角形为底的棱锥，以及其和大于整个棱锥一半的两个相等的棱柱。

Any pyramid which has a triangular base is divided into two pyramids equal and similar to one another, similar to the whole and having triangular bases, and into two equal prisms; and the two prisms are greater than the half of the whole pyramid.

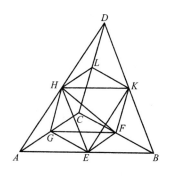

设有一个以三角形 *ABC* 为底且以点 *D* 为顶点的棱锥；

我说，棱锥 *ABCD* 可被分成两个相等的、与整个棱锥相似且以三角形为底的棱锥，以及其和大于整个棱锥一半的两个相等的棱柱。

这是因为，设 *AB*、*BC*、*CA*、*AD*、*DB*、*DC* 在点 *E*、*F*、*G*、*H*、*K*、*L* 被二等分，连接 *HE*、*EG*、*GH*、*HK*、*KL*、*LH*、*KF*、*FG*。

由于 *AE* 等于 *EB*，且 *AH* 等于 *DH*，

　　　　　因此，*EH* 平行于 *DB*。　　　　　[VI. 2]

同理，

　　　　　HK 也平行于 *AB*。

因此，*HEBK* 是平行四边形；

　　　　　因此，*HK* 等于 *EB*。　　　　　[I. 34]

但 *EB* 等于 *EA*；

　　　　　因此，*AE* 也等于 *HK*。

但 *AH* 也等于 *HD*；

　　　　因此，两边 *EA*、*AH* 分别等于两边 *KH*、*HD*，

而角 *EAH* 等于角 *KHD*；

　　　　　因此，底 *EH* 等于底 *KD*。　　　　　[I. 4]

因此，三角形 *AEH* 等于且相似于三角形 *HKD*。

同理，

三角形 *AHG* 也等于且相似于三角形 *HLD*。

现在，由于两相交直线 *EH*、*HG* 平行于两相交直线 *KD*、*DL*，且不在同一平面上，所以

它们夹相等的角。　　　　　　［XI. 10］

因此，角 *EHG* 等于角 *KDL*。

又，由于两直线 *EH*、*HG* 分别等于 *KD*、*DL*，且角 *EHG* 等于角 *KDL*，

因此，底 *EG* 等于底 *KL*；　　　　　［I. 4］

因此，三角形 *EHG* 相等且相似于三角形 *KDL*。

同理，

三角形 *AEG* 也等于且相似于三角形 *HKL*。

因此，以三角形 *AEG* 为底且以点 *H* 为顶点的棱锥等于且相似于以三角形 *HKL* 为底且以点 *D* 为顶点的棱锥。［XI. 定义 10］

又，由于 *HK* 平行于三角形 *ADB* 的一边 *AB*，所以

三角形 *ADB* 与三角形 *DHK* 是等角的，　　［I. 29］

且它们的边成比例；

因此，三角形 *ADB* 相似于三角形 *DHK*。［VI. 定义 1］

同理，

三角形 *DBC* 也相似于三角形 *DKL*，

且三角形 *ADC* 相似于三角形 *DLH*。

现在，由于两相交直线 *BA*、*AC* 平行于两相交直线 *KH*、*HL*，且不在同一平面上，所以

它们夹相等的角。　　　　　　［XI. 10］

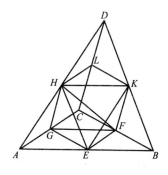

因此，角 *BAC* 等于角 *KHL*。

而 *BA* 比 *AC* 如同 *KH* 比 *HL*；

因此，三角形 *ABC* 相似于三角形 *HKL*。

因此也有，以三角形 *ABC* 为底且以点 *D* 为顶点的棱锥相似于以三角形 *HKL* 为底且以点 *D* 为顶点的棱锥。

但已证明，以三角形 *HKL* 为底且以点 *D* 为顶点的棱锥相似于以三角形 *AEG* 为底且以点 *H* 为顶点的棱锥。

因此，棱锥 *AEGH*、*HKLD* 中的每一个都相似于整个棱锥 *ABCD*。

其次，由于 *BF* 等于 *FC*，所以

平行四边形 *EBFG* 等于二倍的三角形 *GFC*。

又，由于如果有两个等高的棱柱，一个以平行四边形为底，另一个以三角形为底，且平行四边形是三角形的二倍，则两棱柱相等， 　　　　　　　　　　　　　　　　　　　　　[XI. 39]

因此，由两个三角形 *BKF*、*EHG* 和三个平行四边形 *EBFG*、*EBKH*、*HKFG* 所围成的棱柱等于由两个三角形 *GFC*、*HKL* 和三个平行四边形 *KFCL*、*LCGH*、*HKFG* 所围成的棱柱。

显然，以平行四边形 *EBFG* 为底且以直线 *HK* 为其对棱的棱柱与以三角形 *GFC* 为底且以三角形 *HKL* 为其对面的棱柱中的每一个都大于以三角形 *AEG*、*HKL* 为底且以点 *H*、*D* 为顶点的棱锥中的每一个，

因为如果连接直线 *EF*、*EK*，则以平行四边形 *EBFG* 为底且以 *HK* 为其对棱的棱柱大于以三角形 *EBF* 为底且以点 *K* 为顶点的棱锥。

但以三角形 *EBF* 为底且以点 *K* 为顶点的棱锥等于以三角形 *AEG* 为底且以点 *H* 为顶点的棱锥；

这是因为它们由相等且相似的平面所围成。

因此也有，以平行四边形 *EBFG* 为底且以直线 *HK* 为其对棱的棱柱大于以三角形 *AEG* 为底且以点 *H* 为顶点的棱锥。

但以平行四边形 *EBFG* 为底且以直线 *HK* 为其对棱的棱柱等于以三角形 *GFC* 为底且以三角形 *HKL* 为其对面的棱柱，

而以三角形 *AEG* 为底且以点 *H* 为顶点的棱锥等于以三角形 *HKL* 为底且以点 *D* 为顶点的棱锥。

因此，上述棱柱之和大于以三角形 *AEG*、*HKL* 为底且以点 *H*、*D* 为顶点的上述棱锥之和。

因此，以三角形 *ABC* 为底且以点 *D* 为顶点的整个棱锥已被分成两个彼此相等的棱锥和两个相等的棱柱，且这两个棱柱之和大于整个棱锥的一半。

这就是所要证明的。

命题 4

若有以三角形为底且同高的两个棱锥，都被分成彼此相等且与整个棱锥相似的两个棱锥和两个相等的棱柱，则一个棱锥的底比另一个棱锥的底如同一个棱锥中的所有棱柱之和比另一个棱锥中相等个数的所有棱柱之和。

If there be two pyramids of the same height which have triangular bases, and each of them, be divided into two pyramids equal to one another and similar to the whole, and into two equal prisms, then, as the base of the one pyramid is to the base of the other pyramid, so will all the prisms in the one pyramid be to all the prisms, being equal in multitude, in the other pyramid.

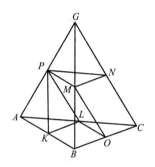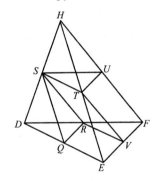

设有同高且以三角形 *ABC*、*DEF* 为底，以点 *G*、*H* 为顶点的两个棱锥，

且设它们中的每一个都被分成彼此相等且与整个棱锥相似的两个棱锥和两个相等的棱柱；　　　　　　　　［XII. 3］

我说，底 *ABC* 比底 *DEF* 如同棱锥 *ABCG* 中所有棱柱之和比棱锥 *DEFH* 中相等个数的棱柱之和。

这是因为，由于 *BO* 等于 *OC*，且 *AL* 等于 *LC*。

因此，*LO* 平行于 *AB*，

且三角形 *ABC* 相似于三角形 *LOC*。

同理，

三角形 *DEF* 也相似于三角形 *RVF*。

又，由于 *BC* 是 *CO* 的二倍，*EF* 是 *FV* 的二倍，

因此，*BC* 比 *CO* 如同 *EF* 比 *FV*。

又，在 *BC*、*CO* 上作相似且有相似位置的直线形 *ABC*、*LOC*，且在 *EF*、*FV* 上作相似且有相似位置的直线形 *DEF*、*RVF*；

因此，三角形 *ABC* 比三角形 *LOC* 如同三角形 *DEF* 比三角形 *RVF*；   [VI. 22]

因此，取更比例，三角形 *ABC* 比三角形 *DEF* 如同三角形 *LOC* 比三角形 *RVF*。   [V. 16]

但三角形 *LOC* 比三角形 *RVF* 如同以三角形 *LOG* 为底且以三角形 *PMN* 为其对面的棱柱比以三角形 *RVF* 为底且以 *STU* 为其对面的棱柱；   [下面的引理]

因此也有，三角形 *ABC* 比三角形 *DEF* 如同以三角形 *LOC* 为底且以 *PMN* 为其对面的棱柱比以三角形 *RVF* 为底且以 *STU* 为其对面的棱柱。

但上述棱柱之比如同以平行四边形 *KBOL* 为底且以直线 *PM* 为其对棱的棱柱比以平行四边形 *QEVR* 为底且以直线 *ST* 为其对棱的棱柱。   [XI. 39；参见 XII. 3]

因此也有，这两个棱柱之比，即以平行四边形 *KBOL* 为底且以 *PM* 为其对棱的棱柱比以三角形 *LOC* 为底且以 *PMN* 为其对面的棱柱，如同以 *QEVR* 为底且以直线 *ST* 为其对棱的棱柱比以三角形 *RVF* 为底且以 *STU* 为其对面的棱柱。   [V. 12]

因此也有，底 *ABC* 比底 *DEF* 如同上述两个棱柱之和比上述

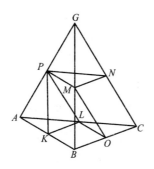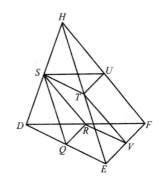

两个棱柱之和。

类似地，如果棱锥 PMNG、STUH 被分成两个棱柱和两个棱锥，

则底 PMN 比底 STU 如同棱锥 PMNG 中的两个棱柱之和比棱锥 STUH 中的两个棱柱之和。

但底 PMN 比底 STU 如同底 ABC 比底 DEF；

这是因为三角形 PMN、STU 分别等于三角形 LOC、RVF。

因此也有，底 ABC 比底 DEF 如同这四个棱柱比这四个棱柱。

类似地也有，如果将其余的棱锥再分成两个棱锥和两个棱柱，则底 ABC 比底 DEF 如同棱锥 ABCG 中所有棱柱之和比棱锥 DEFH 中相等个数的所有棱柱之和。

这就是所要证明的。

引理 但三角形 LOC 比三角形 RVF 如同以三角形 LOC 为底且以 PMN 为其对面的棱柱比以三角形 RVF 为底且以 STU 为其对面的棱柱，我们必须证明如下。

在同样的图中，从 G、H 向平面 ABC、DEF 作垂线；两垂线必然相等，因为根据假设，两棱锥等高。

现在，由于两直线 *GC* 和从 *G* 所作的垂线被平行平面 *ABC*、*PMN* 所截，所以

截得的直线有相同的比。　　　　　　　　[XI. 17]

而 *CG* 被平面 *PMN* 二等分于 *N*；

因此，从 *G* 到平面 *ABC* 的垂线也被平面 *PMN* 二等分。

同理，

从 *H* 到平面 *DEF* 的垂线也被平面 *STU* 二等分。

又，从 *G*、*H* 到平面 *ABC*、*DEF* 的垂线相等；

因此，从三角形 *PMN*、*STU* 到平面 *ABC*、*DEF* 的垂线也相等。

因此，以三角形 *LOC*、*RVF* 为底且以 *PMN*、*STU* 为其对面的棱柱等高。

因此也有，由上述棱柱所作的等高的平行六面体之比如同其底之比；　　　　　　　　　　　　　　　　[X. 32]

因此，它们的一半即上述棱柱之比如同底 *LOC* 比底 *RVF*。

这就是所要证明的。

命题 5

以三角形为底且同高的棱锥之比如同底之比。

Pyramids which are of the same height and have triangular bases are to one another as the bases.

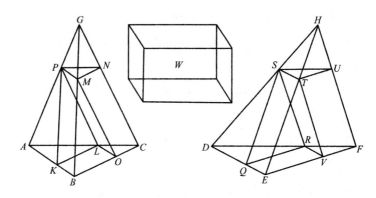

设有以三角形 ABC、DEF 为底且以点 G、H 为顶点的同高的棱锥；

我说，底 ABC 比底 DEF 如同棱锥 ABCG 比棱锥 DEFH。

这是因为，如果棱锥 ABCG 比棱锥 DEFH 不如同底 ABC 比底 DEF，则底 ABC 比底 DEF 如同棱锥 ABCG 比某个小于棱锥 DEFH 或大于棱锥 DEFH 的立体。

首先，设成比例的是一个小于棱锥 DEFH 的立体 W，且将棱锥 DEFH 分成彼此相等且与整个棱锥相似的两个棱锥和两个相等的棱柱；

则两个棱柱之和大于整个棱锥的一半。　　　［XII. 3］

再以类似的方式去分这样得到的棱锥，

这样继续作下去，直至由棱锥 DEFH 得到某些小于棱锥 DEFH 超出立体 W 的部分的棱锥。　　　　　　　　　　　　　　　［X. 1］

为了论证，设由此得到的棱锥是 DQRS、STUH；

因此，棱锥 DEFH 中余下的棱柱之和大于立体 W。

设棱锥 ABCG 也被类似地分割，且分割的次数类似于棱锥

DEFH；

因此，底 *ABC* 比底 *DEF* 如同棱锥 *ABCG* 中的棱柱之和比棱锥 *DEFH* 中的棱柱之和。 ［ⅩⅡ.4］

但底 *ABC* 比底 *DEF* 也如同棱锥 *ABCG* 比立体 *W*；

因此也有，棱锥 *ABCG* 比立体 *W* 如同棱锥 *ABCG* 中的棱柱之和比棱锥 *DEFH* 中的棱柱之和； ［Ⅴ.11］

因此，取更比例，棱锥 *ABCG* 比它中的棱柱之和如同立体 *W* 比棱锥 *DEFH* 中的棱柱之和。 ［Ⅴ.16］

但棱锥 *ABCG* 大于它中的棱柱之和；

因此，立体 *W* 也大于棱锥 *DEFH* 中的棱柱之和。

但它也小于：

这是不可能的。

因此，棱锥 *ABCG* 比任何小于棱锥 *DEFH* 的立体不如同底 *ABC* 比底 *DEF*。

类似地，可以证明，棱锥 *DEFH* 比任何小于棱柱 *ABCG* 的立体也不如同底 *DEF* 比底 *ABC*。

其次我说，棱锥 *ABCG* 比任何大于棱锥 *DEFH* 的立体也不如同底 *ABC* 比底 *DEF*。

这是因为，如果可能，设成比例的是一个大于棱锥 *DEFH* 的立体 *W*；

因此，取反比例，底 *DEF* 比底 *ABC* 如同立体 *W* 比棱锥 *ABCG*。

但前已证明，立体 *W* 比立体 *ABCG* 如同棱锥 *DEFH* 比某个小于棱锥 *ABCG* 的立体； ［ⅩⅡ.2，引理］

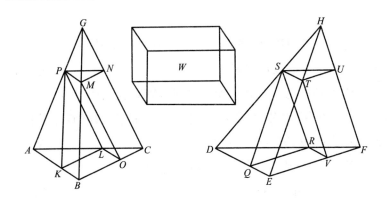

因此也有，底 *DEF* 比底 *ABC* 如同棱锥 *DEFH* 比某个小于棱锥 *ABCG* 的立体：　　　　　　　　　　　　　　　　　　　　[V. 11]

已经证明这是荒谬的。

因此，棱锥 *ABCG* 比任何大于棱锥 *DEFH* 的立体不如同底 *ABC* 比底 *DEF*。

但已证明，棱锥 *ABCG* 比任何小于棱锥 *DEFH* 的立体也不如同底 *ABC* 比底 *DEF*。

因此，底 *ABC* 比底 *DEF* 如同棱锥 *ABCG* 比棱锥 *DEFH*。

这就是所要证明的。

命题 6

同高且以多边形为底的棱锥之比如同底之比。

Pyramids which are of the same height and have polygonal bases are to one another as the bases.

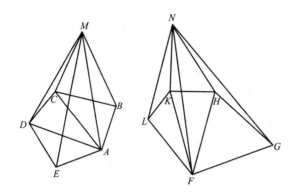

设同高的两个棱锥以多边形 ABCDE、FGHKL 为底且以点 M、N 为顶点；

我说，底 ABCDE 比底 FGHKL 如同棱锥 ABCDEM 比棱锥 FGHKLN。

连接 AC、AD、FH、FK。

于是，由于 ABCM、ACDM 是以三角形为底且等高的两个棱锥，所以

它们之比如同底之比；　　　　　　　　［XII. 5］

因此，底 ABC 比底 ACD 如同棱锥 ABCM 比棱锥 ACDM。

又，取合比例，底 ABCD 比底 ACD 如同棱锥 ABCDM 比棱锥 ACDM。　　　　　　　　　　　　　　　　　　［V. 18］

但也有，底 ACD 比底 ADE 如同棱锥 ACDM 比棱锥 ADEM。

　　　　　　　　　　　　　　　　　　　　　［XII. 5］

因此，取首末比例，底 ABCD 比底 ADE 如同棱锥 ABCDM 比棱锥 ADEM。　　　　　　　　　　　　　　　　　　　［V. 22］

又，取合比例，底 ABCDE 比底 ADE 如同棱锥 ABCDEM 比

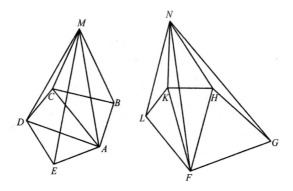

棱锥 *ADEM*。　　　　　　　　　　　　　　　[V. 18]

　　类似地，也可以证明，底 *FGHKL* 比底 *FGH* 如同棱锥 *FGHKLN* 比棱锥 *FGHN*。

　　又，由于 *ADEM*、*FGHN* 是以三角形为底且等高的两个棱锥，因此，底 *ADE* 比底 *FGH* 如同棱锥 *ADEM* 比棱锥 *FGHN*。

　　　　　　　　　　　　　　　　　　　　[XII. 5]

　　但底 *ADE* 比底 *ABCDE* 如同棱锥 *ADEM* 比棱锥 *ABCDEM*。

　　因此也有，取首末比例，底 *ABCDE* 比底 *FGH* 如同棱锥 *ABCDEM* 比棱锥 *FGHN*。　　　　　　[V. 22]

　　但还有，底 *FGH* 比底 *FGHKL* 也如同棱锥 *FGHN* 比棱锥 *FGHKLN*。

　　因此也有，取首末比例，底 *ABCDE* 比底 *FGHKL* 如同棱锥 *ABCDEM* 比棱锥 *FGHKLN*。　　　　　　[V. 22]

　　　　　　　　　　　　　　　　这就是所要证明的。

命题 7

任一以三角形为底的棱柱可被分成三个彼此相等的以三角形为底的棱锥。

Any prism which has a triangular base is divided into three pyramids equal to one another which have triangular bases.

设有一个以三角形 ABC 为底且以 DEF 为其对面的棱柱；

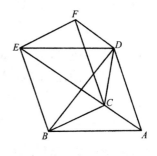

我说，棱柱 $ABCDEF$ 可被分成三个彼此相等的以三角形为底的棱锥。

这是因为，连接 BD、EC、CD。

由于 $ABED$ 是平行四边形，且 BD 是它的对角线，

因此，三角形 ABD 等于三角形 EBD；　　　　　[I. 34]

因此也有，以三角形 ABD 为底且以点 C 为顶点的棱锥等于以三角形 DEB 为底且以点 C 为顶点的棱锥。　　　[XII. 5]

但以三角形 DEB 为底且以点 C 为顶点的棱锥与以三角形 EBC 为底且以点 D 为顶点的棱锥相同；

因为它们由相同的面所围成。

因此，以三角形 ABD 为底且以点 C 为顶点的棱锥也等于以三角形 EBC 为底且以点 D 为顶点的棱锥。

又，由于 $FCBE$ 是平行四边形，

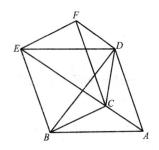

且 CE 是它的对角线, 所以
三角形 CEF 等于三角形 CBE。

[I. 34]

因此也有, 以三角形 BCE 为底且以点 D 为顶点的棱锥等于以 ECF 为底且以点 D 为顶点的棱锥。[XII. 5]

但已证明, 以三角形 BCE 为底且以点 C 为顶点的棱锥等于以三角形 ABD 为底且以点 C 为顶点的棱锥；

因此也有, 以三角形 CEF 为底且以点 D 为顶点的棱锥等于以三角形 ABD 为底且以点 C 为顶点的棱锥；

因此, 棱柱 ABCDEF 已被分成三个彼此相等的以三角形为底的棱锥。

又, 由于以三角形 ABD 为底且以点 C 为顶点的棱锥与以三角形 CAB 为底且以点 D 为顶点的棱锥相同,

因为它们由相同的平面所围成；

而已经证明, 以三角形 ABD 为底且以点 C 为顶点的棱锥等于以三角形 ABC 为底且以 DEF 为其对面的棱柱的三分之一,

因此也有, 以三角形 ABC 为底且以点 D 为顶点的棱锥等于以相同的三角形 ABC 为底且以 DEF 为对面的棱柱的三分之一。

这就是所要证明的。

推论 由此显然可得, 任何棱锥是和它同底等高的棱柱的三分之一。

命题 8

以三角形为底的相似棱锥之比是其对应边之比的三倍比。

Similar pyramids which have triangular bases are in the triplicate ratio of their corresponding sides.

设两个相似且有相似位置的棱锥分别以三角形 *ABC*、*DEF* 为底且以点 *G*、*H* 为顶点；

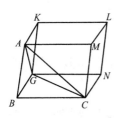
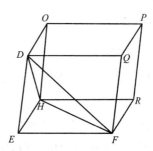

我说，棱锥 *ABCG* 比 *DEFH* 如同 *BC* 比 *EF* 的三倍比。

这是因为，将平行六面体 *BGML*、*EHQP* 补充完整。

现在，由于棱锥 *ABCG* 相似于棱锥 *DEFH*，

因此，角 *ABC* 等于角 *DEF*，

角 *GBC* 等于角 *HEF*，

且角 *ABG* 等于角 *DEH*；

且 *AB* 比 *DE* 如同 *BC* 比 *EF*，也如同 *BG* 比 *EH*。

又，由于 *AB* 比 *DE* 如同 *BC* 比 *EF*，

且夹等角的边成比例，

因此，平行四边形 *BM* 相似于平行四边形 *EQ*。

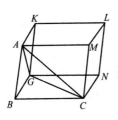 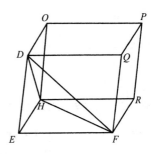

同理,

　　　　BN 也相似于 ER,且 BK 也相似于 EO;

　　因此,三个平行四边形 MB、BK、BN 相似于三个平行四边形 EQ、EO、ER。

　　但三个平行四边形 MB、BK、BN 等于且相似于它们的三个对面,

　　且三个面 EQ、EO、ER 相等且相似于它们的对面。　　［XI. 24］

　　因此,立体 $BGML$、$EHQP$ 由同样多个相似平面所围成。

　　　　因此,立体 $BGML$ 相似于立体 $EHQP$。

　　但相似的平行六面体之比是其对应边之比的三倍比。［XI. 33］

　　因此,立体 $BGML$ 比立体 $EHQP$ 是对应边 BC 比对应边 EF 的三倍比。

　　但立体 $BGML$ 比立体 $EHQP$ 如同棱锥 $ABCG$ 比棱锥 $DEFH$,

　　因为棱锥是平行六面体的六分之一,又因为是平行六面体一半的棱柱［XI. 28］也是棱锥的三倍。　　　　　　　　　［XII. 7］

　　因此,棱锥 $ABCG$ 比棱锥 $DEFH$ 也是 BC 比 EF 的三倍比。

　　　　　　　　　　　　　　　　　　这就是所要证明的。

推论 由此显然可得，以多边形为底的相似棱锥之比是其对应边之比的三倍比。

这是因为，如果它们被分成以三角形为底的棱锥，由于构成它们的底的相似多边形也被分成同样多个对应于整体的相似三角形，

[Ⅵ.20]

于是，在一个完整棱锥中以三角形为底的棱锥比另一个完整棱锥中以三角形为底的棱锥也如同在一个完整棱锥中以三角形为底的所有棱锥之和比在另一个完整棱锥中以三角形为底的所有棱锥之和[Ⅴ.12]，即如同以多边形为底的棱锥本身比以多边形为底的棱锥。

但以三角形为底的棱锥比以三角形为底的棱锥是对应边之比的三倍比；

因此也有，以多边形为底的棱锥比以相似多边形为底的棱锥是对应边之比的三倍比。

这就是所要证明的。

命题 9

以三角形为底的相等棱锥，底与高成互反比例；又，底与高成互反比例的棱锥相等。

In equal pyramids which have triangular bases the bases are reciprocally proportional to the heights; and those pyramids in which the bases are reciprocally proportional to the heights are equal.

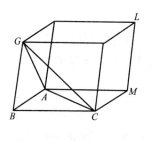
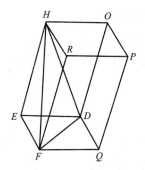

　　设相等的棱锥分别以三角形 *ABC*、*DEF* 为底且以点 *G*、*H* 为顶点；

　　我说，在棱锥 *ABCG*、*DEFH* 中，底与高成互反比例，即底 *ABC* 比底 *DEF* 如同棱锥 *DEFH* 的高比棱锥 *ABCG* 的高。

　　这是因为，将平行六面体 *BGML*、*EHQP* 补充完整。

　　现在，由于棱锥 *ABCG* 等于棱锥 *DEFH*，

　　且立体 *BGML* 是六倍的棱锥 *ABCG*，

　　且立体 *EHQP* 是六倍的棱锥 *DEFH*，

　　　　　　因此，立体 *BGML* 等于立体 *EHQP*。

　　但相等平行六面体的底与高成互反比例；　　　　［XI. 34］

　　因此，底 BM 比底 *EQ* 如同立体 *EHQP* 的高比立体 *BGML* 的高。

　　但底 *BM* 比 *EQ* 如同三角形 *ABC* 比三角形 *DEF*。　［I. 34］

　　因此也有，三角形 *ABC* 比三角形 *DEF* 如同立体 *EHQP* 的高比立体 *BGML* 的高。

　　　　　　　　　　　　　　　　　　　　　　　　［V. 11］

　　但立体 *EHQP* 的高与棱锥 *DEFH* 的高相同，

且立体 *BGML* 的高与棱锥 *ABCG* 的高相同，

因此，底 *ABC* 比底 *DEF* 如同棱锥 *DEFH* 的高比棱锥 *ABCG* 的高。

因此，在棱锥 *ABCG*、*DEFH* 中，它们的底与高成互反比例。

其次，在棱锥 *ABCG*、*DEFH* 中，设它们的底和高成互反比例；

即底 *ABC* 比底 *DEF* 如同棱锥 *DEFH* 的高比棱锥 *ABCG* 的高；

我说，棱锥 *ABCG* 等于棱锥 *DEFH*。

这是因为，用相同的作图，

由于底 *ABC* 比底 *DEF* 如同棱锥 *DEFH* 的高比棱锥 *ABCG* 的高，

而底 *ABC* 比底 *DEF* 如同平行四边形 *BM* 比平行四边形 *EQ*，

因此也有，平行四边形 *BM* 比平行四边形 *EQ* 如同棱锥 *DEFH* 的高比棱锥 *ABCG* 的高。   [V. 11]

但棱锥 *DEFH* 的高与平行六面体 *EHQP* 的高相同，

且棱锥 *ABCG* 的高与平行六面体 *BGML* 的高相同；

因此，底 *BM* 比底 *EQ* 如同平行六面体 *EHQP* 的高比平行六面体 *BGML* 的高。

但底与高成互反比例的平行六面体相等；   [XI. 34]

因此，平行六面体 *BGML* 等于平行六面体 *EHQP*。

而棱锥 *ABCG* 是 *BGML* 的六分之一，棱锥 *DEFH* 是平行六面体 *EHQP* 的六分之一；

因此，棱锥 *ABCG* 等于棱锥 *DEFH*。

这就是所要证明的。

命题 10

任一圆锥是与它同底等高的圆柱的三分之一。

Any cone is a third part of the cylinder which has the same base with it and equal height.

设一个圆锥与一个圆柱同底，即圆 *ABCD*，且等高；

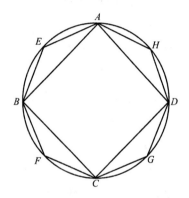

我说，该圆锥是该圆柱的三分之一，即该圆柱是该圆锥的三倍。

这是因为，如果圆柱不是圆锥的三倍，则圆柱要么大于圆锥的三倍，要么小于圆锥的三倍。

首先，设圆柱大于圆锥的三倍，

且设正方形 *ABCD* 内接于圆 *ABCD*；　　　　　　[IV. 6]

于是，正方形 *ABCD* 大于圆 *ABCD* 的一半。

在正方形 *ABCD* 上作一个与圆柱等高的棱柱。

于是，该棱柱大于圆柱的一半，这是因为，如果作圆 *ABCD* 的外切正方形，　　　　　　　　　　　　[IV. 7]

则圆 ABCD 的内接正方形是圆外切正方形的一半，

且在它们上作的平行六面体棱柱等高，

而同高的平行六面体之比如同其底之比；　　　　　　［XI. 32］

因此也有，在正方形 ABCD 上所作的棱柱是在圆 ABCD 的外切正方形上所作棱柱的一半；［参见 XI. 28，或 XII. 6 和 7，推论］

而圆柱小于在圆 ABCD 外切正方形上所作的棱柱；

因此，在与圆柱等高的正方形 ABCD 上所作的棱柱大于圆柱的一半。

设圆周 AB、BC、CD、DA 在点 E、F、G、H 被二等分，

连接 AE、EB、BF、FC、CG、GD、DH、HA；

于是，已经证明，三角形 AEB、BFC、CGD、DHA 中的每一个都大于圆 ABCD 的包含该三角形的弓形的一半。　　［XII. 2］

在三角形 AEB、BFC、CGD、DHA 中的每一个上作与圆柱等高的棱柱；

于是，如此作的每一个棱柱都大于包含它的弓形圆柱的一半，

这是因为，如果过点 E、F、G、H 作 AB、BC、CD、DA 的平行线，将 AB、BC、CD、DA 上的平行四边形补充完整，且在其上作与圆柱等高的平行六面体，则在三角形 AEB、BFC、CGD、DHA 上所作的棱柱是如此所作的各个立体的一半；

而弓形圆柱之和小于所作的平行六面体之和；

因此也有，在三角形 AEB、BFC、CGD、DHA 上的棱柱之和大于包含它们的弓形圆柱之和的一半。

于是，将余下的各个圆周二等分，连接直线，在每个三角形上作与圆柱等高的棱柱，

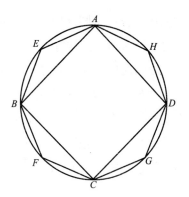

这样继续作下去，

将会余下一些弓形圆柱，它们之和小于圆柱超出三倍圆锥的部分。 [X.1]

设余下一些弓形圆柱，它们是 AE、EB、BF、FC、CG、GD、DH、HA；

因此，余下的以多边形 AEBFCGDH 为底且其高与圆柱的高相同的棱柱大于圆锥的三倍。

但以多边形 AEBFCGDH 为底且与圆柱同高的棱柱是以多边形 AEBFCGDH 为底且顶点与圆锥相同的棱锥的三倍； [XII.7, 推论]

因此也有，以多边形 AEBFCGDH 为底且顶点与圆锥相同的棱锥大于以圆 ABCD 为底的圆锥。

但它也小于以圆 ABCD 为底的圆锥，这是因为它被后者所包含：

这是不可能的。

因此，圆柱不大于圆锥的三倍。

其次我说，圆柱也不小于圆锥的三倍，

这是因为，如果可能，设圆柱小于圆锥的三倍，

　　　因此，反过来，圆锥大于圆柱的三分之一。

设正方形 *ABCD* 内接于圆 *ABCD*；

因此，正方形 *ABCD* 大于圆 *ABCD* 一半。

现在，在正方形 *ABCD* 上作一个顶点与圆锥相同的棱锥；

　　　因此，这个棱锥大于圆锥的一半，

既然前已证明，如果作圆的外切正方形，则正方形 *ABCD* 是圆外切正方形的一半，

而且，如果在正方形上作与圆锥等高的平行六面体，也被称为棱柱，则在正方形 *ABCD* 上所作的棱柱是在圆外切正方形上所作棱柱的一半，

　　　这是因为它们彼此之比如同其底之比。　　　［XI. 32］

因此也有，它们的三分之一之比也是这个比；

因此也有，以正方形 *ABCD* 为底的棱锥是在圆外切正方形上所作棱锥的一半。

而在圆外切正方形上所作的棱锥大于圆锥，

这是因为在圆外切正方形上所作的棱锥包含圆锥。

因此，以正方形 *ABCD* 为底且顶点与圆锥相同的棱锥大于圆锥的一半。

设圆周 *AB*、*BC*、*CD*、*DA* 在点 *E*、*F*、*G*、*H* 被二等分，

连接 *AE*、*EB*、*BF*、*FC*、*CG*、*GD*、*DH*、*HA*；

因此也有，三角形 *AEB*、*BFC*、*CGD*、*DHA* 中的每一个都大于圆 *ABCD* 的包含它的弓形的一半。

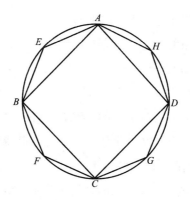

现在，在三角形 *AEB*、*BFC*、*CGD*、*DHA* 中的每一个上分别作顶点与圆锥相同的棱锥；

因此也有，这些棱锥中的每一个都以同样的方式大于包含它的弓形圆锥的一半。

于是，通过将余下的圆周二等分，连接直线，在每个三角形上作顶点与圆锥相同的棱锥，

这样继续作下去，

将会余下一些弓形圆锥，它们之和小于圆锥超出圆柱三分之一的部分。 [X. 1]

设余下一些弓形圆柱，它们是 *AE*、*EB*、*BF*、*FC*、*CG*、*GD*、*DH*、*HA* 上的弓形圆柱；

因此，余下的以多边形 *AEBFCGDH* 为底且顶点与圆锥相同的棱锥大于圆柱的三分之一。

但以多边形 *AEBFCGDH* 为底且顶点与圆锥相同的棱锥是以多边形 *AEBFCGDH* 为底且与圆柱同高的棱柱的三分之一；

因此，以多边形 *AEBFCGDH* 为底且与圆柱同高的棱柱大于

以圆 *ABCD* 为底的圆柱。

但棱柱也小于圆柱，这是因为棱柱被圆柱所包含：

这是不可能的。

因此，圆柱不小于圆锥的三倍。

但已证明，圆柱也不大于圆锥的三倍；

因此，圆柱是圆锥的三倍；

因此，圆锥是圆柱的三分之一。

这就是所要证明的。

命题 11

同高的圆锥或圆柱之比如同其底之比。

Cones and cylinders which are of the same height are to one another as their bases.

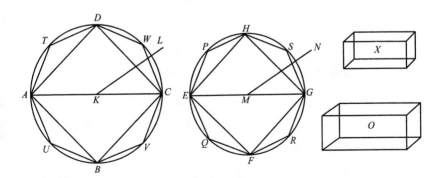

设有同高的圆锥或圆柱，

设圆 *ABCD*、*EFGH* 是它们的底，*KL*、*MN* 是它们的轴，且

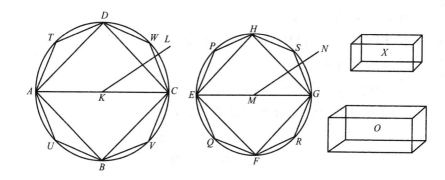

AC、*EG* 是它们底的直径；

我说，圆 *ABCD* 比圆 *EFGH* 如同圆锥 *AL* 比圆锥 *EN*。

这是因为，如果不是这样，那么圆 *ABCD* 比圆 *EFGH* 如同圆锥 *AL* 比某个要么小于要么大于圆锥 *EN* 的立体。

首先，设成比例的是一个小于圆锥 *EN* 的立体 *O*，

且设立体 *X* 等于立体 *O* 小于圆锥 *EN* 的部分；

因此，圆锥 *EN* 等于立体 *O*、*X* 之和。

设正方形 *EFGH* 内接于圆 *EFGH*；

因此，正方形大于圆的一半。

在正方形 *EFGH* 上作与圆锥等高的棱锥；

因此，这个棱锥大于圆锥的一半，

这是因为，如果作圆的外切正方形，且在它上作与圆锥等高的棱锥，则内接棱锥是外切棱锥的一半，

这是因为它们彼此之比如同其底之比，　　　　　[**XII. 6**]

而圆锥小于外切棱锥。

设圆周 *HE*、*EF*、*FG*、*GH* 在点 *P*、*Q*、*R*、*S* 被二等分，连

接 HP、PE、EQ、QF、FR、RG、GS、SH。

因此，三角形 HPE、EQF、FRG、GSH 中的每一个都大于包含它的弓形的一半。

在三角形 HPE、EQF、FRG、GSH 中的每一个上作与圆锥等高的棱锥；

因此也有，所作棱锥中的每一个都大于包含它的弓形圆锥的一半。

于是，通过将余下的圆周二等分，连接直线，在每个三角形上作顶点与圆锥相同的棱锥，

这样继续作下去，

将会余下一些弓形圆锥，它们之和小于立体 X。   [X. 1]

设余下的是 HP、PE、EQ、QF、FR、RG、GS、SH 上的弓形圆锥；

因此，余下的以多边形 $HPEQFRGS$ 为底且与圆锥同高的棱锥大于立体 O。

也设内接于圆 $ABCD$ 的多边形 $DTAUBVCW$ 与多边形 $HPEQFRGS$ 相似且有相似位置，

且在它上作与圆锥 AL 等高的棱锥。

于是，由于 AC 上的正方形比 EG 上的正方形如同多边形 $DTAUBVCW$ 比多边形 $HPEQFRGS$，   [XII. 1]

而 AC 上的正方形比 EG 上的正方形如同圆 $ABCD$ 比圆 $EFGH$，   [XII. 2]

因此也有，圆 $ABCD$ 比圆 $EFGH$ 如同多边形 $DTAUBVCW$ 比多边形 $HPEQFRGS$。

但圆 $ABCD$ 比圆 $EFGH$ 如同圆锥 AL 比立体 O，

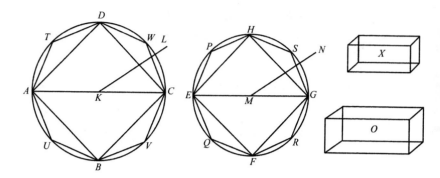

且多边形 *DTAUBVCW* 比多边形 *HPEQFRGS* 如同以多边形 *DTAUBVCW* 为底且以点 *L* 为顶点的棱锥比以多边形 *HPEQFRGS* 为底且以点 *N* 为顶点的棱锥。 [XII.6]

因此也有，圆锥 *AL* 比立体 *O* 如同以多边形 *DTAUBVCW* 为底且以点 *L* 为顶点的棱锥比以多边形 *HPEQFRGS* 为顶点的棱锥； [V.11]

因此，取更比例，圆锥 *AL* 比它中的棱锥如同立体 *O* 比圆锥 *EN* 中的棱锥。 [V.16]

但圆锥 *AL* 大于它中的棱锥；

因此，立体 *O* 也大于圆锥 *EN* 中的棱锥。

但立体 *O* 也小于圆锥 *EN* 中的棱锥：

这是荒谬的。

因此，圆锥 *AL* 比任何小于圆锥 *EN* 的立体都不如同圆 *ABCD* 比圆 *EFGH*。

类似地，可以证明，圆锥 *EN* 比任何小于圆锥 *AL* 的立体也都不如同圆 *EFGH* 比圆 *ABCD*。

其次我说，圆锥 *AL* 比任何大于圆锥 *EN* 的立体也不如同圆 *ABCD* 比圆 *EFGH*。

这是因为，如果可能，设成比例的是一个大于圆锥 *EN* 的立体 *O*；

因此，取反比例，圆 *EFGH* 比圆 *ABCD* 如同立体 *O* 比圆锥 *AL*。

但立体 *O* 比圆锥 *AL* 如同圆锥 *EN* 比某个小于圆锥 *AL* 的立体；

因此也有，圆 *EFGH* 比圆 *ABCD* 如同圆锥 *EN* 比某个小于圆锥 *AL* 的立体：

已经证明这是不可能的。

因此，圆锥 *AL* 比任何大于圆锥 *EN* 的立体都不如同圆 *ABCD* 比圆 *EFGH*。

但已证明，成这个比例的也不是小于 *EN* 的立体；

因此，圆 *ABCD* 比圆 *EFGH* 如同圆锥 *AL* 比圆锥 *EN*。

但圆锥比圆锥等于圆柱比圆柱，

这是因为圆柱是圆锥的三倍。　　　　　　　　　［XII. 10］

因此也有，圆 *ABCD* 比圆 *EFGH* 如同其上等高的圆柱之比。

　　　　　　　　　　　　　　　　　这就是所要证明的。

命题 12

相似的圆锥或圆柱之比是其底上直径之比的三倍比。

Similar cones and cylinders are to one another in the triplicate ratio of the diameters in their bases.

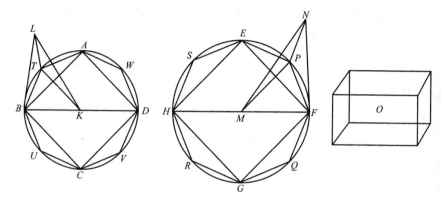

设有相似的圆锥或圆柱，

设圆 *ABCD*、*EFGH* 是它们的底，*BD* 与 *FH* 是底的直径，且 *KL*、*MN* 是圆锥及圆柱的轴。

我说，以圆 *ABCD* 为底且以 *L* 为顶点的圆锥比以圆 *EFGH* 为底且以 *N* 为顶点的圆锥是 *BD* 比 *FH* 的三倍比。

这是因为，如果圆锥 *ABCDL* 比圆锥 *EFGHN* 不是 *BD* 比 *FH* 的三倍比，

则圆锥 *ABCDL* 比某个要么小于要么大于圆锥 *EFGHN* 的立体是 *BD* 比 *FH* 的三倍比。

首先，设成此三倍比的是一个小于圆锥 *EFGHN* 的立体。

设正方形 *EFGH* 内接于圆 *EFGH*；　　　　　　　　 [IV. 6]

因此，正方形 *EFGH* 大于圆 *EFGH* 的一半。

现在，在正方形 *EFGH* 上作一个顶点与圆锥相同的棱锥；

因此，此棱锥大于圆锥的一半。

设圆周 *EF*、*FG*、*GH*、*HE* 在点 *P*、*Q*、*R*、*S* 被二等分，

连接 *EP*、*PF*、*FQ*、*QG*、*GR*、*RH*、*HS*、*SE*。

因此，三角形 *EPF*、*FQG*、*GRH*、*HSE* 中的每一个也大于圆 *EFGH* 中包含它的弓形的一半。

现在，在三角形 *EPF*、*FQG*、*GRH*、*HSE* 中的每一个上作一个顶点与圆锥相同的棱锥；

因此，这样作的每一个棱锥也大于包含它的弓形圆锥的一半。

于是，将余下的各个圆周二等分，连接直线，在每个三角形上作顶点与圆锥相同的棱锥，

这样继续作下去，

将会余下一些弓形圆锥，它们之和小于圆锥 *EFGHN* 超出立体 *O* 的部分。   [X . 1]

设余下一些弓形圆锥，它们是 *EP*、*PF*、*FQ*、*QG*、*GR*、*RH*、*HS*、*SE* 上的弓形圆锥；

因此，余下的以多边形 *EPFQGRHS* 为底且以点 *N* 为顶点的棱锥大于立体 *O*。

也作圆 *ABCD* 的内接多边形 *ATBUCVDW* 与多边形 *EPFQGRHS* 相似且有相似位置，

在多边形 *ATBUCVDW* 上作顶点与圆锥相同的棱锥；

由若干三角形围成一个以多边形 *ATBUCVDW* 为底且以点 *L* 为顶点的棱锥，设 *LBT* 是这些三角形之一，

又由若干三角形围成一个以多边形 *EPFQGRHS* 为底且以点 *N* 为顶点的棱锥，设 *NFP* 是这些三角形之一；

接连 *KT*、*MP*。

现在，由于圆锥 *ABCDL* 相似于圆锥 *EFGHN*，

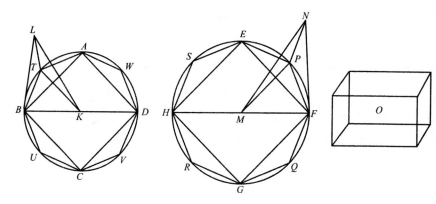

因此，*BD* 比 *FH* 如同轴 *KL* 比轴 *MN*。

〔XI. 定义 24〕

但 *BD* 比 *FH* 如同 *BK* 比 *FM*；

　　　因此也有，*BK* 比 *FM* 如同 *KL* 比 *MN*。

又，取更比例，*BK* 比 *KL* 如同 *FM* 比 *MN*。　　　〔V. 16〕

而夹等角即角 *BKL*、*FMN* 的边成比例；

　　　因此，三角形 *BKL* 相似于三角形 *FMN*。　　〔VI. 6〕

又，由于 *BK* 比 *KT* 如同 *FM* 比 *MP*，

且它们夹等角，即角 *BKT*、*FMP*，

这是因为，无论角 *BKT* 是圆心 *K* 的四个直角的多少部分，

角 *FMP* 也是圆心 *M* 的四个直角的同样多少部分；

于是，由于夹等角的边成比例，

　　　因此，三角形 *BKT* 相似于三角形 *FMP*。　　〔VI. 6〕

又，由于已经证明，*BK* 比 *KL* 如同 *FM* 比 *MN*，

而 *BK* 等于 *KT*，*FM* 等于 *PM*，

　　　因此，*TK* 比 *KL* 如同 *PM* 比 *MN*；

又，夹等角即角 TKL、PMN 的边成比例,这是因为它们是直角；

因此，三角形 LKT 相似于三角形 NMP。　　　［VI. 6］

又，由于三角形 LKB 相似于 NMF，所以

LB 比 BK 如同 NF 比 FM,

又，由于三角形 BKT 相似于 FMP，所以

KB 比 BT 如同 MF 比 FP,

因此，取首末比例，LB 比 BT 如同 NF 比 FP。［V. 22］

又，由于三角形 LTK 相似于 NPM，所以

LT 比 TK 如同 NP 比 PM,

又，由于三角形 TKB 相似于 PMF，所以

KT 比 TB 如同 MP 比 PF ;

因此，取首末比例，LT 比 TB 如同 NP 比 PF。［V. 22］

但已证明，TB 比 BL 如同 PF 比 FN。

因此，取首末比例，TL 比 LB 如同 PN 比 NF。［V. 22］

因此，在三角形 LTB、NPF 中，边成比例；

因此，三角形 LTB、NPF 等角；　　　　　［VI. 5］

因此，它们也相似。　　　　　　［VI. 定义 I］

因此，以三角形 BKT 为底且以点 L 为顶点的棱锥也相似于以三角形 FMP 为底且以点 N 为顶点的棱锥,

这是因为，它们由相等个数的相似平面所围成。

［XI. 定义 9］

但以三角形为底的相似棱锥之比是其对应边之比的三倍比。

［XII. 8］

因此，棱锥 BKTL 比棱锥 FMPN 是 BK 比 FM 的三倍比。

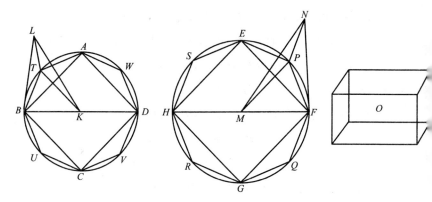

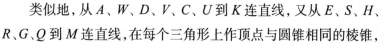

类似地，从 A、W、D、V、C、U 到 K 连直线，又从 E、S、H、R、G、Q 到 M 连直线，在每个三角形上作顶点与圆锥相同的棱锥，

可以证明，每对相似棱锥之比是对应边 BK 比对应边 FM 的三倍比，即 BD 比 FH 的三倍比。

又，前项之一比后项之一如同所有前项之和比所有后项之和；

[V. 12]

因此也有，棱锥 $BKTL$ 比棱锥 $FMPN$ 如同以多边形 $ATBUCVDW$ 为底且以点 L 为顶点的整个棱锥比以多边形 $EPFQGRHS$ 为底且以点 N 为顶点的整个棱锥；

因此也有，以 $ATBUCVDW$ 为底且以点 L 为顶点的棱锥比以多边形 $EPFQGRHS$ 为底且以点 N 为顶点的棱锥是 BD 比 FH 的三倍比。

但根据假设，以圆 $ABCD$ 为底且以点 L 为顶点的圆锥比立体 O 是 BD 比 FH 的三倍比；

因此，以圆 $ABCD$ 为底且以点 L 为顶点的圆锥比立体 O 如同以多边形 $ATBUCVDW$ 为底且以 L 为顶点的棱锥比以多边形

EPFQGRHS 为底且以点 *N* 为顶点的棱锥；

因此，取更比例，以圆 *ABCD* 为底且以 *L* 为顶点的圆锥比它所包含的以多边形 *ATBUCVDW* 为底且以 *L* 为顶点的棱锥如同立体 *O* 比以多边形 *EPFQGRHS* 为底且以 *N* 为顶点的棱锥。［V. 16］

但上述圆锥大于它之中的棱锥；

这是因为圆锥包含棱锥。

因此，立体 *O* 也大于以多边形 *EPFQGRHS* 为底且以 *N* 为顶点的棱锥。

但立体 *O* 也小于棱锥：

这是不可能的。

因此，以圆 *ABCD* 为底且以 *L* 为顶点的圆锥比任何小于以圆 *EFGH* 为底且以点 *N* 为顶点的圆锥的立体都不是 *BD* 比 *FH* 的三倍比。

类似地，可以证明，圆锥 *EFGHN* 比任何小于圆锥 *ABCDL* 的立体也不是 *FH* 比 *BD* 的三倍比。

其次我说，圆锥 *ABCDL* 比任何大于圆锥 *EFGHN* 的立体也不是 *BD* 比 *FH* 的三倍比。

这是因为，如果可能，设成比例的是一个大于圆锥 *EFGHN* 的立体 *O*。

因此，取反比例，立体 *O* 比圆锥 *ABCDL* 是 *FH* 比 *BD* 的三倍比。

但立体 *O* 比圆锥 *ABCDL* 如同圆锥 *EFGHN* 比某个小于圆锥 *ABCDL* 的立体。

因此，圆锥 *EFGHN* 比某个小于圆锥 *ABCDL* 的立体是 *FH*

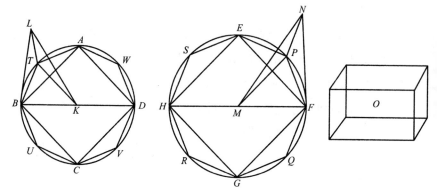

比 *BD* 的三倍比：

　　已经证明这是不可能的。

　　因此，圆锥 *ABCDL* 比任何大于圆锥 *EFGHN* 的立体都不是
BD 比 *FH* 的三倍比。

　　但已证明，成比例的也不是一个小于圆锥 *EFGHN* 的立体。

　　因此，圆锥 *ABCDL* 比圆锥 *EFGHN* 是 *BD* 比 *FH* 的三倍比。

　　但圆锥比圆锥如同圆柱比圆柱，

　　这是因为，同底等高的圆柱是圆锥的三倍；　　　　　　［XII. 10］

　　因此，圆柱比圆柱也是 *BD* 比 *FH* 的三倍比。

　　　　　　　　　　　　　　　　　　　　这就是所要证明的。

命题 13

　　若一圆柱被平行于其对面的平面所截，则圆柱比圆柱如同轴比轴。

If a cylinder be cut by a plane which is parallel to its opposite planes, then, as the cylinder is to the cylinder, so will the axis be to the axis.

设圆柱 AD 被平行于对面 AB、CD 的平面 GH 所截，

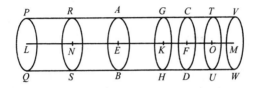

且设平面 GH 与轴交于点 K；

我说，圆柱 BG 比圆柱 GD 如同轴 EK 比轴 KF。

这是因为，沿两个方向延长轴 EF 至点 L、M，

取任意多个轴 EN、NL 等于轴 EK，

以及取任意多个 FO、OM 等于 FK；

又作以 LM 为轴的圆柱 PW，其底为圆 PQ、VW。

过点 N、O 作平面平行于 AB、CD 和圆柱 PW 的底，

又设由此产生以 N、O 为圆心的圆 RS、TU。

于是，由于轴 LN、NE、EK 彼此相等，

因此，圆柱 QR、RB、BG 彼此之比如同其底之比。［XII. 11］

但其底相等；

　　　因此，圆柱 QR、RB、BG 也彼此相等。

于是，由于轴 LN、NE、EK 彼此相等，

且圆柱 QR、RB、BG 也彼此相等，

且前者的个数等于后者的个数，

因此，轴 KL 是轴 EK 的多少倍，圆柱 QG 也是圆柱 GB 的多少倍。

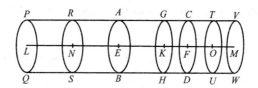

同理，轴 MK 是轴 KF 的多少倍，圆柱 WG 也是圆柱 GD 的多少倍。

又，如果轴 KL 等于轴 KM，则圆柱 QG 也等于圆柱 GW，

如果轴 KL 大于轴 KM，则圆柱 QG 也大于圆柱 GW，

如果轴 KL 小于轴 KM，则圆柱 QG 也小于圆柱 GW。

于是，有四个量，轴 EK、KF 和圆柱 BG、GD，

已取轴 EK 和圆柱 BG 的等倍量，即轴 LK 和圆柱 QG，

以及轴 KF 和圆柱 GD 的等倍量，即轴 KM 及圆柱 GW；

且已证明，如果轴 KL 大于轴 KM，则圆柱 QG 也大于圆柱 GW，

如果轴 KL 等于轴 KM，则圆柱 QG 也等于圆柱 GW；

如果轴 KL 小于轴 KM，则圆柱 QG 也小于圆柱 GW。

因此，轴 EK 比轴 KF 如同圆柱 BG 比圆柱 GD。［V. 定义 5］

这就是所要证明的。

命题 14

等底的圆锥或圆柱之比如同其高之比。

Cones and cylinders which are on equal bases are to one

another as their heights.

设 *EB*、*FD* 是等底的圆柱，底为圆 *AB*、*CD*；

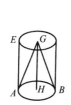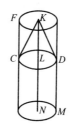

我说，圆柱 *EB* 比圆柱 *FD* 如同高 *GH* 比高 *KL*。

延长轴 *KL* 至点 *N*，

使 *LN* 等于轴 *GH*，

又作以 *LN* 为轴的圆柱 *CM*。

于是，由于圆柱 *EB*、*CM* 同高，所以它们彼此之比如同其底之比。 [XII. 11]

但它们的底彼此相等：

因此，圆柱 *EB*、*CM* 也相等。

又，由于圆柱 *FM* 被平行于其对面的平面 *CD* 所截，

因此，圆柱 *CM* 比圆柱 *FD* 如同轴 *LN* 比轴 *KL*。 [XII. 13]

但圆柱 *CM* 等于圆柱 *EB*，

且轴 *LN* 等于轴 *GH*；

因此，圆柱 *EB* 比圆柱 *FD* 如同轴 *GH* 比轴 *KL*。

但圆柱 *EB* 比圆柱 *FD* 如同圆锥 *ABG* 比圆锥 *CDK*。 [XII. 10]

因此也有，轴 *GH* 比轴 *KL* 如同圆锥 *ABG* 比圆锥 *CDK*，也如同圆柱 *EB* 比圆柱 *FD*。

　　　　　　　　　　　　　　　　　　这就是所要证明的。

命题 15

　　相等的圆锥或圆柱，其底与高成互反比例；底与高成互反比例的圆锥或圆柱相等。

　　In equal cones and cylinders the bases are reciprocally proportional to the heights; and those cones and cylinders in which the bases are reciprocally proportional to the heights are equal.

　　设有以圆 *ABCD*、*EFGH* 为底的相等的圆锥或圆柱；

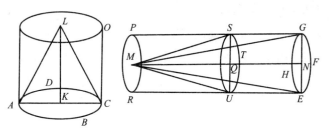

　　设 *AC*、*EG* 是底的直径，

　　且 *KL*、*MN* 是轴，也是圆锥或圆柱的高；

　　将圆柱 *AO*、*EP* 补充完整。

　　我说，圆柱 *AO*、*EP* 的底与高成互反比例，

　　即底 *ABCD* 比底 *EFGH* 如同高 *MN* 比高 *KL*。

　　这是因为，高 *LK* 要么等于高 *MN*，要么不等于高 *MN*。

　　首先，设高 *LK* 等于高 *MN*。

　　现在，圆柱 *AO* 也等于圆柱 *EP*。

　　但同高的圆锥或圆柱之比如同其底之比；　　　　　［XII. 11］

因此，底 $ABCD$ 也等于底 $EFGH$。

因此也有，取互反比例，底 $ABCD$ 比底 $EFGH$ 如同高 MN 比高 KL。

其次，设高 LK 不等于 MN，

而是 MN 较大；

从高 MN 上截取 QN 等于 KL，

过点 Q 作平面 TUS 平行于圆 $EFGH$、RP 的平面，圆柱 EP 被它所截，

且设圆柱 ES 以圆 $EFGH$ 为底，以 NQ 为高。

现在，由于圆柱 AO 等于圆柱 EP，

因此，圆柱 AO 比圆柱 ES 如同圆柱 EP 比圆柱 ES。　　　[V. 7]

但圆柱 AO 比圆柱 ES 如同底 $ABCD$ 比底 $EFGH$，

这是因为圆柱 AO、ES 同高；　　　　　　　　[XII. 11]

又，圆柱 EP 比圆柱 ES 如同高 MN 比高 QN，

这是因为圆柱 E 被一个平行于其对面的平面所截。[XII. 13]

因此也有，底 $ABCD$ 比底 $EFGH$ 如同高 MN 比高 QN。

　　　　　　　　　　　　　　　　　　　　[V. 11]

但高 QN 等于高 KL；

因此，底 $ABCD$ 比底 $EFGH$ 如同高 MN 比高 KL。

因此，在圆柱 AO、EP 中，底与高成互反比例。

其次，在圆柱 AO、EP 中，设底与高成互反比例，

即底 $ABCD$ 比底 $EFGH$ 如同高 MN 比高 KL；

我说，圆柱 AO 等于圆柱 EP。

这是因为，用同样的作图，

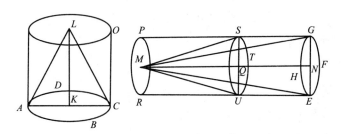

由于底 *ABCD* 比底 *EFGH* 如同高 *MN* 比高 *KL*，

而高 *KL* 等于高 *QN*，

因此，底 *ABCD* 比底 *EFGH* 如同高 *MN* 比高 *QN*。

但底 *ABCD* 比底 *EFGH* 如同圆柱 *AO* 比圆柱 *ES*，

这是因为它们同高；   [XII. 11]

而高 *MN* 比 *QN* 如同圆柱 *EP* 比圆柱 *ES*；   [XII. 13]

因此，圆柱 *AO* 比圆柱 *ES* 如同圆柱 *EP* 比圆柱 *ES*。

[V. 11]

因此，圆柱 *AO* 等于圆柱 *EP*。   [V. 9]

这对圆锥来说也是如此。

这就是所要证明的。

命题 16

给定两同心圆，在大圆中作一个有偶数条边的、不与小圆相切的内接等边多边形。

Given two circles about the same centre, to inscribe in the greater circle an equilateral polygon with an even number of sides which does not touch the lesser circle.

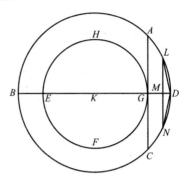

　　设 *ABCD*、*EFGH* 是 以 *K*
为共同圆心的两个给定的圆；

　　于是，要求在大圆 *ABCD* 中
作一个有偶数条边的、不与小圆
EFGH 相切的内接等边多边形。

　　过圆心 *K* 作直线 *BKD*，

　　又从点 *G* 作 *GA* 与直线 *BD* 成直角并延长到 *C*；

　　　　　　　　因此，*AC* 与圆 *EFGH* 相切。　　［Ⅲ. 16, 推论］

　　然后，将圆周 *BAD* 二等分，再将它的一半二等分，这样继续
作下去，则会留下一个小于 *AD* 的圆周。　　　　　　　　　［Ⅹ. 1］

　　设这样留下的圆周是 *LD*；

　　从 *L* 作 *LM* 垂直于 *BD* 并延长至 *N*，

　　连接 *LD*、*DN*；

　　　　　　　　因此，*LD* 等于 *DN*。　　　［Ⅲ. 3, Ⅰ. 4］

　　现在，由于 *LN* 平行于 *AC*，

　　且 *AC* 与圆 *EFGH* 相切，

　　　　　　　　因此，*LN* 不与圆 *EFGH* 相切；

　　　　　　　　因此，*LD*、*DN* 更不与圆 *EFGH* 相切。

　　于是，如果将等于 *LD* 的直线连续纳入圆 *ABCD*，则在圆
ABCD 中作出一个有偶数条边的、不与小圆 *EFGH* 相切的内接等
边多边形。

这就是所要作的。

命题 17

给定两同心球，在大球中作一个不与小球的球面相切的内接多面体。

Given two spheres about the same centre, to inscribe in the greater sphere a polyhedral solid which does not touch the lesser sphere at its surface.

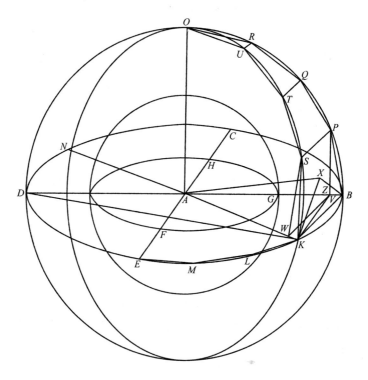

设两球有相同的球心 A；

于是，要求在大球中作一个不与小球的球面相切的内接多面体。

设两球被过球心的任一平面所截；

于是，截线是圆，

这是因为，球是直径保持固定，半圆绕直径旋转而成的；

[XI. 定义 14]

因此，无论设想半圆处于任何位置，过半圆的平面都在球面上产生一个圆。

显然，这个圆是最大的，

这是因为，球的直径，当然既是半圆的直径也是圆的直径，大于在圆中或球中所作的所有直线。

然后，设 $BCDE$ 是大球中的圆，

且 FGH 是小球中的圆；

在它们中作两直径 BD、CE 彼此成直角；

于是，给定同心的两圆 $BCDE$、FGH，在大圆 $BCDE$ 中作一个有偶数条边的、不与小圆 EGH 相切的内接等边多边形。

设 BK、KL、LM、ME 是象限 BE 中的边，

连接 KA 并延长至 N，

从点 A 作 AO 与圆 $BCDE$ 的平面成直角，且它与球面交于 O，

过 AO 和直线 BD、KN 中的每一条作平面；

于是，出于已经陈述的理由，它们与球面截出最大的圆。

设已经作出了它们，

且设在它们中，BOD、KON 是 BD、KN 上的半圆。

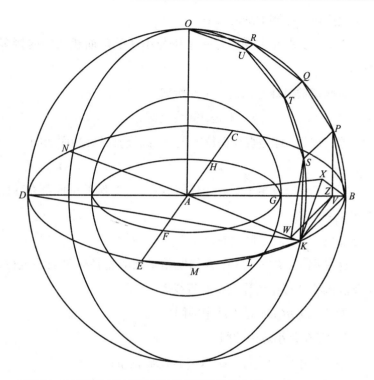

现在，由于 OA 与圆 BCDE 的平面成直角，

因此，所有过 OA 的平面都与圆 BCDE 的平面成直角；

$$[\ \text{XI. 18}\ ]$$

因此，半圆 BOD、KON 也与圆 BCDE 的平面成直角。

又，由于半圆 BED、BOD、KON 相等，

这是因为它们在相等的直径 BD、KN 上，

　　　因此，象限 BE、BO、KO 也彼此相等。

因此，象限 BO、KO 中有多少条直线等于直线 BK、KL、

LM、ME，象限 BE 中就有多边形的多少条边。

设它们内接, 且设它们是 BP、PQ、QR、RO 和 KS、ST、
TU、UO,

连接 SP、TQ、UR,

从 P、S 作圆 $BCDE$ 的平面的垂线;   [XI. 11]

    它们将落在平面的公共交线 BD、KN 上,

这是因为 BOD、KON 的平面与圆 $BCDE$ 的平面也成直角。

                  [参见 XI. 定义 4]

设它们是 PV、SW,

连接 WV。

现在, 由于在相等的半圆 BOD、KON 中已经截取了相等的
直线 BP、KS,

且已作垂线 PV、SW,

    因此, PV 等于 SW, 且 BV 等于 KW。 [III. 27, I. 26]

但整个 BA 也等于整个 KA;

      因此, 余下的 VA 也等于余下的 WA;

      因此, BV 比 VA 如同 KW 比 WA;

      因此, WV 平行于 KB。   [VI. 2]

又, 由于直线 PV、SW 中的每一条都与圆 $BCDE$ 的平面成直角,

      因此, PV 平行于 SW。   [XI. 6]

但已证明, PV 也等于 SW;

      因此, WV、SP 相等且平行。   [I. 33]

又, 由于 WV 平行于 SP,

而 WV 平行于 KB,

      因此, SP 也平行于 KB。   [XI. 9]

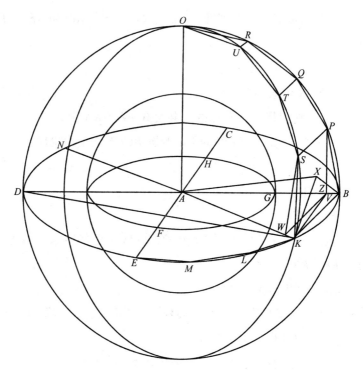

连接 *BP*、*KS* 的端点；

　　　因此，四边形 *KBPS* 在同一平面上，

这是因为，如果两直线平行，在它们上各任取一点，则连接两点的直线与两平行直线在同一平面上。　　　　　　[XI. 7]

同理，

　　　四边形 *SPQT*、*TQRU* 中的每一个也在同一平面上。

但三角形 *URO* 也在同一平面上。　　　　　　　[XI. 2]

于是，如果从点 *P*、*S*、*Q*、*T*、*R*、*U* 向 *A* 连接直线，则可作出圆周 *BO*、*KO* 之间的某个多面体，它由以四边形 *KBPS*、

SPQT、*TQRU* 和三角形 *URO* 为底且以点 *A* 为顶点的棱锥所构成。

又，如果我们就边 *KL*、*LM*、*ME* 中的每一条像 *BK* 一样作同样的图，且就其余三个象限也作同样的图，

则可作出某个球内接多面体，它由以上述四边形和三角形 *URO* 以及其他与之对应的四边形和三角形为底且以点 *A* 为顶点的棱锥所构成。

我说，上述多面体不在圆 *FGH* 所在的面与小球相切。

从点 *A* 作 *AX* 垂直于四边形 *KBPS* 的平面，且设它与平面交于点 *X*；　　　　　　　　　　　　　　　　　　　[XI. 11]

连接 *XB*、*XK*。

于是，由于 *AX* 与四边形 *KBPS* 的平面成直角，因此它也与四边形平面上与之相交的所有直线成直角。　　　[XI. 定义 3]

因此，*AX* 与直线 *BX*、*XK* 中的每一条成直角。

又，由于 *AB* 等于 *AK*，所以

AB 上的正方形也等于 *AK* 上的正方形。

且 *AX*、*XB* 上的正方形之和等于 *AB* 上的正方形，

这是因为 *X* 处的角是直角；　　　　　　　　　　　　　[I. 47]

且 *AX*、*XK* 上的正方形之和等于 *AK* 上的正方形。[I. 47]

因此，*AX*、*XB* 上的正方形之和等于 *AX*、*XK* 上的正方形之和。

从它们中各减去 *AX* 上的正方形；

因此，余下的 *BX* 上的正方形等于余下的 *XK* 上的正方形；

因此，*BX* 等于 *XK*。

类似地，可以证明，从 *X* 到 *P*、*S* 连接的直线等于直线 *BX*、*XK* 中的每一条。

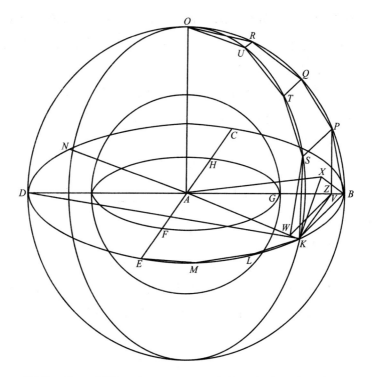

因此，以 *X* 为圆心且以 *XB*、*XK* 中的一条为距离所作的圆也过 *P*、*S*，

且 *KBPS* 是一个圆内的四边形。

现在，由于 *KB* 大于 *WV*，

而 *WV* 等于 *SP*，

因此，*KB* 大于 *SP*。

但 *KB* 等于直线 *KS*、*BP* 中的每一条；

因此，直线 *KS*、*BP* 中的每一条都大于 *SP*。

又，由于 *KBPS* 是一个圆内的四边形，

而 *KB*、*BP*、*KS* 相等，且 *PS* 较小，

且 *BX* 是圆的半径，

因此，*KB* 上的正方形大于 *BX* 上的正方形的二倍。

从 *K* 作 *KZ* 垂直于 *BV*。

于是，由于 *BD* 小于 *DZ* 的二倍，

且 *BD* 比 *DZ* 如同矩形 *DB*、*BZ* 比矩形 *DZ*、*ZB*，

如果在 *BZ* 上作一个正方形，且将 *ZD* 上的平行四边形补充完整，

则矩形 *DB*、*BZ* 也小于矩形 *DZ*、*ZB* 的二倍。

且如果连接 *KD*，

则矩形 *DB*、*BZ* 等于 *BK* 上的正方形，

而矩形 *DZ*、*ZB* 等于 *KZ* 上的正方形；[III. 31，VI. 8 和推论]

因此，*KB* 上的正方形小于 *KZ* 上的正方形的二倍。

但 *KB* 上的正方形大于 *BX* 上的正方形的二倍；

因此，*KZ* 上的正方形大于 *BX* 上的正方形。

又，由于 *BA* 等于 *KA*，所以

BA 上的正方形等于 *AK* 上的正方形。

而 *BX*、*XA* 上的正方形之和等于 *BA* 上的正方形，

且 *KZ*、*ZA* 上的正方形之和等于 *KA* 上的正方形；[I. 47]

因此，*BX*、*XA* 上的正方形之和等于 *KZ*、*ZA* 上的正方形之和，

且其中 *KZ* 上的正方形大于 *BX* 上的正方形；

因此，余下的 *ZA* 上的正方形小于 *XA* 上的正方形。

因此，*AX* 大于 *AZ*；

因此，*AX* 更大于 *AG*。

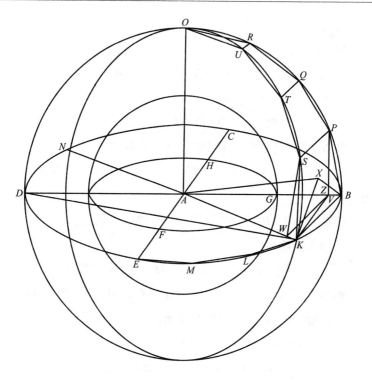

而 *AX* 是多面体一个底上的垂线，

且 *AG* 在小球的球面上；[①]

　　　因此，多面体不与小球的球面相切。

　　这样便对给定的两同心球，在大球中作出了一个不与小球的球面相切的内接多面体。

　　　　　　　　　　　　　　　　　　这就是所要作的。

推论 但如果另一个球的内接多面体也相似于球 *BCDE* 中的多面体,

则球 *BCDE* 中的多面体比另一个球中的多面体是球 *BCDE* 的直径比另一个球的直径的三倍比。

这是因为,将这两个多面体分成个数相似、安排相似的棱锥,这些棱锥是相似的。

但相似棱锥之比是其对应边之比的三倍比;　　　[XII. 8, 推论]

因此,以四边形 *KBPS* 为底且以点 *A* 为顶点的棱锥比另一个球中有相似安排的棱锥是对应边比对应边的三倍比,即以 *A* 为球心的球的半径 *AB* 比另一个球的半径的三倍比。

类似地也有,以 *A* 为球心的球中的每个棱锥比另一个球中有相似安排的棱锥是 *AB* 比另一个球的半径的三倍比。

而前项之一比后项之一如同所有前项之和比所有后项之和。

[V. 12]

因此,以 *A* 为球心的球中的整个多面体比另一个球中的整个多面体是 *AB* 比另一个球的半径的三倍比,即直径 *BD* 比另一个球的直径的三倍比。

这就是所要证明的。

命题 18

球与球之比是其直径之比的三倍比。

Spheres are to one another in the triplicate ratio of their respective diameters.

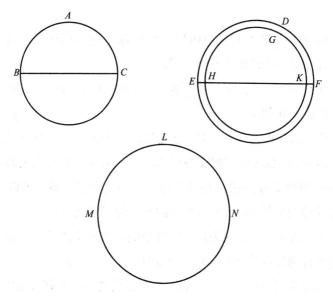

作球 *ABC*、*DEF*，

且设 *BC*、*EF* 是它们的直径；

我说，球 *ABC* 比球 *DEF* 是 *BC* 比 *EF* 的三倍比。

这是因为，如果球 *ABC* 比球 *DEF* 不是 *BC* 比 *EF* 的三倍比，

则球 *ABC* 比某个小于 *DEF* 或大于球 *DEF* 的球是 *BC* 比 *EF* 的三倍比。

首先，设成比例的是一个小于 *DEF* 的球 *GHK*，

设球 *DEF* 与球 *GHK* 同心，

在大球 *DEF* 中作一个不与小球 *GHK* 的球面相切的内接多面体，

[XII. 17]

且在球 ABC 中作一个内接多面体相似于球 DEF 中的多面体；

因此，ABC 中的多面体比 DEF 中的多面体是 BC 比 EF 的三倍比。   [XII. 17，推论]

但球 ABC 比球 GHK 也是 BC 比 EF 的三倍比；

因此，球 ABC 比球 GHK 如同在球 ABC 中的多面体比球 DEF 中的多面体；

取更比例，球 ABC 比它中的多面体如同球 GHK 比球 DEF 中的多面体。   [V. 16]

但球 ABC 大于它中的多面体；

因此，球 GHK 也大于球 DEF 中的多面体。

但球 GHK 也小于球 DEF 中的多面体，

这是因为球 GHK 被球 DEF 中的多面体所包含。

因此，球 ABC 比一个小于球 DEF 的球不是直径 BC 比直径 EF 的三倍比。

类似地，可以证明，球 DEF 比一个小于球 ABC 的球也不是 EF 比 BC 的三倍比。

其次我说，球 ABC 比某个大于球 DEF 的球也不是 BC 比 EF 的三倍比。

这是因为，如果可能，设成比例的是一个大于 DEF 的球 LMN；

因此，取反比例，球 LMN 比球 ABC 是直径 EF 比 BC 的三倍比。

但因为 LMN 大于 DEF，

因此，球 LMN 比球 ABC 如同球 DEF 比某个小于球 ABC 的球，如前已证明的。   [XII. 2，引理]

因此，球 DEF 比某个小于球 ABC 的球也是 EF 比 BC 的三倍比：

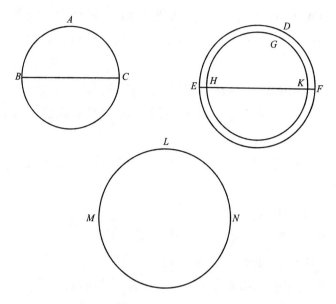

已经证明这是不可能的。

因此，球 *ABC* 比某个大于球 *DEF* 的球不是 *BC* 比 *EF* 的三倍比。

但已证明，球 *ABC* 比某个小于球 *DEF* 的球也不是 *BC* 比 *EF* 的三倍比。

因此，球 *ABC* 比球 *DEF* 是 *BC* 与 *EF* 的三倍比。

　　　　　　　　　　　　　　　　　　这就是所要证明的。

第十三卷

命题 1

若把一直线分成中外比，则较大段与整条直线的一半之和上的正方形是整条直线一半上的正方形的五倍。

If a straight line be cut in extreme and mean ratio, the square on the greater segment added to the half of the whole is five times the square on the half.

设直线 AB 在点 C 被分成中外比，

且设 AC 是较大段；

作直线 AD 与 CA 成一直线，

使 AD 是 AB 的一半；

我说，CD 上的正方形是 AD 上的正方形的五倍。

这是因为，在 AB、DC 上作正方形 AE、DF，

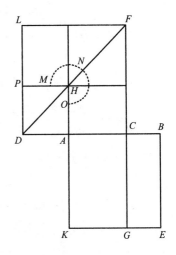

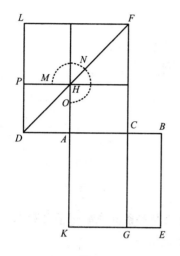

且作 *DF* 中的图形；

延长 *FC* 到 *G*。

现在，由于 *AB* 在 *C* 被分成中外比，

因此，矩形 *AB*、*BC* 等于 *AC* 上的正方形。［VI. 定义 3，VI. 17］

而 *CE* 是矩形 *AB*、*BC*，且 *FH* 是 *AC* 上的正方形；

因此，*CE* 等于 *FH*。

又，由于 *BA* 是 *AD* 的二倍，

而 *BA* 等于 *KA*，且 *AD* 等于 *AH*，

因此，*KA* 也是 *AH* 的二倍。

但 *KA* 比 *AH* 如同 *CK* 比 *CH*；　　　　　　　　［VI. 1］

因此，*CK* 是 *CH* 的二倍。

但 *LH*、*HC* 之和也是 *CH* 的二倍。

因此，*KC* 等于 *LH*、*HC* 之和。

但已证明，*CE* 也等于 *HF*；

因此，整个正方形 *AE* 等于拐尺形 *MNO*。

又，由于 *BA* 是 *AD* 的二倍，所以

BA 上的正方形是 *AD* 上的正方形的四倍，

即 *AE* 是 *DH* 的四倍。

但 *AE* 等于拐尺形 *MNO*；

因此，拐尺形 *MNO* 也是 *AP* 的四倍；

因此，整个 *DF* 是 *AP* 的五倍。

而 *DF* 是 *DC* 上的正方形，且 *AP* 是 *DA* 上的正方形；

因此，*CD* 上的正方形是 *DA* 上的正方形的五倍。

这就是所要证明的。

命题 2

若一直线上的正方形是它的一段上的正方形的五倍，则当这段的二倍被分成中外比时，较大段是原来直线的其余部分。

If the square on a straight line be five times the square on a segment of it, then, when the double of the said segment is cut in extreme and mean ratio, the greater segment is the remaining part of the original straight line.

设直线 *AB* 上的正方形是其 *AC* 段上的正方形的五倍，

且设 *CD* 是 *AC* 的二倍；

我说，当 *CD* 被分成中外比时，较大段是 *CB*。

在 *AB*、*CD* 上分别作正方形 *AF*、*CG*，

作 *AF* 中的图形，

且作 *BE*。

现在，由于 *BA* 上的正方形是

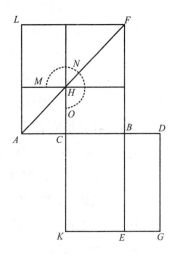

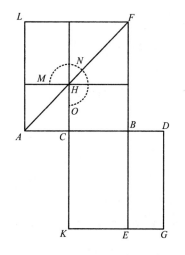

AC 上的正方形的五倍，所以

　　　　AF 是 *AH* 的五倍。

　　　因此，拐尺形 *MNO* 是 *AH* 的四倍。

　　　又，由于 *DC* 是 *CA* 的二倍，

　　　因此，*DC* 上的正方形是 *CA* 上的正方形的四倍，

　　　即 *CG* 是 *AH* 的四倍。

　　　但已证明，拐尺形 *MNO* 也是 *AH* 的四倍；

　　因此，拐尺形 *MNO* 等于 *CG*。

又，由于 *DC* 是 *CA* 的二倍，

而 *DC* 等于 *CK*，且 *AC* 等于 *CH*，

　　　因此，*KB* 也是 *BH* 的二倍。　　　［Ⅵ.1］

但 *LH*、*HB* 之和也是 *HB* 的二倍；

　　　因此，*KB* 等于 *LH*、*HB* 之和。

但已证明，整个拐尺形 *MNO* 也等于整个 *CG*；

　　　因此，余量 *HF* 等于 *BG*。

又，*BG* 是矩形 *CD*、*DB*，

这是因为 *CD* 等于 *DG*；

且 *HF* 是 *CB* 上的正方形；

　　　因此，矩形 *CD*、*DB* 等于 *CB* 上的正方形。

因此，*DC* 比 *CB* 如同 *CB* 比 *BD*。

但 *DC* 大于 *CB*；

因此，CB 也大于 BD。

因此，当直线 CD 被分成中外比时，CB 是较大段。

这就是所要证明的。

引理 证明 AC 的二倍大于 BC。

如果不是这样，那么如果可能，设 BC 是 CA 的二倍。

因此，BC 上的正方形是 CA 上的正方形的四倍；

因此，BC、CA 上的正方形之和是 CA 上的正方形的五倍。

但根据假设，BA 上的正方形也是 CA 上的正方形的五倍；

因此，BA 上的正方形等于 BC、CA 上的正方形之和；

这是不可能的。   [II. 4]

因此，CB 不是 AC 的二倍。

类似地，可以证明，小于 CB 的直线也不是 CA 的二倍；

这是因为这更荒谬。

因此，AC 的二倍大于 CB。

这就是所要证明的。

命题 3

若将一直线分成中外比，则较小段与较大段一半之和上的正方形是较大段一半上的正方形的五倍。

If a straight line be cut in extreme and mean ratio, the square

*on the lesser segment added to the half of the greater segment is five
times the square on the half of the greater segment.*

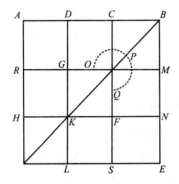

设直线 *AB* 在点 *C* 被分成中外比，

设 *AC* 是较大段，

且设 *AC* 在 *D* 被二等分；

我说，*BD* 上的正方形是 *DC* 上
的正方形的五倍。

这是因为，在 *AB* 上作正方形 *AE*，
且设图已二倍地作出。

由于 *AC* 是 *DC* 的二倍，

因此，*AC* 上的正方形是 *DC* 上的正方形的四倍，

　　　即 *RS* 是 *FG* 的四倍。

又，由于矩形 *AB*、*BC* 等于 *AC* 上的正方形，

且 *CE* 是矩形 *AB*、*BC*，

　　　　因此，*CE* 等于 *RS*。

但 *RS* 是 *FG* 的四倍；

　　　　因此，*CE* 也是 *FG* 的四倍。

又，由于 *AD* 等于 *DC*，所以

　　　　HK 也等于 *KF*。

因此，正方形 *GF* 也等于正方形 *HL*。

因此，*GK* 等于 *KL*，即 *MN* 等于 *NE*；

　　　　因此，*MF* 也等于 *FE*。

但 *MF* 等于 *CG*；

因此，*CG* 也等于 *FE*。

给它们分别加上 *CN*；

因此，拐尺形 *OPQ* 等于 *CE*。

但已证明，*CE* 是 *GF* 的四倍；

因此，拐尺形 *OPQ* 也是正方形 *FG* 的四倍。

因此，拐尺形 *OPQ* 与正方形 *FG* 之和是 *FG* 的五倍。

但拐尺形 *OPQ* 与正方形 *FG* 之和是正方形 *DN*。

而 *DN* 是 *DB* 上的正方形，且 *GF* 是 *DC* 上的正方形。

因此，*DB* 上的正方形是 *DC* 上的正方形的五倍。

这就是所要证明的。

命题 4

若一条直线被分成中外比，则整条直线上的正方形与较小段上的正方形之和是较大段上的正方形的三倍。

If a straight line be cut in extreme and mean ratio, the square on the whole and the square on the lesser segment together are triple of the square on the greater segment.

设 *AB* 是一条直线，

设它在 *C* 被分成中外比，

且设 *AC* 是较大段；

我说，*AB*、*BC* 上的正方形之和是

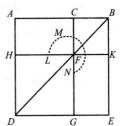

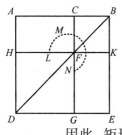

CA 上的正方形的三倍。

这是因为，在 *AB* 上作正方形 *ADEB*，且设图已作出。

于是，由于 *AB* 在 *C* 被分成中外比，且 *AC* 是较大段，

因此，矩形 *AB*、*BC* 等于 *AC* 上的正方形。

[Ⅵ. 定义 3，Ⅵ. 17]

而 *AK* 是矩形 *AB*、*BC*，且 *HG* 是 *AC* 上的正方形；

因此，*AK* 等于 *HG*。

又，由于 *AF* 等于 *FE*，

给它们分别加上 *CK*；

因此，整个 *AK* 等于整个 *CE*；

因此，*AK*、*CE* 之和是 *AK* 的二倍。

但 *AK*、*CE* 之和是拐尺形 *LMN* 与正方形 *CK* 之和；

因此，拐尺形 *LMN* 与正方形 *CK* 之和是 *AK* 的二倍。

但已证明，*AK* 也等于 *HG*；

因此，拐尺形 *LMN* 与正方形 *CK*、*HG* 之和是正方形 *HG* 的三倍。

又，拐尺形 *LMN* 与正方形 *CK*、*HG* 之和是整个正方形 *AE* 与 *CK* 之和，即 *AB*、*BC* 上的正方形之和，

而 *HG* 是 *AC* 上的正方形。

因此，*AB*、*BC* 上的正方形之和是 *AC* 上的正方形的三倍。

这就是所要证明的。

命题 5

若一直线被分成中外比，且在此直线上加一个等于较大段的直线，则整条直线被分成中外比，且原直线是较大段。

If a straight line be cut in extreme and mean ratio, and there be added to it a straight line equal to the greater segment, the whole straight line has been cut in extreme and mean ratio, and the original straight line is the greater segment.

设直线 *AB* 在点 *C* 被分成中外比，

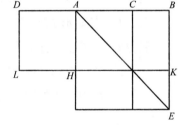

且 *AC* 是较大段，

且设 *AD* 等于 *AC*。

我说，直线 *DB* 在 *A* 被分成中外比，

且原直线 *AB* 是较大段。

这是因为，在 *AB* 上作正方形 *AE*，

且设图已作出。

由于 *AB* 在 *C* 被分成中外比，

　　因此，矩形 *AB*、*BC* 等于 *AC* 上的正方形。

　　　　　　　　　　　　　　　　　　[Ⅵ. 定义 3，Ⅵ. 17]

而 *CE* 是矩形 *AB*、*BC*，且 *CH* 是 *AC* 上的正方形；

　　因此，*CE* 等于 *HC*。

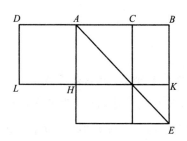

但 *HE* 等于 *CE*，

且 *DH* 等于 *HC*；

因此，*DH* 也等于 *HE*。

因此，整个 *DK* 等于整个 *AE*。

又，*DK* 是矩形 *BD*、*DA*，这是因为 *AD* 等于 *DL*；

且 *AE* 是 *AB* 上的正方形；

因此，矩形 *BD*、*DA* 等于 *AB* 上的正方形。

因此，*DB* 比 *BA* 如同 *BA* 比 *AD*。　　　　　[VI. 17]

而 *DB* 大于 *BA*；

因此，*BA* 也大于 *AD*。　　　　　　　　　[V. 14]

因此，*DB* 在 *A* 被分成中外比，且 *AB* 是较大段。

这就是所要证明的。

命题 6

若一有理直线被分成中外比，则每一段都是被称为余线的无理直线。

If a rational straight line be cut in extreme and mean ratio,
each of the segments is the irrational straight line called apotome.

设 *AB* 是一条有理直线，

设 *AB* 在 *C* 被分成中外比，

且设 *AC* 是较大段；

我说，直线 *AC*、*CB* 中的每一条都是被称为余线的无理直线。

这是因为，延长 *BA*，使 *AD* 是 *BA* 的一半。

于是，由于直线 *AB* 被分成中外比，

且把 *AB* 的一半 *AD* 加到较大段 *AC* 上，

　　因此，*CD* 上的正方形是 *DA* 上的正方形的五倍。

　　　　　　　　　　　　　　　　　　　　　　［ XIII. 1］

因此，*CD* 上的正方形比 *DA* 上的正方形是一个数比一个数；

　　因此，*CD* 上的正方形与 *DA* 上的正方形可公度。

　　　　　　　　　　　　　　　　　　　　　　　　［ X. 6］

但 *DA* 上的正方形是有理的，

这是因为 *DA* 是有理的，*DA* 是 *AB* 的一半，*AB* 是有理的；

　　　　　　因此，*CD* 上的正方形也是有理的；　［ X. 定义 4］

　　　　　　因此，*CD* 也是有理的。

又，由于 *CD* 上的正方形比 *DA* 上的正方形不如同一个平方
数比一个平方数，

　　　　　　因此，*CD* 与 *DA* 长度不可公度；　　　［ X. 9］

D　　　A　　C　　B

因此，*CD*、*DA* 是仅正方可公度的有理直线；

因此，*AC* 是一条余线。　　　　　　　　［X. 73］

又，由于 *AB* 被分成中外比，

且 *AC* 是较大段，

因此，矩形 *AB*、*BC* 等于 *AC* 上的正方形。

［VI. 定义 3，VI. 17］

因此，余线 *AC* 上的正方形，如果是对有理直线 *AB* 贴合出的，则产生作为宽的 *BC*。

但对一有理直线贴合出一个矩形等于一条余线上的正方形，则产生的宽是第一余线；　　　　　　　　　　　［X. 97］

因此，*CB* 是第一余线。

且已证明，*CA* 也是一条余线。

这就是所要证明的。

命题 7

若一等边五边形有三个角相等，无论相邻或不相邻，则该五边形是等角五边形。

If three angles of an equilateral pentagon, taken either in order or not in order, be equal, the pentagon will be equiangular.

在等边五边形 *ABCDE* 中，首先
设相邻的三个角，即 *A*、*B*、*C* 处的角，
彼此相等；

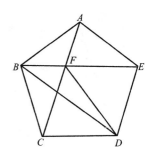

我说，五边形 *ABCDE* 是等角的。

这是因为，连接 *AC*、*BE*、*FD*。

现在，由于两边 *CB*、*BA* 分别等
于两边 *BA*、*AE*，

且角 *CBA* 等于角 *BAE*，

因此，底 *AC* 等于底 *BE*，三角形 *ABC* 等于三角形 *ABE*，且
其余的角等于其余的角，

即那些等边所对的角，   [I. 4]

即角 *BCA* 等于角 *BEA*，且角 *ABE* 等于角 *CAB*；

因此，边 *AF* 也等于边 *BF*。   [I. 6]

但已证明，整个 *AC* 也等于整个 *BE*；

因此，其余的 *FC* 也等于其余的 *FE*。

但 *CD* 也等于 *DE*。

因此，两边 *FC*、*CD* 等于两边 *FE*、*ED*；

而底 *FD* 公用；

因此，角 *FCD* 等于角 *FED*。   [I. 8]

但已证明，角 *BCA* 也等于角 *AEB*；

因此，整个角 *BCD* 也等于整个角 *AED*。

但根据假设，角 *BCD* 等于 *A*、*B* 处的角；

因此，角 *AED* 也等于 *A*、*B* 处的角。

类似地，可以证明，角 *CDE* 也等于 *A*、*B*、*C* 处的角；

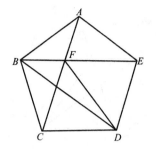

因此, 五边形 *ABCDE* 是等角的。

其次, 设给定的等角不是相邻的, 但设 *A*、*C*、*D* 处的角是相等的;

我说, 在这种情况下, 五边形 *ABCDE* 也是等角的。

这是因为, 连接 *BD*。

于是, 由于两边 *BA*、*AE* 等于两边 *BC*、*CD*,

且它们夹等角,

因此, 底 *BE* 等于底 *BD*,

三角形 *ABE* 等于三角形 *BCD*,

且其余的角等于其余的角,

即等边所对的角;　　　　　　　　　　　　　　　[I. 4]

因此, 角 *AEB* 等于角 *CDB*。

但角 *BED* 也等于角 *BDE*,

由于边 *BE* 也等于边 *BD*。　　　　　　　　　[I. 5]

因此, 整个角 *AED* 等于整个角 *CDE*。

但根据假设, 角 *CDE* 等于 *A*、*C* 处的角;

因此, 角 *AED* 也等于 *A*、*C* 处的角。

同理,

角 *ABC* 也等于 *A*、*C*、*D* 处的角。

因此, 五边形 *ABCDE* 是等角的。

这就是所要证明的。

命题 8

在一个等边且等角的五边形中，顺次作两角所对的直线，则这些直线交成中外比，且较大段等于五边形的边。

If in an equilateral and equiangular pentagon straight lines subtend two angles taken in order, they cut one another in extreme and mean ratio, and their greater segments are equal to the side of the pentagon.

在等边且等角的五边形 *ABCDE* 中，顺次作 *A*、*B* 处的角所对的直线 *AC*、*BE*，它们彼此交于点 *H*；

我说，两直线中的每一条都在点 *H* 被分成中外比，且它们的较大段都等于五边形的边。

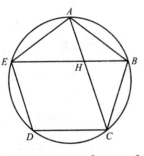

这是因为，设圆 *ABCDE* 外接于五边形 *ABCDE*。　　　[IV. 14]

于是，由于两直线 *EA*、*AB* 等于两直线 *AB*、*BC*，

且它们夹相等的角，

因此，底 *BE* 等于底 *AC*，

三角形 *ABE* 等于三角形 *ABC*，

且其余的角分别等于其余的角，

即等边所对的角。　　　[I. 4]

因此，角 *BAC* 等于角 *ABE*；

　　因此，角 *AHE* 是角 *BAH* 的二倍。　　　[I. 32]

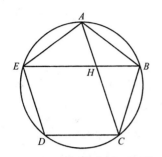

但角 *EAC* 也是角 *BAC* 的二倍，

这是因为，圆周 *EDC* 也是圆周

CB 的二倍；　　　　［III. 28，VI. 33］

因此，角 *HAE* 等于角 *AHE*；

因此，直线 *HE* 也等于 *EA*，即

等于 *AB*。　　　　　　　［I. 6］

又，由于直线 *BA* 等于 *AE*，所以

角 *ABE* 也等于角 *AEB*。　　　　　　［I. 5］

但已证明，角 *ABE* 等于角 *BAH*；

因此，角 *BEA* 也等于角 *BAH*。

而角 *ABE* 是两三角形 *ABE* 和 *ABH* 的公共角；

因此，其余的角 *BAE* 等于其余的角 *AHB*；　　［I. 32］

因此，三角形 *ABE* 与三角形 *ABH* 是等角的。

因此有比例，*EB* 比 *BA* 如同 *AB* 比 *BH*。　　［VI. 4］

但 *BA* 等于 *EH*；

因此，*BE* 比 *EH* 如同 *EH* 比 *HB*。

而 *BE* 大于 *EH*；

因此，*EH* 也大于 *HB*。　　　　　　　　　［V. 14］

因此，*BE* 在 *H* 被分成中外比，其较大段 *HE* 等于五边形的边。

类似地，可以证明，*AC* 也在点 *H* 被分成中外比，其较大段 *CH* 等于五边形的边。

这就是所要证明的。

命题 9

　　若把同一个圆的内接正六边形的一边与内接正十边形的一边加在一起，则整条直线被分成中外比，其较大段是正六边形的边。

If the side of the hexagon and that of the decagon inscribed in the same circle be added together, the whole straight line has been cut in extreme and mean ratio, and its greater segment is the side of the hexagon.

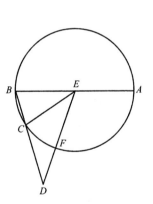

　　设 *ABC* 是一个圆；

　　BC 是圆 *ABC* 的内接正十边形的边，*CD* 是内接正六边形的边，且设它们在同一直线上；

　　我说，整条直线 *BD* 被分成中外比，*CD* 是其较大段。

　　这是因为，取圆心点 *E*，

　　连接 *EB*、*EC*、*ED*。

　　延长 *BE* 到 *A*。

　　由于 *BC* 是等边十边形的边，因此，圆周 *ACB* 是圆周 *BC* 的五倍；

　　　　因此，圆周 *AC* 是圆周 *CB* 的四倍。

　　但圆周 *AC* 比圆周 *BC* 如同角 *AEC* 比角 *CEB*；　　　[VI. 33]

　　　　因此，角 *AEC* 是角 *CEB* 的四倍。

　　又，由于角 *EBC* 等于角 *ECB*，　　　　　　　　　　[I. 5]

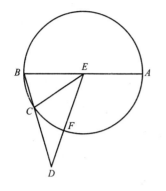

因此,角 *AEC* 是角 *ECB* 的二倍。

[I. 32]

又,由于直线 *EC* 等于 *CD*,

这是因为,它们中的每一条都等

于圆 *ABC* 的内接正六边形的边,

[IV. 15, 推论]

所以角 *CED* 也等于角 *CDE* ;

[I. 5]

因此,角 *ECB* 是角 *EDC* 的二倍。　　[I. 32]

但已证明,角 *AEC* 是角 *ECB* 的二倍;

因此,角 *AEC* 是 *EDC* 的四倍。

但已证明,角 *AEC* 也是角 *BEC* 的四倍;

因此,角 *EDC* 等于角 *BEC*。

但角 *EBD* 是两三角形 *BEC* 和 *BED* 的公共角;

因此,其余的角 *BED* 也等于其余的角 *ECB* ;　[I. 32]

因此,三角形 *EBD* 与三角形 *EBC* 是等角的。

因此有比例, *DB* 比 *BE* 如同 *EB* 比 *BC*。　　[VI. 4]

但 *EB* 等于 *CD*。

因此, *BD* 比 *DC* 如同 *DC* 比 *CB*。

而 *BD* 大于 *DC* ;

因此, *DC* 也大于 *CB*。

因此,直线 *BD* 被分成中外比, *DC* 是其较大段。

这就是所要证明的。

命题 10

若一个等边五边形内接于圆，则该五边形边上的正方形等于该圆的内接六边形边上的正方形与内接十边形边上的正方形之和。

If an equilateral pentagon be inscribed in a circle, the square on the side of the pentagon is equal to the squares on the side of the hexagon and on that of the decagon inscribed in the same circle.

设 *ABCDE* 是一个圆，

且设等边五边形 *ABCDE* 内接于圆 *ABCDE*。

我说，五边形 *ABCDE* 边上的正方形等于圆 *ABCDE* 的内接六边形边上的正方形与十边形边上的正方形之和。

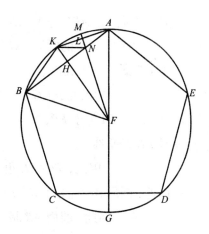

这是因为，取点 *F* 为圆心，

连接 *AF* 并延长到点 *G*，

连接 *FB*，

从 *F* 作 *FH* 垂直于 *AB* 且与圆交于 *K*，

连接 *AK*、*KB*，

再从 *F* 作 *FL* 垂直于 *AK* 且与圆交于 *M*，

连接 *KN*。

由于圆周 *ABCG* 等于圆周 *AEDG*，

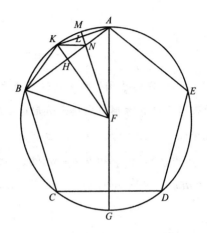

且在它们中，*ABC* 等于 *AED*，

　　　因此，其余的圆周 *CG* 等于其余的圆周 *GD*。

但 *CD* 属于一个五边形；

　　　　　因此，*CG* 属于一个十边形。

又，由于 *FA* 等于 *FB*，

且 *FH* 是垂线，

　　　因此，角 *AFK* 也等于角 *KFB*。　　　［I. 5，I. 26］

因此，圆周 *AK* 也等于 *KB*；　　　　　　　　　　　　［III. 26］

　　　　因此，圆周 *AB* 是圆周 *BK* 的二倍；

　　　　因此，直线 *AK* 是十边形的一边。

同理，

　　　　　　AK 也是 *KM* 的二倍。

现在，由于圆周 *AB* 是圆周 *BK* 的二倍，

而圆周 *CD* 等于圆周 *AB*，

　　　　因此，圆周 *CD* 也是圆周 *BK* 的二倍。

但圆周 CD 也是 CG 的二倍；

因此，圆周 CG 等于圆周 BK。

但 BK 是 KM 的二倍，这是因为 KA 也是 KM 的二倍；

因此，CG 也是 KM 的二倍。

但此外，圆周 CB 也是圆周 BK 的二倍，

这是因为圆周 CB 等于圆周 BA。

因此，整个圆周 BG 也是 BM 的二倍；

因此，角 GFB 也是角 BFM 的二倍。   ［Ⅵ. 33］

但角 GFB 也是角 FAB 的二倍，

这是因为角 FAB 等于角 ABF。

因此，角 BFN 也等于角 FAB。

但角 ABF 是两三角形 ABF 和 BFN 的公共角；

因此，其余的角 AFB 等于其余的角 BNF；   ［Ⅰ. 32］

因此，三角形 ABF 与三角形 BFN 是等角的。

因此有比例，直线 AB 比 BF 如同 FB 比 BN；   ［Ⅵ. 4］

因此，矩形 AB、BN 等于 BF 上的正方形。   ［Ⅵ. 17］

又，由于 AL 等于 LK，

而 LN 公用且成直角，

因此，底 KN 等于底 AN；   ［Ⅰ. 4］

因此，角 LKN 也等于角 LAN。

但角 LAN 等于角 KBN；

因此，角 LKN 也等于角 KBN。

而 A 处的角是两三角形 AKB 和 AKN 的公共角。

因此，其余的角 AKB 等于其余的角 KNA；   ［Ⅰ. 32］

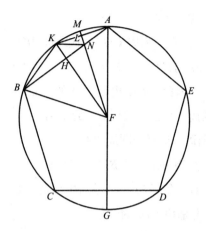

因此，三角形 *KBA* 与三角形 *KNA* 是等角的。

因此有比例，直线 *BA* 比 *AK* 如同 *KA* 比 *AN*；　　　[Ⅵ.4]

因此，矩形 *BA*、*AN* 等于 *AK* 上的正方形。[Ⅵ.17]

但已证明，矩形 *AB*、*BN* 也等于 *BF* 上的正方形；

因此，矩形 *AB*、*BN* 与矩形 *BA*、*AN* 之和，即 *BA* 上的正方形[Ⅱ.2]，等于 *BF* 上的正方形与 *AK* 上的正方形之和。

且 *BA* 是五边形的一边，*BF* 是六边形的一边[Ⅳ.15，推论]，*AK* 是十边形的一边。

这就是所要证明的。

命题 11

若一个等边五边形内接于一个有理直径的圆，则五边形的边是被称为次线的无理直线。

If in a circle which has its diameter rational an equilateral pentagon be inscribed, the side of the pentagon is the irrational straight line called minor.

设等边五边形 ABCDE 内接于有理直径的圆 ABCDE；

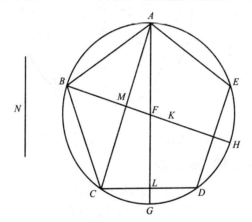

我说，五边形的边是被称为次线的无理直线。

这是因为，取点 F 为圆心，

连接 AF、FB，并延长到点 G、H，

连接 AC，

且使 FK 是 AF 的四分之一。

现在，AF 是有理的；

　　　　　　因此，FK 也是有理的。

但 BF 也是有理的；

　　　　　　因此，整个 BK 是有理的。

又，由于圆周 ACG 等于圆周 ADG，

且其中 ABC 等于 AED，

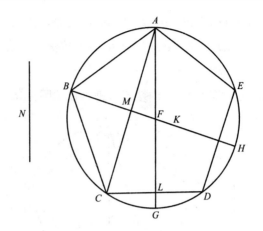

因此，其余的 *CG* 等于其余的 *GD*。

如果连接 *AD*，则可断定

点 *L* 处的角是直角，

且 *CD* 是 *CL* 的二倍。

同理，

M 处的角也是直角，

且 *AC* 是 *CM* 的二倍。

于是，由于角 *ALC* 等于角 *AMF*，

且角 *LAC* 是两三角形 *ACL* 和 *AMF* 的公共角，

因此，其余的角 *ACL* 等于其余的角 *MFA* ；　　　[I. 32]

因此，三角形 *ACL* 与三角形 *AMF* 是等角的；

因此有比例，*LC* 比 *CA* 如同 *MF* 比 *FA*。

而可以取前项的二倍；

因此，*LC* 的二倍比 *CA* 如同 *MF* 的二倍比 *FA*。

但 *MF* 的二倍比 *FA* 如同 *MF* 比 *FA* 的一半；

因此也有，LC 的二倍比 CA 如同 MF 比 FA 的一半。

而可以取后项的一半；

因此，LC 的二倍比 CA 的一半如同 MF 比 FA 的四分之一。

而 DC 是 LC 的二倍，CM 是 CA 的一半，FK 是 FA 的四分之一；

因此，DC 比 CM 如同 MF 比 FK。

取合比例也有，DC、CM 之和比 CM 如同 MK 比 KF；

[V. 18]

因此也有，DC、CM 之和上的正方形比 CM 上的正方形如同 MK 上的正方形比 KF 上的正方形。

又，由于当五边形的两边所对的直线 AC 被分成中外比时，较大段等于五边形的边，即等于 DC，   [XIII. 8]

而较大段与整条直线一半之和上的正方形是整条直线一半上的正方形的五倍，   [XIII. 1]

且 CM 是整个 AC 的一半，

因此，DC、CM 之和上的正方形是 CM 上的正方形的五倍。

但已证明，DC、CM 之和上的正方形比 CM 上的正方形如同 MK 上的正方形比 KF 上的正方形；

因此，MK 上的正方形是 KF 上的正方形的五倍；

但 KF 上的正方形是有理的，

这是因为它的直径是有理的；

因此，MK 上的正方形也是有理的；

因此，MK 是有理的。

又，由于 BF 是 FK 的四倍，

因此，BK 是 KF 的五倍；

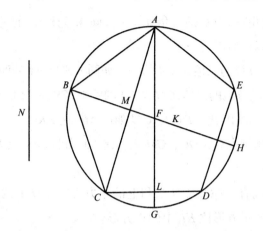

因此，*BK* 上的正方形是 *KF* 上的正方形的二十五倍。

但 *MK* 上的正方形是 *KF* 上的正方形的五倍；

因此，*BK* 上的正方形比 *KM* 上的正方形不如同一个平方数比一个平方数；

　　　　因此，*BK* 与 *KM* 长度不可公度。　　　［X. 9］

而它们中的每一个都是有理的。

　　因此，*BK*、*KM* 是仅正方可公度的有理直线。

但若从一有理直线中减去与之仅正方可公度的有理直线，则余量是无理的，即一条余线；

　　　　因此，*MB* 是一条余线，且 *MK* 附加于它。　　［X. 73］

其次我说，*MB* 也是第四余线。

设 *N* 上的正方形等于 *BK* 上的正方形与 *KM* 上的正方形之差；

因此，*BK* 上的正方形比 *KM* 上的正方形大一个 *N* 上的正方形。

又，由于 *KF* 与 *FB* 可公度，

取合比例，KB 与 FB 也可公度。   〔X. 15〕

但 BF 与 BH 可公度；

            因此，BK 与 BH 也可公度。   〔X. 12〕

又，由于 BK 上的正方形是 KM 上的正方形的五倍，

    因此，BK 上的正方形比 KM 上的正方形是 5 比 1。

因此，取换比例，

    BK 上的正方形比 N 上的正方形是 5 比 4，

                                    〔V. 19，推论〕

而这不是一个平方数比一个平方数；

            因此，BK 与 N 不可公度；   〔X. 9〕

    因此，BK 上的正方形比 KM 上的正方形大一个与 BK 不可公度的直线上的正方形。

    于是，由于整个 BK 上的正方形比附加的 KM 上的正方形大一个与 BK 不可公度的直线上的正方形，

    且整个 BK 与有理直线 BH 可公度，

            因此，MB 是第四余线。 〔X. 定义，III. 4〕

    但由一条有理直线和一条第四余线所围成的矩形是无理的，它的平方根是无理的，且被称为次线。   〔X. 94〕

    但 AB 上的正方形等于矩形 HB、BM，

    因为当连接 AH 时，三角形 ABH 与三角形 ABM 是等角的，且 HB 比 BA 如同 AB 比 BM。

    因此，五边形的边 AB 是被称为次线的无理直线。

                            这就是所要证明的。

命题 12

若一等边三角形内接于圆，则三角形边上的正方形是圆半径上的正方形的三倍。

If an equilateral triangle be inscribed in a circle, the square on the side of the triangle is triple of the square on the radius of the circle.

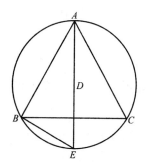

设 *ABC* 是一个圆，

且设等边三角形 *ABC* 内接于它；

我说，三角形 *ABC* 一边上的正方形是圆半径上的正方形的三倍。

这是因为，取圆 *ABC* 的圆心 *D*，

连接 *AD* 并延长到 *E*，

连接 *BE*。

于是，由于三角形 *ABC* 是等边的，

因此，圆周 *BEC* 是圆 *ABC* 的圆周的三分之一。

因此，圆周 *BE* 是圆的圆周的六分之一；

因此，直线 *BE* 属于一个六边形；

因此，它等于半径 *DE*。   [IV. 15, 推论]

又，由于 *AE* 是 *DE* 的二倍，

AE 上的正方形是 *ED* 上的正方形的四倍，即 *BE* 上的正方形的四倍。

但 *AE* 上的正方形等于 *AB*、*BE* 上的正方形之和；

[III. 31，I. 47]

因此，*AB*、*BE* 上的正方形之和是 *BE* 上的正方形的四倍。

因此，取分比例，*AB* 上的正方形是 *BE* 上的正方形的三倍。

但 *BE* 等于 *DE*；

因此，*AB* 上的正方形是 *DE* 上的正方形的三倍。

因此，三角形边上的正方形是半径上的正方形的三倍。

这就是所要证明的。

命题 13

作给定球的内接棱锥，且证明球直径上的正方形是棱锥边上的正方形的一倍半。

To construct a pyramid, to comprehend it in a given sphere, and to prove that the square on the diameter of the sphere is one and a half times the square on the side of the pyramid.

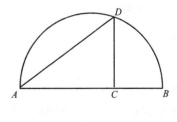
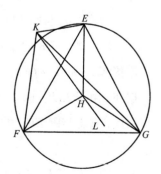

作给定球的直径 *AB*，

设它在点 *C* 被截，使 *AC* 是 *CB* 的二倍；

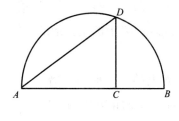
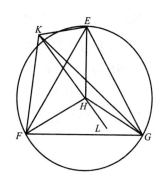

在 AB 上作半圆 ADB，

从点 C 作 CD 与 AB 成直角，

连接 DA；

设圆 EFG 的半径等于 DC，

设等边三角形 EFG 内接于圆 EFG，   [IV. 2]

取圆心为点 H，   [III. 1]

连接 EH、HF、HG；

从点 H 作 HK 与圆 EFG 的平面成直角。   [XI. 12]

在 HK 上截取 HK 等于直线 AC，

连接 KE、KF、KG。

现在，由于 KH 与圆 EFG 的平面成直角，

因此，它也与圆 EFG 的平面上与它相交的所有直线成直角。

                                          [XI. 定义 3]

但直线 HE、HF、HG 中的每一条都和它相交：

因此，HK 与直线 HE、HF、HG 中的每一条都成直角。

又，由于 AC 等于 HK，且 CD 等于 HE，

且它们夹直角，

因此，底 *DA* 等于底 *KE*。 ［I. 4］

同理，

直线 *KF*、*KG* 中的每一条也等于 *DA*；

因此，三条直线 *KE*、*KF*、*KG* 彼此相等。

又，由于 *AC* 是 *CB* 的二倍，

因此，*AB* 是 *BC* 的三倍。

但正如后面将要证明的，*AB* 比 *BC* 如同 *AD* 上的正方形比 *DC* 上的正方形。

因此，*AD* 上的正方形是 *DC* 上的正方形的三倍。

但 *FE* 上的正方形也是 *EH* 上的正方形的三倍， ［XIII. 12］

且 *DC* 等于 *EH*；

因此，*DA* 也等于 *EF*。

但已证明，*DA* 等于直线 *KE*、*KF*、*KG* 中的每一条；

因此，直线 *EF*、*FG*、*GE* 中的每一条也等于直线 *KE*、*KF*、*KG* 中的每一条；

因此，四个三角形 *EFG*、*KEF*、*KFG*、*KEG* 是等边的。

这样便由四个等边三角形围成了一个棱锥，三角形 *EFG* 是它的底且点 *K* 是它的顶点。

其次，要求它内接于给定的球，且证明球直径上的正方形是该棱锥边上的正方形的一倍半。

使直线 *HL* 与 *KH* 成一直线，

且取 *HL* 等于 *CB*。

现在，由于 *AC* 比 *CD* 如同 *CD* 比 *CB*， ［VI. 8，推论］

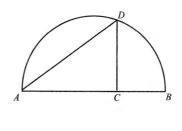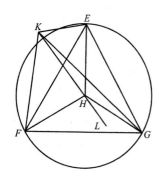

而 *AC* 等于 *KH*，*CD* 等于 *HE*，且 *CB* 等于 *HL*，

因此，*KH* 比 *HE* 如同 *EH* 比 *HL*；

因此，矩形 *KH*、*HL* 等于 *EH* 上的正方形。　［Ⅵ. 17］

而角 *KHE*、*EHL* 中的每一个都是直角；

因此，在 *KL* 上作的半圆也经过 *E*。

［参见 Ⅵ. 8，Ⅲ. 31］

于是，若 *KL* 保持固定，使半圆旋转到开始移动的同一位置，则它也过点 *F*、*G*，

因为如果连接 *FL*、*LG*，则 *F*、*G* 处的角是直角；

且棱锥内接于给定的球。

这是因为，球的直径 *KL* 等于给定的球的直径 *AB*，因为 *KH* 等于 *AC*，且 *HL* 等于 *CB*。

其次我说，球的直径上的正方形是棱锥边上的正方形的一倍半。

这是因为，*AC* 是 *BC* 的二倍。

因此，*AB* 是 *BC* 的三倍；

取反比例，*BA* 是 *AC* 的一倍半。

但 BA 比 AC 如同 BA 上的正方形比 AD 上的正方形。

因此，BA 上的正方形也是 AD 上的正方形的一倍半。

而 BA 是给定的球的直径，且 AD 等于棱锥的边。

因此，球的直径上的正方形是棱锥边上的正方形的一倍半。

                    这就是所要证明的。

引理 要求证明，AB 比 BC 如同 AD 上的正方形比 DC 上的正方形。

这是因为，作半圆图形，

连接 DB，

在 AC 上作正方形 EC，

将平行四边形 FB 补充完整。

于是，由于三角形 DAB 与三角形 DAC 是等角的，

BA 比 AD 如同 DA 比 AC，   [VI. 8，VI. 4]

因此，矩形 BA、AC 等于 AD 上的正方形。   [VI. 17]

又，由于 AB 比 BC 如同 EB 比 BF，   [VI. 1]

且 EB 是矩形 BA、AC，这是因为 EA 等于 AC，

且 BF 是矩形 AC、CB，

因此，AB 比 BC 如同矩形 BA、AC 比矩形 AC、CB。

而矩形 BA、AC 等于 AD 上

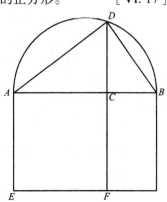

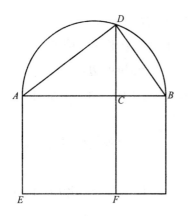

的正方形，

且矩形 *AC*、*CB* 等于 *DC* 上的正方形，

这是因为垂线 *DC* 是底的直线段 *AC*、*CB* 的比例中项，因为角 *ADB* 是直角。［Ⅵ.8，推论］

因此，*AB* 比 *BC* 如同 *AD* 上的正方形比 *DC* 上的正方形。

命题 14

和前面的情况一样，作一个球的内接八面体；且证明球直径上的正方形是八面体边上的正方形的二倍。

To construct an octahedron and comprehend it in a sphere, as in the preceding case; and to prove that the square on the diameter of the sphere is double of the square on the side of the octahedron.

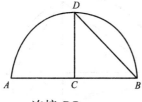

作给定球的直径 *AB*，

且设它在 *C* 被二等分；

在 *AB* 上作半圆 *ADB*，

从 *C* 作 *CD* 与 *AB* 成直角，

连接 *DB*；

作正方形 *EFGH*，使它的每条边都等于 *DB*，

连接 *HF*、*EG*，

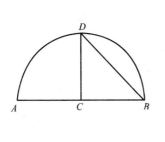
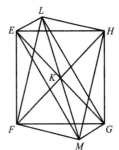

从点 K 作直线 KL 与正方形 EFGH 的平面成直角，［XI. 12］
且延长它到平面的另一侧，为 KM；

在直线 KL、KM 上分别截取 KL、KM 等于直线 EK、FK、GK、HK 中的每一条，

连接 LE、LF、LG、LH、ME、MF、MG、MH。

于是，由于 KE 等于 KH，且角 EKH 是直角，

　　因此，HE 上的正方形是 EK 上的正方形的二倍。

　　　　　　　　　　　　　　　　　　　　　　　　　［I. 47］

又，由于 LK 等于 KE，

且角 LKE 是直角，

　　因此，EL 上的正方形是 EK 上的正方形的二倍。［I. 47］

但已证明，HE 上的正方形是 EK 上的正方形的二倍；

　　　　因此，LE 上的正方形等于 EH 上的正方形；

　　　　　　因此，LE 等于 EH。

同理，

　　　　　　LH 也等于 HE；

　　　　因此，三角形 LEH 是等边的。

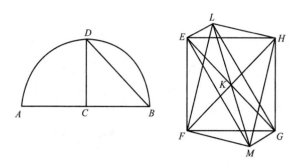

类似地，可以证明，以正方形 *EFGH* 的边为底且以点 *L*、*M* 为顶点的其余三角形中的每一个都是等边的；这样便作出了由八个等边三角形所围成的八面体。

其次，要求它内接于给定的球，并证明球直径上的正方形是八面体边上的正方形的二倍。

这是因为，由于三直线 *LK*、*KM*、*KE* 彼此相等，

　　　　　因此，在 *LM* 上所作的半圆也经过 *E*。

同理，

如果 *LM* 保持固定，旋转半圆到开始运动的同一位置，则

　　　　　它也过点 *F*、*G*、*H*，

　　　　　且该八面体内接于一个球。

其次我说，它也内接于给定的球。

这是因为，由于 *LK* 等于 *KM*，

而 *KE* 公用，

且它们夹直角，

　　　　　因此，底 *LE* 等于底 *EM*。　　　　　[I. 4]

又，由于角 *LEM* 是直角，这是因为它在半圆上，   [III. 31]

因此，*LM* 上的正方形是 *LE* 上的正方形的二倍。[I. 47]

又，由于 *AC* 等于 *CB*，所以

$$AB \text{ 是 } BC \text{ 的二倍。}$$

但 *AB* 比 *BC* 如同 *AB* 上的正方形比 *BD* 上的正方形；

因此，*AB* 上的正方形是 *BD* 上的正方形的二倍。

但已证明，*LM* 上的正方形也是 *LE* 上的正方形的二倍。

且 *DB* 上的正方形等于 *LE* 上的正方形，

这是因为取 *EH* 等于 *DB*。

因此，*AB* 上的正方形也等于 *LM* 上的正方形；

因此，*AB* 等于 *LM*。

而 *AB* 是给定球的直径；

因此，*LM* 等于给定球的直径。

这样便在给定的球中作出了八面体，且同时证明了球直径上的正方形是八面体边上的正方形的二倍。

这就是所要证明的。

命题 15

和棱锥一样，作一个球的内接立方体；且证明球直径上的正方形是立方体边上的正方形的三倍。

To construct a cube and comprehend it in a sphere, like the pyramid; and to prove that the square on the diameter of the sphere is triple of the square on the side of the cube.

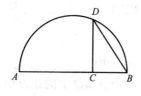 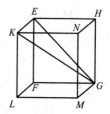

作给定球的直径 AB，

设它在点 C 被截，使 AC 是 CB 的二倍；

在 AB 上作半圆 ADB，

从 C 作 CD 与 AB 成直角，

连接 DB；

设正方形 $EFGH$ 的边等于 DB，

从 E、F、G、H 作 EK、FL、GM、HN 与正方形 $EFGH$ 的平面成直角，

在 EK、FL、GM、HN 上分别截取 EK、FL、GM、HN 等于直线 EF、FG、GH、HE 中的每一条，

连接 KL、LM、MN、NK；

这样便作出了立方体 FN，它由六个相等的正方形所围成。

于是，要求使它内接于给定的球，且证明球直径上的正方形是立方体边上的正方形的三倍。

连接 KG、EG。

于是，由于角 KEG 是直角，这是因为 KE 与平面 EG 成直角，当然与直线 EG 也成直角，　　　　　　　　　　　　　　[XI. 定义 3]

因此，在 KG 上所作的半圆也过点 E。

又，由于 GF 与 FL、FE 中的每一条都成直角，所以

GF 也与平面 FK 成直角；

因此也有，如果连接 FK，则 GF 与 FK 成直角；

因此，在 GK 上所作的半圆也过 F。

类似地，它也过立方体其余的顶点。

于是，如果 KG 保持固定，使半圆旋转到开始运动的同一位置，则

该立方体内接于一个球。

其次我说，它也内接于给定的球。

这是因为，由于 GF 等于 FE，

且 F 处的角是直角，

因此，EG 上的正方形是 EF 上的正方形的二倍。

但 EF 等于 EK；

因此，EG 上的正方形是 EK 上的正方形的二倍。

因此，GE、EK 上的正方形之和，即 GK 上的正方形 [I. 47]，是 EK 上的正方形的三倍。

又，由于 AB 是 BC 的三倍。

而 AB 比 BC 如同 AB 上的正方形比 BD 上的正方形，

因此，AB 上的正方形是 BD 上的正方形的三倍。

但已证明，GK 上的正方形也是 KE 上的正方形的三倍。

而 KE 等于 DB；

因此，KG 也等于 AB。

而 AB 是给定球的直径；

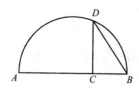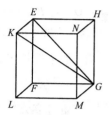

因此，*KG* 也等于给定球的直径。

这样便作出了给定球的内接立方体；并且同时证明了球直径上的正方形是立方体边上的正方形的三倍。

这就是所要证明的。

命题 16

与前述图形一样，作一个球的内接二十面体；且证明该二十面体的边是被称为次线的无理直线。

To construct an icosahedron and comprehend it in a sphere, like the aforesaid figures; and to prove that the side of the icosahedron is the irrational straight line called minor.

作给定球的直径 *AB*，

设它在点 *C* 被截，使 *AC* 是 *CB* 的四倍；

在 *AB* 上作半圆 *ADB*，

从 *C* 作 *CD* 与 *AB* 成直角，

连接 *DB*；

作圆 *EFGHK*，设其半径等于 *DB*，

作圆 *EFGHK* 的内接等边等角五边形 *EFGHK*，

设圆周 *EF*、*FG*、*GH*、*HK*、*KE* 在点 *L*、*M*、*N*、*O*、*P* 被二等分。

连接 *LM*、*MN*、*NO*、*OP*、*PL*、*EP*。

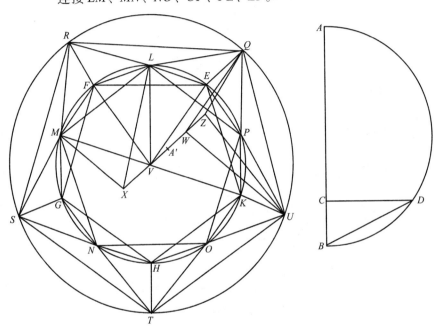

因此，五边形 *LMNOP* 也是等边的，

且直线 *EP* 属于一个十边形。

现在，从点 *E*、*F*、*G*、*H*、*K* 作直线 *EQ*、*FR*、*GS*、*HT*、*KU* 与圆的平面成直角，

且设它们等于圆 *EFGHK* 的半径，

连接 *QR*、*RS*、*ST*、*TU*、*UQ*、*QL*、*LR*、*RM*、*MS*、*SN*、*NT*、*TO*、*OU*、*UP*、*PQ*。

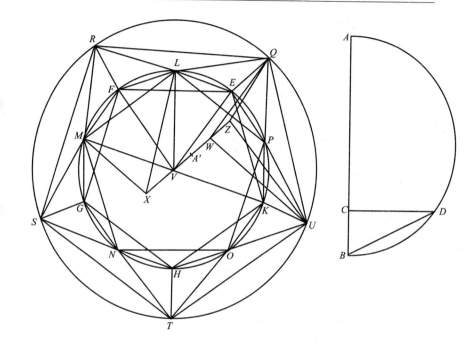

现在，由于直线 *EQ*、*KU* 中的每一条都与同一平面成直角，

因此，*EQ* 平行于 *KU*。 [XI. 6]

但 *EQ* 也等于 *KU*；

而在端点处沿相同方向分别连接相等且平行的直线，连成的直线自身也相等且平行。 [I. 33]

因此，*QU* 等于且平行于 *EK*。

但 *EK* 属于一个等边五边形；

因此，*QU* 也属于圆 *EFGHK* 的内接等边五边形。

同理，

直线 *QR*、*RS*、*ST*、*TU* 中的每一条都属于圆 *EFGHK* 的内

接等边五边形；

因此，五边形 QRSTU 是等边的。

又，由于 QE 属于一个六边形，

且 EP 属于一个十边形，

且角 QEP 是直角，

因此，QP 属于一个五边形；

这是因为，内接于同一圆的五边形边上的正方形等于内接六边形边上的正方形与内接十边形边上的正方形之和。[XIII. 10]

同理，

PU 也是一个五边形的边。

但 QU 也属于一个五边形；

因此，三角形 QPU 是等边的。

同理，

三角形 QLR、RMS、SNT、TOU 中的每一个也是等边的。

又，由于已经证明，直线 QL、QP 中的每一条都属于一个五边形，

而 LP 也属于一个五边形，

因此，三角形 QLP 是等边的。

同理，

三角形 LRM、MSN、NTO、OUP 中的每一个也是等边的。

取圆 EFGHK 的圆心点 V；

从 V 作 VZ 与圆的平面成直角。

沿另一方向延长它成 VX，

截取 VW 为一个六边形的边，且直线 VX、WZ 中的每一条都

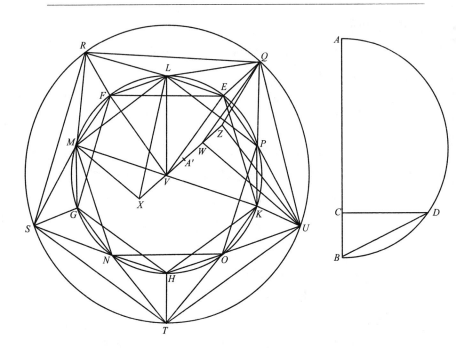

是一个十边形的边。

连接 *QZ*、*QW*、*UZ*、*EV*、*LV*、*LX*、*XM*。

现在，由于直线 *VW*、*QE* 中的每一条都与圆的平面成直角，

因此，*VW* 平行 *QE*。   [XI. 6]

但它们也相等；

因此，*EV*、*QW* 相等且平行。   [I. 33]

但 *EV* 属于一个六边形；

因此，*QW* 也属于一个六边形。

又，由于 *QW* 属于一个六边形，

而 *WZ* 属于一个十边形，

且角 QWZ 是直角，

因此，QZ 属于一个五边形。　　　〔 XIII. 10 〕

同理，

UZ 也属于一个五边形，

这是因为，如果连接 VK、WU，则它们相等且相对，而作为半径的 VK 属于一个六边形；　　　　　　　　　〔 IV. 15，推论 〕

因此，WU 也属于一个六边形。

但 WZ 属于一个十边形，

且角 UWZ 是直角；

因此，UZ 属于一个五边形。　　　〔 XIII. 10 〕

但 QU 也属于一个五边形；

因此，三角形 QUZ 是等边的。

同理，

其余的以直线 QR、RS、ST、TU 为底且以点 Z 为顶点的三角形也是等边的。

又，由于 VL 属于一个六边形，

而 VX 属于一个十边形，

且角 LVX 是直角，

因此，LX 属于一个五边形。　　　〔 XIII. 10 〕

同理，

如果连接 MV，它属于一个六边形，则可推出，

MX 也属于一个五边形。

但 LM 也属于一个五边形；

因此，三角形 LMX 是等边的。

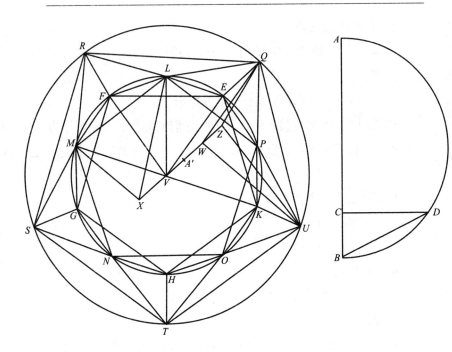

类似地，可以证明，其余的以直线 *MN*、*NO*、*OP*、*PL* 为底且以点 *X* 为顶点的三角形也都是等边的。

这样便作出了由二十个等边三角形所构成的一个二十面体。

其次，要求作给定球的内接二十面体，且证明该二十面体的边是被称为次线的无理直线。

这是因为，由于 *VW* 属于一个六边形，

且 *WZ* 属于一个十边形，

因此，*VZ* 在 *W* 被分成中外比，

且 *VW* 是其较大段；   [XIII. 9]

因此，*ZV* 比 *VW* 如同 *VW* 比 *wz*。

但 *VW* 等于 *VE*，且 *WZ* 等于 *VX*；

因此，*ZV* 比 *VE* 如同 *EV* 比 *VX*。

而角 *ZVE*、*EVX* 是直角；

因此，如果连接直线 *EZ*、*XZ*，则角 *XEZ* 是直角，因为三角形 *XEZ* 与 *VEZ* 相似。

同理，

由于 *ZV* 比 *VW* 如同 *VW* 比 *WZ*，

且 *ZV* 等于 *XW*，*VW* 等于 *WQ*，

因此，*XW* 比 *WQ* 如同 *QW* 比 *WZ*。

又，同理，

如果连接 *QX*，则 *Q* 处的角是直角；   ［VI. 8］

因此，在 *XZ* 上所作的半圆也经过 *Q*。   ［III. 31］

又，如果 *XZ* 保持保持，旋转半圆到开始运动的同一位置，则它也过点 *Q* 和二十面体的其余顶点，

且该二十面体内接于一个球。

其次我说，它也内接于给定的球。

这是因为，设 *VW* 在 *A'* 被二等分。

于是，由于直线 *VZ* 在 *W* 被分成中外比，且 *ZW* 是其较小段，

因此，*ZW* 加较大段的一半即 *WA'* 上的正方形是较大段一半上的正方形的五倍；   ［XIII. 3］

因此，*ZA'* 上的正方形是 *A'W* 上的正方形的五倍。

而 *ZX* 是 *ZA'* 的二倍，且 *VW* 是 *A'W* 的二倍；

因此，*ZX* 上的正方形是 *WV* 上的正方形的五倍。

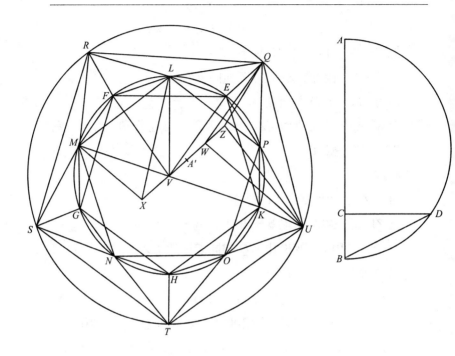

又，由于 *AC* 是 *CB* 的四倍，

因此，*AB* 是 *BC* 的五倍。

但 *AB* 比 *BC* 如同 *AB* 上的正方形比 *BD* 上的正方形；

[VI. 8，V. 定义 9]

因此，*AB* 上的正方形是 *BD* 上的正方形的五倍。

但已证明，*ZX* 上的正方形也是 *VW* 上的正方形的五倍。

且 *DB* 等于 *VW*，

这是因为，它们中的每一个都等于圆 *EFGHK* 的半径；

因此，*AB* 也等于 *XZ*。

而 *AB* 是给定球的直径；

因此，*XZ* 也等于给定球的直径。

因此，该二十面体内接于给定的球。

其次我说，该二十面体的边是被称为次线的无理直线。

这是因为，由于球的直径是有理的，

且它上的正方形是圆 *EFGHK* 半径上的正方形的五倍，

因此，圆 *EFGHK* 的半径也是有理的；

因此，它的直径也是有理的。

但若一个等边五边形内接于一个有理直径的圆，则五边形的边是被称为次线的无理直线。   [XIII. 11]

且五边形 *EFGHK* 的边是这个二十面体的边。

因此，二十面体的边是被称为次线的无理直线。

这就是所要证明的。

推论 由此显然可得，该球直径上的正方形是二十面体所由以作出的圆半径上的正方形的五倍，且球的直径是同一圆的内接六边形的边与内接十边形的两边之和。

命题 17

与前述图形一样，作一个球的内接十二面体，且证明该十二面体的边是被称为余线的无理直线。

To construct a dodecahedron and comprehend it in a sphere, like the aforesaid figures, and to prove that the side of the dodecahedron is the irrational straight line called apotome.

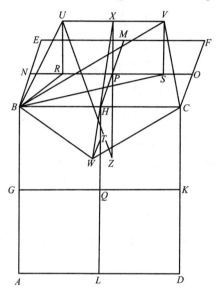

作前述立方体的彼此垂直的两个平面 *ABCD*、*CBEF*，

设边 *AB*、*BC*、*CD*、*DA*、*EF*、*EB*、*FC* 分别在 *G*、*H*、*K*、*L*、*M*、*N*、*O* 被二等分，

连接 *GK*、*HL*、*MH*、*NO*，

设直线 *NP*、*PO*、*HQ* 分别在点 *R*、*S*、*T* 被分成中外比，

且设 *RP*、*PS*、*TQ* 是其较大段；

从点 *R*、*S*、*T* 向立方体外作 *RU*、*SV*、*TW* 与立方体的平面成直角，

取它们等于 *RP*、*PS*、*TQ*，

并连接 *UB*、*BW*、*WC*、*CV*、*VU*。

我说,五边形 *UBWCV* 是在同一平面上的等边且等角的五边形。

这是因为，连接 *RB*、*SB*、*VB*。

于是，由于直线 *NP* 在 *R* 被分成中外比，

且 *RP* 是较大段，

因此，*PN*、*NR* 上的正方形之和是 *PR* 上的正方形的三倍。

[XIII. 4]

但 *PN* 等于 *NB*，且 *PR* 等于 *RU*；

因此，*BN*、*NR* 上的正方形之和是 *RU* 上的正方形的三倍。

但 *BR* 上的正方形等于 *BN*、*NR* 上的正方形之和；   [I. 47]

因此，*BR* 上的正方形是 *RU* 上的正方形的三倍；

因此，*BR*、*RU* 上的正方形之和是 *RU* 上的正方形的四倍。

但 *BU* 上的正方形等于 *BR*、*RU* 上的正方形之和；

因此，*BU* 上的正方形是 *RU* 上的正方形的四倍；

因此，*BU* 是 *RU* 的二倍。

但 *VU* 也是 *UR* 的二倍，

这是因为 *SR* 也是 *PR* 的二倍，即 *RU* 的二倍；

因此，*BU* 等于 *UV*。

类似地，可以证明，直线 *BW*、*WC*、*CV* 中的每一条等于直线 *BU*、*UV* 中的每一条。

因此，五边形 *BUVCW* 是等边的。

其次我说，它也在同一平面上。

从 *P* 向立方体外作 *PX* 平行于直线 *RU*、*SV* 中的每一条，连接 *XH*、*HW*；

我说，*XHW* 是一条直线。

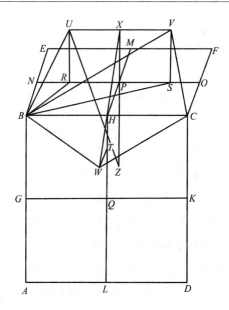

这是因为，由于 *HQ* 在 *T* 被分成中外比，且 *QT* 是较大段，

　　　　因此，*HQ* 比 *QT* 如同 *QT* 比 *TH*。

但 *HQ* 等于 *HP*，且 *QT* 等于直线 *TW*、*PX* 中的每一条；

　　　　因此，*HP* 比 *PX* 如同 *WT* 比 *TH*。

又，*HP* 平行于 *TW*，

这是因为，它们中的每一条都与平面 *BD* 成直角；　　[XI. 6]

且 *TH* 平行于 *PX*，

这是因为，它们中的每一条都与平面 *BF* 成直角。　　[XI. 6]

但如果把两边与两边成比例的两个三角形 *XPH*、*HTW* 在一个角放在一起，使其对应的边也平行，则其余直线在同一直线上；

　　　　　　　　　　　　　　　　　　　　　　　　　[VI. 32]

　　　　因此，*XH* 与 *HW* 在同一直线上。

但每条直线都在同一平面上；   [XI. 1]

    因此，五边形 *UBWCV* 在同一平面上。

其次我说，它也是等角的。

这是因为，由于直线 *NP* 在 *R* 被分成中外比，且 *PR* 是较大段，
而 *PR* 等于 *PS*，

    因此，*NS* 也在 *P* 被分成中外比，

而 *NP* 是较大段；   [XIII. 5]

因此，*NS*、*SP* 上的正方形之和是 *NP* 上的正方形的三倍。

                     [XIII. 4]

但 *NP* 等于 *NB*，且 *PS* 等于 *SV*；

因此，*NS*、*SV* 上的正方形之和是 *NB* 上的正方形的三倍；

因此，*VS*、*SN*、*NB* 上的正方形之和是 *NB* 上的正方形的四倍。

但 *SB* 上的正方形等于 *SN*、*NB* 上的正方形之和；

因此，*BS*、*SV* 上的正方形之和，即 *BV* 上的正方形——这
是因为角 *VSB* 是直角——是 *NB* 上的正方形的四倍；

    因此，*VB* 是 *BN* 的二倍。

但 *BC* 也是 *BN* 的二倍；

    因此，*BV* 等于 *BC*。

又，由于两边 *BU*、*UV* 等于两边 *BW*、*WC*，

且底 *BV* 等于底 *BC*，

    因此，角 *BUV* 等于角 *BWC*。   [I. 8]

类似地，可以证明，角 *UVC* 也等于角 *BWC*；

    因此，三个角 *BWC*、*BUV*、*UVC* 彼此相等。

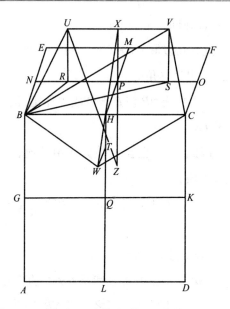

但若一等边五边形有三个角相等，则该五边形是等角的，

[XIII. 7]

因此，五边形 *BUVCW* 是等角的。

而已经证明它是等边的；

因此，五边形 *BUVCW* 是等边且等角的，它在立方体的一边 *BC* 上。

因此，如果在立方体的十二条边中的每一条上都作同样的图，则可作出一个由十二个等边且等角的五边形所构成的立体形，它被称为十二面体。

然后，要求将它内接于给定的球，且证明该十二面体的边是被称为余线的无理直线。

延长 *XP* 成直线 *XZ* ；

因此，*PZ* 与正方体的直径相交，且它们彼此二等分，

这是因为，这已在第十一卷的倒数第二个命题中得到证明。

[XI. 38]

设它们交于 *Z* ；

因此，*Z* 是立方体外接球的球心，

且 *ZP* 是立方体边的一半。

连接 *UZ*。

现在，由于直线 *NS* 在 *P* 被分成中外比，

且 *NP* 是其较大段，

因此，*NS*、*SP* 上的正方形之和是 *NP* 上的正方形的三倍。

[XIII. 4]

但 *NS* 等于 *XZ*，

这是因为 *NP* 也等于 *PZ*，且 *XP* 等于 *PS*。

但 *PS* 也等于 *XU*，

这是因为它也等于 *RP* ；

因此，*ZX*、*XU* 上的正方形之和是 *NP* 上的正方形的三倍。

但 *UZ* 上的正方形等于 *ZX*、*XU* 上的正方形之和；

因此，*UZ* 上的正方形是 *NP* 上的正方形的三倍。

但正方体外接球半径上的正方形也是立方体边的一半上的正方形的三倍，

这是因为，前已表明如何作一个球的内接立方体，且已证明球直径上的正方形是立方体边上的正方形的三倍。   [XIII. 15]

但如果整个与整个有这个比，则半个与半个也有这个比，

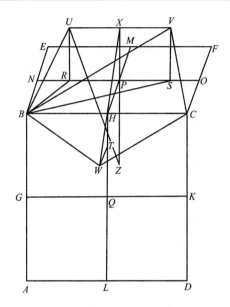

且 *NP* 是立方体边的一半;

　　　　因此, *UZ* 等于立方体外接球的半径。

而 *Z* 是立方体外接球的球心;

　　　　因此, 点 *U* 在球面上。

类似地, 可以证明, 十二面体其余角中的每一个也在球面上;

　　　　因此, 十二面体内接于给定的球。

其次我说, 十二面体的边是被称为余线的无理直线。

这是因为, 由于当 *NP* 被分成中外比时, *RP* 是较大段,

且当 *PO* 被分成中外比时, *PS* 是较大段,

因此, 当整个 *NO* 被分成中外比时, *RS* 是较大段。

[于是, 由于 *NP* 比 *PR* 如同 *PR* 比 *RN*, 所以

这对二倍量也是正确的，

这是因为部分与部分之比如同其等倍量之比；　　　　　[V. 15]

因此，*NO* 比 *RS* 如同 *RS* 比 *NR*、*SO* 之和。

但 *NO* 大于 *RS* ；

因此，*RS* 也大于 *NR*、*SO* 之和；

因此，*NO* 被分成中外比，且 *RS* 是其较大段。][1]

但 *RS* 等于 *UV* ；

因此，当 *NO* 被分成中外比时，*UV* 是较大段。

又，由于球的直径是有理的，

且它上的正方形是正方体边上的正方形的三倍，

因此，作为立方体一边的 *NO* 是有理的。

<但若一有理直线被分成中外比，则每一段都是无理的余线。>

因此，作为十二面体一边的 *UV* 是一条无理余线。[XIII. 6]

这就是所要证明的。

推论 由此显然可得，当立方体的边被分成中外比时，较大段是十二面体的边。

命题 18

作五种立体形的边并相互比较。

---

[1]　希思将这段文字括了起来，也许是因为它显得多余。——译者

To set out the sides of the five figures and to compare them with one another.

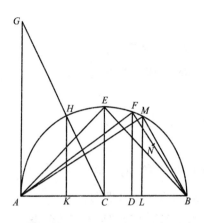

作给定球的直径 *AB*,

　　设它在 *C* 被截, 使 *AC* 等

CB,

　　又设它在 *D* 被截, 使 *AD*

是 *DB* 的二倍;

　　在 *AB* 上作半圆 *ADB*,

　　从 *C*、*D* 作 *CE*、*DF* 与

AB 成直角,

　　连接 *AF*、*FB*、*EB*。

于是, 由于 *AD* 是 *DB* 的二倍,

　　　　因此, *AB* 是 *BD* 的三倍。

因此, 取换比例, *BA* 是 *AD* 的一倍半。

但 *BA* 比 *AD* 如同 *BA* 上的正方形比 *AF* 上的正方形,

　　　　　　　　　　　　　　[V. 定义 9, VI. 8]

这是因为, 三角形 *AFB* 与三角形 *AFD* 是等角的;

　　因此, *BA* 上的正方形是 *AF* 上的正方形的一倍半。

但球直径上的正方形也是棱锥边上的正方形的一倍半。

　　　　　　　　　　　　　　　　　[XIII. 13]

而 *AB* 是球的直径;

　　　　因此, *AF* 等于棱锥的边,

又, 由于 *AD* 是 *DB* 的二倍,

因此，*AB* 是 *BD* 的三倍。

但 *AB* 比 *BD* 如同 *AB* 上的正方形比 *BF* 上的正方形；

[VI. 8，V. 定义 9]

因此，*AB* 上的正方形是 *BF* 上的正方形的三倍。

但球直径上的正方形也是立方体边上的正方形的三倍。

[XIII. 15]

而 *AB* 是球的直径；

因此，*BF* 是立方体的边。

又，由于 *AC* 等于 *CB*，

因此，*AB* 是 *BC* 的二倍。

但 *AB* 比 *BC* 如同 *AB* 上的正方形比 *BE* 上的正方形；

因此，*AB* 上的正方形是 *BE* 上的正方形的二倍。

但球直径上的正方形也是八面体边上的正方形的二倍。

[XIII. 14]

而 *AB* 是给定球的直径；

因此，*BE* 是八面体的边。

其次，从点 *A* 作 *AG* 与直线 *AB* 成直角，

取 *AG* 等于 *AB*，

连接 *GC*，

从 *H* 作 *HK* 垂直于 *AB*。

于是，由于 *GA* 是 *AC* 的二倍，

这是因为 *GA* 等于 *AB*，

且 *GA* 比 *AC* 如同 *HK* 比 *KC*，

因此，*HK* 也是 *KC* 的二倍。

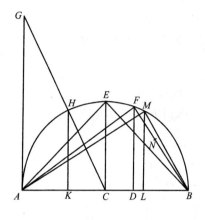

因此，*HK* 上的正方形是 *KC* 上的正方形的四倍；

因此，*HK*、*KC* 上的正方形之和，即 *HG* 上的正方形，是 *KC* 上的正方形的五倍。

但 *HG* 等于 *CB*；

因此，*BC* 上的正方形是 *CK* 上的正方形的五倍。

又，由于 *AB* 是 *CB* 的二倍，且在它们中，*AD* 是 *DB* 的二倍，

因此，余量 *BD* 是余量 *DC* 的二倍。

因此，*BC* 是 *CD* 的三倍；

因此，*BC* 上的正方形是 *CD* 上的正方形的九倍。

但 *BC* 上的正方形是 *CK* 上的正方形的五倍；

因此，*CK* 上的正方形大于 *CD* 上的正方形；

因此，*CK* 大于 *CD*。

取 *CL* 等于 *CK*，

从 *L* 作 *LM* 与 *AB* 成直角，

连接 *MB*。

现在，由于 *BC* 上的正方形是 *CK* 上的正方形的五倍，

且 *AB* 是 *BC* 的二倍，*KL* 是 *CK* 的二倍，

因此，*AB* 上的正方形是 *KL* 上的正方形的五倍。

但球直径上的正方形也是二十面体所由以作出的圆半径上的正方形的五倍。 ［XIII. 16，推论］

而 *AB* 是球的直径；

因此，*KL* 是二十面体所由以作出的圆的半径；

　　因此，*KL* 是所说的圆的内接六边形的一边。

[IV. 15, 推论]

又，由于球的直径由同一圆的内接六边形的边与内接十边形的两边所构成，   [XIII. 16, 推论]

且 *AB* 是球的直径，

而 *KL* 是六边形的一边，

且 *AK* 等于 *LB*，

因此，直线 *AK*、*LB* 中的每一条都是二十面体所由以作出的圆内接十边形的一边。

又，由于 *LB* 属于一个十边形，且 *ML* 属于一个六边形，

这是因为 *ML* 等于 *KL*，它也等于 *HK*，它们与圆心距离相等，且直线 *HK*、*KL* 中的每一条都是 *KC* 的二倍，

　　因此，*MB* 属于一个五边形。   [XIII. 10]

但五边形的边是二十面体的边；   [XIII. 16]

　　因此，*MB* 属于这个二十面体，

现在，由于 *FB* 是立方体的一边，

设它在 *N* 被分成中外比，

且设 *NB* 是较大段；

　　因此，*NB* 是十二面体的一边。[XIII. 17, 推论]

现在，由于已经证明，球直径上的正方形是棱锥边 *AF* 上的正方形的一倍半，也是八面体边 *BE* 上的正方形的二倍和立方体边 *FB* 的三倍，

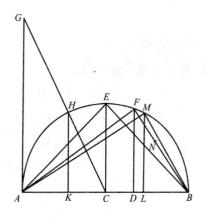

因此，球直径上的正方形包含六部分，棱锥边上的正方形包含四部分，八面体边上的正方形包含三部分，立方体边上的正方形包含两部分。

因此，棱锥边上的正方形是八面体边上的正方形的三分之四，是立方体边上的正方形的二倍；

且八面体边上的正方形是立方体边上的正方形的一倍半。

因此，棱锥、八面体和立方体这三种立体形的所说的边彼此成有理比。

但其余两种立体形的边，即二十面体的边和十二面体的边，彼此不成有理比，与前面所说的边也不成有理比。

这是因为，它们是无理的，一个是次线［XIII. 16］，另一个是余线［XIII. 17］。

于是可以证明，二十面体的边 *MB* 大于十二面体的边 *NB*。

这是因为，由于三角形 *FDB* 与三角形 *FAB* 是等角的，［VI. 8］

所以有比例，*DB* 比 *BF* 如同 *BF* 比 *BA*。　　　　［VI. 4］

又，由于三条直线成比例，所以

第一条比第三条如同第一条上的正方形比第二条上的正方形；

　　　　　　　　　　　［V. 定义 9，VI. 20，推论］

因此，*DB* 比 *BA* 如同 *DB* 上的正方形比 *BF* 上的正方形；

因此，取反比例，*AB* 比 *BD* 如同 *FB* 上的正方形比 *BD* 上的正方形。

但 *AB* 是 *BD* 的三倍；

因此，*FB* 上的正方形是 *BD* 上的正方形的三倍。

但 *AD* 上的正方形也是 *DB* 上的正方形的四倍，

这是因为 *AD* 是 *DB* 的二倍；

因此，*AD* 上的正方形大于 *FB* 上的正方形；

因此，*AD* 大于 *FB*；

因此，*AL* 更大于 *FB*。

又，当 *AL* 被分成中外比时，*KL* 是较大段，

这是因为 *LK* 属于一个六边形，且 *KA* 属于一个十边形；

[XIII. 9]

且当 *FB* 被分成中外比时，*NB* 是较大段；

因此，*KL* 也大于 *NB*。

但 *KL* 等于 *LM*；

因此，*LM* 大于 *NB*。

因此，二十面体的一边 *MB* 更大于十二面体的一边 *NB*。

这就是所要证明的。

其次我说，除上述五种立体形以外，再也构不成其他由等边等角且彼此相等的图形所围成的立体形。

I say next that *no other figure, besides the said five figures, can be constructed which is contained by equilateral and equiangular figures equal to one another.*

这是因为，一个立体角不能由两个三角形或者事实上是两个平面所构成。

棱锥的角由三个三角形所构成，八面体的角由四个三角形所构成，二十面体的角由五个三角形所构成；

但一个立体角不能通过把六个等边三角形在一点放在一起而构成，

这是因为，等边三角形的一个角是一个直角的三分之二，六个角将等于四个直角：

这是不可能的，因为任何立体角都是由其和小于四直角的角所围成的。   [XI. 21]

同理，一个立体角也不能由六个以上的平面角所构成。

立方体的角由三个正方形所围成，但一个立体角不可能由四个   正方形所围成，

这是因为它们之和同样是四个直角。

十二面体的角由三个等边且等角的五边形所围成；

但任何立体角不可能由四个这样的五边形所围成。

这是因为，等边五边形的角是一直角加五分之一直角，四个角之和将大于四个直角：

这是不可能的。

由于同样的荒谬性，立体角也不可能由其他多边形所围成。

                                        这就是所要证明的。

引理 但我们必须证明，等边且等角的五边形的角是一直角加五分之一直角。

But that *the angle of the equilateral and equiangular pentagon is a right angle and a fifth* we must prove thus.

设 *ABCDE* 是一个等边且等角的五边形，

设圆 *ABCDE* 是它的外接圆，

取它的圆心 *F*，

连接 *FA*、*FB*、*FC*、*FD*、*FE*。

因此，它们在 *A*、*B*、*C*、*D*、*E* 将五边形的各角二等分。

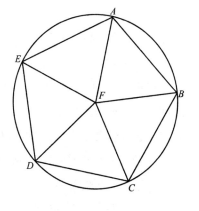

又，由于 *F* 处的各角之和等于四直角且彼此相等，

因此，它们中的每一个，如角 *AFB*，是一个直角减五分之一直角；

因此，其余的角 *FAB*、*ABF* 之和为一直角加五分之一直角。

但角 *FAB* 等于角 *FBC*；

因此，五边形的整个角 *ABC* 是一直角加五分之一直角。

这就是所要证明的。

附录一　刻《几何原本》序

徐光启

唐虞之世，自羲和治历，暨司空、后稷、工、虞、典乐五官者，非度数不为功。周官六艺，数与居一焉，而五艺者，不以度数从事，亦不得工也。襄、旷之于音，般、墨之于械，岂有他谬巧哉？精于用法而已。故尝谓三代而上，为此业者盛，有元元本本、师传曹习之学，而毕丧于祖龙之焰。汉以来，多任意揣摩，如盲人射的，虚发无效；或依拟形似，如持萤烛象，得首失尾。至于今，而此道尽废，有不得不废者矣。

《几何原本》者，度数之宗，所以穷方圆平直之情，尽规矩准绳之用也。利先生从少年时，论道之暇，留意艺学，且此业在彼中所谓师传曹习者，其师丁氏，又绝代名家也，以故极精其说。而与不佞游久，讲谈余晷，时时及之。因请其象数诸书，更以华文，独谓此书未译，则他书俱不可得论，遂共翻其要约六卷。既卒业而复之，由显入微，从疑得信，盖不用为用，众用所基，真可谓万象之形囿、百家之学海，虽实未竟，然以当他书既可得而论矣。

私心自谓，不意古学废绝二千年后，顿获补缀唐虞三代之阙典遗义，其裨益当世，定复不小。因偕二三同志，刻而传之。先生曰："是书也，以当百家之用，庶几有羲和般墨其人乎，犹其小者，有大用于此，将以习人之灵才，令细而确也。"余以为小用大用，实在其人，如邓林伐材，栋梁榱桷，恣所取之耳。顾惟先生之学，略有三种，大者修身事天，小者格物穷理，物理之一端，别为象数，一一皆精实典要，洞无可疑，其分解擘析，亦能使人无疑。而余乃亟传其小者，趋欲先其易信，使人绎其文，想见其意理，而知先生之学可信不疑，大概如是，则是书之为用更大矣。他所说几何诸家，藉此为用，略具其自叙中，不备论。吴淞徐光启书。

附录二　译《几何原本》引

利玛窦

夫儒者之学，亟致其知，致其知，当由明达物理耳。物理渺隐，人才顽昏，不因既明累推其未明，吾知奚至哉？吾西陬国虽褊小，而其庠校所业格物穷理之法，视诸列邦为独备焉，故审究物理之书极繁富也。彼士立论宗旨，惟尚理之所据，弗取人之所意，盖曰理之审，乃令我知，若夫人之意，又令我意耳；知之谓，谓无疑焉，而意犹兼疑也。然虚理、隐理之论，虽据有真指、而释疑不尽者，尚可以他理驳焉，能引人以是之而不能使人信其无或非也。独实理者、明理者，剖散心疑，能强人不得不是之，不复有理以疵之，其所致之知且深且固，则无有若几何一家者矣。

几何家者，专察物之分限者也，其分者若截以为数，则显物几何众也；若完以为度，则指物几何大也。其数与度或脱于物体而空论之，则数者立算法家、度者立量法家也。或二者在物体，而偕其物议之，则议数者如在音相济为和，而立律吕乐家；议度者如在动天迭运为时，而立天文历家也。此四大支流，析百派：

其一量大地之大，若各重天之厚薄，日月星体去地远近几许、大小几倍，地球围径道里之数，又量山岳与楼台之高、井谷之深，两地相距之远近，土田、城郭、宫室之广袤，廪庾、大器之容藏也；

其一测景以明四时之候、昼夜之长短、日出入之辰，以定天地方位、岁首三朝、分至启闭之期、闰月之年、闰日之月也；

其一造器以仪天地，以审七政次舍，以演八音，以自鸣知时，以便民用，以祭上帝也；

其一经理水土木石诸工，筑城郭作为楼台宫殿，上栋下宇，疏河注泉，造作桥梁，如是诸等营建，非惟饰美观好，必谋度坚固，更千万年不圮不坏也；

其一制机巧，用小力转大重，升高致远，以运刍粮，以便泄注，干水地、水干地、以上下舫舶，如是诸等机器，或借风气，或依水流，或用转盘，或设关捩，或恃空虚也；

其一察目视势，以远近、正邪、高下之差，照物状可画立圆、立方之度数于平版之上，可远测物度及真形，画小使目视大，画近使目视远，画圆使目视球，画像有坳突，画室屋有明暗也；

其一为地理者，自舆地山海全图至五方四海，方之各国、海之各岛，一州一郡，咸布之简中，如指掌焉。全图与天相应，方之图与全相接，宗与支相称，不错不紊，则以图之分寸尺，寻知地海之百千万重，因小知大，因迩知遐，不误观览，为陆海行道之指南也。

此类皆几何家正属矣。若其余家，大道、小道无不藉几何之论以成其业者。夫为国从政，必熟边境形势，外国之道里远近、壤地广狭，乃可以议礼宾来往之仪，以虞不虞之变，不尔，不妄惧之，必误轻之矣。不计算本国生耗出入钱谷之凡，无以谋其政事，自不知天文，而特信他人传说，多为伪术所乱荧也。农人不豫知天时，无以播殖百嘉种，无以备旱干水溢之灾而保国本也；医者不知察日月五星躔次，与病体相视乖和逆顺，而妄施药石针砭，非徒无益，抑有大害，故时见小恙微疴，神药不效，少壮多夭折，盖不明天时故耳；商贾惛于计会，则百货之贸易、子母之入出、侪类之衰分咸晦混，或欺其偶，或受其偶欺，均不可也。

今不暇详诸家藉几何之术者，惟兵法一家，国之大事，安危之本，所须此道尤最亟焉。故智勇之将必先几何之学，不然者，虽智勇无所用之；彼天官时日之属，岂良将所留心乎？良将所急，先计军马刍粟之盈诎，道里地形之远近险易、广狭死生；次计列营布阵、形势所宜，或用圆形以示寡，或用角形以示众，或为却月象以围敌，或作锐势以溃散之；其次策诸攻守器械，熟计便利，展转相胜，新新无已。备观列国史传所载，谁有经营一新巧机器，而不为战胜守固之藉者乎？以众胜寡、强胜弱，奚贵？以寡弱胜众强，非智士之神力不能也。以余所闻，吾西国千六百年前，天主教未大行，列国多相并兼，其间英士有能以赢少之卒，当十倍之师，守孤危之城，御水陆之攻，如中夏所称公输、墨翟九攻九拒者，时时有之，彼操何术以然？熟于几何之学而已。以是可见此道所关世用至广至急也，是故经世之隽伟志士，前作后述，不绝于世，时时绍明增益，论撰綦为盛隆焉。

乃至中古，吾西庠特出一闻士，名曰欧几里得，修几何之学，迈胜先士而开迪后进，其道益光，所制作甚众、甚精，生平著书了无一语可疑惑者，其《几何原本》一书尤确而当。曰"原本"者，明几何之所以然，凡为其说者，无不由此出也。故后人称之曰："欧几里得以他书逾人，以此书逾已。"今详味其书，规摹次第，洵为奇矣。题论之首先标界说，次设公论，题论所据，次乃具题，题有本解、有作法、有推论，先之所征，必后之所恃，十三卷中五百余题一脉贯通，卷与卷、题与题相结倚，一先不可后，一后不可先，累累交承，至终不绝也。初言实理，至易至明，渐次积累，终竟乃发奥微之义，若暂观后来一二题旨，即其所言，人所难测，亦所难信，及以前题为据，层层印证，重重开发，则义如列眉，往往释然而失笑矣。千百年来，非无好胜强辩之士，终身力索，不能议其只字。若夫从事几何之学者，虽神明天纵，不得不藉此为阶梯焉。此书未达而欲坐进其道，非但学者无所措其意，即教者亦无所措其口也。吾西庠如向所云几何之属几百家，为书无虑万卷，皆以此书为基，每立一义即引为证据焉，用他书证者必标其名，用此书证者直云某卷某题而已，视为几何家之日用饮食也。

至今世又复崛起一名士，为窦所从学几何之本师，曰丁先生，开廓此道，益多著述。窦昔游西海，所过名邦，每遘颛门名家，辄言后世不可知，若今世以前，则丁先生之于几何无两也。先生于此书覃精已久，既为之集解，又复推求续补凡二卷，与元书都为十五卷，又每卷之中，因其义类各造新论，然后此书至详至备，其为后学津梁，殆无遗憾矣。

窦自入中国，窃见为几何之学者，其人与书，信自不乏，独未睹有原本之论。既阙根基，遂难创造，即有斐然述作者，亦不能推明所以然之故，其是者己亦无从别白，有谬者人亦无从辨正。当此之时，遽有志翻译此书，质之当世贤人君子，用酬其嘉信旅人之意也。而才既菲薄，且东西文理又自绝殊，字义相求仍多阙略，了然于口尚可勉图，肆笔为文便成艰涩矣。嗣是以来，屡逢志士左提右挈，而每患作辍，三进三止。呜呼！此游艺之学，言象之粗，而龃龉若是。允哉，始事之难也！有志竟成，以需今日。

岁庚子，窦因贡献，侨邸燕台。癸卯冬，则吴下徐太史先生来。太史既自精心，长于文笔，与旅人辈交游颇久，私计得与对译，成书不难；于时以计偕至，及春荐南宫，选为庶常，然方读中秘书，时得晤言，多咨论天主大道，以修身昭事为急，未遑此土苴之业也。客秋，乃询西庠举业，余以格物实义应。及谈几何家之说，余为述此书之精，且陈翻译之难，及向来中辍状。先生曰："吾先正有言，'一物不知，儒者之耻。'今此一家已失传，为其学者皆暗中摸索耳。既遇此书，又遇子不骄不吝，欲相指授岂可畏劳玩日，当吾世而失之？呜呼！吾避难，难自长大；吾迎难，难自消微；必成之。"先生就功，命余口传，自以笔受焉。反复展转，求合本书之意，以中夏之文重复订政，凡三易稿。先生勤，余不敢承以怠，迄今春首，其最要者前六卷，获卒业矣。但欧几里得本文已不遗旨，若丁先生之文，惟译注首论耳。太史意方锐，欲竟之，余曰："止，请先传此，使同志者习之，果以为用也，而后徐计其余。"太史曰："然！是书也苟为用，竟之何必在我。"遂辍译而梓，是谋以公布之，不忍一日私藏焉。

梓成，窦为撮其大意弁诸简端，自顾不文，安敢窃附述作之林？盖聊叙本书指要以及翻译因起，使后之习者，知夫创通大义，缘力俱艰，相期增修，以终美业，庶俾开济之士究心实理，于向所陈百种道艺咸精其能，上为国家立功、立事，即窦辈数年来旅食大官，受恩深厚，亦得藉手以报万分之一矣。万历丁未泰西利玛窦谨书。

附录三 《几何原本》杂议

徐光启

　　下学工夫，有理有事。此书为益，能令学理者祛其浮气，练其精心；学事者资其定法，发其巧思，故举世无一人不当学。闻西国古有大学，师门生常数百千人，来学者先问能通此书，乃听入。何故？欲其心思细密而已。其门下所出名士极多。

　　能精此书者，无一事不可精；好学此书者，无一事不可学。

　　凡他事，能作者能言之，不能作者亦能言之。独此书为用，能言者即能作者，若不能作，自是不能言。何故？言时一毫未了，向后不能措一语，何由得妄言之？以故精心此学，不无知言之助。

　　凡人学问，有解得一半者，有解得十九或十一者。独几何之学，通即全通，蔽即全蔽，更无高下分数可论。

　　人具上资而意理疏莽，即上资无用。人具中材而心思缜密，即中材有用。能通几何之学，缜密甚矣！故率天下之人而归于实用者，是或其所由之道也。

　　此书有四不必：不必疑，不必揣，不必试，不必改。有四不可得：欲脱之不可得，欲驳之不可得，欲减之不可得，欲前后更置之不可得。有三至、三能：似至晦实至明，故能以其明明他物之至晦；似至繁实至简，故能以其简简他物之至繁；似至难实至易，故能以其易易他物之至难。易生于简，简生于明，综其妙在明而已。

此书为用至广，在此时尤所急须。余译竟，随偕同好者梓传之。利先生作叙，亦最喜其亟传也，意皆欲公诸人人，令当世亟习焉。而习者盖寡，窃意百年之后必人人习之，即又以为习之晚也。而谬谓余先识，余何先识之有？

有初览此书者，疑奥深难通，仍谓余当显其文句。余对之：度数之理，本无隐奥，至于文句，则尔日推敲再四，显明极矣。倘未及留意，望之似奥深焉，譬行重山中，四望无路，及行到彼，蹊径历然。请假旬日之功，一究其旨，即知诸篇自首迄尾，悉皆显明文句。

几何之学，深有益于致知。明此、知向所揣摩造作，而自诡为工巧者皆非也。一也。明此、知吾所已知不若吾所未知之多，而不可算计也。二也。明此、知向所想象之理，多虚浮而不可捉也。三也。明此、知向所立言之可得而迁徙移易也。四也。

此书有五不可学，躁心人不可学，粗心人不可学，满心人不可学，妒心人不可学，傲心人不可学。故学此者不止增才，亦德基也。

昔人云"鸳鸯绣出从君看，不把金针度与人"，吾辈言几何之学，政与此异。因反其语曰："金针度去从君用，不把鸳鸯绣与人"，若此书者、又非止金针度与而已，直是教人开矿冶铁，抽线造针，又是教人植桑饲蚕，湅丝染缕，有能此者，其绣出鸳鸯，直是等闲细事。然则何故不与绣出鸳鸯？曰：能造金针者能绣鸳鸯，方便得鸳鸯者谁肯造金针？又恐不解造金针者，菟丝棘刺，聊且作鸳鸯也！其要欲使人人真能自绣鸳鸯而已。

附录四 《几何原本》续译序

李善兰

泰西欧几里得撰《几何原本》十三卷，后人续增二卷，共十五卷。明徐、利二公所译，其前六卷也，未译者九卷。卷七至卷九论有比例无比例之理，卷十论无比例、十三线，卷十一至十三论体，十四、十五二卷亦论体，则后人所续也。无七、八、九三卷，则十卷不能读；无十卷，则后三卷中论五体之边不能尽解。是七卷以后，皆为论体而作，即皆论体也。

自明万历迄今，中国天算家愿见全书久矣。道光壬寅，国家许息兵与泰西各国定约。此后，西士愿习中国经史，中士愿习西国天文算法者，听闻之，心窃喜。岁壬子，来上海，与西士伟烈君亚力约续徐、利二公未完之业。伟烈君无书不览，尤精天算，且熟习华言。遂以六月朔为始，日译一题，中间因应试、避兵诸役，屡作屡辍，凡四历寒暑，始卒业。是书泰西各国皆有译本，顾第十卷阐理幽玄，非深思力索不能骤解，西士通之者亦尟，故各国俗本掣去七、八、九、十四卷，六卷后即继以十一卷。又有前六卷单行本，俱与足本并行。各国言语文字不同，传录译述，既难免参错，又以读全书者少，翻刻讹夺，是正无人，故夏五三豕，层见叠出。当笔受时，辄以意匡补。伟烈君言异日西土欲求是书善本，当反访诸中国矣。

甫脱藁，韩君禄卿寓书，请捐资上板，以广流传，即以全藁寄之。顾君尚之、张君啸山任校雠。阅二年功竣，韩君复乞序之。忆善兰年十五时，读旧译六卷，通其义，窃思后九卷必更深微，欲见不可得。辄恨徐、利二公之不尽译全书也，又妄冀好事者或航海译归，庶几异日得见之。不意昔所冀者今自为之，其欣喜当何如耶！虽然，非国家推恩中外、一视同仁，则惧干禁网不敢译；非伟烈君深通算理，且能以华言详明剖析，则虽欲译无从下手；非韩君力任剞劂，嘉惠来学，张、顾二君同心襄力，详加雠勘，则虽译有成书，后或失传。凡此诸端，不谋麇集，实千载一时难得之会。后之读者，勿以是书全本入中国为等闲事也。咸丰七年龙在丁巳正月五日海宁李善兰序。

附录五 《几何原本》续译序

伟烈亚力

粤稽中国，算量历律之学，古书咸在，独言几何者绝少。几何之学，不知托始何国，或云埃及，或云巴比伦，博考之士称其造自天竺，迄无定论。今所传最古者，周定王时他勒著是学于希腊，景王时闭他卧刺修明其术，元王时依卜加造作诸题，始有成书，皆几何法也。显王、赧王时有欧几里得者，不知何许人，传是学于亚历山大，述乐律算数等书，尤著名者曰《几何原本》，较昔术尤精，后人宗之，莫可訾议。故欧几里得之《几何原本》独为完书。当是时，埃及国王多禄某问曰："几何之法，更有快捷方式否？"对曰："夫几何若大路然，王安所得独辟一途也？"自此，方舆之内，翻译是书者，亚于《新旧约全书》。

余来中国，见有《几何》六卷，明泰西利氏翻。算学家多重之，知其未为全书，故亦不甚满志。宣城梅氏云："有所秘耶？抑义理渊深、翻译不易故耶？"学问之道，天下公器，奚可秘而不宣？不揣梼昧，欲续为成之。顾我西国此书，外间所习，或六卷，或八卷，俱非足本。自来海上，留心搜访，实鲜完善，仍购之故乡，始得是本。乃依希腊本翻我国语者，我国近未重刊，此为旧板，校勘未精，语讹字误，毫厘千里，所失匪轻。余愧谫陋，虽生长泰西，而此术未深，不敢妄为勘定。会海宁李君秋纫来游沪垒，君固精于算学，于几何之术，心领神悟，能言其故。于是相与翻译，余口之，君笔之，删芜正讹，反复详审，使其无有疵病，则李君之力居多，余得以藉手告成而已。

是书六卷后至十五卷始全。末二卷出自他手，非欧几里得所著。以全书纲领言之，前四卷论线与面，第五卷论比例，第六卷论面与比例相合。此利氏译。第七、八、九卷论数。第十卷论无比例之几何，分二十五类，明各类各线，与他类诸线俱无等，此卷在几何术中最为精奥。第十一卷至末卷，俱论体。而第十三卷论中末线之用，第十四、十五卷申言等面五体。此余所译。

书既成，微特继利氏之志，抑亦解梅氏之惑，殊深忻慰。所重有感者，我西人之来中国，有疑其借历算为名，阴以行其耶稣主教者。夫耶稣主教，本也；历算诸学，末也。历算非主教宗旨，而格致穷理，亦人人所宜讲明切究者。明徐光启之叙前书也，谓"西学甚大，先于其小者测之"。小也者，即吾所云末也；大也者，即吾所云本也。本何在？即帝子降生、捐身救世是也。故余之来，实以首明圣教为事，愿与天下学者谨谨焉求其本而弗遗于其末，愈为余之所厚望也已。咸丰七年正月十日伟烈亚力序。

附录六 《几何原本》序

曾国藩

《几何原本》前六卷，明徐文定公受之西洋利玛窦氏，同时李凉庵汇入《天学初函》，而《圜容较义》、《测量法义》诸书其引几何颇有出六卷外者，学者因以不见全书为憾。咸丰间海宁李壬叔始与西士伟烈亚力续译其后九卷，复为之订其舛误，此书遂为完帙。松江韩禄卿尝刻之，印行无几，而板毁于寇。壬叔从余安庆军中，以是书眎予曰："此算学家不可少之书，今不刻，行复绝矣。"会余移驻金陵，因属壬叔取后九卷重校付刊。继思无前六卷，则初学无由得其蹊径，而乱后书籍荡泯，《天学初函》世亦稀觏，近时广东海山仙馆刻本纰谬实多，不足贵重，因并取前六卷属校刊之。

盖我中国算书以九章分目，皆因事立名，各为一法，学者泥其迹而求之，往往毕生习算，知其然而不知其所以然，遂有苦其繁而视为绝学者。无他，徒眩其法而不知求其理也。《传》曰："物生而后有象，象而后有滋，滋而后有数。"然则数出于象，观其象而通其理，然后立法以求其数，则虽未睹前人已成之法，创而设之，若合符契。至于探赜索隐，推广古法之所未备，则益远而无穷也。

《几何原本》不言法而言理，括一切有形而概之曰"点线面体"。点线面体者，象也。点相引而成线，线相遇而成面，面相迭而成体，而线与线、面与面、体与体，其形有相兼有相似，其数有和有较，有有等有无等，有有比例有无比例。洞悉乎点线面体，而御之以加减乘除，譬诸闭门造车，出门而合辙也。奚敝敝然逐物而求之哉！然则九章可废乎？非也。学者通乎声音训诂之端，而后古书之奥衍者可读也；明乎点线面体之理，而后数之繁难者可通也。九章之法各适其用，《几何原本》则彻乎九章立法之原，而凡九章所未及者无不赅也。致其知于此而验其用于彼，其如肆力小学而收效于群籍者欤？

译　后　记

　　欧几里得（Εὐκλείδης，Euclid，活跃于公元前 300 年左右）是埃及托勒密王朝亚历山大城的古希腊数学家，其生活年代介于柏拉图（Plato，前 427—前 347）和阿波罗尼奥斯（Apollonius of Perga，约前 262—约前 190）之间。他的主要著作《几何原本》（Στοιχεῖα，Elements）［一译《原本》］是人类历史上最伟大的著作之一，对数学、自然科学乃至一切人类文化领域都产生了极其深远的影响。从 1482 年第一个印刷版本问世一直到 19 世纪末，《几何原本》一直是主要的数学（尤其是几何学）教科书，印刷了一千多个版本，数量仅次于《圣经》，"欧几里得"也几乎成为"几何学"的同义词。在两千多年的时间里，它从希腊文先后被译成阿拉伯文、拉丁文和各种现代语言，无数人对它做过研究。

　　古往今来，《几何原本》一直被视为纯粹数学公理化演绎结构的典范，其逻辑公理化方法和严格的证明仍然是数学的基石。它从几个简单的定义以及几条看起来自明的公理、公设出发，竟然能够推导出大量根本无法直观且不可错的复杂结论。在很大程度上，这种数学演绎也因此成为西方思想中最能体现理性清晰性和确定性的思维方式。哥白尼、开普勒、伽利略和牛顿等许多科学家都曾受到《几何原本》的影响，并把他们对《几何原本》的理解运用到自己的研究中。霍布斯、斯宾诺莎、怀特海和罗素等哲学家也都尝试在自己的作品中采用《几何原本》所引入的公理化演绎结构。爱因斯坦回忆说，《几何原本》曾使儿时的他大为震撼，并把《几何原本》称为"那本神圣的几何学小书"。

《几何原本》在思想史上有双重意义。首先，它把新的严格性标准引入了数学推理，这种逻辑严格性直到19世纪才被超越；其次，它朝着数学的几何化迈出了决定性的一步。欧几里得之前的毕达哥拉斯学派和德谟克利特，比欧几里得年代稍晚的阿基米德的一些著作，以及欧几里得之后五百多年的丢番图都表明，希腊数学也可以沿着其他方向发展。正是《几何原本》确保了数学应当由几何形式的证明来主导。欧几里得几何数学观的这种决定性影响反映在思想史上最伟大的两部名著——牛顿的《自然哲学的数学原理》和康德的《纯粹理性批判》中：牛顿的作品是以欧几里得几何证明的形式写成的，康德则因为相信欧几里得几何的普遍有效性而提出了一种支配其整个知识理论的先验感性论。直到19世纪，欧几里得几何的魔咒才开始被打破，不同的"平行公理"引出了非欧几何理论。

《几何原本》的原希腊标题中本无与"几何"对应的词，中文的"几何"二字是1607年利玛窦（Matteo Ricci, 1552—1610）和徐光启（1562—1633）合译出版《几何原本》前六卷时经过认真考量添加的。目前通行的《几何原本》包含十三卷（另外两卷被认为是后人续写的），由若干定义、公设、公理、命题和对命题的数学证明所组成，其数目编号是后来的拉丁文译本所引入的。《几何原本》所涉及的范围超出了我们所理解的几何学，还扩展到比例论、数论和对不可公度量的处理等领域。学者们认为，《几何原本》在很大程度上是根据一些早期希腊数学家的著作所作的命题汇编。

目前通行的《几何原本》的内容概要

卷次	一	二	三	四	五	六	七	八	九	十	十一	十二	十三	总和
定义	23	2	11	7	18	4	22	–	–	16	28	–	–	131
公设	5	–	–	–	–	–	–	–	–	–	–	–	–	5
公理	5	–	–	–	–	–	–	–	–	–	–	–	–	5
命题	48	14	37	16	25	33	39	27	36	115	39	18	18	465

公元 4 世纪，亚历山大里亚的西翁（Theon of Alexandria，约 335—约 405）制了一个《几何原本》的版本，它被广泛使用，在 19 世纪以前一直是唯一幸存的原始版本。公元 800 年左右，《几何原本》在阿拔斯王朝的第五任哈里发哈伦·拉希德（Harun al-Rashid，766—809）治下被译成阿拉伯文。1120 年左右，英格兰自然哲学家巴斯的阿德拉德（Adelard of Bath，约 1080—约 1152）将《几何原本》从阿拉伯文译成拉丁文。第一个印刷本于 1482 年问世，它所依据的是 1260 年意大利数学家、天文学家诺瓦拉的坎帕努斯（Campanus of Novara，约 1220—1296）由阿拉伯文译成的拉丁文本。西翁的希腊文版于 1533 年被重新发现。第一个英译本 *The elements of geometrie of the most ancient philosopher Euclide of Megara*[①] 于 1570 年出版，它是英格兰商人亨利·比林斯利（Henry

---

① 请注意这个标题中出现了"几何"（geometrie），而且实际上应该是"亚历山大里

Billingsley，？—1606）从希腊文原文直接翻译的，而不是从广为人知的坎帕努斯拉丁文本转译，约翰·迪伊（John Dee，1527—1608）为之作序。最早的汉译本是1607年利玛窦和徐光启合译出版的，他们所参照的底本是耶稣会数学家克里斯托弗·克拉维乌斯（Christopher Clavius，1538—1612）校订增补的拉丁文评注本《几何原本十五卷》（*Elementorum Libri XV*，1574），但只译出《几何原本》前六卷。直到1857年，伟烈亚力（Alexander Wylie，1815—1887）和李善兰（1811—1882）才共同译出《几何原本》后九卷。1808年，法国数学家、教育学家弗朗索瓦·佩拉尔（François Peyrard，1760—1822）在梵蒂冈图书馆发现了一个并非源于西翁的抄本，它所给出的文本要更早。正是根据这个抄本，丹麦语文学家、历史学家海贝格（Johan Ludvig Heiberg，1854—1928）编辑了带有拉丁文评注的权威希腊文版《几何原本》。1908年，英国古典学家、数学史家托马斯·希思爵士（Sir Thomas L. Heath，1861—1940）基于海贝格的希腊文版，在剑桥大学出版社出版了权威的英译本 *Thirteen Books of Euclid's Elements*，并附上大量英文评注，1926年第二版问世。目前市面上流行的 Dover 版三卷本（1956年）正是此剑桥第二版的影印。

希思的英译本距今虽已逾一个世纪，但仍是最权威的标准译本。希思深厚的古典学修养和对古希腊数学的精当理解在他那个时代就已为世所公认，至今亦然。需要指出的是，今天尚无一

亚的欧几里得"（Euclid of Alexandria），而不是"麦伽拉的欧几里得"（Euclide of Megara），这两位"欧几里得"在文艺复兴时期经常被混淆。——译者

位研究古希腊数学特别是欧几里得的学者能够更好地重新翻译
《几何原本》。一些人觉得希思的语言已经过时或难以理解，便
试图将《几何原本》的文本重新改写成更符合现代读者习惯的语
言，特别是，没有古代数学史基础的人往往会有意无意地用今天
的概念，而不是欧几里得所理解和使用的概念来重新表述《几何
原本》中的定义、公设或命题，这是不可取的。如果只是想学习
一些几何学知识，问题倒还不大，但如果想知道欧几里得究竟是
如何思考和呈现其体系的，那么这样做只会加深误解，使我们更
加远离希腊人对几何学的看法和做法。

　　目前市面上的《几何原本》中译本有近十种，但其中真正付
出过严肃认真的学术努力的只有兰纪正和朱恩宽翻译的当代汉
语版本（1990 年在陕西科学技术出版社出版，2003 年修订再版，
后于译林出版社重新出版），其他译本则大都粗制滥造、无甚价
值。兰、朱译本的底本正是希思的英译本，但并未把其中的大量
评注译出。在这些评注中，希思对《几何原本》的源流和版本，
每个定义、公理、公设、命题的来龙去脉，以及其中涉及的难以
理解的关键术语都做了极为详细的解说，如能将这些内容全部译
出，其重大学术意义自不待言。但不译评注也并非没有好处：首
先，希思的版本有 1400 多页，《几何原本》的不同卷次分散于其
中，非常不方便携带和查阅；其次，要想在希思版中从一条命题
移到下一条命题，往往需要翻过若干页的评注，这使人很难找到
欧几里得的原文在哪里继续，从而很难就欧几里得的原有体系形
成清晰图像；此外，虽然希思的英译很好，但并非他的所有评注
都恰当和正确。这些评注毕竟是在一百多年前做出的，随着学术

的发展，其中不少内容已经过时，而且希思在很多地方也不可避免会使用现代的数学概念来解释欧几里得，从而造成误导。

兰纪正、朱恩宽版的中译本虽几经打磨，但仍然带有不少错误。其中一些是难以避免的小错，比如字母的误抄和若干关键术语未统一，但也有一些错误是因为没有正确理解原文，这既包括对原文句子结构的错误理解，也包括我们前面所说的对几何原本做了过于现代的处理。仅以《几何原本》第一卷的定义 1 和定义 3 为例。定义 1 的原文是："A point is that which has no part." 兰、朱版译为"点是没有部分的"，但其实应当译为"点是没有部分的东西"。"东西"二字的加与不加，反映了对"点"的本质定义和属性定义之别。欧几里得说的是，一个东西只要没有部分，那就是点。而根据兰、朱版译文，就好像"点"除了"没有部分"这个属性还有别的什么属性似的。定义 3 的原文是："The extremities of a line are points." 兰、朱版译为"一线的两端是点"，但其实应当译为"线之端是点"，原文中并没有"两"。欧几里得说的是，"线"只要有"端"，那就是"点"，但并没有说"线"有"两"端，比如圆就是线，但圆并没有端。之所以有这样的误译，是因为天然把"线"理解成了现在的"直线段"。类似地，我也没有按照现代数学的理解把欧几里得所说的"直线"（straight line）译成"线段"，把"圆周"（circumference）译成"弧"，甚至没有把"二倍比"（duplicate ratio）、"三倍比"（triplicate ratio）译成"二次比"、"三次比"，因为在古希腊和中世纪，我们所说的"比的相乘或相除"被称为"比的相加或相减"，如果把"倍"译成"次"，虽然更符合现代的理解，但我们在阅读某些古代数学文献时就会一头雾水，事实上，这种误解在科学史上的确导致过严重后果。[①]

　　基于以上考虑，我以希思的英译文为底本，不揣冒昧地重新翻译了《几何原本》的正文，[②] 力求清晰、简洁、忠实于原文，不做过分现代的解读。我还把《几何原本》各卷的定义、公设、公理、命题题干的希思英译文附上，以方便读者查阅对照。此外，我在书末附上了明清时期关于《几何原本》的几篇重要文献，从中可以领略《几何原本》汉译对当时中国思想的巨大冲击和影响。虽然兰、朱译本仍有一定的改进余地，但如果没有这个译本先前付出的巨大努力，我是不敢接手《几何原本》的翻译工作的。即便如此，这项任务的艰巨和枯燥程度也大大超出了我的想象。我深知，改进一个译本永远要比从无到有的翻译容易许多，这里我要向兰纪正、朱恩宽两位先生的开拓性努力致以深深的敬意！我并非研究古希腊数学和欧几里得的专家，对希腊语也只是略知皮毛，翻译这部经典名著可谓诚惶诚恐，但也备感荣幸。真诚期待广大专家和读者不吝指正！

张卜天

清华大学科学史系

2019 年 8 月 19 日

---

① 读者可参见拙著《质的量化与运动的量化——14 世纪经院自然哲学的运动学初探》（商务印书馆，2019 年）第七章第一节对布雷德沃丁定律（*Bradwardine's Law*）含义的讨论。

② 在翻译过程中，我发现了美国绿狮出版社（Green Lion Press）2002 年出版的广受好评的 *Euclid's Elements*，该书也是只收录了希思的英译文而没有放评注，但做了一些精心编排。我在翻译时主要参考的是这个版本。

—

图书在版编目(CIP)数据

几何原本:上下册/(古希腊)欧几里得著;张卜天译. —北京:商务印书馆,2022(2023.11重印)
(汉译世界学术名著丛书)
ISBN 978-7-100-20705-8

Ⅰ.①几…　Ⅱ.①欧…②张…　Ⅲ.①欧氏几何　Ⅳ.①O181

中国版本图书馆 CIP 数据核字(2022)第 026290 号

汉译世界学术名著丛书
几何原本
(上下册)

〔古希腊〕欧几里得　著
张卜天　译

商 务 印 书 馆 出 版
(北京王府井大街36号　邮政编码100710)
商 务 印 书 馆 发 行
北 京 冠 中 印 刷 厂 印 刷
ISBN 978-7-100-20705-8

2022 年 5 月第 1 版　　　开本 850×1168　1/32
2023 年 11 月北京第 2 次印刷　印张 30　插页 4
定价:136.00 元